KB068292

인류의 가장 위대한 모험

아폴로 8

인류의 가장 위대한 모험
아폴로 8

인간,
처음으로
달을
탐사하다

제프리 클루거 지음
제효영 옮김
임철호 한국항공우주연구원장 해제

RHK
알에이치코리아

알레한드라, 엘리사, 팔로마에게 사랑을 담아.

눈부신 햇살과

은은한 달빛을 위해

해제

달을 향한 인류의 도전과 아폴로 8호의 의미

"왜 달에 가는가? 너무 무모하고 실행 불가능하다." 많은 사람들이 미국 대통령 존 F. 케네디의 1961년 달 탐사 계획을 비판했다. 하지만 1969년 7월, 3명의 우주인을 태운 아폴로 11호에서 2명의 우주인이 달 착륙에 성공했고 닐 암스트롱은 달에 기념비적인 첫발을 내딛었다. 이 장면은 전 세계로 전파됐고 지금도 생생하게 기억되는 인류의 위대한 진전이었다.

하지만 많은 사람들이 아폴로 11호가 성공하기까지 많은 어려움이 있었다는 것을 기억하지는 못한다. 아폴로 호를 제작하는 과정에서 기술적 문제와 정치적 갈등이 이어졌고, 아폴로 1호 발사 테스트 중에는 우주선 화재로 우주인 3명이 사망하기도 했다. 아폴로 4호의 비행은 성공했지만 아폴로 5호는 로켓이 추락했고, 아폴로 6호의 로켓도 엔진 이상을 보였다.

이렇듯 인류의 달 착륙은 수많은 시행착오를 극복하고 일궈낸 결실이다. 그리고 지금까지 잘 알려지지는 않았지만 이 성공에 결정적인 역할을 한 것이 바로 아폴로 8호다. 아폴로 8호의 소임은 달 궤도를 돌며 아폴로 11호의 달 착륙에 대비한 임무를 수행하는 것이었다. 그리고 책무를 받은 지 16주 만인 1968년 12월, 3명의 우주인이 아폴로 8호를 타고 달 궤도에 진입했다.

이 책, 『인류의 가장 위대한 모험: 아폴로 8』은 이러한 아폴로 8호의 성공 스토리를 알려 주는 책이다. 아폴로 8호가 탄생한 과정과 계획의 내용, 그에 얽힌 사회적 배경 등 다양한 이야기를 담았다. 단순히 과학적 지식을 딱딱하게 설명하는 것에 그치지 않고 마치 소설처럼 우주 비행사, 로켓연구원부터 대통령과 우주 비행사들의 가족까지 아폴로 8호 미션을 성공으로 이끈 수많은 사람들의 모습을 심도 있게 조명하여 아폴로 8호와 달 착륙을 이해하는 데 도움을 준다.

오늘날 사람들 대부분은 아폴로 8호에 탑승, 인류 최초로 달의 궤도에 오른 세 우주 비행사의 이름을 기억하지 못한다. 프랭크 보먼Frank Borman, 제임스 러벨 주니어James A. Lovell, Jr., 윌리엄 앤더스William A. Anders. 아폴로 8호의 주인공인 이들의 성과는 닐 암스트롱의 명성에 가려져 있다.

하지만 제대로 준비되지도 않았고 누구도 성공할 거라고 확신할 수 없었던 아폴로 8호 발사 계획에 과감히 도전한 이들 덕분에 아폴로 계획이 계속될 수 있었다. 이렇듯 아폴로 8호와 이들의 우주를 향한 모험은 매우 중요한 의미를 지니고 있다. 실패보다는 성공을, 과정보다는 결과를 중요시하는 요즘 사회에서, 아폴로 8호의 도전은 달 착륙이라는 위대한 진전을 위해 묵묵히 수많은 기술적 난관과 희생을 견뎌낸 이들의 노력을 보여 준다.

달 착륙 이후 50년의 시간이 흘렀고 우주기술은 크게 발전했다. 달에 가기 위해 개발된 수많은 기술들이 파생돼 인간의 삶은 혁신적으로 변화하였다. 일상생활 속에서 사람들은 우주기술의 혜택을 누리며 살고 있다. 그리고 지금 인류는 새로운 우주탐사에 도전하고 있다.

미국항공우주국NASA은 달을 넘어 '화성으로의 여행Journey to Mars'을 준비하고 있다. 2030년대에 4명의 우주인이 1년 동안 화성에 거주한 후 지구로 귀환하는 계획이다. 이 화성 프로젝트에서 달은 화성으로 가는 중간 기착지로 중요한 역할을 하게 된다. 달 궤도에는 '심 우주 출입구DSG, Deep Space Gateway'라는 우주정거장이 생기게 되고 이곳에서 화성으로 가는 보급품과 장비, 우주인이 머물게 된다.

우리나라도 달 탐사를 준비하고 있다. 오는 2020년 달 궤도선을 보내고 2030년까지 달에 착륙선을 보낼 예정이다. 달 탐사 과정은 우리에게는 첫 우주탐사이고 어려운 도전이지만 우리 힘으로 달에 가지 못한다면 우리는 달 너머의 세상을 바라볼 수 없을 것이다. 한국항공우주연구원의 달 탐사 사업이 아폴로 8호와 같이 기술적 한계를 뛰어넘어 험난한 도전을 극복해내는 감동의 스토리를 전해 줄 것으로 기대한다.

『아폴로 13호』의 저자이기도 한 제프리 클루거의 이 『인류의 가장 위대한 모험: 아폴로 8』을 통해 멀고 먼 우주를 향한 인류의 도전과 역경, 인간애와 미래를 탐색해 보는 시간을 가질 수 있기를 바란다.

한국항공우주연구원 원장 임철호

이 책에 쏟아진 찬사

아폴로 호의 미션에 관한 이야기는 아무리 여러 번 접해도 들을 때마다 짜릿한 서스펜스를 느낀다. 아폴로 8호의 이야기가 제프리 클루거라는 유능한 사람을 통해 살아 숨 쉬는 듯한 생명을 얻었다. 내려놓을 수 없는 책이다.

켄 번스, 〈남북전쟁〉, 〈베이스볼〉, 〈잭키 로빈슨〉 등 영화감독

미국의 우주 프로그램과 최초의 유인 달 탐사 과정을 너무나 생생히 그려냈다. 우주선 안에 비행사들과 함께 앉아 덜컹대는 로켓의 움직임을 직접 느끼는 스릴과 온갖 위험들, 미션에 담긴 엄청난 의미를 되새기며 흥미진진한 순간을 경험할 것이다. 최고의 이야기다.

앨런 라이트먼, MIT 인류학 교수, 『액시덴탈 유니버스』 저자

내 친구 프랭크 보먼과 짐 러벨, 빌 앤더스의 이야기와 세 사람이 이룬 기록적인 달 탐사의 과정을 읽을 수 있는 신선한 경험이었다. 제프리는 그 일을 확실하게 해냈다. 읽는 내내 굉장히 즐거웠다.

마이클 콜린스, 아폴로 11호의 사령선 비행사

인류 최대의 성과라 할 수 있는 일, 우리가 원래 살고 있는 행성을 최초로 벗어난 일이 이제야 제대로 주목받게 됐다. 제프리 클루거는 아폴로 8호가 해낸 미션과 상황, 사람들을 생생하게 포착하고, 이 역사적인 모험을 흥미진진하면서도 중요한 정보와 함께 우리에게 전한다. 이 책을 읽으면서 우주 탐험을 꿈꾸던 어린 시절을 다시 떠올렸다.

마이크 마시미노, 우주왕복선 비행사

과학 저널리스트이자 블록버스터 영화 <아폴로 13>의 원작자인 제프리 클루거의 새로운 책 <아폴로 8>은 우주 비행의 역사를 마치 영화처럼 묘사한다. 지금까지 그래왔고 앞으로도 영원히 인류 역사의 위대한 모험이 될 아폴로 8 미션을 담은 훌륭한 책이다.

「사이언티픽 아메리칸」

이 책은 독자를 우주선 안으로 끌고 들어간다. 제프리 클루거는 아폴로 8호 미션 이전부터 성공까지 모든 순간을 매력적으로 묘사했으며 독자를 관찰자 이상으로 만들었다. NASA와 아폴로 8호에 친숙한 사람들부터 아폴로 8호 미션 이후에 태어난 사람들까지 모두가 꿈을 현실로 만든 이 떠들썩했던 역사를 완전히 이해할 수 있을 것이다.

「워싱턴 타임스」

이 책은 달로 가는 첫 번째 임무와 당시의 분위기를 생생하게 포착해냈다. 제프리 클루거의 칭송받을 만한 스토리텔링 능력은 냉전을 배경으로 한 우주 경쟁을 소설적으로 풀어낸다. 감각적인 묘사와 우주 비행에 관한 세부적인 설명을 통해 즐거움을 느낄 수 있을 것이다.

「퍼블리셔스 위클리」

아폴로 8호 미션 그 자체뿐만 아니라 그에 따라오는 우주 비행사 선발, 장비 테스트, 훈련 등 모든 것을 매력적으로 설명하고 있다. 우주 비행의 생리를 제대로 알고 있는 사람이 쓴 책이다. 우주 비행사, 우주 산업 종사자뿐만 아니라 모든 독자들에게 확실한 재미를 보장한다.

「**북리스트**」

달 착륙을 만들어낸 위대한 성취의 순간을 흥미진진하게 묘사한 책.

「**커쿠스 리뷰**」

보먼, 앤더스, 러벨, 이 세 우주 비행사들의 달을 향한 스릴 넘치는 모험을 간접 경험해 볼 수 있을 것이다.

「**네이처**」

50년 전, 미국은 어두운 사회적 분위기를 타개하기 위해 우주 비행을 계획했다. 아폴로 1호의 재앙이 일어난 지 1년 만에 NASA는 프랭크 보먼, 짐 러벨, 빌 앤더스라는 세 우주 비행사를 달의 궤도로 보냈다. 그들은 1초도 망설이지 않았고 달의 뒷면을 본 최초의 사람들이 됐다. 지루할 틈 없이 빠르게 전개되는 이 책은 바로 이 우주 비행사들과 이들의 가족, NASA의 프로그램과 관련한 매력적인 이야기들을 최초로 알려 준다. 완독할 때까지 책을 손에서 놓을 수 없을 것이다. 확신한다.

「**포브스**」

너무나 흥미롭다. 아폴로 8호 미션은 NASA가 지금까지 해온 미션 중 가장 대담한 시도다. 상세하고 재미있는 책.

「스페이스 리뷰」

아폴로 미션에 관한 정보를 제프리 클루거의 날카로운 눈으로 간단하고 쉽게 재구성한 책. 달로 향하는 스펙타클한 모험을 과소평가하지 않으면서도 그 성취가 운이 아니라 인간의 독창성과 끈기, 열정에 의해 이루어졌다는 것을 잊지 않았다.

「뉴 사이언티스트」

인간이 달에 착륙한 지도 거의 50년이 됐다. 이 책은 과학적, 역사적 관점에서 인류의 달의 궤도를 향한 첫 번째 모험을 흥미진진하게 자세하게 기록한 증인이다. 제프리 클루거는 이 책에서 이런 이야기를 한다. “새턴 V 로켓의 엔진은 오로지 단 하나의 속도, 최고 속도로만 움직였다.” 바로 이 책이 그렇다.

아마존 이달의 책 선정평

아폴로 8호의 시작

1968년 8월

프랭크 보먼Frank Borman에게 우주선에 올라 출발하려고 한창 준비 중일 때 걸려온 전화만큼 성가신 것은 없었다. 비행 중 전화벨 소리를 듣고 싶은 우주 비행사는 아무도 없겠지만, 그 우주선이 아폴로 호라면 어떠한 방해도 더더욱 용납할 수 없었다.

아폴로 호는 미국의 우주 비행사들을 태우고 먼저 우주에 다녀온 머큐리 호나 제미니 호보다 훨씬 더 큰 매끈하고 아름다운 우주선이었다. 하지만 머큐리 호와 제미니 호는 총 열여섯 번 발사돼 모두 무사히 돌아온 완벽한 기록을 세운 반면 아폴로 호는 그렇지 않았다. 겨우 18개월 전, 첫 번째 아폴로 우주선이 발사대를 떠나지도 못한 채 걸출한 비행사 세 명의 목숨을 앗아갔다. 보먼은 이 저주받은 우주선을 우주로 띄우는 일에 온 신경을 집중해야 했다. 그런데 하필이면 가장 중요한 순간에 보먼을 찾는 전화가 걸려온 것이다.

엄밀히 따지자면 전화가 왔을 때 보먼이 하늘을 날고 있었던 것은 아니다. 아폴로 호를 타고 우주로 나아간 사람은 아직 한 명도 없었다. 아직까지 비행하기에 적합한 상태인지 검증이 완료되지 않은 상황에서 우주선을 선불리 띄울 수는 없는 노릇이었다. 우주선은 모든 아폴로 호가 완성되는 곳, 캘리포니아주 다우니에 위치한 노스 아메리칸 항공North American Aviation 공장 바닥에 머물러 있었다. 보먼은 조만간 아폴로 9호라는 이름이 붙여지겠지만 당시에는 '우주선 104호'로 불리던 기계의 조정석에 자리를 잡았다. 실제로 비행이 시작되면 보먼은 지휘계통상 가장 윗사람이 앉는 왼쪽 자리를 차지할 테고, 함께 비행할 동료이자 유능한 비행사 짐 러벨Jim Lovell과 빌 앤더스Bill Anders가 각각 조종석 중앙과 오른쪽 자리에 앉을 것이다. 그날도 러벨과 앤더스는 보먼과 함께였고, 두 사람도 보먼 못지않게 까다로운 임무를 맡았다.

아폴로 9호의 발사가 대략 9개월 남은 그 시점, 보먼과 동료 비행사들은 막바지 훈련에 몰두했다. 아폴로 9호의 발사 일정은 아폴로 시리즈 중 최초의 유인 우주선인 아폴로 7호와 8호의 비행 성공 여부에 달려 있었다. 두 비행 다 우주 비행사를 태우고 지상을 벗어났다 무사히 돌아오는 것이 목표로, 아폴로 7호부터 9호까지는 지구 궤도를 벗어나지 않을 예정이었다. 보먼은 이를 안타깝게 생각했다.

더위가 기승을 부리던 1968년 여름은 곳곳에서 터진 전쟁과 잇따른 암살 시도, 폭동으로 워싱턴, 프라하, 파리, 동남아시아에 이르기까지 전 세계가 극심한 몸살을 앓던 때였다. 소비에트 연방과 미국은 늘 그래왔듯이 국제사회의 주요 지점에서 대립각을 세웠고, 베트남에서는 미국의 젊은 청년들이 매달 1000명 넘게 목숨을 잃었다.

1970년까지 달에 우주선을 보낸다는 케네디 대통령의 약속은 착착 준비가 진행되고 있었지만 정작 약속의 당사자는 1963년 세상을 떠났다. 1967년에는 아폴로 호에 올랐던 세 우주 비행사도 명을 달리했다. 그로 인해 달 탐사 프로젝트 전체가 휘청댔고, 최악의 경우 아예 실패할 수도 있었다. 대부분은 미국이 수년 안에 달에 우주 비행사를 보내기는 힘들 거라고 예측했다.

하지만 보먼에게는 동료들과 함께 책임지고 조종해야 하는 우주선과 주어진 임무가 있었다. 그래서 세 사람은 비행 훈련을 이어가면서 최대한 아폴로 호와 친숙해지려고 애쓰는 중이었다. 아폴로 시리즈는 모두 겉모습이 비슷하고 구조도 동일했지만 항공기와 마찬가지로 각 우주선마다 좌석에 앉았을 때 느낌이나 다이얼을 돌릴 때의 촉감, 스위치를 올리고 내릴 때 가해야 하는 힘 등에서 미세한 차이가 있었다. 우주 비행사에게 자신이 운전하는 우주선은 야구에서 포수가 손에 가장 잘 맞는다고 느끼는 글러브가 돼야 했다. 따라서 우주로 나아가기 전에 우주선을 최대한 속속들이 파악할 필요가 있었다.

보먼과 러벨, 앤더스가 좁은 조종석에서 각자 배정된 자리에 앉아 우주 비행사라면 반드시 찾아내야 할 그 친근감을 얻고자 애쓰고 있을 때, 엔지니어 한 명이 출입구로 머리를 쑥 들이밀고 보먼에게 말했다.

"대령님, 전화 좀 받아 보십시오."

"메모를 좀 남겨 주겠나?"

훈련을 방해받자 짜증이 난 보먼이 대답했다.

"그럴 수 없습니다, 대령님. 슬레이튼 씨 전화입니다. 대령님과 꼭 통화를 해야 한답니다."

보먼에게서 나직한 한탄이 터져 나왔다. 그가 말한 슬레이튼은 우주 비행사 관리국의 대표이자 비행사를 선발하고 각 비행에 조종사를 배정하는 책임자, 디크 슬레이튼Deke Slayton을 의미했다. 슬레이튼은 프로젝트를 언제든지 중단시킬 권력을 가지고 있었기 때문에 슬레이튼이 전화를 걸었다면 받을 수밖에 없었다.

보먼은 조종석에서 몸을 빼낸 뒤 잰걸음으로 전화기로 향했다.

"무슨 일이시죠, 디크 씨?"

"프랭크, 중요한 사안이 있어서 같이 얘기를 좀 해야겠네."

"네, 말씀하시죠. 지금 제가 굉장히 바빠서요."

"전화로는 안 돼. 지금 바로 휴스턴으로 오게."

"디크 씨, 제가 뭘 하던 중이었느냐면…"

보먼은 항변하기 시작했다.

"뭘 하던 중이었는지는 중요치 않아. 휴스턴으로 와. 오늘 바로."

보먼은 수화기를 내려놓고 서둘러 우주선으로 돌아갔다. 러벨과 앤더스에게 방금 전 통화한 내용을 전하고, 영문을 모르겠다는 뜻으로 어깨를 으쓱해 보였다. 그러고는 지시받은 대로 T-38 제트기를 타고 혼자 텍사스로 향했다.

우주선에서 나온 보먼은 몇 시간 뒤 슬레이튼의 사무실에 자리를 잡고 앉았다. 크리스 크래프트Chris Kraft도 와 있는 것을 보자 무슨 일인지 더욱 호기심이 일었다. 크래프트는 미국항공우주국NASA, National Aeronautics and Space Administration의 비행운영국 대표이자 슬레이튼의 상사로 보먼에게도 상사였고 핵심 경영진을 제외한 거의 모든 구성원에게 상급자였다. 그런 그가 어쩐 일인지 내내 침묵을 지키며 슬레이튼이 말을 꺼내기를 기다리고 있었다.

"프랭크, 자네가 조종할 우주선의 출발 일정을 조정했으면 하네."

"알겠습니다, 디크 씨…"

보먼이 대답했다. 말을 이으려고 하는 찰나 슬레이튼이 보먼의 손을 붙들며 말했다.

"더 들어 보게. 자네와 자네 팀이 아폴로 9호에서 8호로 옮겼으면 해. 아폴로 8호를 타고 좀 더 먼 곳까지 가게 될 거야. 달로 말일세."

슬레이튼은 이 깜짝 놀랄 만한 말이 진지한 제안임을 확실하게 보여 주려는 듯 얼른 설명을 덧붙였다.

"자네들이 비행할 경로를 지구 궤도가 아니라 달 궤도로 바꾸겠다는 의미야."

슬레이트의 설명이 계속 이어졌다.

"현재 가장 적합한 발사 일정은 12월 23일로 잡혔어. 16주 만에 모든 준비를 마쳐야 해. 수락하겠나?"

보먼은 한 마디도 하지 않고 슬레이트의 노골적인 제안을 이해하려고 애썼다. 그가 미처 생각을 다 정리하기도 전에 크래프트가 입을 열었다.

"이건 자네의 소명일세, 프랭크."

그 자리에 있던 세 사람 모두 알고 있는 사실이었다. 전적으로 맞는 말인 동시에 사실과 다른 말이기도 했다. 보먼은 육군사관학교를 졸업하고 공군 전투비행사로 복무하던 군인이었다. 무기를 갖고 싸우는 전쟁터에는 한 번도 참전할 기회가 없었지만, 보먼이 몸담은 우주 개발 계획은 소비에트 연방과 미국이 치열하게 경쟁을 벌이던 냉전의 핵심이었다. 그리고 보먼은 어떤 형태건 자신에게 배정된 전쟁터를 거부할 수 있는 사람이 아니었다.

보먼은 제안이 워낙 위험한 만큼 거절한다고 해도 다들 충분히 이해하리란 사실을 잘 알고 있었다. 하지만 전투에 나가라는 명령을 거절한다면, 애초에 군인의 길을 택한 의미가 없었다. 게다가 윗선과 조국, 길고 긴 명령 체계의 누군가와 대통령이 지금 그에게 달로 향하는 우주 탐사 사업에 동참하라고 하는데, 이를 거절한다면 이제부터는 아예 다른 일을 해야 할지도 몰랐다. 아폴로 8호가 이 임무를 충분히 수행할 채비를 마치지 못할 가능성도 있고, 우주 비행사들이 비행 임무에서 무슨 일을 어떻게 해야 할지 정확하게 계획하지 못할 수도 있었다. 무엇보다 또 다시 세 비행사가 아폴로 호에서 목숨을 잃을 수도 있었다. 하지만 죽음의 가능성은 비행에 늘 따라다녔고, 이 임무라고 해서 크게 다를 건 없었다.

"알겠습니다, 디크 씨. 제가 맡겠습니다."

보먼이 대답했다.

"러벨과 앤더스도?"

슬레이튼이 물었다.

"두 사람도 한다고 할 겁니다."

보먼은 시원하게 대답했다.

"정말 그럴 거라고 확신하나?"

"확신합니다."

보먼은 이렇게 답하면서 속으로 웃음이 났다. 다우니로 돌아가서 러벨과 앤더스에게 크리스마스 연휴가 시작되기 전에 달로 가야 한다는 제안을 받았고 자신이 "아뇨, 싫습니다"라고 답했다고 한다면, 두 사람의 얼굴에 어떤 표정이 떠오를지 훤히 보였다.

달에 가는 임무를 받은 남편이 아내에게 그 소식을 전하는 올바른 방법은 정해진 것이 없었다. 항해를 떠난다거나 전쟁에 간다

고 이야기해야 했던 남편들이야 오래전부터 많았지만 달이라니? 달에 간다는 건 전혀 다른 이야기였다.

신문기자들은 우주 탐사를 맡은 비행사들이 그 놀라운 소식을 가정에 어떻게 전하는지에 열렬한 관심을 보였다. 비행사와 가족들이 다 함께 기사에 실을 사진을 촬영하는 것을 허락하면 더더욱 기뻐했다. 무릎에 세계 지도를 쫙 펼친 늠름한 아버지가 우주선이 나아갈 경로를 손가락으로 가리키고, 양옆에 자리를 잡은 아이들이 경청하는 모습을 남편의 어깨 뒤에 선 아내가 눈을 빛내며 지켜보는 장면. 여기서 넓게 펼쳐진 지도가 달 지도라면 훨씬 더 대단한 그림이 나올 것은 당연지사였다.

하지만 프랭크 보먼의 집에 달 지도 같은 건 없었다. 아폴로 9호를 타고 지구 궤도를 도는 대신 아폴로 8호로 달 궤도에 오르는 것으로 자신의 임무가 바뀌었다는 사실을 전해 들은 날, 보먼은 아내 수전에게 소식을 그대로 알렸다. 수전은 남편의 얼굴을 바라보다가 이렇게 대답했다. "그래요."

이어 열일곱 살, 열다섯 살인 두 아들에게 소식을 전하자 둘 다 아버지를 쳐다보더니 말했다. "그렇군요."

이것은 위험한 프로젝트를 맡을 때마다 가족들에게 소식을 전하는 보먼의 방식이었다. 지도를 펼쳐들고 온 가족이 모여 앉은 화목한 풍경과는 달리 휴스턴 곳곳에 사는 우주 비행사의 가족 모두가 이렇게 아버지의 임무를 접했다. 앞서 열여섯 차례에 걸쳐 우주로 떠난 미국의 비행사들의 입에서도 그렇게 뉴스가 전해졌다.

하지만 이번 미션에는 분명한 차이가 있었다. 그동안 우주선에 오른 비행사들 중 달로 떠난 사람은 없었기 때문이다. 수전은 18년의 결혼생활 동안 맞닥뜨린 온갖 힘든 일들을 견딘 것처럼 남편이 갓 받아들인 이 일도 함께 이겨낼 방법을 찾아내리라 생각했다.

수전과 보먼은 지금까지 자신에게 닥친 역경을 "커스터드를 175도에서 굽고 있어"라고 표현하곤 했다. 프랭크는 전투에 참전하거나 새로 제작된 위험한 비행기를 운전해야 하는 상황을 커스터드라고 했다. 수전은 이사를 가기 위해 새로 알아보는 집이나 두 아이들을 전학 보낼 새 학교를 커스터드라 칭했다. 두 사람 모두 마법의 주문 같은 이 비유에서 위안을 얻었다. 집에서 느낄 수 있는 포근하고 편안한 기분이 묻어나는 커스터드라는 단어에는 수전이 집안일에 각별히 신경을 쓰고 있고 프랭크의 신경이 비행에 쏠려 있다는 의미가 담겨 있었다. 둘 중 어느 쪽이 이 말을 꺼내든, 상대방의 영역에 과도하게 끼어들지 않는다면 커스터드는 늘 맛있게 완성돼 오븐 밖으로 나왔다.

수전은 보먼의 새로운 임무가 커스터드로 다 표현할 수 없는 더 큰 무언가임을 알아챘다. 오랜 세월 우주 비행사의 아내로 살아온 덕에 남편의 이번 미션이 특히 까다롭고 대부분이 떠올릴 만한 위험을 넘어섰다는 가장 본질적인 부분까지 꿰뚫어본 것이다. 거미처럼 생긴 달 착륙선은 아직 완성되지 않았으니 프랭크가 달에 착륙할 일은 없겠지만, 달 궤도를 도는 미션 자체에는 분명 드러나지 않은 위험이 도사리고 있었다.

아폴로 우주선에서 가장 중요한 장치는 엔진이었다. 선체 뒤에서 으르렁대며 돌아가는 거대한 나팔 총 모양의 이 기계장치를 두고, 미신을 곧잘 믿는 NASA 사람들은 '더 엔진The Engine'이라 칭했다. 여왕, 대통령, 달을 지칭하는 단어에 '더The'를 붙이는 것처럼 엔진에도 초자연적인 특별함을 부여한 것이다. 하지만 보먼과 러벨, 앤더스는 이 엔진을 별 감정이 담기지 않은 '추진 장치Service Propulsion System'의 이니셜인 SPS로 칭했다. 우주선이 앞으로 나아갈 수 있도록 하는 장치라는 엔진의 주된 기능이 잘 표현된 이름이었다.

달 탐사 미션에서 중추적인 기능을 담당할 이 장치가 잘못될 가능성은 없을 것이다. 하지만 혹시라도 그런 일이 생긴다면? 아주 심각한 일이었다. 우주선을 실은 로켓이 지면을 벗어나 달을 향해 우주선을 급속히 빠른 속도로 밀어 보내는 본연의 역할을 모두 수행한 뒤에 분리되면, 우주선에 남은 SPS가 주된 추진 장치가 된다. 그리고 달 궤도를 돌기 위해서는 이 추진 장치가 최소 두 번 점화돼야 한다. 첫 번째 점화는 우주선이 속도를 늦추고 달의 중력에 적응하여 달 주변을 도는 위성처럼 움직이기 위한 것이고, 두 번째 점화는 달 궤도를 도는 임무가 끝나고 다시 우주선의 속도를 높여 그 궤도에서 벗어난 뒤 지구로 돌아가기 위한 것이다. 첫 번째 점화에서 실패하면 탐사 미션은 실패로 돌아가겠지만 방향을 바꿔 다시 지구로 향할 수 있으니 탑승한 비행사들은 생존할 수 있다. 그러나 두 번째 점화가 실패하면 모두 달 궤도에 붙들린 채로 남게 된다. 지구 주변을 도는 달과 함께, 달 주변을 계속해서 영원히 돌아야만 하는 것이다. 관이 돼버린 금속 기계장치 속에 갇힌 채로 두 번 다시 집에 돌아가지 못하겠지만 달 표면으로 추락하여 달과 충돌하는 일도 없을 것이다. 만약 엔진 고장으로 우주선이 달과 충돌할 경우, 달에 심각한 피해를 일으켜 지구에서 고개를 들어 하늘을 봐도 다시는 달을 볼 수 없는 사태가 벌어질 수도 있다. 목숨을 다한 세 비행사의 존재 역시 아무도 알지 못할 것이다.

이런 생각 끝에, 수전은 NASA에서 우주 비행 사업 전체를 총괄하는 크리스 크래프트와 직접 이야기를 나눠보기로 결심했다. 남편을 제외하고 우주 개발 사업에 관한 생각을 진솔하게 나눌 수 있는 유일한 사람이었다. 수전은 까칠하고 잔인할 정도로 솔직한 크래프트가 참 시원시원한 사람이라는 인상을 받은 적이 있었다. 휴스턴의 우주 센터 근방에 모여 사는 NASA의 가족들은 다들 친분이 있는 사이라, 수전은 크리스 크래프트와도 조만간 제대로 이야기를 나눌 기회가 있으리라 생각했다. 과연 크래프트는 보먼이 달 탐사 임무를 수락하고 얼마 지나지 않은 어느 저녁, 보먼의 집에 잠시 들렀고 수전은 잠시 긴밀하게 이야기를 나눌 기회를 잡을 수 있었다.

"크리스 씨, 부탁인데 제게 숨김없이 다 얘기해 주세요. 그이가 집에 돌아올 확률이 얼마나 된다고 생각하시는지, 정말 알고 싶어요."

이토록 직선적인 질문과 함께 수전은 크리스의 두 눈을 똑바로 보며 가감 없는 답을 원한다는 눈빛을 보냈다. 수전의 얼굴을 가만히 쳐다보던 크리스가 입을 열었다.

"진지하게 솔직한 대답을 바라시는군요?"

"네, 그래요. 느끼신 그대로요."

크래프트도 그 마음을 알고 있었다.

"좋습니다. 50 대 50 정도라고 봅니다만."

그는 돌려 말하지 않았다. 수전은 고개를 끄덕였다. 그녀 역시 그 정도일 거라고 예상하고 있었다.

차례

2부
아폴로 프로젝트

3부
달의 궤도에 오르다

1부
아폴로 이전

선장의 탄생

1961년 중반

프랭크 보먼은 원래 겁이 많았다. 훌륭한 파일럿과도 거리가 멀었다. 그러나 1961년, 캘리포니아 남부의 에드워드 공군기지 근처에서 스키를 타다가 거의 세상을 하직할 뻔한 뒤 그 많던 겁이 대부분 사그라들었다. 그는 비행 중 목숨을 잃는 걸 원치 않았다. 당시 공군에 복무하던 파일럿들 가운데 실제로 세상을 떠난 사람 누구도 그런 죽음을 바라지는 않았다. 하지만 시험 비행을 이어가다 보면 때때로 누군가 재난에 맞닥뜨리고 공중에 내던져지는 일이 생겼다. 파일럿들은 그런 일을 '자살하다'라는 의미가 담긴 '땅에 구멍을 파다make a hole in the ground'라는 말로 대수롭지 않게 표현하곤 했다.

보먼도 그런 사고의 가능성을 잘 알고 있었다. 그는 1950년에 육군사관학교를 졸업한 이후 쭉 에드워드 공군기지에서 비행을 해왔다. 그곳의 파일럿 대부분이 그렇듯 보먼 역시 이 캘리포니아 사막 지대에 곧장 들어온 것은 아니었다. 네바다주, 조지아주, 오하이오주를 비롯해 필리핀까지 여러 근무지를 거쳤고 그때마다 아내인 수전이 함께했다. 수전은 사관학교를 졸업하자마자 결혼하자는 보먼의 프러포즈를 수락했다. 그때 수전은 공군 파일럿과 함께 살면 주거지가 수시로 바뀌리라는 것을 예상했지만, 이 정도로 많이 옮겨 다닐 줄은 몰랐다.

에드워드 공군기지는 보먼이 가고 싶어 하던 곳이었으므로 수전에게도 가고 싶은 곳이 됐다. 1960년, 근무지를 필리핀에서 캘리포니아로 옮기고 싶다는 신청서를 제출할 때만 해도 보먼은 유력 후보군에 들 수 있을지 확신할 수 없었다. 게다가 새로운 기지에서 비행사로 근무할 가능성은 더더욱 낮았다. 전출이 승인됐다는 소식에 보먼은 뛸 듯이 기뻐했지만, 막상 캘리포니아에 도착하자 그 기쁨은 크게 꺾이고 말았다. 에드워드 공군기지에서 비행사를 임명하는 담당자가 척 예거Chuck Yeager였기 때문이다.

서른일곱 살의 공군 중령이자 2차 대전 전투 비행사였던 예거는 공군 비행사들에게 큰 영감을 주었지만 그만큼 막대한 두려움을 느끼게 하는 인물로 오래전부터 소문이 자자했다. 1944년, 여덟 번째로 참전한 전투에서 프랑스군을 격추시키고 적군에 붙들려 포로수용소로 보내진 그는 두 달 만에 탈출해서 잉글랜드에 머물고 있던 자신의 비행 중대에 지체 없이 합류했다. 심지어 그로부터 고작 6개월 뒤, 단일 임무에서 적군 비행기 다섯 대를 격추시키며 전투 비행사라면 누구나 탐내는 '하늘의 1인자' 타이틀을 거머쥐었다. 1947년에는 벨 X-1 로켓 비행기로 '장벽'이라 일컬어지던 음속을 돌파했다.

에드워드 공군기지에 들어온 젊은 파일럿들 가운데 척 예거의 시선을 사로잡은 사람은 거의 없었다. 그는 스스로를 타고난 파일럿이라 믿는 사람들에게 이렇게 이야기하곤 했다. "타고난 파일럿 같은 건 없다. 무탈하게 착륙했다면 훌륭한 착륙이라 할 만하다. 그 비행기가 다음 날에도 비행할 수 있는 상태라면, 아주 뛰어난 착륙이라고 할 수 있다." 소박한 목표를 잡으면 생존할 수 있다는 것은 예거가 파일럿들에게 하던 조언이었다.

반면 보먼은 스스로 그보다 더 많은 일을 해낼 수 있다고 생각했다. 에드워드 공군기지로 오기 전 F-89와 T-33, T-6, F-84는 물론 F-104까지 몰아 본 보먼은 어떤 비행기든 거의 자유자재로 다룰 수 있었고 그것이 버겁다고 느낀 적은 한 번도 없었다.

에드워드에 도착하고 얼마 지나지 않은 어느 날 아침, 보먼은 곧장 F-104로 향했다. '줌 비행'이라는 자신만의 기술로 비행을 해볼 계획이었다. 줌 비행을 성공하려면 극단에 가까운 고도와 이동 경로를 유지할 수 있는 훈련이 뒷받침돼야 했다. 비행기를 조종하는 것 자체도 쉽지 않고 이 새로운 기술도 까다로워, 흡사 머리가 두 개 달린 맹수를 다루는 것이나 다름없었다.

F-104는 비교적 새로운 비행기였다. 첫 번째 시험 비행은 5년 전에 이루어졌고 비행에 적합하다는 판정이 내려진 지도 겨우 3년밖에 되지 않았다. 초경량, 초고속 제트기로 개발돼 기체 길이

가 16.8미터, 날개폭은 6.4미터도 채 되지 않았고 몸체는 가벼운 알루미늄으로 이루어졌다. 전체적인 구조도 엔진과 기체 앞부분에 조종석 외에 크게 덧붙여진 것이 없었다. F-104의 날개는 뒤로 상당히 치우쳐 있어 조종석에 앉은 비행사는 백미러로만 날개를 볼 수 있을 정도였고, 날개 앞부분의 가장자리 두께는 약 0.4밀리미터로 면도날과 비슷할 정도로 굉장히 얇아 지상 근무자들이 자칫 손을 베지 않도록 기다란 보호용 덮개를 씌워두어야 했다.

이러한 설계 덕분에 F-104는 음속의 두 배가 넘는 마하 2.2의 속도도 안정적으로 유지할 수 있었다. 그러나 이 설계가 기체의 조종 기술에는 큰 도움이 되지 않았다. 음속 비행을 한다는 것은 곧 선회 반경이 넓다는 의미였고, 쏜살같이 날아가는 제트기의 선회는 여객선의 선회와는 비교조차 불가능했다. F-104를 조종한 한 파일럿은 "방향을 바꿔야 할 때는 비스듬히 비행했다"고 말할 정도였다. 에드워드 공군기지에서는 그나마 이런 농담을 주고받을 여유가 있었지만 소비에트 제트 전투기인 미그기와 공중전을 벌이면서 여유를 부릴 수는 없는 노릇이었다. 평형 상태로 추적할 때는 충분히 이길 수 있을지 몰라도 미그기가 지그재그 비행을 시작하면 상황이 썩 좋지 않은 방향으로 흘러갈 수 있기 때문이다.

보먼이 비행에 나선 날 캘리포니아에는 미그기가 없었고 그가 시도하려는 줌 비행에는 지그재그로 이동할 일도 전혀 없었다. 줌 비행은 12킬로미터 상공까지 일반적인 방식으로 떠오르는 것으로 시작된다. 사막과 거의 13킬로미터 간격으로 멀어진 뒤에, 애프터

버너라 불리는 제트엔진 재연소 장치를 점화시킨다. 그 순간 조종사의 등은 좌석에 꽝 부딪히고 비행기는 27킬로미터까지 상승한다.

그 높이에 도달한 후에는 애프터버너나 제트엔진 중 어느 쪽도 더 이상 작동할 수가 없으므로 조종사도 엔진도 산소가 희박한 대기 한가운데 놓인다. 엔진을 켤 경우 상당한 위험을 감수해야 한다. F-104의 엔진은 공기냉각 방식으로 작동해서, 공기가 부족한 환경에서 연소되면 폭발 위험이 커지기 때문이다. 아래에는 사막이 펼쳐진 지상 27킬로미터 공중에 이용할 수 있는 추진 장치라곤 하나도 없이 놓이게 되는 것이다. 더 높이 올라가거나 기체에 달린 짧은 날개를 이용하려 시도하는 것은 아무 소용이 없다. 그러다가는 27킬로미터 상공에 일부 남아 있던 유효 대기마저 전부 사라질 수 있다. 따라서 이 상태에서는 둥글게 방향을 돌려 아래로 곤두박질치다 고도가 21킬로미터에 이르면 다시 엔진을 켜고 돌아와야 한다.

줌 비행은 비행기의 성능과 파일럿의 패기를 제대로 시험하는 일이었다. 도전할 담력만 있다면 엄청난 즐거움을 얻을 수 있는 일이기도 했다. 보먼은 이미 여러 차례 줌 비행을 시도한 경험이 있었고 한 번도 사고가 난 적이 없었다. 하지만 그날 아침은 상황이 다르게 흘러갔다. 12킬로미터 상공에 이른 직후, 엔진에서 여태 한 번도 겪어 본 적 없는 반응이 나타나기 시작했다. 엔진이 터져버린 것이다. 꽝 하고 터지는 소리가 그의 귀에 들릴 정도였고 기체가 거칠게 덜컹거리는 동시에 조작 패널에 빨간색 불이 켜지면서 심각한 위험을 알렸다.

교과서대로라면 이런 순간에는 엔진을 비롯해 작동 중이던 모든 장치를 끄고 화재 위험을 줄여야 했다. 조종사가 기체에서 탈출하면 안 된다. 초음속으로 날아가며 공기에 몸이 노출되는 건 맨몸으로 건물 벽에 부딪히는 것이나 마찬가지였다. 무동력 착륙, 즉 추진 동력이 없는 상태에서 활주로로 돌아오는 것이 이론상으로 가능할진 몰라도 12미터 상공에서 마하 속도로 곤두박질치다가 동력이 끊긴 기체를 착륙시키는 일은 시도해 볼 가치가 없었다.

괜찮은 선택지가 희박한 상황에서 보먼은 희망이 거의 없는 결정을 내렸다. 엔진을 다시 켜보기로 한 것이다. 절반은 망가진 엔진이 과연 본래의 기능을 수행할 수 있을지는 알 수 없었다. 다시 켜지더라도 또 다시 폭발이 일어날 가능성이 컸고 그로 인해 기체가 완전히 산산조각 날 수도 있었다.

보먼은 점화장치를 가동했다. 엔진에서 큰 소음이 났지만 연소가 이루어졌다. 계기판에 다시 불이 들어오고 기체에서 금속이 부딪히는 소리가 들리며 크게 흔들리기 시작했다. 그 상태로 엔진이 3분 동안 돌아갔다. 바짝 마른 호수 바닥이 시야에 들어올 정도의 높이까지 충분히 하강할 수 있는 시간이었다. 조종석을 빠져나갈 수 있는 높이까지는 온 것이다. 보먼은 지금 탈출해야 한다는 사실을 알았지만, 거기까지 끌고 내려온 이상 비행기를 활주로에 착륙시켜야 한다는 원칙을 저버릴 수 없었다. 그래야 엔지니어들이 비행기를 분해해 이상이 생긴 과정과 이유를 밝혀낼 수 있기 때문이다.

보먼은 검게 그을린 항공기를 활주로에 착지시켰다. 그리고 항공기의 지상주행이 끝나자마자 조종석에서 튀어나와 파일럿이 반드시 지켜야 하는 규칙을 또 어겼다. 타고 있던 기체에서 최대한 빨리 달아나버린 것이다. 기체는 현장에 속속 모여들던 소방차가 다 수습할 터였다.

일단 위험에서 완전히 벗어난 보먼은 사무소에 도착하자마자 결혼한 파일럿으로서 반드시 지키기로 한 약속을 이행했다. 바로 아내에게 전화를 거는 일이었다.

수전은 남편의 일이 아주 위험하다는 사실을 잘 알고 있었다. 그러나 얼마 전 에드워드 공군기지 상공에서 발생한 F-89와 T-33의 충돌 사고를 직접 목격했을 때, 프랭크가 두 항공기를 모두 운전한 적이 있다는 사실을 떠올린 수전은 평소와 달리 다급히 사고 현장으로 달려갔다. 사고가 난 파일럿 중 남편이 포함된 것은 아닌지 확인해야 했던 것이다. 그러나 현장에 미처 도달하기도 전에 군 보초에게 집에 돌아가 있으라는 명령을 들었다. 발길을 돌린 수전은 집에 가는 대신 공군 장교를 남편으로 두어 비슷한 상황을 겪은 적이 있는 이웃집으로 향했다. 이웃집 부인은 수전이 진정할 수 있도록 토닥이며 에드워드 기지의 규칙을 설명해주었다.

"생각처럼 할 수가 없어요. 앉아서 기다리는 수밖에 없답니다."

프랭크는 사고가 난 두 비행기 중 어느 쪽에도 타고 있지 않았지만 수전이 느낀 충격은 쉬이 가라앉지 않았다. 그래서 프랭크는 앞으로 기지에서 사고가 발생할 때마다 최대한 빨리 연락하기로 약속했고 그 약속을 지킨 것이다.

그는 아내가 전화를 받자마자 상황을 설명했다.

"문제가 생겼다는 이야기가 들릴 거요. 소방차가 돌아다니는 모습도 보일 거고. 내가 일으킨 문제요. 그리고 나는 괜찮소."

수전은 통화를 했으니 안심이 된다고 대답했다. 그가 어떤 일이 있어도 비행기를 안전하게 몰 것임을 믿는다고, 또 괜찮다니 매우 다행이라고도 말했다. 하지만 시험 비행에 임하는 파일럿의 모든 아내가 자주 하는 말을 입 밖에 꺼내지는 못했다. "일단 이번에는 다행이라는 거예요."

· + ✦ ·

보먼은 어린 시절부터 하늘을 날고 싶었지만 그 꿈이 좌절될 뻔한 일을 겪었다. 그것도 그가 경애해 마지않던 공군에서 일어난 일이었다.

프랭크는 1928년 인디애나주 개리시에서 에드윈 보먼과 마조리 보먼의 외동아들로 태어났다. 그의 부친은 차량 정비소를 운영했는데, 그 덕분에 보먼의 식구들은 대공황 초기 경제적으로 허덕이던 이웃들과 같은 처지에 놓이지 않았다. 보먼은 고향에서 삶을 쭉 이어갈 수도 있었지만 보먼의 가족들이 개리시에서 행복하게 잘 살려면 꼭 필요한 조건을 너무 가볍게 생각한 탓에 그럴 수 없었다. 바로 차가운 공기와 묵직한 습기가 대기를 가득 채우는 이 지역의 기후 특성을 견딜 수 있어야 한다는 조건이었다. 인디애나

주민들은 대부분 이 기후를 잘 견뎌냈지만 어린 프랭크는 아니었다. 프랭크의 코에 병이 들고 수시로 감기에 걸리는 상황이 이어지다 귓바퀴 뒤쪽 유양돌기에 감염이 발생해 학교에 못가는 일이 빈번해졌다. 가족 주치의는 아이를 얼른 건조하고 따뜻한 곳으로 데려가야 한다고 경고했다. 이대로 성장하면 청력을 아예 잃게 될지도 모른다는 것이었다.

그리하여 프랭크의 가족은 개리에서의 삶을 포기하고 애리조나주 투손으로 이사했다. 거처를 옮기자 프랭크는 한결 튼튼해져 학교에도 잘 다니고 체격도 건장해졌다. 그는 비행기 모형을 만들기 시작했고 그 수가 하나둘 늘어갔다. 공군이 중대한 역할을 해냈던 2차 대전이 종전된 이듬해 고등학교 졸업반이 된 프랭크는 평생을 걸고 진짜 비행기를 조종하기로 결심했다. 최고의 항공기를 몰 수 있는 가장 좋은 방법은 육군사관학교인 웨스트포인트에 들어가는 것이고, 거기서 공군을 선택해야 한다는 사실도 잘 알고 있었다.

하지만 사관학교에 지원서를 내고 입학하려면 반드시 지역 의원의 추천서를 받아야 하는데, 지원을 하기로 마음을 정했을 때는 시간이 너무 촉박했다. 해결 방법을 찾던 프랭크는 평소 알고 지내던 이웃의 지역 판사를 찾아갔다. 판사에게는 보면보다 어린 아들이 하나 있었는데 늘 법에 어긋나는 문제를 일으키는 말썽쟁이였다. 보먼이 아주 착실한 아이임을 알아본 그는 혹시 비행기 모형 만드는 취미를 자기 아들에게도 좀 가르쳐줄 수 있겠냐고 부탁했다. 아들이 길거리를 나도는 생활을 접고 다른 데 관심을 쏟도록 하기 위해서였다.

"한 번 해보겠습니다." 보먼은 흔쾌히 응했다.

"그저 부탁일 뿐이다. 네가 해낸다면 분명 칭찬할 만한 일이 되겠지만, 성과가 없어도 너를 비난할 사람은 아무도 없을 거다." 판사가 말했다.

하지만 보먼은 해냈다. 1946년은 하늘을 날고 싶은 열망에 물들기 쉬운 때였고, 특히 보먼은 그런 열정을 유독 잘 옮기는 아이였다. 보먼과 판사의 아들은 방과 후는 물론 주말에도 항공기 모형을 만들었고 말썽쟁이 아들은 서서히 고분고분한 아이가 돼갔다.

웨스트포인트에 들어가려는 보먼의 열망이 얼마나 큰지 일찌감치 알고 있었던 판사는 그 성과에 대한 감사의 표시로 직접 참전군인 출신의 지역 의원 딕 할리스Dick Harless에게 보먼의 추천서를 써달라고 부탁했다. 할리스 의원은 그러겠다고 했지만 보먼이 웨스트포인트의 입학 전형 일정에 상당히 늦었다는 사실은 변함없었다. 웨스트포인트가 보먼에게 해줄 수 있는 최선의 조치는 합격 대기자 4번의 자리를 주는 것이었다. 합격 통보를 받은 세 사람이 입학을 거절해야만 보먼이 들어갈 수 있는 것이다. 그렇게 기약 없는 기다림이 시작되고, 불가능한 일이 벌어졌다. 사관후보로 결정된 합격생들이 하나둘 자신이 웨스트포인트와 맞지 않는다는 결정을 내린 것이다. 결국 보먼은 엄청난 놀라움을 안고 빡빡 깎은 머리로 1950년 웨스트포인트 신입생이 됐다.

이미 예상했듯이 보먼은 웨스트포인트의 모든 것이 너무나 좋왔다. 대공황을 겪으면서 가족들이 살아남을 수 있었던 건 쉬지 않고 일에 매진해온 아버지 덕분이었고, 그 모습을 보고 자란 보먼은 아버지처럼 고등학교 시절을 이어갔다. 육군사관학교에서도 같은 원칙을 지켰다. 보먼은 머리가 깨질 것처럼 어려운 공부, 엄격한 규율, 상하가 철저히 구분된 시스템 속에서 가장 낮은 단계에 함께 진입한 동급생들끼리 점점 깊어가는 동지애, 모든 게 더없이 마음에 들었다.

심지어 보먼은 여타 신입생들과 달리 선배들이 준비한 고달픈 신고식을 참고 견디면서 스스로를 다잡는 방법까지도 익혔다. 물론 그 과정은 쉽지 않았다. 차려 자세로 등을 꼿꼿하게 펴고 시선은 정면을 향한 상태에서 침묵 속에 식사를 한다든가, 깔끔하게 정돈된 침상을 선배가 일부러 엉망으로 만든 다음 다시 정리하라고 지시해도 군소리 없이 복종해야 하는 일도 있었다. 그러면서 보먼은 웨스트포인트에서 반항하는 요령을 배웠다. 가끔, 신중하게 기회를 잘 노리다 보면 명령에 불복하지 않고도 되갚아줄 수 있는 타이밍이 찾아온다는 것을 알게 된 것이다.

신입생 초기에 보먼이 다른 학생들과 일렬로 서 있을 때, 하급생들을 무자비하게 괴롭히는 것으로 소문이 자자한 선배가 다가왔다. 신입생들을 찬찬히 뜯어보던 그는 광이 나도록 신발이 잘 닦여 있는지 유독 관심을 보였고, 보먼의 신발에 눈길이 닿자 가던 걸음을 멈추더니 입을 열었다.

"보먼, 자네 신발 상태가 별로 좋지 않은데."

"네, 그렇습니다." 보먼은 훈련받은 대로 그와 눈이 마주치지 않도록 정면을 응시하면서 대답했다.

"이제는 상태가 한층 더 안 좋아졌군."

발을 들어 뒤꿈치로 보먼의 발등을 밟아 누르면서 그가 한 말이었다.

발등의 얇은 뼈 마디마디에 전해지는 고통을 꾹 참으며 그대로 서 있던 보먼은 낮은 음성으로 재빨리 말했다.

"야 이 개자식아, 한 번만 더 그랬다간 죽여 버린다."

상대는 일순간 입을 다물었다. 주변에 서 있던 신입생들도 분명 보먼의 말을 들었지만 애써 못 들은 척했다. 웨스트포인트에서 그런 불복종 행동은 본격적인 교육을 받기도 전에 퇴출당할 위기로 이어질 수 있다는 사실을 모두가 알고 있었다. 발을 밟은 선배는 우뚝 서서 보먼을 쳐다보더니 그대로 가버렸다. 보먼의 과감한 반항이 승리한 것이다. 그가 할 수 있는 선에서 끌어모은 정보에 따르면, 문제의 상급생은 이미 다른 학생들을 괴롭히는 가해자로 워낙 악명이 높아서 학교 측에 더 이상 문제가 알려지면 안 되는 상황이었다.

사관학교에서 보먼은 빠른 속도로 두각을 나타냈지만 딱 한 가지 분야는 예외였다. 바로 스포츠였다. 특히 웨스트포인트에서 제대로 된 스포츠라고 이야기할 수 있었던 유일한 종목인 미식축구가 그랬다. 투지는 넘쳤지만 174센티미터 정도의 키에 70킬로그램의 체구가 아무래도 선수에는 적합하지 않았기 때문이다. 그럼에도 보먼은 미식축구 팀에 들어갔고, 팀이 내줄 수 있는 유일한 역할인 매니저로 활동했다. 사실 선수들의 장비를 챙기는 보조에 더 가까웠지만 팀 전체를 관리하고 스케줄을 조정하는 일에도 참여했다.

보먼은 맡은 일을 곧잘 해냈다. 팀의 헤드코치로 기술적인 부분을 관리하던 대학 미식축구계의 기념비적인 인물, 얼 블레이크Earl Blaik나 공격라인의 젊은 코치로 활동하던 빈스 롬바디Vince Lombardi와 같은 인물들과 함께 일한 덕분에 가능한 일이었다. 블레이크는 여러모로 보먼과 비슷한 점이 많았고 사람을 즐겁게 하는 롬바디의 독특한 행동들은 모두에게 경외의 대상이었다. 하지만 보먼은 무엇보다 매니저의 역할, 즉 단순하면서도 핵심적인 자리가 마음에 들었다. 운동장에서는 팀에 별 도움이 되지 않지만 팀 전체가 무너지지 않도록 꼭 필요한 지시를 내리는 것이 그의 소임이었다.

이렇게 어린 신입생 보먼은 군대식 생활에 제대로 적응해서 웨스트포인트에서 4년의 시간을 보낸 후 총 670명의 동급생 가운데 8등의 성적으로 졸업했다. 그토록 바라던 공군에 지원하고 충분히 합격할 수 있을 만한 우수한 성과였다. 보먼은 졸업 후 네바다 남부에 위치한 넬리스 공군기지에 배치돼 F-80 제트 전투기를 조종하는 훈련을 받고 1951년 중에 한국 전쟁에 참전할 예정이었다.

이렇듯 보먼의 삶은 계획했던 대로 순탄하게 흘러갔지만 한 가지 중요한 부분은 예외였다. 여러 동급생들과 달리 웨스트포인트 재학 시절 대부분을 진지하게 사귀는 여자 친구 하나 없이 보낸 것이다. 졸업 후에 결혼할 사람이 없었던 것도 그 때문이었다. 이 문제는 보먼 자신을 탓할 수밖에 없었다.

고등학교 재학 시절, 보먼은 수전 벅비Susan Bugby라는 금발의 소녀에게 푹 빠졌다. 처음에는 너무 떨려서 수전에게 제대로 다가가지도 못했지만 마침내 마음을 드러내자 상대도 보먼에게 관심을 보였다. 얼마 지나지 않아 보먼은 평생 함께할 여자를 만난 것 같다는 느낌을 받았다. 사랑에 풋내기였던 그는 사랑하는 여자가 있고 그녀도 나를 사랑한다면 굳이 다른 사람을 만나야 할 필요가 있느냐는 생각이 들었다.

보먼이 웨스트포인트에 입학할 날을 앞두고 있을 때 두 사람은 보먼의 졸업에 맞춰 결혼을 하기로 약속했다. 그러나 사관학교에서 보낸 첫해 보먼은 학업에 매진하면서 수도승처럼 사는 방식이 공군이 되기에는 더 알맞다는 결론을 내리고 수전과의 연애를 끝내고 말았다. 보먼에게 웨스트포인트에 소속된 이상 훈련을 받는 것과 사랑을 하는 것은 둘 중 하나만 택해야 할 사항이지 전부 가질 수 있는 일이 아니었다.

그러나 결단을 내린 직후부터 후회가 밀려왔다. 졸업할 때까지 내내 수전을 그리워했던 보먼은 졸업하자마자 펜실베이니아 대학교에서 치위생학을 공부하던 수전에게 편지를 썼다. 곧 소위가 될 그는 이제 웨스트포인트 생활도 끝났으니 지금이라도 관계를 되돌리고 싶다고 털어놓았지만 수전이 보낸 답장에는 아직 보먼이 궁금한 건 사실이지만 상황이 바뀌었다는 이야기가 적혀 있었다. 고향에서 알고 지내던 남자와 만나고 있으며, 그 사람은 자기 일에 관심을 쏟느라 여자 친구를 내팽개칠 만한 사람은 아닌 것 같다는 설명도 덧붙였다.

지고는 못 사는 고집스러운 성격에 젊은이 특유의 자신만만함이 더해져, 보먼은 수전의 답을 완전한 거절은 아니라는 의미로 받아들였다. 그래서 이후에도 몇 달 동안 수전에게 계속 편지를 보냈다. 놀랍게도 수전 역시 꾸준히 답장을 보냈다. 그는 수전의 가족들이 어떻게 지내는지 안부를 묻고 학교 공부에 대해서도 관심을 보였다. 수전은 보먼의 부모님의 안부와 웨스트포인트 생활은 어땠는지 궁금해했다. 보먼은 혹시나 수전이 관심이 있을까 싶어서, 물론 그렇지 않다고 해도 충분히 이해하겠지만 자신은 수전과 헤어진 후 단 한 번도 다른 여자를 진지하게 만난 적이 없다고 이야기했다. 수전은 기분 좋은 이야기지만 자신은 그렇지 않았다고 답장했다.

그렇게 연락을 주고받던 어느 날, 수전은 프랭크에게 혹시 궁금해할까 봐 하는 말이라며, 만나던 남자 친구에게 생각했던 것만큼 별로 신경이 안 쓰인다는 생각이 들어서 헤어졌다고 전했다. 보먼은 곧바로 편지를 보내 그 소식을 들으니 아주 많이, 너무너무 기쁘다고 이야기했다. 그러면서 넬리스 기지로 떠나기 전에 고향인 투손에 가서 부모님을 만날 계획인데, 괜찮으면 저녁식사를 함께하자고 제안했다. 수전의 답은 오케이였다.

보먼은 도심에서 25킬로미터 떨어진 사막 지역에 자리한 조용하고 우아한 레스토랑을 골랐다. 결혼한 사람들은 물론 결혼 전인 사람들이 편안한 시간을 보낼 수 있는, 수영장까지 딸린 이탈리안 레스토랑이었다. 춤을 즐길 수 있는 공간이 있다는 것도 확인했다.

저녁을 먹고 함께 춤을 추면서 보먼은 미래 계획과 가족을 꾸리고 싶다는 마음을 수전에게 털어놓았다. 그 모든 계획은 오직 수전과 함께여야 가능하다는 말도 잊지 않았다. 그러면서 같이 나눈 추억을 내팽개친 것은 정말 멍청한 일이었다고 이야기했다. 다시 시간을 되돌릴 수 있다면, 백만 번을 되돌려도 절대 같은 실수를 반복하지 않을 거라는 맹세도 이어졌다. 무척이나 감동받은 수전은 자기도 사실 늘 같은 마음이었다고 고백했다. 그 말을 듣자 보먼은 막혔던 숨통이 트이는 것 같았다. 그리고 이제 딱 한 가지만 남았다고 확신했다. 바로 수전에게 청혼하는 것이었다. 물론 어디서 어떻게, 언제 해야 할지를 고민해야 했다.

레스토랑을 나온 두 사람은 투손으로 향했다. 한창 도로를 달리던 보먼에게 지금이야말로 딱 알맞은 때라는 생각이 스쳤다. 사막과 도심 사이의 이 도로, 평소라면 그리 특별할 것 없는 그 지점이야말로 가장 적합한 장소인 것 같았다. 그는 차를 세우고, 끌어모을 수 있는 모든 용기를 동원해 수전에게 말했다.

"우리 결혼하자."

수전 역시 보먼처럼 돌려 말하지 않고 대답했다. "그래, 좋아."

프랭크는 두 눈을 빛내며 재킷 주머니에 손을 넣었다. 그리고 혹시 이날 저녁식사가 몇 년 전 자신이 저지른 끔찍한 실수를 만회할 수 있는 기회가 될지도 모른다는 희망으로 얼마 전에 사두었던 반지를 꺼냈다. 수전은 그의 반지를 받아들였다.

이렇게 해서 사랑에 취한, 고집불통 스물두 살의 보먼 소위에게 약혼자가 생겼다.

네바다의 넬리스 공군기지는 젊은 군인 장교와 갓 결혼한 아내가 가정을 꾸리기에 그럭저럭 괜찮은 환경과 전투 비행을 배우기에 아주 훌륭한 환경이 갖추어진 곳이었다. 또한 기지에 배치된 조종사 모두 머지않아 자신들의 기술을 필요로 하는 일이 주어지리란 사실을 분명하게 알고 있었다.

보먼이 졸업한 해, 소비에트의 지원을 받은 북한은 한국을 둘로 나눈 38선과 표면적으로 지정된 비무장지대를 건너 대규모 공격을 감행했다. 북한군은 3일 만에 미국이 지원하는 남한에서 7만 5000명의 목숨을 빼앗고 서울까지 도달했다.

넬리스 기지의 병사들은 이 전투에 나갈 날을 기다렸다. 훈련도 한층 강화돼 언제든 신속하게 전장에 나갈 태세를 갖추었다. 웨스트포인트에서 빛나는 활약을 펼쳤던 보먼은 비행사로서 제대로 실력을 보여 줄 기회만을 노렸다. 하지만 그런 결심은 아주 어처구니없는 사태로 이어졌다.

넬리스 공군기지에 배치되고 몇 개월이 흐른 어느 오후, 보먼은 급강하 폭격 훈련을 위해 F-80에 올랐다. 전장에 배치될 경우 필요한 기술을 좀 더 확실하게 다듬기 위해서였다. 보통 한두 시간 정도 소요되는 훈련이지만 그날 보먼은 심한 두통 감기에 걸린 상태였다. 아주 오래전 가족 전체가 개리 시를 떠난 이후로 보먼은 귀나 코 건강에 문제가 생긴 적이 거의 없었고 어린 시절 만성 감염에 시달린 여파가 남아 있었더라도 스스로 인지할 만큼 크게 드러난 적도 없었다. 그래서 보먼은 머리가 좀 띵하긴 했지만 예전부터 늘 시달린 증상이라 특별히 불편하다고 느끼지 못한 채 그대로 비행기에 올랐다.

급강하 직전, 필요한 고도까지 도달했을 때 보먼에게 머리가 터져버리는 듯한 느낌이 찾아왔다. 귀 안쪽 어딘가 깊숙한 곳에서부터 번개가 내리꽂힌 것 같은 극심한 통증이 시작됐다. 보먼은 고통을 느끼면 자연적으로 나타나는, 아픈 부위를 손으로 감싸는 반응을 억누르려고 안간힘을 썼다. 시속 965킬로미터로 날아가는 전투기 조종석에서 머리를 감싸 쥘 수는 없는 노릇이었다.

이를 바득바득 갈며 겨우 지상에 착륙한 뒤 보먼은 곧바로 기지 내에 근무하는 의사를 찾아갔다. 통증이 한쪽 귀 안쪽에서만 느껴졌다. 의사는 환자의 상태가 아주 심각할 때, 생각했던 것보다 상황이 영 좋지 않을 때 의사들이 흔히 나타내는 반응을 보였다. 낮은 소리로 혀를 끌끌 차던 의사가 말했다.

"고막은 세 겹으로 돼 있습니다. 그게 전부 다 찢어졌어요."

의사는 머리가 심하게 멍멍하다고 느끼고도 무슨 생각으로 비행을 감행했는지는 모르지만, 그 결과가 아주 심각하다고 말했다. 귀가 회복될 수도 있지만 그러지 못할 수도 있다는 것이다. 6주 정도 기다렸다가 다시 검진을 해보기 전에는 어느 쪽일지 예단할 수 없으며 다음 진찰이 이루어질 때까지 보먼의 파일에는 DNIF라는 도장이 찍혀 있을 예정이라는 통보도 전해졌다. '비(非) 비행 근무Duty Not Involving Flying'라는 뜻의 이 네 글자는 파일럿에게 사망선고나 다름없었다.

보먼이 강력히 항의했지만 의사는 뜻을 굽히지 않았다. 보먼이 혈기 넘치는 파일럿답게 소속 부대가 6주 이내에 한국으로 파병을 나갈 예정이라고 말하자, 의사는 그렇다면 당신을 제외하고 가야 할 것이라고 말했다. 결국 그의 말대로 보먼만 부대에 남았고, 6주 후 재검을 했지만 보먼의 망가진 고막은 여전히 상태가 좋지 않았다.

얼마 지나지 않아 웨스트포인트 출신의 정식 제트기 조종사 보먼 소위도 마침내 태평양을 건넜다. 그의 종착지는 필리핀의 평화로운 임시 숙소였다. 주둔 지역은 아내 수전과 몇 주 전에 태어난 아들 프레데릭까지 데리고 와서 함께 지낼 수 있을 정도로 평온했다. 보먼에게 주어진 역할은 도로와 토지를 관장하는 일로, 기지의 유지보수를 총괄하는 것이 그의 몫이었다. 지상 근무를 해야 하는 비행사들 중 직무에 '땅'이 들어가 있는 이런 일보다 훨씬 더 수치스러운 일을 맡은 사람도 있었을 테지만 보먼은 그런 것까지 일일이 따지지 않으려고 노력했다.

필리핀 주둔 생활은 처음 걱정했던 것보다 나쁘지 않았지만 전체적으로 상황이 좋지 않아진 건 분명했다. 격납고 대신 차고에서 일하고, F-80 대신 땅 고르는 기계와 증기 롤러를 운전해야 했기 때문이다. 고막의 상태는 여전했지만, 시간이 충분히 흘렀다는 생각이 든 보먼은 비행사로 복직하고 싶다는 신청서를 제출했다. 결과는 승인 불가였다. 그는 다시 한국으로 배치해달라고 신청했다. 최소한 추진전방 항공 통제관으로라도 일하고 싶었다. 이 요청까지 거부당하자 보먼은 아예 공군을 그만두고 일반 군인으로 돌아가겠다는 의사를 밝혔다. 웨스트포인트에서 받은 학위와 소위라는 직위는 남길 수 있다는 생각에서 내린 결정이었지만, 이 역시 불가능하다는 답이 돌아왔다.

절망에 빠진 보먼은 필리핀 기지에 소속된 의사를 찾아갔다. 지난해 만난 모든 의사들이 하나같이 그랬듯 그 역시 보먼의 귀를 진찰하며 안쓰러운 듯 혀를 끌끌 찼다. 그런데 거기서 그치지 않고 이 의사는 파열된 고막을 치료하는 기술을 개발한 마닐라의 여자 이비인후과 전문의를 소개했다. 정확한 기전은 밝혀내지 못했지만 귀의 유스타키오관에 작은 라듐 덩어리를 넣어 고막의 치유를 촉진하는 기술이었다.

보먼은 버스를 타고 마닐라로 향했다. 그리고 마닐라의 의사가 정해 준 시간만큼 기다렸다 다시 군 기지 의사를 찾아가 검사를 받았다. 군 의사는 고막 한 겹이 치유됐고 고막을 보호하는 두툼한 조직까지 새로 생겼지만, 나머지 두 겹은 여전히 망가진 상태라고 진단했다. 결국 DNIF에서 벗어날 수는 없었다.

보먼은 마지막으로 비행 중대 사령관이던 찰스 맥기Charles McGee 소령을 만나 호소해 보기로 했다. 앨라배마주 터스키기에서 항공병으로 근무하며 2차 대전에서 전투 비행에도 여러 번 참여했던 사람이었다. 보먼은 항공병은 힘든 일이지만 20세기 중반 미국에서 흑인으로 살아가는 것도 그에 못지않게 힘든 일이라고 생각했다. 그리고 두 악조건을 이겨낸 맥기가 존경할 만한 대상이자 공정한 판단을 내려줄 사람이라는 생각도 들었다. 보먼은 맥기를 찾아가 한 겹 남은 고막으로도 비행 임무를 수행할 수 있다고 확신하며, 고도나 기타 여건이 어떠하든, 조종석에 압력이 가해지든 그렇지 않든 견뎌낼 자신이 있다고 했다. 문제는 공군에서 정말로 그런지 확인할 기회조차 주지 않는 것이며, 이 상태로 비행을 해보고 고막이 다시 망가진다면 영원히 지상근무만 하게 되더라도 받아들이겠다고도 말했다. 고막이 멀쩡하면 다시 비행을 하고 싶다는 조건도 내걸었다.

맥기는 한 번 확인해 볼 만한 사안이라는 데 동의하고 보먼에게 비행할 기회를 제공했다. 처음에는 T-6으로 시작한 뒤 T-33으로 좀 더 높은 고도까지 직접 비행하기로 했고, 사령관은 비행기에 같이 탑승하여 파일럿이라면 견딜 수 있어야 하는 상황들을 보먼이 모두 이겨낼 수 있는지 지켜봤다. 보먼은 변화하는 압력 조건과 어질어질한 급강하를 아무런 고통 없이 무난하게 이겨냈다. 보먼이 탄 비행기가 착륙하자 맥기는 미소를 보내며 말했다.

"의사를 다시 만나 보는 게 좋겠군." 보먼이 쏜살같이 의사에게로 향하려는 찰나, 맥기는 다시 덧붙였다. "가서 있는 그대로 이야기하게."

보먼의 귀를 진찰한 의사는 별반 다를 것 없는 결과를 내놓았다. 회복된 고막은 멀쩡하지만 그 외에 나아진 기미는 없다는 것이다. 보먼은 의사가 말을 끝내기 전에 끼어들었다.

"선생님, 사실 저는 맥기 소령님과 함께 비행하고 온 길입니다." 의사의 얼굴에 놀란 동시에 다소 불쾌한 표정이 떠올랐다. 보먼은 오만한 내색 없이 나머지 사실도 전했다. "심지어 T-33을 조종했어요."

"내가 맥기 소령에게 연락해서 확인해 봐야겠네. 특히 T-33을 몰았다는 그 부분을 말일세." 의사의 답이 돌아왔다.

의사는 보먼에게 돌아가라고 한 뒤 맥기에게 전화를 걸었다. 맥기는 의욕 넘치는 젊은 중위가 전한 이야기가 다 사실이라고 설명했다. 의사는 그래도 회의적인 마음을 씻을 수 없었다. 의학 전문가로서는 그럴 수밖에 없었다. 하지만 맥기는 비행기 조종사였고, 보먼과 적잖이 힘든 하루를 함께 보낸 결과 보먼이 아주 멀쩡하다는 것을 확인해 준 것도 사실이었다. 보먼의 중대 사령관인 맥기는 조국을 지키고자 하는 열망이 아주 뜨거운 청년이 충분히 그 역할을 해낼 수 있다는 것을 입증했으니, 날개를 되찾아 주는 것이 어떻겠느냐고 제안했다.

결국 의사는 그 말에 따르기로 했다. 얼마 후 보먼의 집에 다음과 같은 내용이 담긴 공식 통지문이 도착했다. "프랭크 보먼 중위를 비행 업무에 복직시키기로 한다."

그로부터 10년간 보먼은 그토록 열망하던 비행을 거의 녹초가 될 때까지 무수히 해냈다. 수전과 큰 아들 프레데릭, 19개월 차이 나는 둘째 아들 에드윈까지 네 식구는 군에서 명령하는 대로 미

국 곳곳의 여러 기지를 옮겨 다녔다. 에드워드 공군기지에서 줌 비행을 연습하던 1961년에는 파일럿이라면 누구나 소망할 만한 지위에 도달하여 오래전부터 보먼이 비행사로서 꿈꿔온 목표를 성취했다. 하지만 그는 항상 어딘가 부족함을 느꼈다.

2차 대전이 한창일 때 보먼은 너무 어렸고, 한국 전쟁은 참전할 기회가 있었지만 지상 근무를 해야 했다. 가장이 된 서른세 살의 보먼은 일생을 걸고 전투 훈련을 받았지만 실제 전투에 참가할 가능성은 점점 희박해지고 있다는 사실을 깨달았다. 1956년 헝가리 혁명 이후 감돌기 시작한 전쟁 위기가 마지막 기회였지만 미군 병력이 투입된다 해도 보먼보다는 더 젊은 비행사들이 먼저 선발될 확률이 높았다. 참전 기회를 놓친 것이다.

그러나 당시 세계에는 피로 얼룩진 무력 전쟁과는 다른 전쟁이 시작되고 있었다. 바로 미국과 소련의 냉전이었다. 미국은 소련이 헝가리에서 벌인 것과 같은 돌출 행동을 되풀이할 경우에 대비하여 군사를 키웠다. 미국 서부 곳곳에 배치된 아틀라스, 타이탄, 미니트맨 미사일 격납고마다 병력이 배치돼 소련의 미사일에 대응할 태세를 마쳤다. 전략사령부의 B-52와 탄도유도탄이 실린 잠수함도 가동돼 미국의 핵 자산을 보호하기 위해 24시간 대비했다.

이와 더불어 미국에는 냉전의 전사 일곱 명이 있었다. 1959년, 군에서 선발돼 은색 우주복을 입고 등장한 이들은 제트기가 아닌 로켓 조종법을 배웠다. 사상 최대의 높이에서 가장 빠른 속도로 이루어지는 전투, 바로 우주에서 벌어지는 소련과의 경쟁에서 승리하기 위해 선발된 군인들로 새로운 전쟁에 참가한 최초의 전사라고 할 수 있었다.

로켓으로 벌이는 전쟁은 실제 전투라고 볼 수 없다고 생각하는 사람이라면 반드시 알아두어야 할 사항이 있다. 폭발성 연료가 가득 채워진 아틀라스 로켓에서 약 30미터 높이에 이르는 로켓 부스터 꼭대기에 오르는 일은 전투 비행 못지않게 위험한 일이다. 구체적인 승산비를 계산할 수는 없더라도 그 정도는 인지할 수 있을 것이다.

미국 최초의 우주 비행사들이 누리는 인기는 점점 커져갔다. 연이은 언론 인터뷰부터 돈 한푼 내지 않고 콜벳 차량을 몰 수 있는 기회까지 주어지면서, 파일럿의 기준에서는 상당한 부를 쌓은 것도 사실이었다. 냉전의 전사들이 획득한 개인적인 이득은 보먼에게 큰 의미가 없었지만 공군 전체에 주어지는 영광은 다른 이야기였다.

그러나 1961년 당시, 보먼이 가장 소중하게 생각해온 공군은 이 분야에서 역량을 제대로 발휘하지 못했다. 최초의 우주 비행사 일곱 명 가운데 공군은 거스 그리섬Gus Grissom과 디크 슬레이튼, 고든 쿠퍼Gordon Cooper까지 세 명이 전부였다. 해군이라면 이 정도로도 만족했을지 몰라도. 공군은 이름부터가 하늘을 나는 것이 기본이다. 보먼에게 일곱 명 중 세 명은 미흡한 성적이었다. 그리고 때마침 이 첫 번째 우주 비행사들이 비행을 시작하기도 전에 두 번째 우주 비행사 선발이 시작됐다. 총 아홉 명이 선발돼 1인승 우주선인 머큐리 호가 아닌 2인승 우주선 제미니 호로 비행할 예정이며, 나중에는 총 세 명이 아폴로 호에 오를 예정이라는 이야기가 들렸다. 아폴로 호는 달 탐사도 예정돼 있었다.

캘리포니아의 에드워드 공군기지를 비롯해 오하이오 라이트 패터슨 공군기지, 메릴랜드주 파투센강 인근의 해군 항공국에 근무하던 파일럿들은 미 항공우주국NASA에 조용히 신청서를 제출했다. 보먼도 마찬가지였다. 공군을 제외한 다른 군에서는 주어진 직위를 버리고 다른 일을 하는 것이 옳은지, 심지어 그것이 과연 국가에 충성을 다하는 일인지를 두고 엇갈린 견해가 오갔고 이로 인해 우주 비행을 지원하더라도 극비리에 조용히 처리하는 사람들이 대부분이었다. 반면 공군에서는 우주 비행사에 지원할 것을 적극적으로 독려했다. 2차 대전 당시 유럽과 태평양에서 벌어진 폭격 작전에 모두 참전하고 공군 참모총장을 지낸 커티스 르메이Curtis LeMay 장군의 말이 상황을 잘 보여 준다. 콘크리트 말뚝에 비유되던 이 강철 같은 장군은 NASA에 지원서를 낸 공군 장교들을 워싱턴에서 한자리에 모았다. 보먼도 참석했다.

"여러분 중 NASA에 지원하는 것이 공군을 버리는 행위라고 생각하는 사람이 있다는 이야기를 들었습니다."

무서운 사람이라는 인상에 한몫을 했던 특유의 으르렁대는 목소리로 르메이 장군이 말문을 열었다.

"여러분은 공군을 버리는 것이 아닙니다. 전쟁을 피해서 숨는 것도 아닙니다. 냉전은 진짜 전쟁, 그 어떤 전쟁만큼이나 실질적인 전쟁입니다. 가서 싸우세요. 그리고 공군의 명예를 드높여 주길 바랍니다."

보먼이 바라던 격려와 용서가 모두 담긴 말이었다. 신청서를 제출하고 얼마 지나지 않아 보먼은 수 주에 걸쳐 극히 까다로운 신체검사를 비롯해 우주 개발 사업에 필요한 여러 가지 시험을 거쳤다. 비행 시험이나 기술 시험, 지능 검사는 별 걱정 없이 치를 수 있었지만 의학적인 검사는 그렇지 않았다. 한 겹만 남은 고막으로 제트기는 조종할 수 있었지만 우주 비행에도 상태가 적합한지 그로선 알 도리가 없었다. NASA 소속 의사가 그의 귀를 처음으로 검사하는 날이 올 때까지 보먼은 두려움에 떨며 지냈다.

마침내 보먼의 신체검사가 실시되는 날, NASA의 의사가 그의 다친 귓속에 현미경을 집어넣고 살펴보더니 믿기 힘들다는 뜻으로 작게 휘파람을 불었다.

"이것 좀 보게." 그가 다른 의사를 불렀다. 호출된 의사가 다가와 현미경을 들어 보더니 똑같이 휘파람을 불었다. 두세 번 같은 상황이 이어지고, 마지막으로 책임자로 보이는 의사가 나타나 현미경을 들여다보았다.

"젊은이, 이쪽 귀가 불편한가?"

그 의사가 보먼에게 물었다.

"그렇지 않습니다. 귀는 전혀 불편하지 않습니다."

보먼은 한 치의 틈도 두지 않고 재빨리 대답했다. 의사는 잠시 생각에 잠긴 후 말했다.

"그렇군. 자네가 불편하지 않다면, 나도 신경 쓸 필요가 없다고 생각하네."

보먼을 뛸 듯이 기쁘게 만든 답이었다.

에드워드 기지로 돌아온 보먼은 NASA의 결정만 기다렸다. 기다림은 그리 길지 않았다. 1962년 봄의 어느 아침, 보먼은 당시 우주 사무국장 자리에 있던 슬레이튼의 전화를 받았다. 합격 소식이었다. 우주 비행사가 된 것이다. 수화기를 내려놓고 신나게 주먹을 휘두르며 승리감을 표출한 그는 곧장 집으로 달려갔다. 대문을 들어서는 보먼을 보자마자 수전은 굉장히 좋은 일이 일어났다는 것을 직감했다. 남편을 속속들이 잘 아는 아내들이 하는 대로, 수전은 '어서 말해 봐요'라는 뜻으로 고개만 까딱해 보였다.

"저기, 있잖아." 보먼은 갑자기 자신이 전할 소식을 겸허히 받아들여야겠다는 생각이 들었다. "내가 선발됐대."

더 캐물을 것도 없었다. 수전은 그저 남편에게 두 팔을 두르고 꼭 안아 주었다. 공군 장교의 가족으로 살면서 체득한 또 한 가지 방식이자, 두 사람만이 느낄 수 있는 감정이었다.

보먼은 두 번째로 소식을 전해야 할 대상이 누구인지 잘 알고 있었다. 척 예거였다.

"대령님, 좋은 소식을 알려드리려고 왔습니다."

"그래, 뭔가?" 책상 앞에 앉아 있던 예거는 소식에 별로 관심 없다는 투로 물었다.

"방금 전에 NASA에서 제가 우주 비행단에 선발됐다는 소식을 들었습니다."

예거는 고개를 끄덕이고 잠시 침묵을 지킨 뒤 말을 이었다.

"자, 그럼 이제 자네는 공군과 작별을 하게 되겠구먼."

그리고는 다시 읽고 있던 서류로 눈을 돌렸다. 직위해제가 된 것이냐고 굳이 되물을 필요도 없었다.

2 머큐리 계획

1962~1964년

NASA 사람들은 쇼에 상당한 소질이 있는 데다 언론이 궁금해 못 견딜 만한 스토리를 내놓는 데에도 일가견이 있었다. 근사한 로켓과 늠름한 우주 비행사들, 매력적인 가족들이 등장하는 신문과 잡지의 이야기들을 읽다 보면, NASA가 독자들이 호기심을 갖는 업무를 다 보여 준다고 믿을 수밖에 없었다. 그러나 중대한 비밀을 잘 단속하는 것 역시 NASA의 특기였다. 그 비밀이란 엔지니어들이 일하는 시간의 절반가량은 일이 실제로 진행되는 것처럼 꾸미는 데 할애한다는 것이었다. 물론 제정신이 박힌 사람이라면 시민들이나 언론에 이런 이야기를 절대 흘리지 않았다. NASA가 계속 유지되도록 자금을 대주는 의회에는 더 말할 것도 없었다. 하지만 기관이 설립될 때부터 임기응변으로 해결해야만 하는 돌발 상황은 심심찮게 발생했다. 초기 구성원의 대다수가 버지니아주 햄튼 출신이었다는 사실을 감안하면 그리 놀라운 일이 아닐지도 모른다. 미국에서도 온갖 괴짜들이 수두룩한 동네로 유명한 곳이 바로 햄튼이었다.

뉴포트 뉴스 남쪽, 체서피크만으로 쉽게 오갈 수 있는 버지니아 해변 북쪽의 지역인 햄튼은 수 세대에 걸쳐 지극히 조용한 곳이었지만, 20세기 초 미국 정부가 항공 산업에 조바심을 내면서 분위기가 바뀌었다. 1903년, 라이트 형제가 세계 최초로 동력 비행기를 발명하면서 항공 분야를 선도한 미국은 위상을 유지할 수 있으리라 확신했다. 그러나 1차 대전이 발발한 지 1년이 되던 1915년, 유럽은 미국의 예상을 완전히 뒤집어놓았다. 전투에 나선 부대들이 전쟁터에서 항공기를 사용할 방법을 무수히 개발한 것이다. 이들이 새로 개발한 전투 기술은 일반 항공 산업에도 쉽게 적용할 수 있었다.

서둘러 대책을 세우지 않으면 항공 산업에서 유럽에 크게 밀릴 수 있다는 사실을 인지한 미국은 국가 항공 자문 위원회NACA, National Advisory Committee for Aeronautics라는 기관을 설립하고, 미국이 다시 선두에 오를 수 있도록 항공 분야를 혁신할 것을 지시했다. 설립 초기 NACA는 전쟁부와 해군성, 기상청에 소속된 열두 명 남짓한 인사들로 구성됐으며 그중 정식 직원은 전체 업무를 총괄하는 관리자 한 사람이 전부였다. 출신 배경은 평범하지만 이름 하나만은 완벽한 인물, 존 F. 빅토리John F. Victory라는 사람이었다.

NACA는 워싱턴은 물론 전쟁부와도 편리하게 오갈 수 있는 햄튼에서 업무를 개시했다. 소규모로 출발한 NACA는 급속히 성장하여 1925년에는 직원 수가 100명을 넘어섰는데, 그때까지도 존 F. 빅토리가 인력의 대부분을 관리했다.

전도유망한 연구시설인 랭글리 항공 연구소를 설립한 데 이어, NACA는 미국 전역에 위치한 여러 연구소를 하나씩 흡수했다. 1차 대전과 2차 대전, 한국 전쟁에서 미국의 공군력을 키우는 데 결정적인 역할을 하고 초음속 비행 기술을 발전시킨 것도 NACA의 업적이었다.

NACA가 빠르게 성장하는 만큼 햄튼도 함께 번성했다. 1950년대에 이르자 햄튼에 정착한 항공 산업 종사자들의 숫자가 기존 주민들의 수를 넘어섰다. 그때부터 상황이 이상하게 돌아가기 시작했다. 길에서 마주치는 사람 중 열에 아홉이 '브레인 버스터Brain Buster'였던 것이다. 브레인 버스터는 나이는 젊은데 정신이 완전히 다른 데 가버린 것처럼 걸어가는 남자에게 햄튼 주민들이 '뇌가 터져버렸다'는 의미로 붙인 별명이었다.

브레인 버스터들은 세탁기나 잔디깎이를 구입하러 상점에 가서는 기계를 뒤집어서 뒤판을 떼어내고 누가 그만하라고 말릴 때까지 내부를 여기저기 만지작거렸다. 그러고 나서 그들은 판매원에게 제품이 어떤 식으로 만들어졌는지 묻고 왜 이러저러한 부품 대신 이 부품이 여기에 사용됐냐고 따지면서, 바보들이라 이렇게 만든 것이지 만약 제대로 설계했다면 회전력이 훨씬 더 높아졌을 거라고 이야기하곤 했다. 그 기계가 어떻게 만들어졌는지 알 리가 없는 판매원은 제품을 팔든 대화를 끝내든, 어느 쪽이든 좋으니 얼른 이 상황이 끝나기만을 바라는 심정으로 그저 그 말이 옳다고 고개를 끄덕일 뿐이었다.

지역민들에게 브레인 버스터들은 다 비슷비슷해 보였지만 그들 사이에서도 유독 두각을 나타내는 인물이 있었다. 햄튼에서 3킬로미터 정도 떨어진 버지니아주 피버스에서 태어난 1924년생 젊은 엔지니어, 크리스 크래프트였다.

햄튼의 공기에 감돌던 신선한 분위기를 충분히 느낄 수 있을 만큼 가까운 곳에서 자란 그는 어린 시절부터 이웃 남자아이들과 마찬가지로 비행기와 관련된 일을 한번 해보면 어떨까 하는 마음을 품었다. 고등학교 시절 과학과 공학 성적도 월등했다. 1940년에 버지니아 폴리테크닉 연구소에 입학한 크래프트는 작은 체구에 건들대는 태도, 무서울 정도의 영민함으로 사람들의 눈에 띄었다. 늘 바짝 날이 서 긴장한 기색이 엿보이던 그는 언제든 그 단단히 조인 나사가 확 풀어질 것만 같은 인상을 풍겼다.

1944년 12월, 대학을 졸업한 크래프트는 딱히 일하고 싶은 마음이 없으면서도 NACA에 지원서를 냈다. 버지니아 폴리테크닉 연구소 졸업자라면 으레 따르던 수순이었기 때문이다. 그가 정말 가고 싶었던 곳은 코네티컷 브리짓포트에 위치한 민간 항공업체 챈스 보트Chance Vought였다. 충분한 자금력과 뜨거운 열정으로 최고의 인재를 모아 능력만큼 보수를 지급하는 곳으로 알려진 회사였다. 크래프트는 챈스 보트의 합격 통보를 받았다. 이어 NACA에서도 합격 소식이 전해졌지만 그리 반가운 뉴스는 아니었다.

크래프트는 버지니아와 맨해튼, 브리지포트에서 이어진 연수를 끝내고 챈스 보트의 사옥 문 앞까지 가서 보안 직원들에게 가로막혔다. 신입직원 명단에 이름이 올라 있지만 서류에 잘못 기재된 부분이 있다는 둥, 출생증명서가 없어졌다는 둥 제대로 알아듣지도 못할 문제를 거론하며 해결될 때까지는 보안 검색대를 통과할 수 없다는 것이었다. 크래프트는 자신을 고용한 사람과 이야기를 하게 해달라고 요청했다. 그의 상관이라면 문제를 해결해 줄 것이 분명했다. 그러나 보안 직원들은 규칙은 규칙이라며, 서류가 완비될 때까지는 인사부서에 연락을 해줄 수 없다고 전했다. 회사가 해줄 수 있는 최대한의 배려라곤, 하루 정도면 다 해결될 가능성이 크니 다음 날 아침까지 기다릴 수 있도록 본사 건물과 분리돼 있는 외국인 직원용 숙소를 내주는 것이 전부였다.

다음 날 아침, 크래프트는 다시 회사 정문으로 갔지만 또 서류 문제가 언급됐다. 상사와 직접 이야기해 이 혼란을 해결해 보겠다는 요청도 거부당했다. 진전될 기미가 보이지 않자, 크래프트는 발길을 돌려 가장 가까운 곳에 있던 공중전화 부스로 향했다. NACA에 전화를 건 그는 자신의 자리가 아직 남아 있는지 확인했다. 기회는 아직 남아 있었다.

그날 바로 버지니아행 기차에 몸을 실은 크래프트는 챈스 보트에 편지를 한 통 보냈다. 민간 분야에서 업체가 앞으로 할 수 있는 일에 관한 내용이었다. 그리고 NACA에 도착하자 고용 계약서를 받아들고 존 F. 빅토리 시절부터 기관에 뿌리내린 특유의 분위기가 물씬 느껴지는 엔지니어들과 한동안 어울린 뒤, 풀 네임으로 꼼꼼히 계약서에 서명을 했다. 크리스토퍼 콜럼버스 크래프트라는 이름이었다.

크래프트는 NACA에서 큰 성공을 거두었다. 그가 당시 받은 연봉 2000달러도 업무에 비하면 상당히 넉넉한 편이었다. 그러나 경제적인 여유나 일에서 느끼는 즐거움은 그의 고약한 성미를 누그러뜨리는 데 전혀 도움이 되지 않았다. 여윳돈이 충분히 모이자, 크래프트는 아내 베티 앤과 함께 햄튼에 집을 지을 땅을 구입했다. 크래프트 같은 엔지니어가 뜨내기 건축업자에게 자기 집을 믿고 맡길 리가 없었다. 그는 직접 설계에 나섰고 특히 벽난로에 애정을 들여 그 일을 해냈다.

음속보다 빠르게 날아가는 비행기의 날개와 기체 위를 공기가 어떻게 지나도록 할 것인지 오랫동안 고심해온 엔지니어인 만큼, 집 안에서 생긴 연기를 연통 속으로 보내는 최상의 방법을 찾는 일쯤은 식은 죽 먹기였다. 그 결과 탄생한 벽돌 벽난로는 일반적인 벽난로들과 비슷한 구석이 전혀 없을 정도로 설계가 독특했다. 크래프트는 이 설계라면 연기가 거실로 거의 새어나오지 않고 전부 굴뚝으로 빠져나갈 수 있으리라 확신했다. 그는 벽돌공들을 섭외해서 설계도를 보여 주고 그대로 만들어달라고 했다. 며칠 뒤 완성된 벽난로는 크래프트가 주문했던 것과 아주 달랐다.

"이게 아닌데요."

"뭐가 잘못됐습니까?" 그의 질문에 인부들 중 대표를 맡은 사람이 물었다.

"제가 요청한 대로 공사를 안 하셨군요."

"저희는 벽난로를 늘 이런 형태로 만들어왔어요."

"제 벽난로는 그렇게 만들면 안 되죠." 크래프트가 말을 잘랐다.

"작동하는 데는 아무 문제가 없을 겁니다." 인부가 항변했다.

"문제가 없는 걸로는 충분하지 않아요. 저 망할 난로는 다 뜯어내세요."

그의 요청대로 분해 작업이 시작됐다. 거실에는 벽돌이 한 무더기 쌓이고 지붕에 굴뚝이 있어야 할 자리는 텅 비어버렸다. 다른 벽돌공을 찾아서 다시 공사를 시작할 때까지 어느 정도 기다려야 했지만 그 정도는 크래프트에게 일도 아니었다. 잘못 만들어진 굴뚝을 달고 사느니 굴뚝이 아예 없는 편이 낫다고 생각했으니까.

✦

크래프트가 NACA에서 일을 시작한 지 12년이 지난 어느 날, 기관의 역할이 무색해지는 상황이 갑자기 발생했다. 1957년 10월 4일, 소련이 세계 최초의 인공위성 스푸트니크를 성공적으로 발사한 것이다. 기술 경쟁이 다시 시작됐고, 미국은 또 뒤쳐질 위기에 놓였다. 미국 정부는 다시 새로운 기관을 설립했다. 이렇게 탄생한 NASA는 NACA처럼 주먹구구로 업무를 시작하지 않았다. NACA는 NASA에 흡수됐고 새로 설립된 기관에는 자금과 인력 모두 넉넉하게 제공된다는 계획이 전해졌다.

달라지지 않은 점이 하나 있다면, 구 기관에서 일하던 주요 인사들이 새로운 기관에서도 일하게 됐다는 사실이었다. 크래프트도 그중 한 사람이었다. 그러나 사람을 대기권 밖으로 안전하게 이동시킬 기계를 만드는 일은 단순히 사람이 타고 이동할 기계를 만드는 것과는 비교도 안 될 만큼 훨씬 더 어려웠다. 우주선 자체는 비교적 덜 까다로웠다. 지구를 벗어나기 전 폭발할 가능성을 줄이기 위해 조종석과 조종사들이 지낼 공간이 포함된 유선형의 밀폐 공간에 우주에서 사용할 연료가 소량 실리는 것만 유의한다면 그리 어렵지 않게 제작할 수 있었다. 그러나 로켓은 전혀 다른 문제였다.

러시아가 스푸트니크 발사에 성공하고 겨우 두 달 뒤 완성된 미국의 소형 추진로켓 뱅가드Vanguard는 원래 미국 최초의 인공위성이 될 예정이었으나 발사대에서 폭발하고 말았다. 생방송으로 중계된 이 비극적인 사태는 NASA에 엄청난 굴욕과 충격을 안겨주었다. 이후 NASA가 만든 아틀라스 미사일이 기대를 모았지만 발사된 미사일의 절반가량이 폭발하면서 NASA는 신뢰를 크게 잃었다.

아틀라스 미사일보다 크기가 훨씬 작은, 미국의 첫 번째 유인 탄도비행을 실현하기 위해 개발된 레드스톤 로켓도 있었다. 우주로 날아올랐다가 궤도에는 진입하지 않고 일직선으로 해양에 떨어지는 탄도상의 칩샷과 같은 미션을 수행하려고 개발한 로켓이었으나 아틀라스 미사일 못지않게 전망이 썩 밝지 않았다.

레드스톤 로켓은 2차 대전에서 독일이 패배를 인정하지 않고 런던을 공격하는 데 사용했던 V-2의 계보를 잇는 미사일로 여겨졌다. V-2와 레드스톤 둘 다 NASA의 수석 설계자, 베르너 폰 브라운Wernher von Broun의 머릿속에서 탄생했기 때문이다. 그는 종전 후 함께 일하던 독일의 엔지니어들과 함께 미군에 접촉하여 미국을 위해 로켓을 개발하는 새로운 일자리를 제공받았다. 이 제안을 택하지 않았다면 군에 체포됐을 테니, 그로선 상당히 좋은 거래였다.

크래프트는 레드스톤을 손톱만큼도 신뢰하지 않았다. 날아가는 방향이 아래쪽이었기 때문이다. 그는 런던 트라팔가 광장에 내리꽂히는 것을 주된 목표로 설계된 하드웨어가 기본으로 장착된 로켓이 우주를 향해 위로 날아가는 것은 장담할 수 없다고 생각했다. NASA 재임 시절 초기, 케이프 커내버럴로 직접 내려가 실물 크기로 만든 1인 유인 캡슐 모형이 장착된 레드스톤의 성능 시험을 지켜본 뒤 이 같은 회의감은 더욱 깊어졌다.

당시 크래프트가 맡은 일은 항공 관제사와 발사대 근무자들이 협력할 방법을 찾아내는 것이었다. 따라서 그는 야외에서 로켓이 날아가는 풍경을 직접 보지 못하고 비행 관제센터와 연결된 창문 하나 없는 보호실에 머물러야 했다. 크래프트는 발사대 상황을 보여주는 두 텔레비전 모니터 중 하나를 지켜봤다.

발사 카운트다운이 시작되고 0에 이르자 불길이 치솟으며 레드스톤이 하늘로 솟구쳐 올라가기 시작했다. 텔레비전 카메라가 로켓의 비행을 따라가기 위해 서둘러 상공을 비추었다. 그러나 두 대의 모니터에는 텅 빈 하늘밖에 보이지 않았다. 카메라 앵글이 뒤로 물러나 아래를 비추자 레드스톤이 있었다. 지상에서 10센티미터 정도 떠올랐다 아무래도 멈춰야겠다는 결론을 내렸는지 다시 발사대로 돌아간 레드스톤에서는 김과 연기가 피어올랐다.

문제는 머큐리 캡슐에 레드스톤이 아무 데도 가지 않았다는 메시지가 전해지지 않았다는 것이었다. 머큐리 캡슐은 로켓이 비행 중이라고 여기고 로켓 최상단에서 쑥 튀어나와 알루미늄 표면막을 색종이처럼 분사하기 시작했다. 정상적으로 발사될 경우 기술자들이 머큐리의 이동 경로를 레이더로 좀 더 수월하게 추적할 수 있도록 마련된 물질이었다. 레드스톤은 흡사 터무니없이 큰 파티용 폭죽처럼 보였다.

하지만 머큐리의 기능은 거기서 끝나지 않았다. 대기압이 해양에 해당되는 조건과 맞지 않다는 것을 센서로 감지하자 주어진 미션을 완료하고 다음 단계로 넘어간 것이다. 그 단계는 바로 지구로 돌아가는 일이었다. 캡슐에 장착된 낙하산이 펼쳐졌다. 오렌지색과 흰색이 교차하는 낙하산이 와락 터져 나와 주변에 몰아친 바람을 타고 두둥실 떠올라 활짝 펼쳐졌다. 휙 하고 바람이 불 때마다 낙하산이 폭발성 액화산소와 에틸알코올 수만 리터가 가득 찬 로켓과 세게 부딪혔다.

"저 낙하산 때문에 로켓이 움직일 수도 있지 않습니까?"

크래프트는 보호실 바깥에 있는 엔지니어들이 들을 수 있도록 머리에 쓴 헤드폰에 대고 고함쳤다. 엔지니어들이 독일어로 답했다.

"저. 낙하산. 때문에. 로켓이. 움직이면. 어떡합니까?"

음절마다 끊어가며 다시 한 번 물었지만, 또 다시 독일어로만 대답이 들려왔다.

"누가 대답 좀 해주세요. 영어로요!" 그가 소리쳤다.

크래프트는 마침내 관제사 몇 명과 대화를 했지만 어떻게 해야 하는지 해결책을 떠올린 사람은 아무도 없었다. 로켓 밸브를 개방해 다른 피해가 발생하지 않도록 연료를 내보내는 방안이 제시됐다. 그러나 로켓이 지상에서 10센티미터가량 떠오를 때 로켓과 사령부를 이어 주던 연결선이 끊어진 상황이라 불가능했다.

"다시 연결하면 되지 않을까요?" 보호실에 있던 관제사 한 명이 물었다.

"어떻게요?" 크래프트는 이미 답을 알고 있었지만 되물었다.

"뭐… 누군가 내려가서 연결하는 거죠."

크래프트를 비롯한 모두가 방 안에 있던 사람들을 하나하나 둘러보다 모니터로 눈길을 돌렸다. 완전 무장 상태나 다름없는 레드스톤이 연기를 풀풀 내뿜으며 흔들렸고 낙하산은 여전히 바람이 불 때마다 로켓과 부딪혔다. 가서 선을 연결하겠다고 자원하는 사람은 한 명도 없었다. 체리피커(로켓 맨 꼭대기에서 우주 비행사가 타고 있는 캡슐을 꺼내는 크레인)를 동원하여 누군가 가위를 갖고 올라탄 다음 낙하산을 잘라내는 방법도 있었지만, 마찬가지로 목숨을 걸면서까지 자원하는 사람은 나타나지 않았다.

"총으로 쏘면 될 것 같은데요."

보호실에서 누군가가 또 다른 대안을 내놓았다.

"저걸 쏜다고요?"

크래프트가 눈을 휘둥그레 뜨며 물었다.

"고성능 라이플로 말입니다. 로켓에 구멍을 몇 개 뚫어서 연료가 흘러나오도록 하는 거죠."

삽시간에 침묵이 흘렀다. 다들 이 의견에 동의하는 분위기가 조성됐지만, 정작 아이디어를 내놓은 관제사는 의자에 깊숙이 몸을 파묻었다.

결국 비행 관제센터는 아무런 대책도 실행에 옮기지 못하고 기다리기로 했다. 레드스톤의 배터리 수명이 그리 길지 않았기 때문이다. 그렇게 바람이 불고 낙하산이 펄럭이고 레드스톤이 흔들리는 광경을 모두 몇 시간 동안 지켜보았다. 로켓의 전력이 소모되는 속도가 천천히 빨라지더니 마침내 완전히 바닥났다. 그러자 로켓의 모든 회로가 안전 모드로 돌아갔고 밸브를 열어 연료를 무사히 빼낼 수 있었다.

관제사들이 발사대로 내려가 꺼져버린 로켓을 분해해도 안전한 시점이 됐다는 판단을 내릴 즈음, NACA에서 못지않게 NASA에서도 존재감을 확실하게 각인시킨 크래프트는 당시 점점 구체화되던 NASA의 비행규칙 가운데 가장 중요한 항목 하나를 떠올렸다. "뭘 해야 할지 모르겠으면 그냥 아무것도 하지 마라"였다.

보먼을 비롯한 미국의 2세대 우주 비행사들이 입사한 1962년은 NASA가 맡은 일을 상당히 잘해내던 시기였다. 미국은 네 번의 우주 탐험을 완료했다. 앨런 셰퍼드Alan Shepard와 거스 그리섬의 탄도비행에 이어 존 글렌John Glenn은 지구 둘레를 세 바퀴 신나게 도는 데 성공했고, 스캇 카펜터Scott Carpenter가 또 다시 지구를 3회전했다. 머큐리 계획의 일환으로 실시된 이 연이은 미션은 너무 상세히 들여다보지만 않는다면 가히 성공이라 할 만했다.

셰퍼드의 비행에는 아무 문제가 없었다. 그리섬의 비행도 거의 그럴 뻔했지만, 우주선이 바다에 착수한 뒤 출입구가 너무 일찍 열리는 바람에 하마터면 바다에서 익사할 위기에 처했다. 그리섬은 헬리콥터에 매달린 줄을 겨우 붙잡고 구출됐다. 글렌의 경우도 비슷했다. 마지막까지 순탄하게 진행되다, 우주선이 지구로 재진입할 때 섭씨 1650도에 가까운 열에서 그를 보호해 주는 열 차폐 장치가 분리될 뻔한 상황이 발생했다. 우주선이 해양에 도달해 무사히 선체에서 빠져나올 때까지 글렌은 두려움에 휩싸여 벌벌 떨어야 했다. 카펜터의 비행은 네 건의 탐험을 통틀어 가장 실패한 사례로 꼽히는데, 방심해 저지른 실수가 원인이었다. 우주궤도를 경험해 봤다는 이유로 자신의 감을 너무 믿은 나머지 재진입 로켓을 늦게 분리해 착수 지점에서 400킬로미터 이상 떨어진 곳에 도착한 것이다. 결국 해군이 그의 위치를 수색해야 했다.

언론은 400킬로미터 정도 광활한 해양에서 수색이 좀 벌어졌기로서니 카펜터가 비행한 엄청난 거리에 비하면 그리 대수는 아니라고 보고 이 일을 크게 문제 삼지 않았다. NASA 역시 대외적으로는 기자들이 상황을 그렇게 받아들이게끔 놔두었지만, 내부 관리자들은 크게 분노했다. 비행 부서를 총괄하면서 탐사계획이 완벽하게 시행되도록 최선을 다하던 크래프트도 예외가 아니었다.

"내가 관리하는 한, 스캇 카펜터는 두 번 다시 비행할 일이 없을 겁니다." 크래프트가 부서의 최측근들에게 말했다.

NASA의 다른 관리자들에게 이런 결정을 밝히기도 전에 크래프트는 직접 카펜터를 내쳤다. 그는 언론에 알리지 않는 것으로 카펜터의 마지막 자존심을 지켜주었다. 카펜터 자신도 거기서 그만둬야 한다는 사실을 누구보다 잘 알고 있었다.

1인 유인우주선 머큐리 호가 계획한 목표를 대부분 달성하고 우주에 장시간 머무르는 미션만 남자, 크기도 더 크고 더욱 정교한 2인승 우주선, 제미니 호가 등장할 시점이 다가왔다. 이 새로운 우주선을 타고 비행할 새로운 우주 비행사도 필요했지만, 그들을 향한 관심은 어쩐지 우주선에 쏟아지는 관심만큼 열광적이지 않았다.

미국인들은 1959년 처음 등장한 미국 최초의 우주 비행사 7인에게 금세 매료됐다. 어찌 그러지 않을 수 있었을까? 이름부터 거스, 디크, 고든, 앨런으로 유리, 게르만, 파벨, 콘스탄틴 같은 소련 비행사들의 이름과 달리 발음하기도 쉬웠다. 짧게 깎은 머리 모양이며 은빛 우주복, 그들의 곁을 지키는 아름다운 아내들까지 그들의 모든 것이 진정한 탐험가의 전형으로 여겨졌다. 사실 이 1세대 비행사들은 아내들과 떨어져 지낼 때면 고주망태가 되도록 술을 퍼마시고 여자 꽁무니를 쫓아다니며 흥청망청 놀았지만, 사회적 분위기 때문에 언론은 이런 사생활을 덮어두기 일쑤였다. 대중들도 흉흉한 소문 같은 건 다 무시해버렸다.

그러니 2세대 비행사들은 절대로 이 1세대만큼 열렬한 환호를 받을 수가 없었다. 나라 전체가 우주 탐사에 홀딱 빠진 상황이었지만 이러한 사실은 직시할 수 있었다. 최초의 우주인 7인을 이을 아홉 명의 2세대 우주 비행사들은 NASA 내부에서나 외부에서 '차세대 9인'이라고 불리는 경우가 많았다. 이 가운데 공군 출신은 프랭크 보먼과 짐 맥디비트Jim McDivitt, 톰 스태포드Tom Stafford, 에드 화이트Ed White까지 총 네 명이었다. 나머지 비행사들 중 존 영John Young과 엘리엇 시Elliot See, 짐 러벨, 피트 콘래드Pete Conrad까지 네 명은 해군 출신이었고 마지막 한 명은 해군이지만 한국 전쟁에서 전투 비행에 일흔여덟 번이나 참가한 괴짜 사나이, 닐 암스트롱Neil Armstrong이었다. 퇴역 후 민간인이 돼 테스트 파일럿으로 일하던 그를 NASA가 선발한 일 자체가 다소 엉뚱한 결정으로 여겨졌다.

1기 선배 일곱 명은 새로 들어온 신참들을 요모조모 뜯어보았고, 새내기 아홉 명은 이들이 내뿜는 반감을 생생하게 느꼈다. 자동차 회사에서 1세대 우주 비행사들에게 무료로 제공했던 콜벳 차량도 마음 놓고 쓰지 못하게 될 상황이었고, 훈련부터 가정에서의 모습까지 모두 취재할 수 있도록 허락하는 대가로 「라이프Life」에서 받기로 한 계약금 50만 달러도 16분의 1로 나눠야 한다면 각자에게 돌아갈 몫이 크게 줄어들 수밖에 없기 때문이었다.

그러나 「라이프」는 다시 한 번 호의를 베풀어 신입 비행사들에게 1인당 매년 1만 6000달러를 지급하기로 했다. 군대에서 주는 급여만 받으며 일한 파일럿들에게는 상당한 액수였다. NASA에서 자체적으로 제공한 것들도 있었다. 새로운 우주 비행사 아홉 명과 그의 가족들은 1962년 9월 처음 휴스턴에 당도해서 머물 곳으로 셈록 힐튼 호텔을 지정받았다. "미국의 웅장한 호텔"이라는 캐치 프레이즈를 내건 전설적인 이 호텔은 위엄이 넘치는 로비와 거대한 대연회장, 세 변의 길이가 모두 다른 삼각형 모양의 수영장과 3단 다이빙대까지 갖춰 모든 면에서 그러한 문구에 딱 들어맞는 위용을 드러냈다.

프랭크 보먼도 다른 비행사들과 마찬가지로 휘황찬란한 호텔의 모습에 무척이나 놀랐지만, 그런 환경이 썩 편하지는 않았다. 보먼의 가족들은 에드워드 기지에서 소박하게 살아왔고 휴스턴으로 올 때도 1960년형 셰비 자동차를 몰고 왔다. 하는 일이 바뀌었다고 해서 생활까지 바꿔야 할 필요가 없다고 생각한 그는 「라이프」와 계약을 체결하고 나서도 쓸데없는 곳에 돈을 쓰지 않았다.

"우린 이런 곳에서 지낼 형편이 못 돼."

보먼은 호텔 안으로 들어서면서 아내에게 낮은 소리로 이야기했다.

그런 염려는 곧 무색해졌다. 보먼이 프런트로 다가가 이름을 말하자, 호텔 직원은 숙박 고객 명단을 살펴보고는 새 손님이 우주 비행사라는 사실을 확인하고 눈을 빛냈다. 이어 보먼에게 가족들과 함께 호텔에 얼마든지 묵을 수 있으며 그것이 셈록 호텔이 미국의 영웅에게 제공할 수 있는 최소한의 예우라고 설명했다.

보먼이 원하기만 한다면 그토록 멋진 새 숙소에서 언제까지고 지낼 수 있었다. 호텔 직원들이 쏟아내는 찬사만 보더라도 그건 분명한 사실이었다. 그러나 부부는 서둘러 집을 찾으러 나섰다. 처음에는 편의를 생각해서 집을 임대할 생각이었지만 곧 집 짓기에 적합한 부지를 보러 다니기 시작했다. 보먼과 수전은 주로

NASA 직원들이 많이 사는 지역을 중심으로 적당한 곳을 찾아다녔다. 덥고 습한 휴스턴의 기후와 별로 어울리지 않는 '팀버 코브(숲에 둘러싸인 만)', '엘 라고(호수)' 등 전원의 풍경이 물씬 느껴지는 지명들이 붙여진 곳들을 중점적으로 둘러보았다.

엘 라고에서 마음에 드는 부지를 발견한 보먼 부부는 2만 6500달러 규모의 공사계약을 체결했다. 에드워드 기지에서 근무하는 파일럿이라면 상상도 못할 만큼 호화로운 집이 지어질 예정이었지만 사실 상당히 소박한 투자라 할 만했다. 보먼은 지난 10년이 넘는 세월을 기지가 배정되는 대로 떠돌이 생활을 했던 식구들을 떠올리며, 비로소 아내와 두 아이에게 제대로 된 집을 마련해 줄 수 있다는 사실에 뿌듯함을 느꼈다.

우주선을 조종하는 것 외에도 '2세대 우주인 9인'이 할 일은 쌓여 있었다. 2인승 우주선 제미니 호는 아직 완성되지 않았고 이 우주선을 우주 궤도에 올려놓을 타이탄 로켓도 안전성이 증명되지 않았지만, 실제로 사람이 탑승하여 우주로 나가기 전 완료해야 할 다른 일들이 아직 많이 남아 있었다. 중력가속도에 적응하는 기계나 시뮬레이션 장비를 이용한 기초 훈련도 줄줄이 받아야 했고, 길고 긴 시간 동안 강의실에 앉아 궤도 역학, 항공 겸용 우주선과 무중력 공간에서의 활동 지식은 물론 해양이나 사막 혹은 카펜터의 경우처럼 엉뚱한 곳에 착륙했을 때 필요한 생존 기술도 배워야 했다. 그러고도 일주일에 채워야 하는 훈련 시간이 남아서, 신입 우주 비행사들 모두 하드웨어, 소프트웨어, 비행 기술 등 자신의 목숨을 구해줄지 모를 특수한 기술을 각자 추가로 습득했다. 각 비행사에게 적절한 역할을 부여하는 일은 디크 슬레이튼이 맡았다. 여러모로 참 다행스러운 일이었다.

'1세대 우주인 7인' 가운데 언론이 가장 선호하는 우주 비행사가 바로 슬레이튼이었다. 존 글렌과 같은 카리스마나 월리 쉬라Wally Schirra의 주특기인 번뜩이는 기지는 없었지만 우락부락한 외모에 단순하고 명쾌한 성격, 무엇보다 부르기 쉬운 이름이 그의 매력으로 꼽혔다. 원래 도널드 켄트 슬레이튼Donald Kent Slayton이었던 이름은 도널드 K.로 짧게 불리다가 디케이D. K.로 바뀌더니 디크Deke로 고정됐다.

그러나 철인이라는 별명이 슬레이튼의 심장까지 닿지는 않았던 모양이었다. 최초의 우주 비행사 중 한 사람으로 지명되고 얼마 지나지 않아, 의사들은 심전도 검사결과에서 그리 반갑지 않은 패턴을 발견했다. 간헐적으로 맥박이 튀는 현상, 일종의 떨림에 해당하는 심실세동이 확인된 것이다.

추가적으로 실시된 검사에서도 같은 결과가 확인되자 슬레이튼에게는 정직 조치가 취해졌다. 이어 그는 비행 면허 취소라는 수모까지 겪어야 했다. 조종석에 앉아 있을 때 심실세동이 발생할 경우 지구로 추락할 수 있다는 우려 때문이었다. 이후 NASA는 우주인으로서, 공군으로서의 지위를 모두 잃은 그에게 위로가 될 만한 일을 제시했다. 코디네이터라는 멋들어진 이름을 붙인 역할로,

우주 비행사들의 활동을 전반적으로 조정하는 일이었다. 직함만 들으면 청소년 캠프의 상담사와 별반 다르지 않다는 인상을 주기도 하지만, 사실 코디네이터의 직무는 명확하게 정해지지 않았다. 그러나 슬레이튼이 스스로 일을 관두고 항공우주국을 제 발로 나가기 전까지는 꼬박꼬박 급여와 사무실을 제공받을 수 있었다.

슬레이튼은 속상해서 시름시름 앓는 대신 더 나은 길을 택했다. 자신의 역할을 '수석 우주 비행사'로 재정립하겠다고 결심한 것이다. 직접 우주로 날아가지는 못하겠지만 그 일을 누가 맡을지 정하는 것을 자신의 일로 만들 작정이었다. 그리하여 슬레이튼은 특유의 강인한 정신력을 발휘하여 워싱턴과 휴스턴, 케이프 커내버럴에서 우주 비행사를 관리하는 행정 담당자들의 거의 모든 업무에 바짝 파고들어 자신의 일과 연계시켰다. 예비 우주 비행사 선발에서 최종 결정은 중앙본부에서 맡겠지만, 어떤 비행사에게 어떤 임무를 맡겨야 하는지, 그 임무를 본격적으로 수행하기 전에는 무엇을 해야 하는지 정하는 것은 슬레이튼이 맡았다. NASA의 관리자조차 디크 슬레이튼을 통하지 않고는 우주 비행사들 중 누구와도 일을 진행할 수가 없었다.

슬레이튼은 과연 자신이 이 일을 잘해낼 수 있을까, 옳은 판단을 할 수 있을까 염려했다. 그러나 원래 하려던 일이 좌절된 현실에 씁쓸함을 느낄지언정 절대 이를 겉으로 내색하지는 않았다. 직접 해낼 수도 있었을 비행 미션을 누구에게 배정할지 고심하는 과정에서 부러운 마음이 들어도 드러내지 않았다. 반면 슬레이튼이 재능과 기질을 알아보는 날카로운 눈을 가졌다는 사실은 확실하게 드러났다. 우주 비행사 관리국의 책임자가 된 그는 당사자조차 인지하지 못한 강점을 찾아내는 신통한 능력을 발휘했다.

프랭크 보먼은 슬레이튼에게 첫 만남부터 깊은 인상을 남겼다. 슬레이튼은 보먼이 자신과 비슷하다는 점이 특히 마음에 들었다. 화려한 면이라곤 전혀 없고 정신을 흐트러뜨리는 요소는 차단할 줄 아는 능력, 강인한 근성과 더불어 직무에서 배제되는 위기를 이겨냈다는 사실도 슬레이튼에게는 장점으로 비춰졌다. 보먼이 의사가 정한 기준을 뒤집었다는 이야기를 들으며 슬레이튼은 어쩌면 자신도 그럴 수 있으리라 생각했다.

그는 이 젊은 우주 비행사에게 여러 가지 일을 맡겼다. 그중 가장 중요한 임무는 제미니 호의 추진로켓으로 예정된 타이탄이 우주선 탑승자의 목숨을 위태롭게 만들지 않고 무사히 날아갈 수 있을지 조사하는 일이었다. 보먼은 스스로 다른 신입 비행사들보다 추진로켓을 더 잘 안다고 자신할 수는 없었지만 주어진 일에 흔쾌히 착수했다. 애당초 타이탄 로켓이 만들어질 때부터 몇 가지가 의심스러웠던 터라 오히려 반가운 일이기도 했다.

보먼이 우려한 문제는 로켓의 기본 설계와 관련이 있었다. 가장 단순한 형태의 로켓은 메인 엔진이 하나인데 비해 타이탄 로켓의 엔진은 두 개였다. 엔진이 두 개라는 것은 문제가 생길 가능성이 두 배임을 뜻했고, 특히 발사대에서 상당한 위험이 발생할 수 있었다. 로켓이 이륙을 시작한 뒤 엔진이 둘 다 멈출 경우 날아오르지 못할 것이고, 몸체 양쪽에 하나씩 달린 두 엔진 중 하나가 말썽을 일으킬 경우에는 로켓이 쏘아 올려지기는 하겠지만 옆으로 기울어져 날아가다가 바닥으로 떨어져 치명적인 충돌 사고로 끝날 수 있었다.

보먼은 이 위험한 시나리오가 실현될 가능성을 없애야 한다고 판단했다. 타이탄 로켓의 기술적인 데이터가 명시된 매뉴얼과 생산 과정이 정리된 도식을 집중적으로 파헤쳤고, 엔진 하나에만 시동이 걸리는 일이 없도록 방지하는 안전장치가 몇 가지 존재한다는 사실을 확인했다. 설계가 어떻게 이루어졌는가는 중요하지 않다는 생각이 들었다. 중요한 건 엔진이 '어떻게 작동할 것인가'이고, 직감적으로 이 로켓에는 문제가 있다는 생각이 들었다.

그래서 크래프트처럼 보먼도 직접 로켓을 보러 가기로 했다. 타이탄 로켓의 다음 시험발사가 예정된 커내버럴이 목적지였다. 시험장에 도착한 보먼은 타이탄을 설계하고 만든 엔지니어들과 만나 우려하던 부분을 제기했다. 수석 엔지니어는 보먼의 걱정을 일축했다.

"그런 일은 생길 수가 없습니다."

"무슨 일이든 생길 수는 있죠." 엔지니어의 말에 보먼이 대답했다.

그러나 엔지니어는 머리를 가로저으며 단호하게 이야기했다.

"한쪽 엔진만 점화되는 고장은 절대 생길 수가 없어요. 시스템 작동 방식상 불가능한 일입니다."

보먼은 일단 넘어갔지만, 며칠 더 머물면서 타이탄 로켓의 시험발사를 지켜보기로 했다.

시험 당일, 보먼과 엔지니어들이 보호실로 모여들었다. 시스템 점검이 끝나고 카운트다운이 시작됐다. 제로에 다다르자 발사 책임자의 목소리가 들렸다. "점화."

보호실에 있던 사람들 모두 크리스 크래프트가 레드스톤 로켓의 안타까운 실패를 지켜봤던 때보다 늘어난 중계 화면을 응시했다. 엔진 하나에는 불이 붙어 굉음이 들려오는데 나머지 하나는 미동도 없이 시커먼 어둠 속에 아무런 변화가 없는 광경이 펼쳐졌다. 보먼은 잔뜩 인상을 쓰고 바로 곁에 있던 엔지니어를 쳐다보았고 두 사람의 시선이 교차했다. 젊은 우주 비행사의 생각이 옳았던 것이다. 무슨 일이든 일어날 수 있다.

1964년 4월 8일 시작된 제미니 호의 첫 번째 발사는 기대에 훨씬 못 미치는 결과를 얻었다. 타이탄 추진 로켓과 제미니 호의 시험 비행이 주목적이라 탑승한 비행사는 없었다. 제미니 호가 지구 궤도를 3회 돌고 대기권으로 재진입하는 과정도 계획되지 않았다. 우주 비행사가 안전하게 귀환할 수 있도록 해줄 낙하산이 펼쳐질 일도 없이 하강하면서 전소될 예정이었다. 이때 발생한 잔해가 지상에 피해를 주거나 우주선의 설계 정보가 '철의 장막'을 넘어 유출될 가능성을 없애기 위해, NASA 엔지니어들은 제미니 호의 고열 차단장치에 구멍을 뚫었다. 4톤짜리 우주선이 완전히 분해되도록 하기 위한 조치였다.

우주로 날아올라 빙빙 돌다가 하강하면서 전소될 이 우주선에 언론도 큰 관심을 기울이지 않았다. 그러나 제미니 1호가 이 소박한 목표를 완수했다는 사실에 NASA는 크게 기뻐했다. 고든 쿠퍼가 서른네 시간 동안 지구궤도를 스물두 바퀴 도는 긴 마라톤을 끝낸 지도 벌써 일여 년이 흐른 뒤였고 미국은 새로운 게임이 시작될 날만을 고대했다.

무인 비행이 한 차례 더 이루어진 뒤, 제미니 3호는 두 명의 우주 비행사를 태우고 우주로 날아가는 역사적인 성과를 거두었다. 이후에도 제미니 호는 7, 8주에 한 대씩, 짧은 간격으로 총 10회 더 우주로 향했다. 그만큼 우주 비행사들에게는 많은 기회가 주어졌고, 몇 번째로 가든 비행사에게는 귀중한 기회였지만 이들 사이에 조용히 소문 하나가 돌기 시작했다. 어떠한 경우라도 제미니 7호에는 타지 말아야 한다는 것이었다.

이 우주선에 부여된 딱 한 가지 임무는 이미 모든 비행사들에게 알려진 소문과 관련이 있었다. 바로 두 명의 우주 비행사가 14일간 밤낮없이 비행해야 한다는 임무였다.

처음 공개된 당시부터 제미니 호가 얼마나 대단한가에 관한 이야기는 무수히 나돌았다. 그중 제미니 호가 머큐리 호보다 크기가 훨씬 크고 구조도 더 정교하다는 점은 상당 부분 사실이었다. 머큐리 호에는 각종 장치가 빼곡하게 자리했고 우주 비행사 한 명이 몸을 욱여넣을 조그마한 공간이 전부였다. 그 안에서 비행사가 직접 추력기를 작동시켜 우주선의 방향을 바꾸거나 작은 육분의로 관측하거나 대기권 재진입 시 방향을 조정할 수도 있었지만, 대부분은 컴퓨터가 완벽하게 해냈다. 역추진 로켓에 시동을 걸고 지구로 돌아오는 것 또한 우주 비행사가 할 수 있는 일에 포함됐지만 마찬가지로 자동 시스템이 사람보다 더 맡은 바를 잘 수행했다. 머큐리 호에는 비행사의 머리 바로 위로 작고 둥근 창이 나 있어서 바깥을 볼 수는 있지만 그러려면 목을 뒤로 젖혀야 했다. 자존심이 그리 세지 않은 비행사의 눈으로 봐도 머큐리 호는 놀이기구에 비유할 만한 우주선이었다.

제미니 호는 이와 전혀 달랐다. 목적지가 달이 아니라는 것은 마찬가지였지만 제미니 호는 달에 도달하기 위한 최종 리허설이라 할 수 있었다. 조종석도 비행사 두 명이 정면을 향해 옆으로 나란히 앉는 형태를 갖췄고 바로 앞에 창문이 나 있어 날아가면서 바깥을 내다볼 수 있었다. 또한 제미니 호는 다른 우주선과 도킹하여 랑데부 비행을 할 예정이었고, 그 방식은 나중에 아폴로 호의 사령선이 거미같이 생긴 달 착륙선과 결합할 때 그대로 적용될 계획이었다. 제미니 호에 탑승한 우주 비행사는 추력기를 점화시켜 1200~1400킬로미터, 심지어 1600킬로미터까지 높은 고도에서 궤도를 돌 수 있어 월리 쉬라가 머큐리 호로 궤도를 여섯 바퀴 돌면서 수립한 고도 기록인 280킬로미터를 무난히 깰 수 있었다. 게다가 제미니 호의 임무에는 우주 비행사가 해치를 열고 바깥으로 나가는 일도 포함돼 있었다. 사람이 우주선이라는 기계 장치를 벗어나 우주로 나가 허공에서, 말 그대로 '걷는' 것이다.

이처럼 다양한 과제를 수행하게 될 제미니 호는 기계 시험도 실시할 예정이었다. 인간도 그중 하나였다. NASA의 계산으로는 달 탐사가 이루어질 수 있는 최대 기간은 2주 정도로, 이전까지 인간이 우주에서 실제로 보낸 시간과 비교하면 엄청나게 긴 시간이었다. 이를 위해서 원래 살던 곳과 근접한 곳에서 반드시 환경을 시험해 볼 필요가 있었다. 지구 궤도에 올라 무중력 환경에서 미세 중력에 상당 시간 노출된 후에도 혈액이 뇌로 원활히 공급되고 심장 기능이 유지돼야 했다.

그러므로 제미니 호가 실시할 멋진 임무들 중에는 아주 긴 시간과 투지를 요하는 테스트도 포함돼야 했다. 두 명의 우주 비행사가 우주선에 오른 뒤, 우주에 도착하면 궤도를 224바퀴 돌면서 336시간, 즉 14일을 보낸 다음에 귀환하는 임무였다. 랑데부 비행을 한다거나 고도 기록을 갈아치우는 일, 우주 유영 같은 건 신경 쓸 필요가 없었다. 실험도 최소한으로 주어졌다. 비행사들이 환경을 견딜 수 있는지 자체가 실험 대상이었기 때문이다.

모든 비행사가 이 임무만은 어떻게든 피하려고 한 것도 무리가 아니었다. 그리고 보먼은 제미니 7호가 수행할 이 괴로운 임무에서 자신이 배제됐다는 기쁜 소식을 접했다. 각자 탑승하게 될 우주선 배정이 끝났다는 이야기가 돌기 시작한 직후, 슬레이튼은 보먼을 사무실로 불러들였다.

"프랭크, 많이 생각해 보고 내린 결정인데, 자네에게 제미니 3호를 맡길까 하네. 자네가 출발선을 끊는 거야."

보먼으로선 득의양양할 만한 소식이었다. 제미니 3호는 궤도를 딱 세 바퀴만 돌기로 했으므로 네 시간 반 정도면 모든 임무를 완료할 수 있었다. 아침 일찍 시작한다면 점심 느지막하게 귀환선에 오를 수 있다는 의미였다. 보먼은 2인조로 구성되는 비행 팀에서

부선장을 맡아 오른쪽 좌석에 앉게 됐다. 왼쪽 좌석에 앉을 선장은 머큐리 호의 베테랑 비행사, 거스 그리섬이 지명됐다. 소박한 임무와 화려하지 않은 자리가 주어졌지만 보먼은 아무런 불만이 없었다. 그 자리가 갖는 역사적인 의의는 너무나 분명했다.

미국의 1대 우주 비행사 일곱 명의 이름은 전 국민의 머릿속에 건국의 아버지들 못지않게 각인돼 있었고 무엇으로도 이들의 자리를 넘볼 수는 없었다. 보먼이 이 탐험가들의 명단 바로 뒤를 잇게 된 것이다. 이러한 사실만으로도 한껏 들떴지만, 보먼에게는 슬레이튼과 더 넓게는 NASA 전체가 그만큼 자신을 신뢰한다는 것을 확인했다는 점이 더욱 기분 좋은 일이었다.

그런데 슬레이튼은 이 같은 결정을 공식적으로 발표하려면 보먼이 한 가지 과제를 먼저 해결해야 한다고 설명했다. 선장을 맡을 그리섬의 집에 찾아가서, 파일럿 대 파일럿으로 얼굴을 마주하고 이야기를 나눠야 한다는 것이었다. 그리섬은 자신과 함께 비행할 사람이 함께 있어도 편안한 사람인지 확인하고 싶다는 조건을 제시했고, 슬레이튼은 선임 비행사가 누릴 만한 특권으로 이를 수용했다.

보먼은 그리섬을 속속들이 알지는 못했지만 명성은 익히 들어 잘 알고 있었다. 한국 전쟁에서 전투비행 작전을 100회 이상 수행한 일류 파일럿이라는 점, 그 일을 해내려면 반드시 필요한 강철 같은 강인함을 보유한 사람이라는 점도 널리 알려져 있었다. 그리섬의 친구들과 여러 동료들은 거칠고 직선적인 그의 방식을 좋아했지만, 그를 잘 모르는 사람은 그가 작지만 뾰족한 선인장 같다는 인상을 받곤 했다.

웨스트포인트와 공군 생활에서 훨씬 힘든 상황을 잘 대처한 기억을 떠올리며, 보먼은 그리섬과 얼마든지 원만하게 대화를 나눌 수 있으리라고 생각했다. 약속한 시간에 정확히 그리섬의 집에 방문한 그는 귀를 기울여야 할 때 귀를 기울이고, 말을 해야 할 때 말을 했다. "네, 그렇습니다" 혹은 "아니요, 그렇지 않습니다" 같은 대답조차 적절하다고 판단될 때만 입 밖으로 꺼냈다. 그리섬의 집에서 나온 보먼은 일이 생각대로 진행될 거라 확신했다.

다음 날, 슬레이튼이 보먼을 다시 호출했다.

"프랭크, 나는 제미니 3호에 자네를 배정했네만 거스는 존 영으로 바꿔달라고 했네." 수석 비행사는 이렇게 입을 열었다.

보먼은 아무 말도 하지 않았다. 무슨 말을 해야 할지도 알 수 없었다. 슬레이튼은 그리섬이 왜 부선장을 교체해달라고 했는지 말하지 않았다. 그리섬에게 그것을 설명해야 할 의무가 없었는지도 모른다. 제미니 3호는 그리섬의 우주선이고, 동승할 비행사를 선택하는 건 그의 몫이었다. 보먼은 그저 고개만 끄덕인 뒤 슬레이튼에게 시간을 내주셔서 감사하다고 인사했다. 그리고 사무실을 나왔다.

"신경 쓰지 않아요. 그분이 저를 원치 않는다면, 저도 원치 않습니다."

한동안 이 일에 대해 물어보는 사람들에게 보먼은 이렇게 답했다.

며칠이 더 지나고, 보먼을 다시 사무실로 부른 슬레이튼은 당첨 운이 나쁘게 돌아갔다는 소식을 전했다. 제미니 7호에 배정됐다는 것이었다. 그나마 한 가지 위안거리가 있었다면, 보먼이 선장을 맡게 됐다는 사실이었다. 오른쪽 자리에는 그와 마찬가지로 당첨 운이 나쁜 해군 출신 비행사, 짐 러벨이 선발됐다.

슬레이튼의 지시에 따라 보먼과 러벨은 즉시 제미니 7호로 비행하기 위한 훈련을 시작했다. 모두가 최악의 비행이 되리라고 내다본 이 미션은 예상을 완전히 뒤엎는 결과를 가져왔다.

네 우주 비행사

1965년 여름과 가을

제미니 7호의 비행사로 갓 지명된 보먼은 첫 우주 비행에 필요한 훈련을 받으면서 많은 것을 배웠다. 그중에서도 가장 큰 깨달음은 NASA 소속 의사들 모두가 우주 비행사를 제대로 괴롭혀 보자고 작정한 것 같은 일들을 하면서도 깊이 고민조차 하지 않는다는 사실이었다. 의학 전문가들에게 우주 비행사는 지금까지 고안된 어떠한 실험보다도 훌륭한 통제 실험을 실시할 수 있는 대상이었다. 엄정하게 선발돼 정교한 훈련을 받은 이 몇 안 되는 비행사들을 1g의 중력과 자외선 차단, 기온 조절 등 인간이 생존할 수 있도록 특화된 지구 환경에서 생활하는 전 인류의 표본으로 여긴 것이다. 이들이 인큐베이터와 같은 지구에서 벗어나 완전히 다른 환경에서 몇 시간 혹은 며칠, 그보다 훨씬 더 긴 시간을 보낸다면 어떤 반응을 보일지 조사하는 것이 과학계의 몫이었다.

게다가 비행사로 일하는 이 일종의 실험쥐들은 어떻게든 실험에 참여하게끔 살살 구슬릴 필요조차 없었다. 대학원생들이 용돈벌이나 학점 취득을 위해 임상시험 아르바이트를 재보는 것과 달리 우주 비행사들은 직접 실험에 참가하겠다고 아우성을 치는 격이었다. 그것도 아주 맹렬하게. 사실상 아무 대가 없이 자진해서 나서는 이들 덕분에, 의사들은 과욕을 부리지 않으려고 스스로 자제하는 것 말고는 달리 애쓸 일이 없었다.

1세대 우주 비행사들은 끝이 없는 검사에 시달려야 했다. 우주 비행사로 선발되기 위해 감내해야 했던 이 의학적인 검사 과정이 사람을 기진맥진하게 만들고 굉장히 공격적이며 말할 수 없이 치욕스럽다는 사실은 공공연한 비밀이 됐다. 이 미국 최초의 우주 비행사들이 1959년 워싱턴에서 열린 첫 번째 기자 회견에 모습을 드러낸 날, 단상에 오르면서 다리를 절룩거리더라도 다들 수긍할 정도였다. 철저히 연출된 순서대로 진행되던 기자회견장에서 한 기자가 질문을 전달하던 NASA 대변인에게 무언가를 물어봤는데, 대변인의 얼굴에 꺼림칙한 분위기가 뚜렷하게 나타났다. 자신이 들은 질문을 그대로 읊는 것이 영 못마땅한 기색이 드러났지만 피할 방도가 없었다.

"그러니까 지금 하신 질문은, 어, 이 남자분이 물으신 건, 저기, 어떤 검사가 가장 싫었냐는 것이죠?"

대변인이 겨우 질문을 정리했다. 기자들 사이에서 웃음이 터져 나왔지만 NASA 관계자들은 움찔했다. 우주 비행사들은 서로 눈을 마주치며 조용히 미소 지었다. 월리 쉬라에게 주어진 질문이었다.

쉬라는 1세대 우주 비행사들 중에서도 가장 튀는 악동이자 짓궂은 장난을 좋아하는 캐릭터로 일찌감치 정평이 나 있었다. 해군 고위급 장교들이 참석한 점잖은 행사에서도 우스갯소리를 할 기회가 엿보이면 절대 놓치지 않는 사람이 바로 쉬라였다. 곁에 앉은 장교에게 모두가 들을 만큼 큰 소리로 "거기 그쪽에 계신 분이요, 터틀 클럽 회원이십니까?"(2차 대전 시기에 영국의 술집에서 유행한 게임. 처음 본 사람에게 "터틀 클럽 회원이세요Are you a turtle?"라고 물으면 상대방은 정해진 답이나 암호를 대야 하며 그러지 못할 경우 그날 술집에 있던 전원에게 술을 사야 하는 것이 규칙이었다. 정해진 답이란 자주 모여 술을 마시던 일명 '터틀 클럽' 회원들끼리 미리 합의한 것으로, 과격한 농담이 가미돼 차마 입에 담기 곤란한 단어나 문장으로 정해지는 경우가 많았다. 그래서 아예 답을 모르는 경우도 있지만 알면서도 민망해서 말을 못하는 사람들도 있었다고 한다-역주) 같은 질문을 벌컥 던진 적도 있었다. 관례상 이 질문을 받은 사람은 "말해 뭐합니까, 그렇고 말고요"라고 하거나 아무 말도 못하는데, 후자의 경우에는 함께 있던 사람들 전원에게 술을 사야 한다. 이 두 가지가 다 마음에 안 들더라도 비행사들 모임에서는 반드시 둘 중 하나를 택해야 한다는 엄격한 규칙이 있었다. 1959년 기자회견장에서도 월리는 기자가 던진 곤란한 질문에 답변할 준비가 돼 있었지만 존 글렌이 말할 기회를 잡았다.

"굉장히 대답하기 힘든 질문이군요." 글렌이 말했다.

"하나만 고르기가 힘듭니다. 사람의 몸에 열려 있는 구멍이 얼마나 많은지, 그리고 그중 하나를 얼마나 깊이 탐구할 수 있는지 생각해 보시고…"

글렌이 말꼬리를 흐리면서 윌리마냥 두 눈을 반짝이며 질문자를 쳐다봤다.

"기자님 생각에는 뭐가 가장 힘들 것 같은지 말씀해 보시죠."

회견장이 금세 시끌시끌해졌다. 반응이 썩 만족스러웠는지 글렌의 얼굴이 보기 좋게 붉어졌다. 그는 뒤로 물러나 앉았다. 말할 타이밍을 빼앗긴 쉬라도 그의 말에 수긍할 수밖에 없었다.

"우리 모두의 생각을 대신 말해 준 것 같네요."

세월이 흘러 1965년 초, 제미니 7호의 비행이 가까워지자 프랭크 보먼과 짐 러벨이라는 그야말로 전도유망한 실험 표본이 나타났고, 의사들은 이 두 사람을 최대한 활용할 계획을 세웠다. 2주나 되는 긴 시간을 우주에서 보내는 건 전례 없는 엄청난 일이었고, 의학 전문가들은 비행 임무가 시작되기 전부터 모든 데이터 기준을 새로 마련해야 한다는 데 뜻을 모았다. 이에 따라 보먼과 러벨은 본격적인 우주 비행에 나서기도 전에 끔찍한 검사에 계속 시달렸다. 피를 뽑고 염료를 몸에 주사하고 전류가 흐르는 바늘이 몸에 꽂히고 원심분리기가 바쁘게 돌아가는 가운데 뇌전도 검사, 심전도 검사, 근전도 검사도 줄줄이 이어졌다.

특히 의사들이 집착에 가까울 정도로 큰 관심을 쏟은 것은 체내 칼슘 보유량이었다. 우주에 장시간 머무르면, 중력에 맞서서 인체를 지탱하던 골격계의 원래 기능이 갑자기 필요 없어지고, 뼈를 튼튼하게 유지하는 일에 쓸데없이 에너지를 낭비하지 않으려는 변화가 우리 몸에서 나타난다. 따라서 원래 뼈를 유지하고 더 단단하게 만드는 데 활용되는 칼슘이 곧장 체외로 배출된다.

이 부분을 철저히 밝히기 위해 의사들이 택한 방법은 터무니없다고 할 만한 수준이었다. 두 조종사 모두 우주 비행을 떠나기 9일 전부터 소변과 대변을 단 한 방울도 놓치지 않고 모조리 봉지에 모아야 했다. 우주에 가 있는 14일은 물론 돌아와서도 4일간 그대로 모아서 모두 NASA의 의사들에게 건넸다. 이걸로는 데이터를 충분히 확보할 수 없다고 여겼는지, 임무 수행에 나서기 전에 흘린 눈물과 땀도 몽땅 수거됐다. 그뿐만 아니라 보먼과 러벨은 달랑 속옷 한 장만 걸치고 작은 물놀이용 풀에 들어가 사람들이 몸에 증류수를 끼얹는 동안 가만히 서 있었다. 이들의 피부에 닿았다가 떨어진 증류수는 모두 수거돼 칼슘 검사 표본에 포함됐다. 비행 전과 후에 입었던 속옷도 매일 저녁에 갈아입고 나면 절대 세탁하지 말고 그대로 가져와서 제출하라는 의사들의 요청도 있었다. 두 사람의 가장 은밀한 부위에서 매일 열여덟 시간 정도 배출된 땀을 분석할 수 있다는 이유 때문이었다.

혈압, 인체의 균형 상태, 심장 박동, 호흡, 시력 검사도 비행 전과 후, 우주로 나가 궤도를 돌고 있을 때 여러 차례 실시됐다. 하지만 시력 검사는 원활하게 수행하기 어려웠다. 조종석이 워낙 좁아서 시력 검사표를 적정 거리만큼 멀리 둘 수가 없다는 문제도 있고 그 거리가 확보된다 하더라도 의사들이 분명 결과를 의심할 터였다. 시력이 흐려져도 과연 비행사들이 그 사실을 정직하게 보고할지 의문이었고, 비행사들이 제대로 결과를 보고한다고 해도 조기에 귀환해야 할 수 있다는 염려 때문에 결과를 조작했다고 의사들이 의심할 것이 뻔했다.

이에 따라 우주선에 시력 검사표는 실리지 않았다. 대신 NASA의 시설 관리인들은 텍사스주 라레도시에서 65킬로미터 정도 북쪽으로 떨어진 넓은 공터를 평평하게 다져서 한 변이 600미터쯤 되는 정사각형을 총 여덟 개 그렸다. 그리고 사각형마다 내부의 일부분을 흰색 스티로폼이나 검은색 토탄으로 덮어서 무늬를 만들었다. 우주 비행사들은 그 위를 비행하면서 검은색과 흰색이 한 칸씩 번갈아가면서 사용된 이 패턴을 보고 무슨 모양인지 대답했다. 비행사들이 속임수를 쓰지 못하도록, 비행선이 라레도 상공에 오를 때마다 패턴은 다른 것으로 바뀌었다.

의사들은 결국 적정선을 넘고 말았다.

"우주에서 2주를 무사히 보내려면, 무엇보다 지구에 있는 것처럼 지내는 것이 현명할 겁니다." 의료진 중 한 사람이 이렇게 제안했다.

"지금도 훈련 시간의 절반은 시뮬레이터에서 그렇게 하고 있어요." 보먼의 대답이었다.

"그래봤자 몇 시간 정도에 불과하지 않습니까." 의사가 되받았다.

"필요하면 시간은 얼마든지 더 늘릴 수도 있죠." 러벨이 말하자 보먼도 고개를 끄덕였다.

"그렇긴 하죠. 하지만 모든 걸 모의실험처럼 해보자는 겁니다. 2주 내내, 시작부터 끝까지 말입니다. 안전하게 가자는 의미에요."

보먼은 도저히 못 믿겠다는 얼굴로 다시 물었다.

"그러니까 지금 우리더러 14일 동안 꼼짝없이 의자에 앉아 있기만 하라는 겁니까? 1g 환경에서, 화장실도 가지 말고요?"

"네, 맞습니다." 의사의 대답이었다.

"지금 제정신으로 하는 소립니까?" 보먼이 화를 쏟아냈다.

의사들은 딱히 대답을 내놓지 못했지만, 하려고만 들었다면 그게 왜 제정신으로도 할 수 있는 소리인지 설명을 늘어놓았으리라. 그러나 우주 비행임무를 맡은 선장의 권한으로 이 실험은 없던 일이 됐다.

· ✦ ·

주름이 자글자글한 깡통 모양의 제미니 7호에서 2주를 버텨야 하는 임무를 보먼이 받아들인 이유 중 하나는 바로 짐 러벨과 함께 비행한다는 기대감이었다.

보먼은 러벨과 우주 비행사 선발 과정이 한창 진행 중일 때 처음 만났다. 보먼은 처음부터 러벨이 마음에 들었다. 무엇보다 기질적으로 잘 맞았다. 군에는 그리섬처럼 딱딱하고 차가운 성격이나 쉬라처럼 짓궂은 장난을 즐기는 타입, 보먼처럼 목표를 위해 이를 악물고 노력하며 맹렬히 돌진해나가는 부류들이 넘쳐났다. 반면 러벨처럼 털털한 성격에 까다롭게 굴지 않고 쉽게 흥분하지 않는 사람은 별로 없었다. 게다가 만사태평이거나 사태의 심각성을 인지하지 못해서 침착해 보이는 것이 아니라 그저 타고나기가 그런 러벨 같은 이는 아주 드물었다. 우주 비행사들 사이에서 속담마냥 이런 러벨과 잘 지내지 못하는 사람은 그 누구와도 잘 지내지 못할 거라는 이야기까지 돌았다.

보먼은 성향 못지않게 러벨의 경력도 마음에 들었다. 보먼은 러벨이 처음 택한 학교가 웨스트포인트가 아닌 해군사관학교라는 사실을 큰 문제로 여기지 않았다. 살다 보면 누구나 평생 잊지 못하고 후회할 만한 일을 저지르는 법이니까. 러벨 역시 보먼처럼 해군사관학교에 진학하기 위해 한 걸음 한 걸음 모든 노력을 다했다. 그도 세 번째 합격 대기자 목록에 이름을 올렸지만 보먼과 달리 행운은 찾아오지 않았고 결국 위스콘신 대학교에 입학해 2년을 보낸 뒤에야 해군사관학교에 다시 지원할 수 있었다. 이번에는 합격했지만, 사관학교에서는 신입생 자격으로만 들어올 수 있다고 말했다. 시작이 어떻건 사관학교 졸업장을 받고 궁극적으로는 해군 장교가 될 수 있다면 상관없다는 판단에 러벨은 그러기로 했다.

NASA로 오기까지 러벨이 지나온 길은 해군사관학교에 입학한 과정보다 훨씬 더 험난했다. 그리고 보먼과 마찬가지로 그 길에는 거스 그리섬과의 만남도 포함돼 있었다. 1958년 러벨은 NASA의 초대 우주 비행사 선발에 지원했다. 엄격한 검증 과정을 모두 이겨내고 세밀한 신체검사를 받게 될 최종 후보자 서른두 명 중 한 명까지 올라간 그는 혈중 빌리루빈 수치가 높다는 결과를 통보받았다. 이 반갑지 않은 소식을 전한 의사는 정상범위를 벗어나긴 하지만 그리 큰 문제가 될 만한 일은 아니라고 했다. 문제는 나머지 서른한 명은 검사 수치가 정상범위고 합격자는 딱 일곱 명만 뽑는다는 것이었다. 세세한 부분까지 따지고 골라낼 수밖에 없는 상황이었다.

신체검사는 뉴멕시코 산타페에 위치한 러브레이스 클리닉에서 실시됐다. 결과를 접한 러벨은 해군 생활을 하던 메릴랜드주 패투센강 지역의 해군 기지로 돌아가기 위해 숙소로 갔다. 신체검사를 통과한 우주 비행사 후보들은 오하이오주 라이트 패터슨 공군기지로 가서 다른 검사를 받을 예정이었다. 러벨이 러브레이스를 막 떠나려고 할 때, 기지 사무국에 러벨을 찾는 장거리 전화가 기다리고 있다는 연락이 전해졌다. 아내 메릴린이었다. 나쁜 소식을 전해야 한다는 생각에 느릿느릿 수화기를 든 러벨이 겨우 그 소식을 이야기하려는 찰나, 아내가 선수를 쳤다.

"집으로 오면 안 돼."

"무슨 소리야?"

"집으로 오면 안 된다고. NASA에서 오늘 하루 종일 이쪽으로 전화했어. 라이트 패터슨으로 곧바로 가서 추가 검사를 받으래."

"의사는 그런 말 없었는데?"

"나랑 통화한 사람은 그렇게 말했어. 당신이 지금 바로 출발해서 오늘 밤까지는 그쪽에 도착해야 한대."

상반된 두 가지 명령과 마주한 러벨은 지각 있는 장교라면 이런 상황에서 누구나 할 법한 행동을 했다. 가장 옳다고 생각하는 쪽을 택한 것이다. 그는 라이트 패터슨으로 향하는 비행기에 올라 전달받은 지시대로 도착을 알린 뒤 곧바로 다른 사람들을 찾아

나섰다. NASA에서 일곱 명을 선발하여 그곳에서 추가 검사를 받게 한다는 사실을 알고 있었으므로, 익숙한 얼굴들을 찾아 모두 몇 명인지 세어 보면 알 수 있을 터였다. 러브레이스에서 검사를 받으면서 봤던 얼굴들이 또 한 명, 다시 한 명 지나갔다. 여섯 명까지 찾고 나니 그 이상은 눈에 띄지 않았다. 분명 혼동이 일어난 건 아닌 모양이었다. 러브레이스의 의사들이 러벨의 빌리루빈 수치를 염려했던 건 사실이지만 군 지휘 선상에서 더 높은 위치에 있는 누군가에 의해 그 우려가 모두 지워진 것이 분명해 보였다.

다음 날 아침, 러벨은 여섯 명의 후보자들과 함께 즐거운 마음으로 아침 식사를 하며 라이트 패터슨 기지에서는 러브레이스에서 이미 받은 검사 외에 대체 어떤 검사를 실시할지 이런저런 추측을 내놓았다. 그때 예상치 못한 인물, 러벨의 입장에서는 누구보다 원치 않던 일이 벌어졌다. 분명 어디선가 본 적이 있는 공군 한 명이 커다란 식당 문을 열고 들어와서 일행이 앉아 있던 테이블로 곧장 다가온 것이다.

"그리섬입니다. 늦어서 미안해요. 교통 문제가 좀 있었거든요."

그는 가장 가까이에 있던 사람의 손을 붙들고 악수를 나누면서 거친 음성으로 자신을 소개했다.

아침 밥상에 둘러앉은 사람은 이제 여덟 명이 됐다. 다들 뭔가 이상하다는 생각을 하고 있었다. 러벨은 먹던 음식을 내려놓고 기지 병원으로 향했다. NASA는 그를 라이트 패터슨으로 불러들인 지시에 착오가 있었고 러벨이 합격 요건을 충족하지 못했다고 설명했다. 빌리루빈 수치가 발목을 잡은 것이다. 러벨의 불운 덕분에 그리섬 혹은 다른 여섯 명 중 누군가가 혜택을 입은 셈이었다.

러벨은 명령대로 집에 돌아갔다. 그러나 해군사관학교에서 처음 불합격 소식을 들었을 때와 마찬가지로 그는 이번 실패 역시 일시적인 것으로 보고 언젠가는 이뤄질 일로 여겼다. 1962년, NASA가 2대 우주 비행사 선발을 시작했고 불합격 통지는 합격 통지로 바뀌었다.

러벨과 메릴린의 결혼 과정도 보먼의 마음을 끌었다. 고등학교 시절에 메릴린을 만난 러벨은 보먼처럼 평생을 함께 할 짝을 찾았다고 생각했다. 졸업하면 결혼하자는 약속을 하고 해군사관학교로 떠난 것도 똑같았다. 하지만 러벨은 신입생 시절에 사랑의 약속을 깨뜨리는 충동적인 선택으로 모든 걸 다 망쳐버릴 뻔한 실수는 저지르지 않았다.

러벨이 해군사관학교에 다니는 동안 메릴린 게를라흐Marilyn Gerlach는 조지 워싱턴 대학교에서 인문학을 공부했다. 그러면서 당시 해군 생도들이 만나던 애인, 내부적으로는 '드래그drags'라는 은어로 불리던 이들이 대부분 그랬듯이 메릴린도 거의 주말마다 러벨을 만나러 갔다. 상급생들의 곁에서 매력적인 부속물마냥 붙어 있다는 의미로 붙여진 별명이었다. 메릴린은 사관학교 인근 마을에 하숙집을 하나 빌려 그곳에서 지냈는데, 이 자그마한 다세대 주택은 당시 그곳에 머물던 여성들 사이에서 '체스트넛 부인'으로 불리던 여주인의 소유였다. 분명 진짜 성은 아니었겠지만 제대로 아는 사람은 아무도 없었다.

러벨이 사관학교에서 마지막 해를 보내던 어느 날, 7년째 그의 연인으로 지낸 메릴린은 러벨과 함께 시내를 돌아다니다 우연히 보석 가게를 발견했다. 러벨과 메릴린은 생도들이 나중에 장교가 되고 결혼하기에 적절한 때가 오면 아내가 될 연인에게 약혼의 의미로 다이아몬드가 박힌 조그마한 사관학교 반지를 선물한다는 사실을 알고 있었다. 보석 가게 앞에서 창문 너머로 안쪽을 들여다보고 있던 러벨은 머뭇거리며 메릴린에게 말했다.

"그럼… 자기 마음에 드는 걸로 아무거나 골라 봐."

"내 마음에 드는 걸로 아무거나?" 메릴린이 되물었다. 러벨이 한 말을 이해하지 못했거나 받아들이지 않기로 했거나 둘 중 하나였다. 어느 쪽이든 러벨은 적잖이 당황했다.

"우리 약혼반지 말이야." 그가 우물거렸다.

"약혼반지? 그냥 그게 다야?"

"아니 나는 그냥, 7년을 만났으니까 그래야겠다 싶어서…"

"그래야겠다 싶다고?" 메릴린이 따져 물었다.

"짐 러벨, 제대로 말하든가, 그러지 않을 거면 그래야겠다 싶어서 하는 일은 아무것도 하지 마."

그래서 바로 그 곳, 사람들이 오가는 보도에서 젊은 생도는 무릎 하나를 바닥에 꿇고 그녀에게 다시 제대로 청혼했고 메릴린은 수락했다. 짐 러벨과 잘 지내지 못하면 누구와도 잘 지낼 수 없는 법이니까.

제미니 7호가 우주로 나가기 전, 우선 제미니 6호부터 비행에 나서야 했다. 앞서 제미니 3호와 4호, 5호는 거의 완벽한 성공을 거두며 비행을 마쳤다. 그 정점에는 미국인 우주 비행사로서 최초로 우주 유영에 성공한 제미니 4호와 에드 화이트의 성과가 있었고 이는 2세대 우주 비행사 아홉 명의 지위가 더욱 상승하는 강력한 계기가 됐다. 제미니 6호는 보먼과 러벨이 출발할 1965년 12월과 두 달도 채 안 되는 간격으로 먼저 이륙할 예정이었다. 두 사람은 월리 쉬라와 신입 우주 비행사 톰 스태포드가 비행을 떠나는 모습을 직접 보러 갔다.

발사일인 10월 25일, 플로리다 해안은 티끌 하나 없이 청명한 하늘로 아침을 맞이했다. 1965년 여름은 이례적으로 더웠지만 수만 명의 야영객과 관중들이 아랑곳하지 않고 발사대 인근 해변에 모여들었다. 대형 방송국 세 곳과 주요 신문사의 취재진들 역시 무더위 속에서도 현장으로 달려왔다.

머큐리 우주선이 발사될 때 관중과 언론으로 일대가 들끓었고 제미니 호의 세 차례 발사 현장에도 그러한 현상은 반복됐다. 그러나 제미니 6호의 발사에는 사상 최대 관중이 순식간에 모여들었는데, 약 90분 간격으로 총 두 번의 발사가 진행될 예정이라는 점이 인기에 한몫했다. 별 생각 없이 구경하려는 사람들에게는 카운트다운이 두 번 진행되면 두 배 더 큰 스릴을 맛볼 수 있으리란 기대감이 있었고, 부정적인 생각에 집착하는 사람들과 언론에게는 일이 크게 틀어질 가능성이 두 번 있다는 의미로 받아들여졌다.

VIP 좌석에서 상황을 지켜보던 보먼과 러벨은 일이 잘못될 가능성에 대해 생각하지 않았다. 위험성은 전문가의 입장으로 너무나 잘 알고 있었다. 발사될 두 로켓 중 하나 또는 모두 잘못될 수도 있지만 그러지 않을 수도 있다. 이 게임의 결과는 그 양 갈래길 중 어느 한쪽을 갈 수밖에 없었다. 그래서 두 사람은 잠시지만 하루 열여섯 시간씩 받던 훈련에서 모처럼 벗어났다는 사실에 기뻐하며 현장에 모인 사람들과 같은 마음으로 발사를 지켜봤다.

왼쪽 먼 곳에 자리한 14번 발사대에는 아제나 우주선이 실린 아틀라스 로켓이 연료를 가득 싣고 액화산소 증기를 뿜으며 우뚝 서 있었다. 약 340킬로미터 상공의 원형 궤도로 멋지게 진입하기 위해 대기 중인 이 로켓에는 탑승자가 한 사람도 없어 그쪽을 응시하는 시선이나 방송 카메라는 별로 없었다. 로켓의 발사 시각 약 한 시간 전이었다.

14번 발사대와는 대략 1.8킬로미터, VIP 좌석과는 그보다 더 멀리 떨어진 19번 발사대 위에는 아틀라스 로켓보다 더 거대하고 많은 관심이 쏠린 추진로켓 타이탄과 함께 꼭대기에 쉬라와 스태포드가 꽉 끼어 앉아 있는 제미니 우주선이 대기했다. 이 두 번째 발사야말로 그날의 헤드라인을 장식할 주인공이었다.

모든 것이 NASA가 계획한 대로 이루어진다면, 아틀라스 로켓이 오전 10시에 점화되고 그로부터 10분 정도 후 아제나 우주선이 궤도에 진입해야 했다. 길이는 약 8미터에 한쪽 끝에는 로켓 엔진이 장착돼 있고 반대쪽 끝에는 도킹 포트가 장착된 이 우주선은 궤도 진입 후 단 90분 만에 지구 주위를 한 바퀴 돈다. 오전 11시 30분, 아제나가 케이프 커내버럴 상공을 지날 때 쉬라와 스태포드는 우주에서 그 뒤를 따라간다. 두 사람이 탑승한 우주선이 하루 동안 아제나의 뒤를 쫓다가 제미니 호 앞부분의 원추형 돌출부를 아제나의 이음 고리와 접촉시켜 두 부위가 맞물리도록 한 뒤 한 대의 우주선처럼 비행한다는 게 이번 비행의 계획이었다.

NASA의 달 착륙 계획이 실현되려면 이번 비행 기술이 반드시 필요했다. 영어 약자로는 LEM이지만 엔지니어들 사이에서는 '엘이엠'이 아닌 '렘'으로 더 많이 불리는 달 탐사선이 언젠가 달 표면에서 우주로 이륙하는 날이 오면, 두 명의 우주 비행사가 탑승한 LEM과 한 명의 비행사가 탑승한 사령선이 도킹을 하게 된다. 사령선 내에서 세 사람의 만남이 무사히 이루어지면 LEM은 분리되고 지구로 귀환한다. 미국은 아직까지 지구 궤도에서도 이와 같은 랑데부 비행과 도킹을 시도해 보지 않은 상태였고, 소련도 마찬가지였다. 제미니 6호의 임무는 이 기술을 연습해 볼 수 있는 절호의 기회이자 달 탐사를 위해 완료해야 할 목표 중 하나였다. 나아가 소련의 코를 납작하게 만들 수 있는 기회기도 했다. 이틀이면 끝날 제미니 6호의 임무는 우주 개발 경쟁의 판도를 뒤집어 놓을 만한 일이었다.

발사 당일, 모든 것이 순조롭게 진행될 것으로 전망됐다.

"아틀라스 아제나 로켓의 카운트다운이 조금도 지체되지 않고 시작됐습니다."

발사대에 나와 있던 CBS 방송국의 찰스 폰 프레드Charles von Fremd 기자가 발사 현장에서 5킬로미터 정도 떨어진 안전한 곳에서 제미니 호의 발사 뉴스를 전하고 있던 앵커 월터 크롱카이트Walter Cronkite에게 말했다. 다른 방송국들도 발사대와 멀찍이 떨어진 곳에 스튜디오를 설치했다.

"현재 카운트다운 시계는 째깍째깍 돌아가고 있습니다."

대륙 간 탄도 미사일인 아틀라스 로켓은 이륙 과정에서 폭발한 전례가 많았다. 성공을 의심하는 시청자들을 의식했는지 폰 프레드 기자는 가장 최근 데이터로는 "총 30회 발사돼 28회 성공을 거두었다"고 언급했다.

이륙을 2분 정도 남겨 놓은 시각, 기자들을 비추던 텔레비전 카메라들이 일제히 발사대 위의 아틀라스 아제나 우주선 쪽으로 방향을 돌렸다. 중계 화면 쪽을 차지한 디지털시계가 초읽기에 들어갔다. 숫자가 0에 이르자 무인 로켓의 엔진이 점화됐다.

"이륙이 정시에 정확히 시작됐습니다. 아틀라스에서 굉음이 들리기 시작했군요." 크롱카이트가 큰 소리로 외쳤다.

우주선 발사가 이루어진 초창기부터 보도를 해온 크롱카이트는 우주 개발 경쟁에서 소련이 앞서 나가기 시작한 뒤 미국의 비행사들을 우주 궤도로 여러 차례 실어 나른 이 다소 불안정한 미사일에 특별한 애정을 갖고 있었다. 아틀라스를 향한 앵커의 열정적인 관심은 매번 발사 때마다 고스란히 드러나곤 했다.

그런데 아틀라스 로켓이 발사되고 5분이 지나 아제나 우주선이 로켓과 분리돼야 할 시점, 카나리아 제도에 설치된 관측소에서 우주선 신호가 사라졌다는 보고가 들려왔다. 우주 비행 관제 센터의 데이터 스크린에도 마찬가지로 아무런 신호도 잡히지 않았다. 우주선이 궤도로 향하고 있다고 알려 주던 또렷한 신호가 갑자기 사라진 것이다. 지상 레이더 기지의 확인 결과, 곧장 위를 향하는 단일 신호가 아닌 상공에서 뿔뿔이 흩어지는 다섯 개의 분산 신호가 잡혔다. 폭발이라고밖에 해석할 수 없는 결과였다.

"최악의 상황이라고 단정할 수는 없습니다."

NASA의 상황을 외부에 알리던 해설자, 폴 헤이니Paul Haney의 설명이 크롱카이트의 보도 중간에 흘러나왔다.

하지만 최악의 상황이 맞았다. 그날 두 차례 이루어질 발사를 지켜보기 위해 해변 곳곳에 모인 수만 명의 사람들은 알지 못했지만, VIP 좌석에서 지켜보던 사람들, 최소한 NASA에 근무하는 사람들은 그 사실을 인지했다. 우주선에 앉아 대기 중이던 쉬라와 스태포드, 발사 관제센터 콘솔 앞에 앉아 있던 사람들도 모두 알아챘다.

카나리아 제도의 관측소가 아제나 우주선의 폭발을 최종 확정하고 제미니 6호의 발사는 "불운하게도 실패로 돌아갔다"는 간단한 말로 마무리하기까지 꼬박 50분이 걸렸다. 보먼과 러벨은 참관하던 곳에서 물러나 발사 관제실로 향했다. 예상했듯이 암울한 분위기가 가득했다. 그러나 그 침울함 속에서 즉흥적으로 천재적인 아이디어가 피어나는 광경을 목격할 수 있었다.

관제실에서는 크리스 크래프트가 타이탄 추진로켓을 만든 맥도넬 에어크래프트McDonnell Aircraft 사의 수석 엔지니어인 월터 버크Walter Burke와 버크의 조수 존 야들리John Yardley 가까이에 섰고 세 사람을 NASA와 맥도넬 사의 여러 직원들이 둘러싸고 있었다. 그 자리에 있던 모두가 공학적인 문제와 그로 인한 탐사 일정상의 문제를 인지하고 있었다. 아틀라스 로켓과 결합할 수 있는 아제나 호를 새로 만들려면 6개월은 족히 걸리는데, 이는 곧 다른 우주 비행 임무와 별도로 제미니 6호의 임무가 중도에 정지된다는 것을 의미했다. NASA가 제미니 6호의 발사 전까지 유인 비행 프로그램을 모두 중단한다는 결정을 내릴 수도 있었지만, 12월로 예정된 제미니 7호의 발사가 불과 40여 일 앞이었고 제미니 8호의 발사일도 15주밖에 남지 않은 시점이라 그와 같은 결정을 내릴 경우 차후 계획된 탐사 미션을 일제히 미뤄야 할 판이었다. 게다가 지금까지 늘 그랬듯이 일정을 늦춘 사이에 소련이 무슨 일을 어디까지 해낼지는 누구도 장담할 수 없었다.

둥글게 모여선 사람들 틈에 보먼과 러벨이 합세했을 때 야들리는 이미 몇몇은 머릿속에 떠올린 생각을 이야기했다.

"아제나 대신 제미니 호가 타깃이 되면 어떨까요?"

무슨 말인지 제대로 이해하지 못한 사람들을 위해 그는 덧붙였다.

"제미니 7호가 먼저 나가고 6호가 7호를 결합 타깃으로 삼는 거죠."

"자네 정신이 나갔구먼. 절대 있을 수 없는 일이야."

크래프트가 곧바로 답했다. 하지만 그 말을 한 당사자나 방 안에 있던 사람들 모두 그것이 가능한 일임을 깨닫기 시작했다. 사실 반드시 이루어지도록 간절히 소망해야 할 일이었다.

이는 우주 비행사 넷을 한꺼번에 궤도로 보내는 합동 임무를 시도하자는 뜻이었다. 불과 4년 전까지만 해도 비행사 한 명이 우주를 향해 단 5분간 탄도 비행을 하기 위해 이륙하는 일도 겨우 해냈던 우주 개발 프로그램이었다. 이들이 거론하는 그 비행사 넷과 그들의 가족 모두가 원래 계획, 즉 두 명의 비행사가 무인 우주선인 아제나와 나란히 비행할 예정이었다는 사실을 알고 있었다.

제미니 호 두 대가 동시에 궤도에 오르더라도 도킹은 이루어질 수 없었다. 둘 다 그런 목적으로 만들어지지 않았기 때문이다. 그러나 랑데부 비행은 제미니 우주선의 우주 개발 계획 중 가장 까다로운 부분이자 가장 중요한 항목이었다. 픽업트럭만 한 우주선 두 대가 시속 2만 8000킬로미터가 넘는 속도로 움직이면서, 우주 공간에서 지구와 수백만 세제곱킬로미터 범위로 근접하여 서로의 위치를 찾은 다음 몇 센티미터 내로 접근하는 것이다. 두 우주선에 탑승한 비행사들이 창문으로 서로의 얼굴을 알아볼 수 있을 만큼 가까이 다가가는 이 임무는 엄청난 정밀함을 요했다.

합동 임무가 시작되더라도 제미니 7호의 발사일이 바뀌지는 않을 것이었다. 보먼과 러벨이 완료해야 할 훈련이 아직 한 달 분량은 남았다는 것도 그 이유 중 하나였다. 대신 최초 계획과 달리 출발 순서를 바꿔서 먼저 제미니 7호가 궤도에 진입하고 지상에서는 8일 내지 10일 동안 제미니 6호의 이륙 준비를 마친 후 총 2주로 예정된 제미니 7호의 임무가 완료되기 며칠 전 제미니 6호를 우주로 보내는 계획이었다. 가능한 시나리오이긴 했지만 몇 가지 요령이 필요했다. 특히 유인 우주선 발사대가 한 곳밖에 없다는 문제부터 해결해야 했다.

우주선이 이륙할 때 발사대는 철저히 통제된 조건에서 거대한 불기둥에 노출된다. 보통 이를 수리하고 정비하려면 최소 한 달은 걸렸다. 이 유지보수 작업에는 청소와 페인트칠도 포함돼 있었다. 발사대의 기능 개선과는 무관하지만 워싱턴의 자금이 플로리다로 원활하게 흘러 들어오도록 하려면 그곳을 수시로 찾아오는 국회 관계자들의 눈도 생각해야 했기에 꽤 중요하게 여겨지던 작업이었다. 그러나 이번에는 NASA도 겉을 멋지게 단장하는 이런 작업에는 시간을 할당하지 않기로 결정했다.

두 우주선의 추진로켓을 바꾸는 것으로도 시간을 줄일 수 있었다. 제미니 6호를 싣고 갈 타이탄 로켓은 이미 발사대에 설치돼 비행 전 적합성 검사를 통과한 상태였다. 이 로켓은 제자리에 두고, 우주에 장기간 머무를 수 있도록 배터리와 생명 유지 장치를 더 많이 실은 제미니 7호를 그쪽으로 옮겨서 결합시키고 제미니 6호는 격납고로 다시 옮겨 원래 7호를 실으려 했던 타이탄 로켓에 실으면 됐다.

크래프트를 비롯한 관계자들이 즉흥적으로 제시된 이 계획이 과연 실효성이 있는가를 두고 계속 의견을 나누는 동안, 새로 거론된 임무에 참여할 네 명의 비행사 중 두 명은 여전히 19번 발사대에 앉아 있었다. 이제 곧 두 사람도 우주 궤도 환경에는 알맞지만 플로리다의 뜨거운 태양에는 영 적합하지 않은 우주복 차림으로 갠트리 엘리베이터를 타고 지상으로 내려와 열띤 토론에 동참하게 될 예정이었다.

이미 관제센터에 와 있던 다른 두 우주 비행사가 새로운 계획을 듣고 주저 없이 의견을 밝혔다.

"저는 좋습니다." 보먼은 단호하게 말했다.

"영리한 계획인데요." 러벨도 덧붙였다.

크래프트는 새로운 계획이 이렇게 정신없이 뚝딱 세워지는 상황이니 조심할 필요가 있다고 설명했다. NASA로선 먼저 해결해야 할 사안들이 산적했다. 우주선 한 대의 위치를 쫓도록 구축된 국제 추적망이 우주선 두 대를 쫓을 수 있도록 어떻게 조정을 해야 할지, 제미니 호 두 대의 이동 방향을 이끌 수 있는 컴퓨터 주행 알고리즘을 제시간 안에 만들어낼 수 있을지도 고민이었다. 하지만 이런 문제들은 브레인 버스터들이 늘 담당해온 일이었고, 이번에는 우주 비행 임무에 참가하려는 열의로 가득한 우주 비행사들과 함께 현 상황에 맞는 방안을 실행하는 것이 중요했다. 크래프트는 쉬라와 스태포드가 이 소식을 접하면 보먼과 러벨 못지않게 적극적으로 나설 것임을 전혀 의심하지 않았다.

텍사스주 오스틴의 린든 존슨 대통령 소유 목장에 마련된 기자회견장 연단에 빌 모이어스Bill Moyers가 올라섰을 때는 10월 25일, 우주 궤도에 진입할 예정이던 아제나 우주선이 사라진 지 72시간

을 막 넘긴 시점이었다. 겨우 서른한 살이던 모이어스는 존슨 대통령의 공식적인 대변인도 아니었고 대변인을 보좌하는 자리에 있지도 않았다. 대통령의 입장을 신속히 전달해 줄 공보 담당관들이 있었지만 존슨 대통령은 모이어스를 더 총애했다. 자신과 같은 텍사스 출신에 젊고 솔직한 모이어스는 불과 2년 전, 대통령 전용기 안에서 새로 취임한 존슨 대통령이 취임 선서를 하던 그 고통스러운 순간이 담긴 사진 속에서 남편의 암살로 엄청난 충격에 휩싸인 전 대통령의 영부인 곁에 있었던 열다섯 명 중 한 사람이었다. 그날 엄청난 존재감을 드러낸 후 모이어스는 여러 가지 역할로 항상 존슨의 곁을 지켰다.

케네디 정부가 돌연 존슨 정부로 교체된 후 우주 관련 일을 하던 사람들 사이에서는 상당한 우려의 목소리가 오갔다. 케네디 대통령이 1970년까지 달에 도달하겠다고 확고히 약속했기 때문이다. NASA 내부에서는 졸린 눈을 한 새 대통령이 예지력과 에너지가 넘치던 전직 대통령과 비슷하게라도 일을 해낼 수 있을지 의구심을 갖는 사람들이 많았다. 그러나 상황은 겉모습으로는 전혀 알 수 없었던 방향으로 흘러갔다.

1958년 국가 항공우주법을 관철시키고 애초에 NASA라는 기관을 세운 사람이 당시 미국 상원의 중진이던 존슨이었다. 부통령으로 선출된 후에는 해당 법률에서 '대통령의' 권한으로 보호받는다고 명시된 대부분의 조항을 조용히 개정해, 주어를 '미합중국의 대통령 또는 부통령'으로 바꾼 당사자이기도 했다. 케네디가 세상을 떠나고 6일 후에는 텔레비전 연설에서 NASA의 케이프 커내버럴 기지 명칭을 케이프 케네디로 바꾼다고 발표했다. 이는 새로 취임한 대통령이 전임자가 선언한 달을 향한 도전을 존중하고 이어가겠다는 의사를 미국의 유권자와 납세자들에게 확고히 밝힌다는 뜻이었다.

오스틴에 모인 기자들 앞에 선 존슨 대통령의 비서관은 놀랄 만한 뉴스를 가지고 왔다. 그가 언론에 공개하려는 이 중대한 뉴스는 우주에 관한 것으로, 기자들이 특히 흥미를 갖는 주제였다. 모이어스는 그곳 목장에서 백악관 업무가 임시 체제로 운영되기 시작한 후로 늘 그래왔듯이, 비교적 평온했던 대통령의 일과를 전하는 것으로 그날 아침 회합을 시작했다.

"대통령께서 오늘 아침 여섯 시에 일어나서 몇 가지 서류 작업을 하셨습니다. 전달사항을 불러주시고 서신을 몇 통 작성하신 뒤에 영부인과 함께 산책을 나가서 5, 6킬로미터 정도 산책하셨습니다."

"어느 길로 가셨나요?" 모이어스의 설명에 한 기자가 물었다.

"목장 바로 앞에서 이어진 흙길로 가셨습니다."

기자들이 받아 적은 그 사소한 정보에는 뉴스의 핵심이 거의 드러나지 않았다.

"서류 작업을 하시는 동안 대통령께서 맥나마라 장관에게 국가 방어와 관련한 사안에 대해 여러 가지를 말씀하셨습니다. 특히 남베트남에 관한 사안이 다루어졌습니다." 모이어스가 말을 이어갔다.

여기까지도 그리 새삼스러운 소식은 아니었다. 그즈음 존슨 대통령은 맥나마라 국방장관과 항상 논의를 이어갔고 주제는 늘 베트남 문제였다. 기자들은 기대하는 얼굴로 모이어스를 쳐다보았다. 이번에는 그 기대가 돌아왔다.

"대통령께서 우주 개발과 관련된 현 상황에 관한 몇 가지 문건을 확인하셨습니다. 여러분께 알려드리고자 하는 것은 미 우주항공국 국장인 제임스 웹James Webb이 대통령께 보고한 사항입니다. NASA에서 제미니 7호가 비행을 하는 동안 제미니 6호를 발사하여 두 대의 유인 로켓이 편대 비행을 하도록 추진한다는 내용입니다."

이것이야말로 정말 뉴스, 그것도 엄청난 뉴스였다. 모이어스가 우주선을 '로켓'이라고 잘못 말한 것 정도는 문제도 아니었다. 엄밀히 말하자면 제미니 호가 우주 궤도에 도달할 시점이면 두 우주선을 태우고 날아오른 타이탄 로켓은 이미 바다에 떨어질 것이기 때문이다. 우주 관련 뉴스에 통달한 기자라면 편집자가 기사를 손보면서 교정할 필요가 없도록 적절한 용어로 바꾸면 됐다.

"새로 정해진 내용인가요?" 기자 한 사람이 확인했다.

"새로운 사항입니다."

"전에 발표된 적이 없단 말씀이죠?"

"그렇습니다."

"6호도 유인으로 비행하나요?"

"6호에는 두 명의 비행사가 탑승할 겁니다. 원래 예정된 인원이 그대로 갑니다."

"7호도 그렇고요?"

제대로 귀담아 듣지 않았거나 들은 내용을 믿지 못하는 것이 분명한 누군가가 재차 물었다.

"그렇습니다." 모이어스가 참을성 있게 대답한 후 더 자세히 풀어서 설명했다.

"동시에 네 명이 우주로 나가는 겁니다."

이어서 그는 우주 비행사 네 사람의 이름과 나이, 계급, 고향, 비행 경력을 전했다. 쉬라를 제외한 나머지 세 사람은 모두 우주 비행이 처음이었다. 모이어스는 기자들의 질문에 따라 우주선 두 대가 대형을 이루어 비행할 것임을 재확인하고 두 우주선의 간격이 얼마나 유지될 것인지는 정확히 예측할 수 없다고("몇 미터 단위일 겁니다.") 밝혔다. 더불어 도킹 시도는 없을 것으로 거의 확신할 수 있다("두 대가 접촉하는 일은 없을 겁니다.")고도 밝혔다.

"내용을 정리해서 보고해야 하니 5분 정도 쉬었다가 계속하면 어떨까요?" 한 기자가 요청했다.

젊은 공보관은 고개를 끄덕였다. 이제부터 기자들에게는 긴 시간이 주어질 터였다.

"제가 전해드릴 사항은 여기까집니다."

말을 마친 모이어스는 연단에서 물러났고 기자들은 일에 착수했다.

제미니 7호

1965년 12월 4일

타이탄 로켓이 점화되는 순간, 그 위에 생전 처음 올라앉은 우주 비행사라면 누구나 깜짝 놀랄 것이다. 훈련을 마치고 이제 모든 준비가 됐다고 여러 번 확답을 듣고 파일럿 스스로도 이제 충분히 대비가 됐다고 생각해도 막상 현실이 되면 교육 담당자들이 했던 말이 제대로 모르고 한 말임을 깨닫게 되는 것이다.

누구도 예고해 주지 않아서 놀라게 되는 첫 번째 일은 엔진에 불이 붙기 30초 정도 전부터 시작되는 액체가 콸콸 흘러가는 소리다. 45만 리터가 넘는 두 종류의 고온 연료가 32미터 높이의 추진로켓 내부에서 흐르면서 나는 소리다. 로켓이 어디로든 날아가려면 이 휘발성 화학물질이 주입되고 혼합돼야 한다. 그리고 타이탄 로켓에는 연료 펌프가 로켓 상단 높이 연결된 우주선 바로 아래에 설치돼 있어, 자리에 앉아 있으면 초대형 욕조에서 물이 빠져나가는 모습이 절로 연상되는 그 엄청난 액체 소리가 생생하게 들린다. 이런 소리를 듣고 마음을 편히 먹기란 거의 불가능하다.

바람이 불면 추진로켓이 흔들린다는 사실도 예상치 못한 일에 포함된다. 위로 갈수록 흔들림이 심해지기 때문에 두 비행사가 앉아 있는 로켓 제일 꼭대기의 제미니 호는 가장 많이 흔들릴 수밖에 없었다. 로켓이 발사대에서 튕겨져 날아가는 순간부터 중력가속도를 느끼게 된다는 사실 또한 예상치 못한 일에 해당된다. 타이탄이 대륙 간 탄도미사일이기 때문에 생긴 특징이었다. 적의 공격을 받으면 서둘러 상공에 날아가 방어해야 하는 무기로 만들어졌으니 꾸물댈 여유는 일체 배제된 것이다.

하지만 무엇보다 우주 비행사들을 놀라게 하는 건 시동이 걸릴 때 나는 굉음이었다. 어떤 시뮬레이션 훈련도 쏟아지는 대포 소리 같은 타이탄 엔진의 소리를 살리지는 못했다. 우주 비행사는 발사 당일 난생 처음으로 대포 속에 자신이 앉아 있는 듯한 느낌에 사로잡힌다. 무선 통신의 도움이 없으면 바로 옆자리에 앉은 사람과도 대화를 할 수가 없다. 로켓의 소음이 다른 소리를 다 집어삼키기 때문이다. 단단하게 고정된 헬멧에 장착된 마이크가 입과 몇 센티미터밖에 떨어져 있지 않은데도 고함을 질러야 목소리가 겨우 들릴 정도였다.

1965년 12월 4일 오후 두 시 반, 불과 6주 전 즉흥적으로 변경된 계획이었지만 NASA 우주 비행 관제소가 처음 정한 그 시각에 정확히 프랭크 보먼과 짐 러벨은 타이탄 로켓에서 터져 나온 상상치도 못했던 엄청난 소음과 충격을 처음으로 경험했다.

"프랭크! 우리 이제 가는 거야!" 러벨이 보먼에게 소리쳤다.

잔뜩 긴장해서 왼쪽 자리에 앉아 있던 보먼이 무슨 말인가를 건넸지만 소음에 다 묻혀서 러벨에게는 물론 보먼 자신의 귀에도 들리지 않았다. 그러자 보먼은 다시 한 번 짧고 확고한 말을 내뱉었다. "그래!"

"우주선 통신에 잡음이 약간 끼어 있군요."

NASA의 발사 실황을 전하던 폴 헤이니는 텔레비전 앞에서 지켜보고 있을 수천만 명을 위해 설명했다.

발사 당일까지 보먼, 러벨은 물론 만일의 사태에 대비한 후보로 선발된 에드 화이트와 3대 우주 비행사로 뽑힌 마이크 콜린스Mike Collins도 정신없는 나날을 보냈다. 보먼은 만일의 순간이 닥치면 러벨 대신 우주선의 오른쪽 자리에 앉게 될 콜린스가 마음에 들었다. 굉장히 똑똑하고 열의가 넘치는 성격에 허를 찌르는 위트를 천연덕스럽게 발휘할 줄 아는 콜린스는 유창한 언어 구사 실력을 갖춘 사람이었다. 주변 사람들에 대한 날카로운 통찰력도 남다른 특징이었다. 한참 시간이 지난 뒤에 보먼은 콜린스가 자신을 운전사처럼 능력이 출중하고 공격성도 갖춘 사람인 동시에 곧 선거를 앞둔 정치인 같은 특징을 가진 사람으로 평가했다는 사실을 알게 됐다. 거의 정확히 들어맞는 분석이었다.

보먼 자신을 대체할 예비 비행사 에드 화이트도 제대로 된 적임자라고 생각했다. 군인 출신으로 우주 비행사로 살아온 지난 세월 동안 에드는 주변 사람들과 동지애를 쌓는 방법을 제대로 터득했다. 동지애와 우정은 전혀 다른 개념이고, 보먼은 여러 훌륭한 사람들과 굳건한 동지애를 형성했지만 가장 끈끈한 우정을 나눈 대상은 화이트였다. 집도 거리 하나를 사이에 두고 가까이 있어서 두 가족은 수시로 어울리며 특별한 관계를 유지했다. 수전과 화이트의 아내 팻 역시 다른 우주 비행사의 아내들 누구보다도 가까이 지냈다. 보먼의 아이들인 프레드, 에드와 화이트의 두 아이 에드윈, 보니 린은 서로 짓궂게 놀리거나 못살게 굴지도 않고 착하게 잘 어울려 지냈다. 서로서로 친구가 된 두 부부와 아이들은 주말마다 함께 지냈다.

제미니 7호가 발사되는 날, 보먼과 러벨, 두 명의 예비 비행사들은 오전 7시에 기상해 꼼꼼하게 이륙을 준비했다. 화이트와 콜린스는 보먼과 러벨이 우주선에 탑승하기도 전에 먼저 도착해서 한 시간 동안 시스템을 점검하고 비행 준비가 다 됐는지 확인했다. 정오 직전 두 사람이 밖으로 나왔고 우선 선발된 우주 비행사 두 명이 탑승했다. 두 좌석과 각각 연결된 해치가 머리 위에서 내려와 꽉 닫혔다.

로켓에 시동이 걸리기 전까지 남은 몇 시간이 아주 천천히 흘러갔다. 보먼은 러벨과 아침을 든든히 먹고 와서 다행이라고 생각했다. 한동안 제대로 된 식사를 하지 못할 것이었기 때문이다. 우주선에는 앞으로 14일 동안 두 사람이 공중에서 먹을 채소가 곁들여진 닭고기 요리, 새우 칵테일, 그레이비를 끼얹은 쇠고기, 버터스카치 푸딩, 포장된 과일 등이 실려 있었다. 이름만 들으면 정말 그럴싸한 음식 같았지만, 사실 전부 으스러지기 직전까지 진공 포장하거나 동결 건조된 상태로 수술용 가위로만 개봉할 수 있는 비닐 파우치를 열어서 숟가락으로 퍼 먹도록 돼 있었다. 러벨의 좌석 뒤에는 말린 과일이 들어간 케이크도 있었다. 거대한 비엔나 소시지처럼 포장된 엄청난 양의 이 케이크는 에너지 밀도와 열량이 높다는 이유로 우주선에 실리게 됐다. 이 과일 케이크는 우주에서는 지구에서 먹는 것과 맛이 영 달랐는데, 케이크를 먹은 그 누구도 맛있는 척조차 하지 않았다.

중력이 높아지기 시작하자 로켓 위에 앉은 두 우주 비행사의 머릿속에 음식에 관한 생각이 흐릿해졌다. 점화가 시작되고 2분 39초 후, 마침내 예정된 시각에 발사 첫 단계가 완료되고 로켓이 지면과 벗어났다. 그 힘으로 보먼과 러벨의 몸이 안전벨트 아래에서 좌석과 세게 부딪혔다. 중력이 설정된 대로 4g까지 올랐다가 다시 5, 6, 7g로 상승했다. 지상에서 평균 체중이 70킬로그램 정도라면 물리학적으로는 체중이 대략 490킬로그램에 달한다는 의미다.

우주선이 플로리다 해안을 벗어나고, 케이프 케네디 식당에서 발사대까지 걸어오는 데 걸리는 시간보다도 짧은 5분 40초가 경과하자 엔진이 꺼지고 우주선은 궤도에 진입했다. 그때부터 우주 비행사들은 갑자기 체중이 전혀 느껴지지 않는 환경에 놓였다. 먼지와 어딘가에 떨어져 있던 나사못, 볼트, 그 밖에 공들여서 챙기고 확인한 후에도 불가피하게 놓고 간 물건들이 공중에 떠다니기 시작했다. 우주에 처음 나간 비행사들이라면 누구나 그렇듯이 보먼과 러벨도 둥둥 떠다니는 부유물들을 쿡쿡 찔러보고 씩 웃다가

서로 마주보며 웃음을 터뜨렸다.

"제미니 7호, 이륙 성공!" '캡컴CapCom'이라 불리는 휴스턴 지상 관제소 우주선 통신원Capsule Communicator의 목소리가 들렸다.

"수신 양호. 감사합니다." 보먼이 답했다.

"지금까지 했던 시뮬레이션 훈련 중 최고였다." 캡컴이 농담을 건넸다.

우주를 비행해 본 적이 있는 사람들, 그 소수의 명단에 이제 공식적으로 영원히 이름을 남기게 된 보먼과 러벨은 그저 가만히 미소 지었다.

지루하고 고될 것으로 예상된 제미니 7호의 336시간 주행은 그리 길게 느껴지지 않았다. 장성한 두 남자는 폭스바겐 비틀 승용차의 앞좌석과 크기에 별반 차이가 없고 머리 위 여유 공간은 비틀보다도 좁은 좌석에 꼼짝없이 앉아서 2주를 보냈다. 두 우주 비행사는 상체를 굽혀야 다리를 쭉 뻗을 수 있다는 사실을 금세 익혔다. 마찬가지로 다리를 구부려야 상체를 곧게 펼 수 있었다. 상체와 하체를 동시에 뻗는 건 불가능했다. 내부에는 추진기와 환풍기가 윙윙 돌아가는 소리며 째깍째깍, 쉬익거리는 기계 소리가 제법 크게 들렸다. 기계가 작동을 멈추지 않는 한 그런 소리가 들리는 게 당연한 일인 만큼 보먼과 러벨에게는 오히려 안심할 수 있는 요소였는지도 모른다.

제미니 7호에서는 쉼 없이 흘러나오는 소음에 캡컴의 말소리까지 더해져 잠자는 것이 쉽지 않았다. NASA가 우주 비행사 중 최소 한 명은 언제든 깨어 있어야 한다는 규칙을 적용하고 있었고, 지구와 주고받는 교신도 계속됐기 때문이다. 예의를 지켜서 속삭인다 하더라도 두 비행사의 간격이 몇 센티미터에 불과했기에 완벽하게 고요할 수는 없었다.

식사는 자자한 소문 그대로였다. 물총으로 물을 넣어서 불린 다음 음식을 먹어야 했는데, 식감이 알맞게 맞춰지는 경우는 한 번도 없었다. 건조하고 가루처럼 부스러지는 식품에 물을 넣어 찐득찐득하고 푹 젖은 상태로 만들어 봐야 균형이 잘 맞는 법이 없었다. 달달한 시럽에 절인 과일이 펀치와 비슷한 맛이 나서 그나마 나은 정도였다. 과일 케이크는, 그냥 과일 케이크였다.

보먼과 러벨은 의학적인 실험을 실시하고 우주선의 위치를 파악하면서 최대한 바쁘게 지냈다. 심해 잠수정에서 쏘아 올린 폴라리스 미사일의 위치를 해군과 함께 추적하기도 했는데, 이 일은 NASA 심리학자들이 흡족해할 만큼 정신을 온통 집중해야 했다. 그럼에도 어쩔 수 없이 무료할 때를 대비해 두 사람은 책을 가지고 왔다. 보먼이 챙겨온 책은 마크 트웨인의 『서부 유랑기』, 러벨이 가지고 온 것은 월터 에드먼드의 1936년 베스트셀러 『모호크족의 북소리』였다. NASA는 우주 비행사의 세계관으로 바람직하다고 여기는 부분을 정확히 담고 있는 두 책을 매우 만족스러워했다. 하지만 막상 우주에서는 두 사람 다 책장을 슬쩍 훑어보는 것 정도에 그쳤다. 러벨은 가끔 함께 챙겨온 일기장에 메모를 하기도 했다.

우주복도 골칫거리였다. 전투 비행사들이 입는 일반적인 여압복과 딱딱한 헬멧을 14일간 우주를 비행하는 내내 착용할 수는 없는 노릇이라 NASA에서는 이번 비행을 위해 가볍고 재질이 부드러운 우주복을 주문했다. 헬멧도 점퍼에 달린 후드처럼 지퍼로 열어 등 뒤로 내릴 수 있도록 천으로 만들었다. 하지만 이 우주복은 우주 유영을 할 때는 입을 수 없고 우주선이 이륙하거나 지구에 재진입할 때 발생하는 갑작스러운 감압 환경에서 비행사들의 생명을 지켜 주는 것 외에는 효용성이 크지 않아서, 우주 비행사들과 NASA 사람들 대부분은 '기분 처지는 옷'이라는 별칭을 붙였다. 몸에 착 달라붙는 데다 입고 있으면 못 견디게 덥다는 것도 문제였다. 우주 비행사들은 이 옷을 벗고 아래위 긴 내의만 입고 지내는 것이 한결 더 편할 것 같다고 생각했지만 NASA에서는 받아들이지 않았다. '기분 처지는 옷'을 입지 않으면 우주선 내에서 몸이 '아래로 내려가게' 할 수가 없기 때문이다.

보먼은 실내 우주복을 그대로 착용한 채 땀을 뻘뻘 흘렸다. 우주복 안쪽에 공기가 통하게 해주는 손잡이를 끝까지 돌려도 별로 도움이 되지 않았다. 반면 러벨은 우주 생활이 시작된 첫 며칠 동안 천천히 옷에서 몸을 빼내기 시작했다. 처음에는 헐렁하게 내려서 어깨쯤에 걸치는 정도라 NASA에서도 이의를 제기하지 않았다. 러벨은 옷을 점점 내려서 허리춤까지 끌어내리더니 나중에는 무릎 아래만 걸치고 지냈다. 두 사람 다 지상에 옷이 너무 불편하다고 보고하자 이 옷인지 두꺼운 내복인지 모를 우주복에 관한 문제가 길고 긴 보고 체계를 타고 6일에 걸쳐 윗선으로 전달됐다. 캡컴이 우주 비행 책임자에게 전달한 이 불만 사항은 크리스 크래프트에게 전달되고 다시 워싱턴의 NASA 부국장의 손에 맡겨졌다. 부국장이 수석 항공 군의관과 이 문제를 논의한 결과, 옷을 벗어도 된다는 결론이 나왔다. 그때쯤 러벨이 우주복을 몰래 벗고 지낸다는 사실을 모르는 사람이 없었는데, 그의 혈압과 맥박이 우주복 안에서 힘들어하던 보먼보다 더 건강하다는 생체의학적인 결과가 나왔다. 이 결과는 다시 보고 체계를 타고 아래로 전달됐다. 우주복을 입고 지내는 것보다 벗고 지내는 것이 더 낫다는 NASA 간부들의 의견 덕분에 제미니 7호의 두 비행사는 공식적으로 속옷만 입고 우주를 비행할 수 있게 됐다.

샤워는커녕 면도도 못하고 지나가는 날이 하루하루 지나 일주일까지 이어지자 두 비행사가 느끼는 찝찝함과 악취도 날로 더해갔다. 제대로 된 화장실이 없는 우주선은 인간의 존엄성까지 거론하지 않더라도, 최소한의 사생활도 지키기 힘든 환경이었다. 하지만 어떻게 할 도리가 없었다. 소변 보는 일까지는 괜찮았다. 의사들도 소변 샘플은 간헐적으로 모으면 된다고 했다. 그래서 보먼과 러벨은 소변이 마려우면 통에다 볼일을 보고 우주선 외부와 연결된 소형 포트를 통해 흘려보냈다. 우주 공간으로 나간 소변은 즉시 자잘하게 반짝이는 수정처럼 확 퍼져나갔다. 쉬라는 소변Urine이 만들어내는 이 현상을 오리온자리에 빗대 '유리온Urion' 자리라고 이름 붙였다.

소변은 괜찮았지만 다른 용변이 문제였다. 비닐봉지, 일회용 물

티슈와 함께 상당한 요령이 있어야 제대로 처리할 수 있는 일이었다. 한 명이 그 일을 처리하는 동안 다른 한 명은 모른 척을 하거나, 도대체 지구를 떠나기 전에 뭘 먹고 온 거냐고 따져 묻는 것으로 상대방이 뭘 하고 있는지 너무나 잘 알고 있음을 표출했다. 러벨의 경우 NASA가 제공한 대변 봉지를 사용해야만 한다는 사실이 정말 싫었지만 우주 비행이라는 특권을 누리는 대가라 생각하기로 편하게 마음먹었다.

그러나 보먼은 나름의 방식으로 이 문제를 해결하기로 했다. 그냥 그런 상황을 만들지 않기로 한 것이다. 남자가 장 문제 하나 마음대로 통제하지 못하면 무슨 일을 통제하겠느냐는 것이 그의 지론이었다. 보먼은 그 통제가 14일간 내리 지속돼야 하더라도 마찬가지라고 보았다. 대단한 의지력과 똥고집으로 보먼은 첫 일주일을 견뎌냈다. 8일 차에 접어들자 순수한 호기심이 발동한 러벨까지 굳세게 견뎌 보라고 응원했다. 하지만 그토록 오래 버틸 수는 없는 노릇이었다.

"짐, 이제 도저히 못 참겠어." 9일째 되는 날 보먼이 고백했다.

"프랭크, 딱 5일만 참으면 돌아가잖아." 러벨은 농담으로 대답했다. 이제 5일은 너무 긴 시간이 돼버렸다. 어떤 고난도 견딜 수 있다고 생각하며 살아온 보먼은 아주 원시적인 경험을 통해, 정말로 모든 걸 견딜 수는 없다는 사실을 배웠다.

제미니 7호가 비행 9일 차를 맞이한 12월 12일 아침, 월리 쉬라와 톰 스태포드도 비행을 준비했다. 날씨와 기계장치 그리고 운명이 모두 협조해 준다면 이날이 제미니 6호의 비행 첫날이 될 것이었다.

쉬라와 스태포드는 출발일마다 제공되던 스테이크와 달걀, 주스, 커피로 구성된 아침식사를 마치고 옷을 차려입었다. 정해진 여압복과 단단한 헬멧까지 잘 쓰고 차량까지 걸어가면서 근처에 대기 중인 기자들에게 손을 흔들고 발사대까지 차분한 마음으로 이동했다. 임시로 마련된 방송실에는 월터 크롱카이트가 자리를 잡고 있었고 현장 기자들도 등 뒤에 저만치 떨어진 로켓과 발사탑을 배경으로 카메라 앞에 서 있었다. 해변에는 야영객들, 구경꾼들 수만 명이 여지없이 모여들었다. 모든 게 평소와 다르지 않았지만, 이번에는 머리 위로 300킬로미터 떨어진 곳에 두 사람을 지켜보는 특별한 관중이 두 명 더 있었다.

"6호 출발 준비는 어떻게 돼가는지 궁금하다."

이륙이 한 시간도 남지 않은 시각, 보먼이 휴스턴에 무전을 보냈다. 그 시각이면 쉬라와 스태포드도 우주선에 탑승을 마쳤을 때임을 알고 던진 질문이었다.

"순조롭게 진행되고 있다."

원래 캡컴을 담당하던 비행사에게 우주선이 배정된 직후에 후임자로 뽑힌 신입 우주 비행사 엘리엇 시가 응답했다.

"대기시간이 아직 25분 남았다."

"벌써 25분째 대기 중이라고?" 보먼은 예정에 없던 지연이 발생해서 25분 동안 발사대 관제소가 해결책을 찾고 있는 중이라는 소리로 오해하고 놀라서 되물었다.

"정상적으로 대기 중이다. 모든 게 원활히 진행되고 있다." 시가 다시 설명했다. 앞서 비행 관제센터는 발사시각을 25분 남겨두고 시스템 점검을 위해 발사시각을 늦춘다고 미리 밝힌 상태였다.

"알겠다." 보먼이 안심하고 대답했다.

충분히 그럴 만했겠지만, 우주에서 일주일 넘게 지낸 보먼과 러벨은 지루함을 느꼈고 누가 우주로 찾아온다는 진기한 상황에 대한 생각이 머릿속에 가득 차 있었다. 랑데부 비행이라는 난제가 기다리고 있다는 사실도 마찬가지였다. 마침 제미니 7호는 경로상 제미니 6호의 엔진이 점화되기로 한 시각에 정확히 케이프 케네디 위를 지날 예정이었다. 기상상황만 알맞으면 타이탄 로켓이 정해진 설정에 따라 맹렬히 폭파하는 장면을 볼 수 있었다. 300킬로미터 상공에서 보면 성냥을 그어 불이 붙은 것 정도로밖에 보이지 않겠지만 그래도 동료들이 이쪽으로 오고 있다는 신호로 볼 수 있을 것이다.

월터 크롱카이트도 텔레비전 스튜디오에 앉아 두 사람 못지않게 발사를 손꼽아 기다리고 있었다.

"우리가 우주로 떠난 날들 중 가장 흥미진진한 날이 될 겁니다. 맨 처음 우주 비행을 했던 날 정도가 오늘에 비할 수 있겠죠." 크롱카이트는 시청자들을 향해 이야기했다.

카운트다운도 순조롭게 시작됐다. 쉬라와 스태포드는 지상과 멀리 떨어진 높은 좌석에 앉아 카운트다운이 0에 이르는 소리와 콸콸 쏟아지는 액체 소리에 귀를 기울였다. 오전 9시 54분 정각, 엔진이 거대한 소음을 내며 점화되고 기체가 흔들리기 시작했다.

"시계가 움직인다!"

소음 속에서 스태포드가 외쳤다. 계기판에 설치된 미션 시계를 보고 한 말이었다. 우주선이 발사대를 벗어난 순간부터 비행이 진행되는 과정을 초 단위로 기록하도록 프로그래밍된 시계였다. 그런데 시계가 돌아가는 동시에 접속 플러그가 빠졌다.

"제미니 6호, 발사 정지." 스태포드의 말이 떨어지기 무섭게 엘리엇 시가 외쳤다.

쉬라와 스태포드는 으르렁대며 움직이던 엔진이 조용해지는 소리를 그대로 듣고 있었다. 쉬라는 발사 정지 시 취해야 할 조치를 잘 알고 있었다. 원래는 중지 결정이 내려지면 즉시 좌석 앞, 다리 사이에 있는 D링을 돌려야 한다. 단 몇 센티미터라도 타이탄 로켓이 지상에서 떠올랐다 추진력을 잃으면, 다시 지상으로 떨어지면서 충격이 발생해 연료탱크에 불이 붙을 위험이 크기 때문이다. 비행사가 D링을 돌리면 우주선의 비상 탈출용 좌석이 밖으로 튕겨져 나온다. 이때 가해지는 힘은 무려 20g에 달하는데, 그 과정에서 목숨을 잃을 가능성도 있지만 가만히 앉아 불길에 휩싸여 목숨을 잃는 것보다는 생존율을 높일 수 있다.

쉬라는 시뮬레이터에서 이와 같은 비상상황에 대비한 훈련을 몇 번이고 받았지만 실제 상황이 닥치자 그냥 가만히 있기로 결심했다. 엔진에 시동이 걸리고 시계도 작동하기 시작했는데 뭔가가 엇나갔다는 생각이 들었다. 직감적으로 그렇게 느껴졌다. 거대한 기계는 분명 점화돼 쿵쿵대며 움직였다. 이유는 알 수 없지만 타이탄이 덜커덩 소리를 내면서 꿀렁댔다. 쉬라는 그것이 이전에 한 번도 느껴 보지 못한 것임을 인지했다. 조종석의 계기판 시계가 잘못돼 로켓은 이륙하지 않았는데 시계만 움직인 것이다. 쉬라의 직감이 옳았다.

그는 침착하게 계기판을 확인했다. 압력계를 보니 로켓 연료탱크가 비워지고 안전 모드로 바뀌고 있다는 것을 알 수 있었다. 아무런 피해 없이 발사가 정지될 경우에 진행되는 수순이었다.

"연료 압력이 낮아지고 있다." 쉬라는 비행 관제센터에 무전으로 알렸다. 목소리에 아무런 감정도 묻어 있지 않았다.

"알겠다." 시가 대답했다.

쉬라의 결정은 자신과 스태포드의 목숨을 건 도박이었는지도 모른다. 그러나 심사숙고 끝에 내린 결정이었고 판단은 옳았다. 동시에 랑데부 비행이 이루어질 마지막 기회도 살렸다. 그가 D링을 잡아당겼다면 스태포드와 함께 목숨을 건질 수도 있고 그러지 못했을 수도 있었다. 그러나 비상 탈출로 인해 조종석에 큰 구멍이 두 개 뚫렸을 테고, 제미니 7호가 임무를 모두 마치기 전까지 우주선을 수리하거나 대체할 우주선을 새로 마련하지 못했을 것이다.

저만치 위에서 날아가던 보먼과 러벨은 19번 발사대에서 시작돼 활활 피어났다 사라질 불꽃을 기다렸지만 볼 수 없었다. 엘리엇 시가 두 사람에게 상황을 알렸다.

"점화가 실시되고 곧바로 발사가 중단됐다." 시는 상황에 맞게 기술적인 부분만 간결하게 이야기했다.

러벨과 보먼은 침통한 표정으로 서로를 쳐다보았다. 낮은 지구 궤도에 홀로 비행 중인 우주선에서 두 사람은 예정된 손님들을 더 기다려야 하는 상황이었다.

"알겠다. 여기는 7호, 타깃 우주선은 여기서 얌전히 계속 대기하겠다."

린든 존슨 대통령은 제미니 6호의 발사가 또 다시 실패했다는 소식을 접하기 전부터 이미 기분이 몹시 나빴다. 하필 그날 조간 신문에는 불쾌한 뉴스만 줄줄이 쏟아졌다. 「뉴욕 타임스」에는 공화당 소속 의원들과 공화당 출신 주지사 다섯 명이 베트남에서 갈등을 고조시키고 있는 존슨 대통령의 행보를 두고 "정글에서 한국전쟁 스타일로 끝없는 전쟁을 벌이려는 것"과 같다는 데 만장일치로 동의하고 이를 성명서로 발표했다는 소식이 실렸다. 소속 당인 민주당에서 좌익 평화주의자들이 그와 같은 패배주의적인 발언을 했다면 어느 정도 받아들일 수 있었겠지만, 언제든 공산주의자들과 싸울 태세가 돼 있는 공화당의 견해라는 점이 그에게는 한층 더 날카롭게 다가왔다.

민주당 흑인 국회의원과 사회운동가 서른 명으로 구성된 영향력 있는 단체가 정당 정책과 후보 선정 과정에 깊이 참여하게 해달라고 요청했다는 소식도 존슨 대통령의 심기를 거슬렀다. 이들이 정당한 불만을 표출했다는 사실은 존슨도 알고 있었다. 국회의 거센 반대 속에서도 대통령이라는 지위로 얻은 정치자본을 활용하여 공민권법과 투표권법을 추진해온 것도 그러한 이유 때문이었다. 이러한 결단에 격분한 미국 남부 지역의 백인 유권자들은 존슨이 주장하는 평등권에 결코 호의적이지 않았던 공화당으로 등을 돌렸고 대통령은 이러한 손해를 감수해야 했다. 투표권을 새로 갖게 된 흑인 유권자들이 잃어버린 표심을 충당하지 않는다면 소속 당에서조차 외면당할 것이 뻔했다.

이런 상황에서 평소 같으면 그에게 위안을 주던 우주 개발 프로그램까지 엎어졌다. 제임스 웹 국장을 비롯한 항공우주국의 중진들은 대통령이 제미니 6호에 재차 발생한 발사 실패 문제가 신속히 해결되길 기대할 거라고 충분히 예상했다. 그러나 대통령은 자신의 입장이 제대로 전달되지 않을까 우려한 듯 추가적인 단계를 밟았다. 대국민 담화문을 발표한 것이다. 존슨 대통령은 이 담화문에서 발사 실패가 실망스럽다고 두 차례 밝혔다. 세심하게 고른 표현으로 또 다시 이렇게 실망할 일이 생기지 않기를 바란다고 명확히 전했다.

다행히 그럴 일은 생기지 않았다. 제미니 6호는 발사 실패 후 이틀 만에 이륙했다. 타이탄 로켓의 점화에 방해가 된 요인이 무엇인지 점검하던 엔지니어의 매서운 눈초리 덕분에 가능했던 일이었다. 케이프 케네디의 발사대에서 점검을 시작한 지 몇 시간 만에 돌아온 이 엔지니어는 열 겹으로 결합된 하드웨어의 깊숙한 안쪽에서 원인을 찾았다고 보고했다. 작은 동전만 한 플라스틱 먼지커버가 체크 밸브의 개방을 막고 있었던 것이다. 한 기술자가 정해진 프로토콜에 따라 가스발생기를 세척하면서 이 커버를 벗겨냈다가 세척 후 다시 닫아두었는데, 이 기술자가 세척 프로토콜의 뒷부분을 읽어 보지 않은 것이 문제였다. 뒷부분에는 가스발생기를 재설치하기 전 커버를 벗겨내야 타이탄 로켓이 이륙할 수 있다는 내용이 적혀 있었다. 엔진은 점화됐지만 이 별것 아닌 자그마한 커버 하나가 거대한 로켓의 비상을 막은 것이다.

문제의 먼지커버가 제거되고 로켓에 다시 연료가 채워졌다. 두 우주 비행사도 발사 당일 아침에 거치는 모든 과정을 다시 한 번 밟아나갔다. 12월 14일 오전 10시 28분, 제미니 6호가 마침내 지구를 벗어났다.

"시계가 작동을 시작했다. 이번엔 진짜로!"

타이탄 엔진에 시동이 걸리고 점화 상태가 유지된 것을 확인하고 쉬라가 외쳤다.

"비행 궤도가 굉장히 좋다." 이번에도 휴스턴의 캡컴 콘솔 앞에 앉은 시가 대답했다.

"수신 양호, 지구의 모습이 꼭 꿈속에서 보는 것 같다." 쉬라의 말이었다.

"제미니 6호가 바로 거기서 출발했지."

"엄청나게 빨리 멀어지고 있다. 정말 멋진데!" 쉬라가 대답했다.

이번에도 플로리다 해안 바로 위를 지나던 보먼과 러벨은 구름으로 뒤덮여 케이프 케네디 전체가 흐린 탓에 아무것도 보지 못했다. 그때 쉬라와 스태포드를 태운 로켓이 구름을 뚫고 나오자 로켓의 뒤에 길게 늘어진 하얀 비행운과 날아가는 타이탄의 불빛이 보먼의 시야에 들어왔다.

"저기 있다! 비행운이 보인다!" 보먼이 외쳤다.

보먼 쪽 창문으로 목을 길게 빼고 내다보던 러벨도 그 광경을 목격하고 한마디 거들었다.

"이제 여기가 북적대겠군요."

두 우주선은 궤도를 네 번 돈 다음에 가까이 접근할 예정이었다. 그즈음이면 제미니 7호만 추적하던 지구의 레이더 탐지기가 여섯 시간 정도는 제미니 6호를 함께 추적하고, 비행 관제센터의 엔지니어들이 우주 비행사들과 함께 컴퓨터로 방대한 지구 궤도에서 티끌만큼 작은 두 기계장치가 조금씩 더 가까이 다가갈 수 있도록 진두지휘할 것이었다.

보먼과 러벨은 영 못마땅한 우주복을 다시 입고 후드처럼 달린 헬멧의 지퍼를 열어두었다. NASA 규칙상 우주선 두 대가 안전거리보다 가까이 접근하면 충돌로 우주선 외부가 파손될 수 있어 우주 비행사가 필요한 모든 조치를 취해야 했기 때문이다.

제미니 7호는 지난 며칠간 연료를 아끼기 위해 사전에 계획된 방식과 계획되지 않은 방식을 모두 활용하여 천천히 궤도를 돌았다. 제트 비행기는 보통 앞으로 나아가는 방향 쪽으로 비행기 머리가 놓여 있지만 궤도를 도는 우주선은 그렇지 않다. 우주선의 속도와 고도만 균형을 잘 이룬다면 물리학적으로 우주선이 꼿꼿하게 서 있든 옆으로 비스듬하게 기울든 데굴데굴 구르든 궤도 위를 안정적으로 이동할 수 있다. 보먼은 추력기를 손에 쥐고 우주선 앞부분이 이동 방향을 향하도록 위치를 조정했다. 랑데부 비행을 실시할 수 있는 안전한 방법이자 파일럿의 시각에서 적절한 방법이었다.

우주에서 24시간 조금 넘게 있을 계획인 제미니 6호의 추력기에는 연료가 가득 채워져 있었다. 궤도에서 펼쳐질 두 우주선의 파드되pas de deux에서 리드를 맡는 쪽은 6호였다. 제미니 6호는 보먼과 러벨이 탄 우주선보다 약간 더 낮은 궤도를 돌다 쉬라가 선미 쪽 추력기를 작동시키자 이동 속도와 고도가 함께 상승했다. 정해진 접점에 도달할 때까지 이런 방식으로 이동하면서, 6호는 열심히 쫓아가고 7호는 손님을 기다렸다. 레이더 신호가 아주 가까이 있다고 알려 주었지만 양쪽 모두 서로를 보지 못했다.

두 우주선 사이의 거리가 100킬로미터쯤 떨어져 있을 무렵 제미니 6호는 밤의 그늘에 가려져 있었고 제미니 7호는 한낮의 빛 속에 있었다. 쉬라는 쫓고 있는 타깃을 좀 더 확실하게 알아보기 위해 조종석 조명을 껐다. 그때 스태포드가 처음으로 타깃을 찾아냈다. 밝은 태양빛이 반사되는 제미니 7호의 뒷면이 컴컴한 앞면과 달리 하얗게 빛나고 있었다.

"이봐, 지금 본 것 같은데." 그는 휴스턴 본부도 들을 수 있도록 마이크를 켜고 이야기했다. "선장님, 저거 7호 같은데요."

"아니다." 화면에 뜬 레이더 신호에 의존한 휴스턴 본부의 답이었다.

"아니다, 맞아." 아주 작은 흰 불빛을 본 쉬라가 응답했다.

"시리우스나 7호 둘 중 하나일 겁니다." 스태포드가 말했다.

하지만 두 사람이 본 건 별이 아니었다. 쉬라는 추력기를 작동시켰다. 크래프트와 비행 관제센터 사람들이 '블리핑blipping'이라 부르는 이 조작이 시작되자 6호의 후미에서 히드라진 연료가 연소되면서 나온 기체가 숨을 쉬듯 터져 나와 우주선이 앞으로 나아갔다. 속도가 너무 빨라지자 쉬라는 다시 앞쪽의 역추력장치를 작동시켰다. 6호와 7호의 간격은 수십 킬로미터에서 다시 수 킬로미터, 수백 미터로 좁혀졌다.

얼마 지나지 않아, 네 사람이 반원 모양의 우주선 창문으로 서로를 알아볼 수 있을 만큼 가까이 다가갔다. 쉬라와 스태포드는 그날 아침 샤워를 하고 나온 말끔한 모습에 깨끗하게 면도한 얼굴 그대로였지만 보먼과 러벨은 부스스한 머리를 하고 수염도 길게 자라 있었다.

"안녕하신가!" 쉬라는 눈을 빛내며 큰 소리로 외쳤다. 그리고 지상에 보고했다. "우리는 7호와 편대 비행 중이다. 모든 것이 순조롭다!"

보먼은 잠깐 미소로 화답하고 하던 일에 집중했다. 궤도에서 이루어지는 랑데부 비행은 달로 가려면 거쳐야 할 핵심 단계이자 자칫 한순간 잘못될 수 있는 까다로운 임무였다.

"현재 위치는 약 10도와 110도." 보먼은 세 개의 축을 기준으로 두 축에 해당되는 우주선의 방향 값을 휴스턴에 새로 전달했다.

"모여 앉아 브리지게임을 하고 있다." 아직 들떠 있던 쉬라가 말했다.

쉬라는 랑데부 비행이 궤도를 몇 바퀴 도는 정도만 지속된다는 사실을 잘 알고 있었기에 곧 해야 할 일에 착수했다. 서로의 우주선을 면밀히 살펴보는 것도 여러 가지 과제 중 하나였다. 미국인 우주 비행사가 우주선이 날아가는 모습을 바깥에서 직접 본 적은 한 번도 없었다. 제미니 4호에서 밖으로 나와 우주 유영을 했던 에드 화이트의 경우는 예외겠지만 그는 우주 공간에서 자기 몸을 수직으로 똑바로 세우는 일에 대부분의 시간을 할애했다. 이제 NASA는 자신들이 만든 기계가 궤도를 어떤 상태로 돌고 있는지 확인할 수 있게 됐다. 네 우주 비행사들은 출발 전부터 우주선 표면에 벌어지거나 터진 곳 등 비정상적인 징후가 나타나지 않았는지 살펴보라는 지시를 받았다. 원격 측정으로 포착되지 않은 문제가 발생할 경우 재앙으로 이어질 수 있고, 지구로 귀환한 뒤 선체 점검에서 문제가 발견되더라도 그것이 대기권에 재진입하면서 생긴 것인지 아닌지 여부를 확인할 길이 없어 신뢰도가 떨어지기 때문이었다.

쉬라는 제미니 7호의 뒤쪽에 코드와 케이블이 엉켜서 삐져나와 있는 것을 보고 깜짝 놀랐다. 발사 당시 타이탄 로켓과 연결돼 있다 폭발 볼트가 터지면서 우주선과 로켓이 분리되고 남은 전선들이었다.

"자네들 뒤에 매달린 전선이 아주 많은데." 쉬라가 무전으로 알렸다.

"그쪽 우주선에도 보인다." 보먼이 대답했다. 우주선이 퍼레이드에 나갈 만큼 말끔히 다듬어진 모습이 절대 아닐 것이란 예상은 맞아떨어졌다. 그날만은 선장 역할을 혼자가 아닌 지상 본부와 함께 했으므로, 보먼은 모두가 들을 수 있도록 큰 소리로 이야기했다.

"6호에서 추력기가 켜질 때마다 전선이 세게 흔들린다."

제미니 호에는 모두 바깥에 성조기와 'UNITED STATES'라는 글자가 도색됐지만 앞서 임무를 마치고 돌아온 우주선에는 깃발과 글자가 다 타버려 거의 흔적이 없었다. 하지만 그때까지는 우주선이 처음 이륙하면서 불길에 탄 것인지, 지구로 재진입하면서 그 정도로 심하게 그을린 것인지 누구도 단언할 수 없었다.

"깃발과 글자가 보인다." 가까이에서 맴도는 6호를 살펴보던 러벨이 말했다.

"발사될 때도 지구에 귀환할 때만큼 많이 그을리는 것 같군."

"7호는 푸른색 부분이 전부 불타고 없다." 스태포드도 전했다.

지구 궤도를 3회 이상 도는 동안 두 우주선은 가까이 다가갔다 멀어지기도 하고, 다른 우주선 둘레를 원을 그리며 돌기도 했다. 달로 가려면 반드시 필요한 우주선의 조작이 충분히 가능하다는 사실을 증명한 놀라운 성과였다. 지상의 관제센터에서는 시가에 불을 붙이고 작은 깃발을 흔들며 자축했다. 원래 이런 축하의 분위기는 우주선이 모든 임무를 마치고 돌아올 때까지 기다렸다가 만끽하곤 했지만, 이번에는 크래프트도 이른 축하를 허용했다.

쉬라도 특별한 일을 계획했다. 아무도 알아채지 못했지만, 그날 우주에 있던 네 비행사 중 세 명이 해군사관학교 출신이고 보먼 혼자 육군사관학교 출신이었다. 예전부터 세 사람은 보먼을 상대로 여러 번 장난삼아 시비를 걸곤 했는데, 제미니 7호의 주변을 한 바퀴 돌던 제미니 6호가 뒷면을 지나 7호의 정면에 다시 등장할 때 오른쪽 창문에 뭔가가 나타났다. 쉬라가 몰래 숨겨서 우주선에 가지고 탄 파란색 마분지에 적힌 글귀가 선명하게 드러났다. "육군을 무찌르자."

보먼은 머리를 두 손으로 머리를 감싸고 한참을 웃다 눈을 가늘게 뜨고 다시 한 번 쉬라가 내건 사인을 응시했다. 그리고 신나는 목소리로 응수했다.

"해군을 무찌르자."

제미니 6호의 비행 첫날이자 마지막 날 그리고 제미니 7호의 11일 차 임무는 몇 시간 동안 이어지다 마침내 끝이 났다. 쉬라는 우주선을 뒤로 물러나게 해 가까이 다가가느라 애썼던 거리를 다시 멀어지도록 했다. 그리고 더 아래에 있는 궤도로 내려가 지구 대기권에 재진입할 준비를 시작했다.

두 우주선이 시야에서 보이지 않을 만큼 멀어졌을 때, 쉬라는 마지막으로 무전을 보냈다. 음성만 들어서는 다급한 일 같았다.

"제미니 7호, 여기는 제미니 6호다. 방금 위성처럼 보이는 물체를 목격했다. 북쪽에서 남쪽으로, 아마도 북극 궤도를 따라 이동하는 것 같다." 쉬라는 이렇게 보고하고 말을 이었다.

"해당 물체는 아래쪽으로 상당히 낮은 궤도에서 이동 중인데 앞부분이 위로 젖혀진 모습이다. 곧 지구에 진입할 것 같다. 뭔지 알아봐야겠으니 대기하라.

1965년 크리스마스를 아흐레 앞둔 그날, 제미니 7호와 지상 관제센터의 무전 수신기로 징글벨이 흘러나왔다. 쉬라가 마분지와 함께 밀반입한 하모니카와 작은 방울을 직접 연주하며 부르는 노래였다. 준비한 공연을 마치고 쉬라는 자랑스럽게 말했다.

"라이브 공연이었어, 제미니 7호. 테이프를 튼 게 아니라고."

그러고는 다시 자세를 가다듬고 우주선을 지구로 운전할 준비를 시작했다.

"정말 훌륭했어, 프랭크, 짐. 해변에서 다시 만나자고."

그로부터 한 시간도 채 걸리지 않아 제미니 6호는 북대서양에 착수하여 항공모함 와스프Wasp에 구조됐다. 3일 후에는 제미니 7호도 지구로 돌아왔다. 연료가 바닥나 전원이 아슬아슬했던 제미니 7호의 유일한 짐칸인 좌석 뒤쪽 좁은 공간은 쓰레기로 가득 차 있었다. 보먼과 러벨은 잔뜩 지친 모습에 휘청거리면서도 항공모함 갑판 위에서 활기차게 손을 흔들며 웃었다. 두 사람 모두 오래 샤워를 한 다음 실컷 잠을 자고 싶은 생각밖에 없었다.

두 비행사 모두 말 그대로 너덜너덜해진 우주선과 별반 다르지 않은 상태였지만, 힘들고 고된 2주간의 임무는 다 지나갔고 둘 다 살아남았다. 랑데부 비행도 성공했다. 보먼은 속으로 혼자서 내기를 하나 했는데, 바로 제미니 7호가 착수 시 6호보다 와스프에 더 가까이 떨어지도록 하고 말겠다는 것이었다. 그 목표가 이루어졌다는 사실을 알고 보면은 기뻐했다. '육군을 무찌르자'던 도발에 제대로 응수한 셈이었다.

2부

아폴로 프로젝트

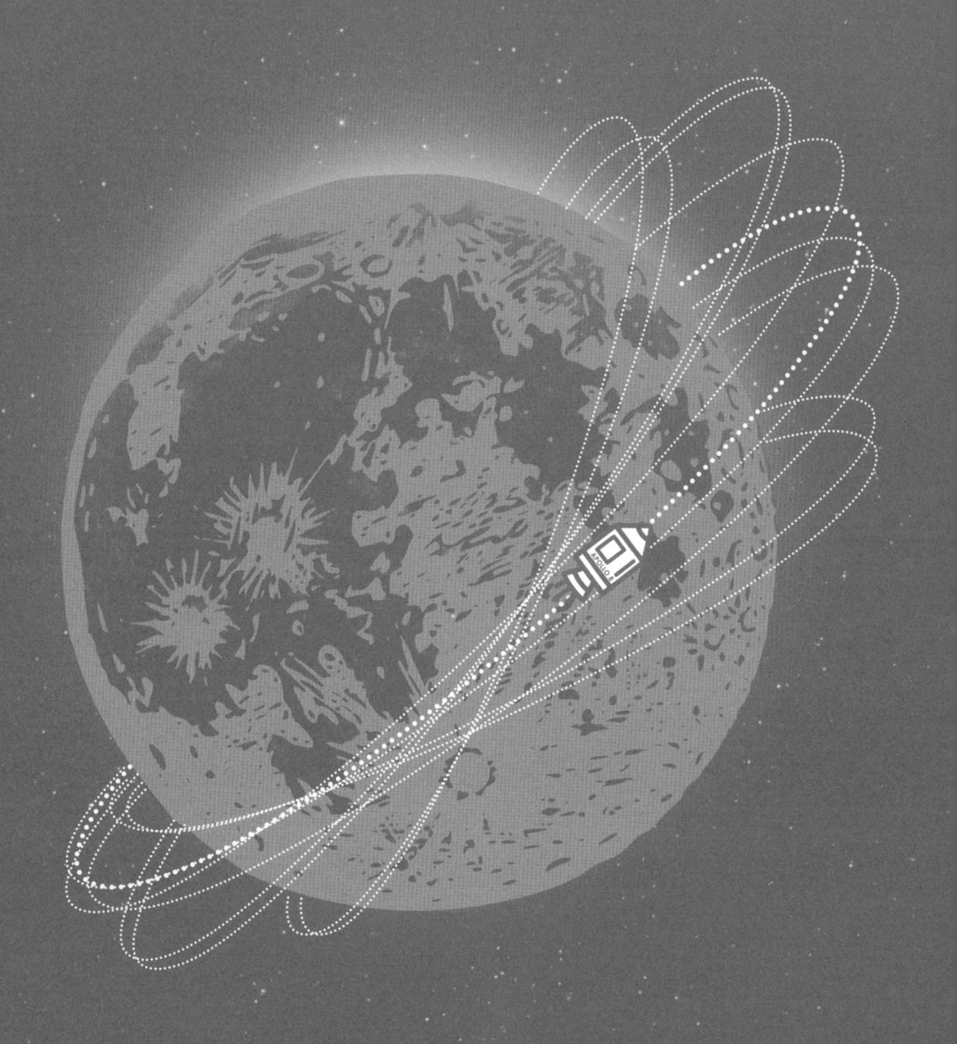

5 아폴로의 비극

1967년 1월

우주 비행사로 살면서 거스 그리섬이 우주선에 반입 금지된 음식을 몰래 들인 건 총 두 번이었다. 첫 번째는 장난이었지만 두 번째는 불길한 징조가 되고 말았다.

장난으로 끝난 첫 번째 사건은 사실 그리섬의 소행이 아니었다. 진짜 범인은 부조종사인 존 영이었다. 그러나 선장은 그리섬이고 부하가 저지른 위반 사항은 상급자가 저지른 것으로 간주됐다. 영이 가지고 탄 음식은 출발 이틀 전 월리 쉬라가 코코아 비치의 레스토랑 겸 샌드위치 판매점인 '울피스Wolfie's'에서 포장해 1965년 3월에 출발을 앞둔 제미니 3호에 갖고 타라고 건넨 샌드위치였다. 평소에도 유머 감각이 남다른 쉬라답게 반쯤은 바보 같은 농담이었지만 절반은 날카로운 지적이 담긴 아주 대범한 제안이었다. NASA에서 우주로 향하는 비행사들에게 제공하는 음식이 얼마나 끔찍한지 보여 주자는 속뜻이 담긴 것이다. 머큐리 계획은 비행시간이 짧았음에도 불구하고 음식이 형편없다고 느끼기에는 충분했다. 제미니 계획은 비행시간이 길게 늘어나 그런 음식을 견디기가 훨씬 더 힘들었다.

"그건 어디서 난 건가?"

우주선이 지구 궤도를 한 번 돌고 두 번째 선회가 시작된 직후 영이 우주복 주머니에서 형체를 알아볼 수 없는, 반쯤 납작하게 눌린 샌드위치를 꺼내들자 그리섬이 물었다.

"제가 가지고 왔습니다. 맛이나 볼까요. 냄새가 나는 것 같지 않으십니까?" 영이 대답했다.

샌드위치에서는 아주 고약한 냄새가 났다. 맛을 보니 썩 나쁘지는 않았지만, 한 입 베어 물자마자 빵 부스러기가 갓 폭발한 별처럼 온 사방에 떠다니기 시작해 그리섬은 샌드위치를 얼른 다시 봉지에 싸서 치워버렸다. 대부분의 NASA 관리자들은 비행사가 사소한 잘못 정도는 저지를 수 있음을 이미 감안하고 있었으므로, 두 사람이 귀환하자 이 장난에 대해서도 웃고 넘어갔다. 반면 지극히 사소한 규칙 위반도 심각하게 여기는 일부 관리자들은 우주비행사 전체를 대상으로 빵 부스러기처럼 사소한 물질이 스위치에 끼거나 필터를 망가뜨리면 각종 문제가 연이어 일어나고 결국 재앙으로 이어질 수 있다고 경고했다.

그리섬이 두 번째로 음식을 조종석 안에 몰래 들인 건 1967년 1월 22일의 일이었다. 사실 이날 그가 탑승한 조종석은 우주선이 아니라 시뮬레이터였다. 아폴로 우주선을 생산하던 캘리포니아주 다우니의 노스 아메리칸 항공의 공장에서, 3인승 사령선의 탑승 훈련을 위해 만든 모형에 그리섬이 가지고 탄 음식은 레몬이었다.

그리섬과 에드 화이트, 로저 채피Roger Chaffee 세 사람은 시뮬레이터 훈련은 물론, NASA가 1967년 2월 21일 발사를 준비 중이던 아폴로 호에서 많은 시간을 함께한 사이였다. 처음에는 '우주선 204호'로 명명됐지만 조만간 '아폴로 1호'로 이름이 바뀔 우주선으로, 아폴로 시리즈 중 처음으로 비행할 이들의 우주선은 조종하기 수월해 보였다. NASA와 하도급 업체들이 지금껏 제작한 우주선 전체를 통틀어 가장 튼튼하고 기능이 우수할 것으로 알려졌기 때문이다.

그러나 실상은 전혀 달랐다. 비행사의 시각에서 아폴로 호는 되는 대로 만든 기계였다. 다루기 까다롭고 쉽사리 고장이 날 뿐만 아니라 조금만 뭘 해보려고 하면 망가지기 일쑤라 뭐든 제대로 시도할 수가 없었다. 통신 시스템에 오류가 생기거나 계기판이 먹통이 되는 것으로 모자라 생명유지 장치까지 고장이 나 훈련이 중단되는 일도 빈번했다. 우주에서 그런 일이 벌어졌다간 비행사가 목숨을 잃을 수도 있는 문제들이었다. 문제가 생길 때마다 수리하기는 했지만 늘 얼렁뚱땅 마무리됐다. 잘못된 시스템을 뜯어내고 다시 설계해 제대로 작동하는 것이 확인되면 재설치해야 하는데, 앞서 고쳐놓은 부분을 다시 손보거나 덧붙이는 것으로 끝낸 것이다. 머큐리, 제미니 호도 설계상의 문제는 있었지만 사소한 결함에 불과했고 초기 단계에 발견해 확실하게 해결됐다. 그러나 아폴로 우주선은 1970년이 되기 전에 달로 우주 비행사를 보내야 한다는 다급한 목표 때문이었는지 명확한 해결 과정을 거치지 못했다.

반복되는 고장에 진절머리가 난 그리섬은 기술자들에게 항의했다. 기술자들을 관리하는 윗선에도 알리고 NASA의 책임자들에게도 문제를 제기했다. 그리섬의 닦달에 다들 모여서 의논을 하고는 문제를 다 해결하겠다고 약속했다. 하지만 아폴로 우주선의 비행을 유일하게 훈련할 수 있는 아폴로 시뮬레이터의 상태는 전혀 나아지지 않았다. 그리섬은 뭔가 다른 방식으로 문제를 해결하기로 결심했다. 시뮬레이터가 정해진 기능대로 작동하도록 또 다시 긴 시간을 씨름한 어느 날, 그는 조종석에서 나가 어디론가 사라지더니 레몬(영어에서 레몬은 불량품, 결함이 있는 물건을 의미하기도 한다-역주)을 하나 가지고 와 우주선 위에 올려놓고 유유히 사라졌다.

"거스답군. 어딘가 늘 까칠하지." 엔지니어들이 미소를 지으면서 이야기했다.

하지만 그리섬은 까칠한 것에 그치지 않고 훨씬 더한 반응을 보여도 될 만한 입장이었다. 제미니 6호와 7호의 합동 비행에 이어 NASA의 우주 개발계획은 계획대로 진행됐다. 보먼과 러벨이 북대서양에 착수한 12월부터 이듬해 11월까지 제미니 우주선 다섯 대가 두 달에 한 번꼴로 우주로 향했다. 제미니 우주선의 마지막 비행은 선장이 된 러벨이 이끄는 12호로 마무리됐다. 3세대 우주 비행사로 뽑힌 유망한 신입 비행사 버즈 올드린Buzz Aldrin과 함께한 러벨의 임무는 미국의 우주 탐사에 대한 자신감을 한껏 끌어올리며 멋진 피날레를 장식했다. 제미니 계획에서 가장 어려운 목표로 여겨지던 우주유영과 랑데부 비행, 도킹까지 모두 정확하고 능숙하게 완료한 것이다.

마지막 제미니 호가 지구로 돌아오기 한참 전부터 우주선 제조업체는 아폴로 우주선을 만들기 시작했다. 머큐리 우주선과 제미니 우주선은 모두 세인트루이스에 위치한 맥도넬 에어크래프트McDonnell Aircraft 사에서 제작했고 NASA는 결과에 상당히 만족했다. 맥도넬 사는 항공우주국이 필요로 하는 부분을 잘 포착하고 주문받은 사항을 잘 반영할 줄 아는 회사였다. 공장을 소유하고 근로자들을 고용하는 주체는 자신들이지만 NASA가 고객인 동시에 상관이라는 점도 충분히 인지했다.

하지만 맥도넬 사는 아폴로 호 제작에 전력을 다할 수 없었다. 우선 일손이 부족했다. 이미 1960년부터 빡빡한 일정에 맞춰 일을 해왔던 터라 제미니 호와 아폴로 우주선의 생산라인을 동시에 운영할 만한 여력이 없었다. NASA가 정한 일정대로라면 1966년 말 발사된 러벨의 제미니 12호와 1967년 2월에 발사 예정인 그리섬의 아폴로 1호 제작에 겨우 석 달의 여유가 주어질 뿐이었다. 거의 불가능한 일정이었다.

맥도넬 사가 그 일을 해낼 수 있다 하더라도 같은 업체에 계속해서 일감을 준다는 것 자체도 문제가 될 수 있었다. 우주 개발 사업은 도로나 댐 건설, 시골 지역에 통신 시설을 설치하는 일처럼 공공사업이다. 민간 업체라면 같은 업체와 얼마든지 계약을 갱신할 수 있지만 NASA는 의회에, 의회는 유권자들에게 왜 맥도넬 사와의 계약을 갱신해야 하는지 설명해야 했다. 미국 전역, 도시마다 있는 수많은 항공기 제조업체들도 왜 맥도넬 사가 NASA의 일감을 계속 받는지 의문을 가질 터였다.

이러한 이유로 새 일감은 노스 아메리칸 항공에 맡겨졌다. 계약서가 체결될 때만 해도 흠잡을 데 없이 적절한 선택 같아 보였지만 막상 일이 시작되자 생각했던 것과는 전혀 다른 일들이 벌어졌다. 처음 그런 기미가 나타난 곳은 노스 아메리칸 항공의 '인적 요인 부서'였다.

보통 테스트 파일럿은 비행기와 사람을 전혀 다른 대상으로 여긴다. 한쪽은 그저 하라는 대로 일을 하도록 만들어진 기계일 뿐이고 다른 한쪽은 기계가 해야 할 일을 알려 주는 주체이자 공중에서 못 하는 것이 없는 뛰어난 존재로 보는 것이다. 그러나 노스 아메리칸 사의 시각은 달랐다. 사람과 기계는 동일한 시스템에 속한 두 부분이며 양쪽 모두가 제대로 기능을 발휘하도록 만드는 것이 자사 엔지니어들의 몫이라고 보았다.

이러한 시각 때문에 우주 비행사와 관련된 문제들이 즉각 드러났다. 노스 아메리칸 사가 채택한 이 달갑지 않은 새로운 관점에 맨 처음 항의한 사람은 프랭크 보먼이었다. 제미니 7호에 올라 기나긴 비행을 마치고 돌아온 보먼과 러벨은 각기 다른 길을 향했다. 러벨은 선장 자리에 오를 때까지 제미니 우주선으로 계속 비행할 생각이었고 보먼은 그런 야망을 충분히 이해했다. 뛰어난 비행사라면 혼자서도 충분히 잘해낼 수 있는데 다른 비행사의 관리를 받으며 비행하는 것이 달가울 리 없을 테니까. 반면 보먼은 선장 자리에 앉아 제미니 우주선을 14일간 내리 타본 것으로 충분하다고 생각했다. 따라서 아폴로 프로젝트에 참여하기로 하고, 노스 아메리칸 사의 다우니 공장에서 NASA 본부와 연락하는 비행사로 근무했다. 자신과 다른 우주 비행사들이 타게 될 우주선의 윤곽이 잘 잡히도록 돕는 것이 그의 일이었다.

어느 날 아침, 보먼은 시험 삼아 아폴로 시뮬레이터에 올랐다가 기겁할 만큼 충격적인 사실을 발견했다. 가상 추력기에 시동을 걸기 위해 수동 컨트롤러를 조작하다 방향이 반대라는 사실을 알아챈 것이다. 즉 컨트롤러를 몸 쪽으로 잡아당기면 아폴로 호의 앞머리가 아래로 내려가고, 앞으로 밀면 앞머리가 위로 올라가는 식이었다. 비행기를 조종할 때 직관적으로 하는 동작과도 맞지 않을 뿐만 아니라 제미니 우주선의 조작 방식과도 정반대였다. 보먼은 담당 엔지니어를 찾아가 핸들이 잘못 만들어졌다는 점을 지적했다.

"방향이 반대로 바뀐 것 같습니다."

무엇이 잘못됐는지 모르는 사람이면 당황할 수도 있다는 생각에 그는 최대한 예의 바르게 이야기하려고 애를 썼다. "핸들을 잡아당기면 내려가고, 앞으로 밀면 올라가더군요."

"아, 잘못 아셨어요. 우리는 그렇게 비행을 할 겁니다."

엔지니어는 쾌활하게 대답했다. "그래야 랑데부 비행이 더 쉬워지거든요. 핸들을 앞으로 당기면 우주선 앞머리가 내려가면서 타깃이 위로 떠오르는 것처럼 보일 테니까요. 마치 우주선이 아니라 타깃을 직접 운전하는 것 같은 느낌을 받을 수 있죠."

보먼은 할 말을 잃었다. 가장 먼저 거슬린 것은 '우리'라는 단어였다. 그러나 실제로 우주선에 탑승할 사람이 누구든 상관없다는 식의 건방진 태도보다 더 불쾌한 것은 우주 비행사가 조종석에서 비행기를 실제로 어떻게 조종하는지에 너무나 무지하다는 사실이었다.

"우주 비행사들은 제트기를 몰던 사람들입니다. 제트기는 그런 식으로 작동하지 않아요." 보먼은 감정을 억제하려고 노력했다.

"우리 회사의 인적 요인 부서에서는 그렇게 하기로 정했어요." 엔지니어는 눈도 깜짝하지 않고 되받았다.

보먼은 화가 치밀었다. "네, '당신들'은 엔지니어씩이나 되니까 그렇게들 하나 보죠. 하지만 '우리'는 그렇게 안 합니다."

보먼은 주어진 본분을 충실히 수행했다. 엔지니어라는 자의 멍청한 머리에서 나온 생각이 우주선의 한 부분으로 만들어지는 말도 안 되는 일이 벌어지지 않도록 저지한 것이다. 보먼은 휴스턴 본부에 전화 보고를 하면서 공장 사람들이 추력기를 어떻게 설계하고 있는지 낱낱이 밝혔다. 통화가 끝나고 30분 뒤에 핸들 방향이 수정됐다.

+ ✦ ·

그러나 아폴로 우주선을 만들던 그 공장의 다른 심각한 문제들에 비하면 시뮬레이터는 아무것도 아닐 정도였다. 생산 과정의 전

단계에서 규칙이 무시되고 안전보다 속도가 우선시됐다. 노스 아메리칸 사의 엔지니어 중 다수가 군에서 '블랙 프로그램'이라고 명명한 특정 사업에 참여하면서 항공기에 관한 경험을 쌓았는데, 이 프로그램의 주된 임무는 위성, 미사일 등 사람이 탑승하지 않는 기계를 만드는 일이었다. 물론 이 일도 상당히 까다로운 작업이었고 깊은 인내심을 필요로 하긴 했지만 탑승자의 생존을 지키는 방향으로 시스템을 설계하는 것은 이 일에서 전혀 고려되지 않았다. 특히 미사일의 경우 더더욱 장기간 비행하거나 뛰어난 성능이 필요한 경우는 없었다. 그저 격납고에서 있다가 날아올라 정해진 곳에서 터지면 그만이었다.

아폴로 우주선의 품질관리에 문제가 있다는 보고가 NASA 본부로 전달되는 일이 상당히 빈번해지고 크리스 크래프트의 귀에도 들어갔다. 크래프트는 다우니 공장에 자기 대신 상황을 파악할 사람을 보내기로 결정했다. 오래전 햄튼에서 함께 일했던 '브레인 버스터', 기계는 뜯어서 속까지 다 살펴봐야 하고 다시 뚝딱 조립해 처음보다 더 나은 기계를 만드는 그런 사람들이 필요했다. 크래프트는 평생 만나 본 엔지니어 중에 실력이 가장 뛰어나다고 생각해온 사람에게 전화를 걸었다. NACA 시절 상관이던 존 베일리John Bailey였다. 그는 베일리에게 노스 아메리칸 사의 작업 상황을 살펴보고 느낀 것을 문서로 작성해달라고 요청했다.

베일리는 크래프트의 요청을 수락했다. 그가 제출한 보고서는 한 마디로 절망적이었다. 시스템 전체에서 우려되는 부분이 아주 상세히 제시됐다. 무엇보다 크래프트를 불안하게 만든 건, 베일리가 그곳의 전체적인 업무 방식을 직관적으로 평가한 내용이었다.

"이곳의 하드웨어는 수준이 매우 열악하다. 우주선 생산 공정에 사용되는 각종 전선이 사람들 발에 그대로 밟히고 있다. 전선을 보호하는 설비도 전혀 없다. 근무자들은 이런 문제를 거의 인지하지 못하고 있으며, 이 기계에 사람이 탑승한다는 사실도 별로 개의치 않는다. 단언컨대, 상황이 좋지 않다."

그러나 NASA는 케네디 대통령이 약속한 달 탐사 날짜가 얼마 남지 않은 상황이라 최대한 일정을 서두르는 중이었다. 게다가 까다로운 국회의원들 사이에서 베트남 전쟁에 돈을 쏟아붓고 있는 마당에 달 탐사 사업에 투자하는 건 낭비라는 목소리가 점차 커져갔다. 항공 우주국으로선 지금 당장 비행을 시작하거나 완벽한 우주선이 나올 때까지 비행을 중단하고 기다리거나, 둘 중 하나를 택할 수밖에 없었다. 결국 베일리의 보고서 내용에도 불구하고 생산이 계속 진행돼 우주선이 완성됐다. 이제 크래프트를 비롯한 관계자들에게는 믿고 맡길 수 있는 비행사를 뽑는 것만이 유일한 해결책으로 남았다. 이 골치 아픈 우주선에 무슨 문제가 생기더라도 처리할 수 있는 사람이 필요했다.

그리섬은 우주 비행 경험이 두 번인 몇 안 되는 비행사들 중 한 명이었다. 머큐리 우주선과 제미니 우주선을 모두 조종했고 두 번 모두 계획 초기에 비행한 뒤 여러 가지 문제를 찾아 해결되도록 도왔다. 그와 함께 선발된 화이트는 1965년 제미니 4호로 우주 비행을 한 번 마쳤다. 역사적인 우주 유영에 성공하고 임무를 수행하면서 강철같이 굳건한 면모를 드러낸 인물이었다.

하얀 우주복을 입은 비행사가 푸른 지구를 배경으로 시커먼 우주에서 천천히 움직이는 모습을 사진으로 볼 때는 우주 유영이 참 재미있어 보이지만 사실 화이트처럼 23분 동안 우주선 밖에 나가 있는 것은 굉장히 힘든 일이었다. 무중력 환경을 견디려면 보기보다 광범위하고 까다로운 여러 요소들을 신경 써야 하기 때문이다. 우주 유영을 마치고 우주선에 안전하게 돌아오는 일도 엄청나게 힘들었다. 화이트 쪽의 조종석 문이 닫히지 않아 5분 동안이나 애쓰다 온 힘을 다해 끌어내려 겨우 닫았을 때 얼굴을 가린 투명판이 온통 입김으로 뿌옇게 된 모습만 봐도 힘을 얼마나 써야 했는지 알 수 있었다.

신입 우주 비행사 채피는 우주 비행 경력이 없었지만 날아가는 기계를 조종하는 법은 물론 모든 상황이 조종사의 목숨을 위태롭게 하는 방향으로 흘러가더라도 끝까지 살아남는 법을 아는 인물이었다. 쿠바에서 갑자기 나타난 대륙 간 탄도미사일로 인해 미국과 소련의 핵전쟁 위기가 최고조에 달했던 1962년, 채피는 미사일이 발견된 곳으로 정찰 비행을 떠난 해군 전투기 조종사들 중 한 명이었다. 정체가 발각돼 공격을 받거나 추격을 당할 경우 소련 측에 전쟁을 일으킬 명분을 제공할 수 있는 상황에서, 그는 침착하게 정찰 임무를 완수하여 미국이 소련과의 갈등에서 승리를 거두는 데 일조했다.

아폴로 호의 우주 비행사로 선발된 세 사람은 점점 다가오는 비행 임무를 낙관적으로 받아들이려 애썼다. 하지만 그들은 NASA가 맡긴 고물 자동차 같은 우주선이 어떤 상태인지 잘 알고 있었다. 발사일이 가까워지자 NASA는 미국의 달 탐사선을 지구 궤도에서 맨 처음 시험 운행할 세 우주 비행사의 모습이라며 이들의 사진을 언론에 내놓기 시작했다. 그중에는 세 사람이 우주복 차림으로 아폴로 우주선의 모형이 서 있는 테이블 주위에 둘러앉아 카메라를 향해 자신만만한 척 억지로 웃는 모습이 담긴 사진도 있었다.

외부에 전혀 공개되지 않은 사진 중에는 그리섬과 화이트, 채피가 자신들이 타고 갈 우주선을 어떻게 생각하는지 솔직하게 감정을 드러낸 것도 있었다. 머리를 숙이고 양손을 앞으로 모아 기도하는 포즈를 취한 것이다. 이들은 사진에 담긴 의미를 꼭 알아야 할 사람들이 빠짐없이 볼 수 있도록, 아폴로 계획을 관장하던 노스 아메리칸 사의 엔지니어이자 '스토미Stormy(사납다는 뜻)'로 불리던 해리슨 스톰스Harrison Storms에게 메시지와 함께 사진을 보냈다. 당시 노스 아메리칸 사의 간부들은 공장에 와 있던 우주 비행사들이 NASA에 아폴로 우주선에 관한 불만을 주기적으로 토로해 왔다는 사실을 익히 잘 알고 있었고 스톰스도 마찬가지였다. 사진에 적힌 메시지에도 그러한 사실이 반영돼 있었다.

"스토미, 이번에는 휴스턴에 전화 안 했어요!"

그리섬이 레몬을 올려놓는 것으로 자신의 생각을 밝힌 날로부터 5일 후인 1967년 1월 27일, 아폴로 1호의 발사 예정일이 한 달도 채 남지 않은 날 NASA는 '플러그아웃 시험'으로 알려진 테스트를 예정대로 실시했다. 이 시험은 우주 비행사들이 실제 상황과 동일하게 복장을 모두 갖추고 발사대로 가서 새턴 1B 추진로켓 위에 미리 설치돼 있는 우주선에 탑승하는 것으로 시작됐다. 이어 우주선의 내부 전원을 켜고 비행사와 관제사가 발사 단계를 차례로 진행하면서 최종 점검을 실시했다.

발사 당일의 상황을 최대한 정확하게 확인하기 위해 두 단계가 추가로 실시됐다. 첫 번째는 아폴로 호 내부 공기를 산소 22퍼센트, 질소 78퍼센트가 섞인 지구 대기가 아닌 궤도상에 있을 때처럼 100퍼센트 산소로 채우는 것이었다. 사람은 산소만 있으면 생존할 수 있으므로 우주선 설계 시 무게만 높이는 비활성 질소는 탱크에 싣지 않았다.

설계 담당자들은 진공 상태인 우주 공간에서 조종석에 공급되는 산소의 압력이 제곱센티미터당 약 0.35킬로그램에 조금 못 미친다는 것을 인지했다. 이는 제곱센티미터당 약 1.05킬로그램에 해당하는 해수면 산소압의 3분의 1에 불과했지만 우주에 있는 우주 비행사들에게는 그 정도면 충분했다. 그러나 우주선이 발사대에 있을 때는 내부 압력을 훨씬 더 높여야 했다. 그래야 외부 공기가 바깥에서 압력이 낮은 내부로 밀고 들어오면서 선체를 찌그러뜨리지 않기 때문이다. 이에 따라 플러그아웃 시험에서는 아폴로 호 내부에 제곱센티미터당 1.18킬로그램의 산소가 채워졌다. 산소, 특히 고압 순수 산소는 불이 붙기 쉬워 위험하다는 사실을 누군가 언급했더라도, 그런 우려로 인해 NASA가 시험을 중단하지는 않았을 상황이었다.

실제 상황을 점검하기 위해 마련된 두 번째 추가 테스트 대상은 출입구였다. 비행사들이 가로로 나란히 놓인 좌석에 등을 대고 앉았을 때 화이트의 머리 바로 위에 해치라고 불리는 우주선의 출입구가 위치했다. 비상상황 시 이 출입구를 다급히 열어야 그리섬, 화이트, 채피 세 사람 모두 무사히 빠져나갈 수 있는 형태였다. 우주선 밖으로 빠져나오면 발사대의 갠트리 철탑 꼭대기와 연결된 스윙 암 끝부분의 방진실(화이트룸)로 오게 되는데, 이 방진실은 아폴로 호가 발사대에 있을 때는 우주선을 둘러싼 형태로 설치됐다가 발사 전 뒤로 분리되도록 설계됐다. 압력이 크게 높아질 우주선 내부 환경에서 문이 수월하게 열리면 곤란했기 때문에 엔지니어들은 출입구를 안쪽과 바깥쪽 두 겹으로 만들고 걸쇠를 여러 개 달아 고정시켰다. 중앙 좌석에 앉은 비행사가 래칫이라는 공구로 이 걸쇠를 열고 안쪽 출입구를 앞으로 잡아 당겨 분리한 뒤 바닥에 내려놓은 다음에야 바깥쪽 출입구를 열고 나갈 수 있는 구조였다. 아폴로 1호에 탈 우주 비행사들은 이 과정을 여러 차례 연습했지만, 아무리 애를 쓰고 효율성을 높이려고 노력해도 나가려면 어느 정도 시간이 걸렸다.

플러그아웃 시험 전날 밤, 그리섬의 예비 비행사로 지명된 월리 쉬라는 그리섬과 함께 발사대로 향했다. 두 사람은 우주선에서 마지막으로 탈출 연습을 몇 번 실시했다. 연습이 끝나고 나오면서, 쉬라는 고개를 가로저으며 그리섬에게 말했다.

"정확하게 집어내지는 못하겠지만 말이야, 이 우주선은 뭔가 잘못됐다는 생각이 들어." 비행사의 입에서 나올 수 있는 최악의 혹평이었다. 쉬라는 이와 함께 덧붙였다.

"문제가 생기면 얼른 빠져나와야 해." 그리섬은 그러겠다고 약속했다.

플러그아웃 시험은 비행사 세 사람이 자리에 앉고 이중 출입구가 설치돼 봉쇄된 오후 2시 50분에 마침내 시작됐다. 훈련은 더디게 이어졌고 중간에 여러 번 중단됐다. 그날 가장 골치 아팠던 문제는 초기 시험에서 이미 발견된 것으로, 통신 상태가 좋지 않다는 점이었다. 화이트와 채피의 헤드셋에는 메시지가 전해지긴 했지만 엄청난 잡음과 말이 뚝뚝 끊어지는 말을 겨우겨우 알아듣는 정도였고, 그리섬의 통신 라인은 엔지니어들도 원인을 찾지 못한 문제로 인해 상태가 훨씬 더 심각했다.

이날 훈련이 시작되기 전 디크 슬레이튼은 비행사 한 사람과 함께 우주선에 탑승했다. 간이침대처럼 생긴 기다란 조종석 아래, 장비를 넣어둘 수 있는 공간에 들어간 그는 시험에 소요될 것으로 예상된 시간 내내 그곳에 머물면서 통신 문제를 해결할 방법을 찾아보려고 했다. 그러나 시험은 실제 상황과 최대한 가까운 조건에서 진행해야 했다. 발사 당일 세 명이 탑승할 우주선에 남자 네 명이 끼어 탈 일은 없을 것이므로 시험도 세 명이 탑승한 상태로 진행돼야 했다. 우주선에서 나온 슬레이튼은 케이프 케네디의 발사 관제센터로 이동하여 우주선에서 흘러나오는 알아듣기 힘든 말들을 어떻게든 해석하려고 애썼다.

오후 6시 20분, 우주 비행사들은 물론 플로리다 케이프 케네디의 현장 근무 팀, 휴스턴의 우주 비행 관제센터 사람들 모두가 녹초가 됐다. 시뮬레이션으로 카운트다운이 진행됐지만 통신이 끊어지고 해결해야 할 몇 가지 문제가 발견돼 10분간 훈련이 중단됐다. 카운트다운이 시작됐다 멈추는 일이 반복된 오후 내내 비행 관제센터와 가까이 있는 자신의 사무실 사이를 오가던 크래프트는 관제실로 돌아와 뒤편에 설치된 콘솔 앞에 서서 현장 근무 팀과 우주선 안에서 흘러나오는 통신에 귀를 기울이고 있었다.

"여기에서도 이렇게 서로 대화를 나눌 수가 없는데 달에 가서는 대체 어쩌겠다는 거야?"

오후 6시 30분 정각을 몇 초 남기고 그리섬이 불만을 토로했다. 목소리가 상당히 또렷하게 들린 흔치 않은 순간이었다.

"자네가 하는 말 하나도 안 들릴걸." 축 처진 소리로 화이트가 하는 말도 들렸다.

그로부터 1분 14초가 흐른 뒤, 발사대 현장에 있던 사람들이 비행사가 뭔가를 외치는 소리를 들었다. 채피가 "이봐요!"라고 외치는 소리였다.

이어 화이트의 고함 소리가 들렸다. "불이야! 조종석에 불이 났다!"

채피가 외치는 소리도 흘러나왔다. "불길이 엄청나다!"

마지막으로 채피가 소리치는 음성이 다시 들렸다. 이번엔 비명 소리였다. "우리 전부 불타고 있다!"

방진실에 있던 기술자들의 눈에 우주선 창문 너머로 불길이 미친 듯이 날뛰는 내부 상황이 고스란히 보였다. 휘날리듯 번지는 환한 빛은 분명 불길이었다.

"어서 밖으로 꺼내!"

발사대 총책임자이자 방진실 수석 기술자인 도널드 배빗Donald Babbitt이 소리쳤다. 주변에 서 있던 사람들이 서둘러 우주선으로 달려가 출입구를 붙들고 열어 보려 정신없이 씨름했다. 금속으로 된 선체 내부에서 뿜어져 나오는 열기가 얼마나 강렬한지 얼굴을 그쪽으로 돌리지도 못할 정도였다.

방진실의 소음과 혼란은 계속 커진 반면, 우주선 쪽은 불길할 정도로 고요했다. 관제실에서 헤드셋을 쓰고 대기 중이던 사람들의 귀에 들린 음성이라곤 관제사나 케이프 케네디 현장에서 고함치듯 질문을 해대는 사람들의 목소리가 전부였다. 아무것도 손을 쓸 수 없는 휴스턴 쪽은 침묵에 잠겼다.

"승무원 퇴거!" 발사 현장의 시험 책임자 척 게이Chuck Gay가 소리치는 목소리도 들렸다. 우주선이 불길에 휩싸이면 즉각 밖으로 빠져나오라는, 비행사들로서는 실행에 옮길 수 없는 지시를 매뉴얼대로 외친 것이다.

"출입구를 폭파시켜요! 그냥 날려버리면 되지 않습니까!" 가까이에 있던 통신 기술자 게리 프롭스트Gary Propst의 말이었다.

그때 방진실에서 또 다른 목소리가 터져 나왔다. 누군지 알 수 없는 그 목소리는 "전원 대피!"라고 소리쳤다. 우주선 외부에 있는 사람들을 향해 뒤로 물러서거나 가능하다면 달아나라고 알리는 지시였다. 우주선이 폭발할 위험에 놓인 것이다.

잠시 뒤 아폴로 호에서 폭탄이 터지는 소리와 함께 공기가 뿜어져 나와 방진실 전체가 불에 탄 잔해로 뒤덮였다. 책상 위에 있던 서류들, 클립보드에 꽂혀 있던 종이에도 불이 붙었다. 우주선에 뚫린 구멍 쪽으로 순식간에 번진 불길이 안에 타고 있던 비행사들을 완전히 집어삼켰다. 아무도 살아남지 못했다. 비행사 모두를 잃고 만 것이다.

크래프트는 죽음을 앞둔 비행사들이 한 말을 전부 들었다. 불타버린 우주선의 장비 보관함에 몸을 구겨 넣고 있을 뻔했던 슬레이튼과 관제 센터에 있던 사람들 모두 마찬가지였다. 비행사들이 숨지기 몇 초 전 마지막으로 한 말이 정확히 무엇인지에 대한 해석은 전부 엇갈렸다. 사람들이 통신 기록 외에 들었다고 주장한 말들에 대한 증언도 각기 엇갈렸다. 통신 시스템의 상태가 얼마나 형편없었는지 감안하면 충분히 가능한 일이었다.

하지만 여러 사람이 녹음 기록에는 없지만 분명히 들었다고 주장하는 공통된 말이 있었다. 마지막까지 비행사로서의 직분을 잊지 않은 사람, 비행 관제센터와 통신이 진행되는 한 반드시 우주선의 상태를 계속 알려야 한다는 의무를 너무나 잘 알고 있었던 비행사가 최대한 침착하게 꺼낸 말이었다.

"보고한다, 대형 화재가 발생했다." 그의 보고는 정식으로 기록됐다.

NASA는 사고 발생 한 시간도 채 안 돼 세 사람의 사망 사실을 알렸다. 각 방송사의 금요일 저녁 정규 뉴스를 통해 케이프 케네디에서 발생한 사고 소식이 전해졌다. 그리섬과 화이트, 채피 세 사람이 불이 나고 거의 곧바로 숨을 거두었다는 NASA의 설명은 사실과 달랐다. 세 사람은 상당히 오랫동안, 적어도 21초 동안은 살아 있었다. 생체 측정 기록과 당시 방진실에 있던 기술자들이 우주선 창문을 통해 목격한 움직임 그리고 우주선에 설치된 동작 탐지기 데이터를 종합해서 나온 결론이었다.

비행사들은 그 21초의 시간 동안 무슨 일이 벌어졌는지 인지했고, 살기 위해 노력했다. NASA에서 근무하면서 지난 1년 동안 벌어진 일들을 유심히 지켜본 사람들이라면 그리섬과 화이트, 채피가 불길에 희생된 이 일이 우연한 사고가 아니라 필연적인 결과임을 알고 있었다. 끔찍한 비극인 동시에 불명예스러운 일이었다.

NASA의 비행 관리자들 가운데 중진으로 꼽히던 진 크란츠Gene Kranz가 1월 27일 저녁을 보낸 곳은 관제실이 아니었다. 불길이 치솟기 전, 그는 집에서 외식하러 나갈 준비를 하고 있었다. 포도 잎이 들어간 요리가 나온다는 레스토랑에 갈 참이었다. 그 메뉴가 솔직히 달갑지는 않았지만 다른 의견을 낼 입장이 아니었다. 아내 마타가 셋째 아이를 임신했지만 2월로 예정된 아폴로

1호 발사 준비 때문에 일주일 내내 일해야 했기 때문이다. 1월 27일 아침 일찍 케이프 케네디로 출근한 프란츠는 그날 대부분의 시간을 플러그아웃 시험 준비를 도우면서 보냈다. 그러나 일단 시험이 시작된 후에는 자리를 지켜야 할 필요도 없었고 열두 시간 정도면 자신이 해야 할 작업은 다 마칠 수 있으리라 예상하고 마타에게 시간 맞춰 퇴근한 다음에 미리 골라두었다는 레스토랑으로 함께 가자고 얘기해두었다.

과거 모래만 날리던 휴스턴 쉽 채널 지역에 얼마 전 그리스 레스토랑이 문을 열었다는 이야기가 들렸다. 대형 산업지대라는 타이틀은 여전했지만, 우주 개발 사업이 지속적으로 이어지면서 그곳으로 모여든 젊은이와 가족들을 위한 새로운 곳들이 여럿 생기는 추세였다. 그 새로운 그리스 레스토랑은 포도 잎에 돌돌 말아서 만든 여러 가지 앙트레로 사람들의 관심을 잡아끌었다. 크란츠는 그냥 칼과 포크로 먹으면 될 음식을 왜 굳이 잎 속에 집어넣어야 하는지 이해할 수도 없었거니와 야채를 더 먹어야 한다면 그냥 샐러드에 야채를 늘리면 된다고 생각했다. 하지만 마타의 생각은 달랐다. 어쨌든 중요한 건 그가 아내를 데리고 외식을 시켜줄 이유가 충분하다는 것이었다.

그동안 커리어를 쌓느라 보낸 시간을 생각하면, 마타가 원하는 대로 근사한 저녁을 함께할 기회를 훨씬 더 많이 만들어야 한다는 점을 크란츠도 잘 알고 있었다. 공군 비행사 출신인 그는 한국전쟁에 참전하여 정찰 임무를 수행한 뒤 뉴멕시코의 홀로먼 공군기지에서 항공기 시험 엔지니어로 근무했다. 1960년, NASA로 옮긴 후로는 7년 내내 정신을 쏙 빼놓을 만큼 바쁘게 돌아가는 일정에 따라 쉼 없이 일을 해야 했다. 「항공 주간Aviation Week」에 실린 '우주 사업 실무단'의 구인 광고를 본 마사는 크란츠에게 여기에 지원해 보라고 추천했다. NASA에 들어간 뒤 프란츠는 크리스 크래프트처럼 항공 관제사로 자리를 잡았다.

소수에 불과한 관제사의 일원이 된 그가 초창기에 맡았던 임무 중에는 1965년 8월, 우주에서 8일간 머문 제미니 5호의 비행도 포함돼 있었다. 그해 말 제미니 7호가 기록을 깨기 전까지 우주에서 최장 시간 머문 것으로 기록된 임무였다. 비행을 준비하던 초반, 우주 비행사들은 제미니 5호에서 발견한 여러 가지 문제를 보고했다. 연료 전지에 극저온 산소와 수소를 공급하는 저장탱크 때문에 두통이 심하다는 문제도 그중 하나였다. 탱크 압력이 정해진 것보다 낮아지는 현상이 지속됐고 탱크가 고장 나면 우주선의 주 동력장치도 꺼질 가능성이 있는 골치 아픈 문제였다.

유난히 길고 힘든 근무가 이어지던 어느 날, 크란츠는 교대 근무를 하기 위해 관제실로 들어섰다. 그와 교대한 관제사는 크래프트였다. 그는 인사 외에 별다른 지시 사항을 전달하지 않고 휴식을 취하러 서둘러 관제실을 나갈 준비를 했다. 평소 크래프트는 교대자에게 콘솔을 넘겨주면서 앞으로 여덟 시간 동안 무엇을 해야 하는지 설명을 해주곤 했다. 제미니 5호가 불안정한 상태인 그날 같으면 더욱 해줄 말이 많았을 텐데, 헤드셋을 벗고 일어선 뒤 곧장 퇴근하려고 했다.

"크리스, 제가 뭘 하면 되죠?" 크란츠가 그를 불러 세웠다.

돌아선 크래프트의 표정에는, 짜증스럽다고만은 표현할 수 없는 거센 감정이 담겨 있었다.

"자네는 비행 관리자이지 않나. 이제 자네가 근무할 차례니, 뭘 할지는 직접 판단해야지." 날카로운 대답이 돌아왔다.

이런 상황은 물론 까다로운 여러 일들을 침착하게 처리한 덕분에 크란츠는 크래프트가 아끼는 사람들 중 한 명이 됐다. 글린 루니Glynn Lunney, 밀트 윈들러Milt Windler까지 세 사람은 우주 비행 관제실에서 메인 콘솔을 조작하는 핵심 인력이었다.

아폴로 1호의 플러그아웃 시험 당일, 저녁 일찍 관제센터를 나선 크란츠는 집으로 향했다. 그리고 마사와의 약속을 지키기 위해 옷을 갈아입기 시작했다. 채비를 다 마치기도 전에 대문을 쾅쾅 두드리는 소리가 들렸다. 베이비시터라고 예상한 그는 왜 문을 저렇게 세게 두드리는지 이상하다고 생각하면서 얼굴을 찌푸렸다. 옷을 반쯤 입다 만 상태로 서둘러 아래층으로 내려간 프란츠의 눈앞에 나타난 얼굴은 이웃이자 관제센터에서 달 착륙선 관련 부서의 부국장인 짐 해니건Jim Hannigan이었다. 그는 곧바로 용건을 말했다.

"케이프 케네디에서 사고가 났답니다. 라디오에서 들었어요. 비행사가 사망했다고 하는데요."

크란츠는 곧장 위층으로 돌아가 작업복으로 다시 갈아입고 마타에게 방금 들은 이야기를 전했다. 그리고 쏜살같이 차에 시동을 걸고 NASA 유인 우주센터로 향했다. 입구를 통과하자마자 우주 비행 관제센터 건물로 달려갔지만 이미 그쪽은 출입금지 조치가 취해진 상태였다. 위기 발생 시 외부와의 접촉에 따른 문제를 최소화하기 위해 정해둔 절차가 시행된 것이다. 평소 자주 드나들던 문이란 문은 다 찾아보았지만 모두 잠겨 있었다. 경비원을 호출하려고 보안실과 통화를 시도해도 연결음만 울릴 뿐 전화를 받는 사람은 아무도 없었다.

건물 뒤쪽으로 달려가자 화물 엘리베이터 근처에서 드디어 경비원 한 사람을 찾을 수 있었다. 크란츠는 배지를 꺼내 보이며 자신이 무슨 일을 하는지 빠르게 설명하고 건물 안에 들어가야 한다고 이야기했다. 상황을 파악한 경비원은 그를 들여보내 주었다. 숨을 헐떡이며 관제실에 들어선 크란츠는 냉랭한 분위기와 바로 맞닥뜨렸다.

중앙 콘솔 앞에는 크래프트가 케이프 케네디의 항공 의무관과 낮은 음성으로 무언가를 의논하고 있었고 그 바로 곁에는 비행관리부 부장인 존 호지John Hodge가 서 있었다. 두 사람 다 얼굴에 그늘이 잔뜩 내려앉아 있었지만 다른 콘솔 앞에 온통 창백한 얼굴로 앉아 벌벌 떨고 있는 젊은이들에 비할 바가 아니었다.

호지는 시험 비행 프로그램을 오랫동안 관장해온 만큼 사망 사고에 단련돼 있었고 전투 비행사 출신인 크란츠나 NASA에서 오랜 세월 근무하면서 재난에 대비가 된 크래프트도 마찬가지였다. 그러나 관제실 안에 있는 나머지 사람들, 공학 공부를 마친 뒤 곧바로 일을 시작해 사실상 아직 어린 소년에 가까운 이들은 그런 상황에 대비한 훈련이나 비슷한 고통을 경험해 본 적 없었다. 평균 나이가 26세에 불과한 새파랗게 어린 젊은이들이었다. 갓 박사

학위를 딴 이들은 학문적인 측면에서는 아는 것이 많았고 NASA에서 자신들이 하는 일이 목숨을 걸어야 하는 임무와 관련돼 있다는 것도 숙지하고 있었지만, 책으로 배우는 것과 실제로 피를 보는 것은 전혀 다른 일이었다. 그날 밤, 우주 프로그램은 피를 철철 흘리고 있었다.

크란츠와 관제실에 있던 선임 관리자들은 이 청년들이 자기 몫을 하도록 이끌었다. 우선 콘솔의 모든 스위치와 다이얼을 화재 발생 당시 놓여 있던 위치에 정확히 그대로 두라고 지시했다. 수천 가지에 달하는 설정 중 어딘가에 앞으로 벌어질 조사에 꼭 필요한 중요한 정보가 담겨 있을 수도 있었기 때문이다. 진상 조사는 정해진 수순이었다.

암울한 분위기에서 법의학적인 조치가 끝나자마자 관제사들은 일제히 그곳을 빠져나왔다. 이들이 향한 곳은 NASA 직원들이 평소 즐겨 찾던, 센터 근처 '노래하는 바퀴Singing Wheel'라는 술집이었다. 나이 지긋한 사람들은 이곳을 '붉은 헛간Red Barn'이라고 즐겨 부르곤 했는데, 인기 많은 술집과 잘 어울리는 별명이었다. 단골이 대부분 NASA 직원들이다 보니 나중에는 정말로 붉은 헛간처럼 느껴졌기 때문이다.

이름이 라일이라는 것만 알 뿐 성을 아는 사람은 거의 없었던 술집 주인장이 여느 때와 같이 손님들을 맞이했다. 우주 센터에서 일어난 사건을 이미 알고 있었던 그는 관제사들이 들어오는 것을 보고 다른 손님들을 조용히 내보냈다. 주위에 동료들만 남자 모두 그곳에 온 목적을 실행하기 시작했다. 비통한 심정으로 그저 술을 퍼마시는 일이었다. 라일은 이 손님들이 모두 떠날 때까지 가게 문을 닫지 않았다. 마지막 관제사가 몸을 비틀대며 집으로 향한 다음에야 겨우 영업을 마칠 수 있었다.

화재 사고 직후 이어진 주말은 괴로움의 연속이었다. 우주 비행 프로그램을 담당하는 팀원들 대부분이 금요일에 일어난 사고 생각에 아무것도 하지 못한 채로 시간을 보냈고 월요일이 시작됐다. 어쨌든 월요일이 되면 눈이 붉게 충혈됐건 멀쩡하건, 잠을 푹 잤건 설쳤건 모든 관제사가 일터로 복귀해야 했다. 관제실에 들어서자 크란츠가 기다리고 있었다. 그는 호지와 함께 30번 건물에 위치한 대강당에서 회의가 진행될 예정이라고 알렸다. 모두 반드시 참석해야 하는 회의였다.

관제사들이 강당에 도착하자 호지가 먼저 지난 이틀간 조사한 사실을 이야기했다. 발화 원인이나 화재와 연관된 우주선의 광범위한 문제들 가운데 아직 밝혀진 것은 거의 없다는 소식이 전해졌다. 이어 사고 조사 팀에 배정된 명단을 발표하고 비행이 재개되기까지 예상되는 기간에 대해서도 짤막하게 덧붙였다. 오래전 정해진 달 탐사 기한이 지금도 현실적으로 달성 가능한지 잘 모르겠다는 솔직한 견해와 함께, 호지는 NASA 행정부가 1970년까지는 가능한 달에 도달할 수 있도록 모든 노력을 다할 것이라는 사실도 강조했다. 그런 다음 동료에게 마이크를 넘겼다.

크란츠는 주말 내내 고민에 빠져 있었고 화가 단단히 났다. 그리고 너무나 비극적이고 엄청난 대가를 치러야 했던 이번 사태의 교훈을 절대로 놓쳐서는 안 된다고 다짐했다. 지난 수개월 동안 그는 관제사들에게 '절대 그럴 리 없다'는 익숙한 핑계로 잠재적인 문제를 간과하지 말라고 수시로 경고했었다. 우주선이 아무리 고장이 잦은 골칫덩이라도 비행 중 연료 전지에 문제가 생겨서는 안 되고, 급작스러운 물질 반응으로 기내에 열이 발생하는 상황이 생기더라도 비상 탈출까지 불가능해서는 안 된다는 것이 그의 생각이었다. 게다가 조종석에 순수 산소를 공급하면서 이전까지는 한 번도 문제가 생긴 적이 없다는 게 진짜일까 하는 의문도 버릴 수 없었다.

혹시라도 문제가 생긴다면? 그다음에는 어떻게 하려고? 크란츠는 누구도 제기하지 않았던 이런 문제를 떠올렸다. 사고를 어디까지 감당할 수 있는지 파악하는 것으로는 불충분했다. 아직 한 번도 일어나지 않은 고장이 발생할 경우 지금 당장 구체적으로 무엇을 할 수 있는지 알아야만 했다. 이 상황에서 해야 할 가장 적합한 조치는 무엇인가를 충족시킬 답이 필요했다.

크란츠는 그날 휴스턴 강당에 모인 관제사들에게 금요일의 사망 사고가 발생하기 전 몇 달 동안 이루어진 일들은 결코 적합한 조치가 아니었음을 분명하게 지적했다. 크란츠 자신을 포함하여 강당에 모인 사람 중 어느 누구도 강력하게 대처하거나 만족할 만큼 일을 완료하지 않았고 책임도 충분히 지지 않았다. 아폴로 우주선에서 나타난 여러 문제를 그날 모인 모두가 알고 있었다.

노스 아메리칸 사의 생산라인에서 일어난 불안한 문제들도 모르는 사람이 없었다. 그러나 누구도 먼저 나서서 문제를 제기하지 않았다.

"우리에게는 다 중단시킬 수 있는 기회가 있었습니다. '이건 옳지 않아요. 중지시켜야 합니다'라고 말할 수 있는 기회가 있었습니다. 하지만 아무도 그러지 않았습니다."

크란츠는 어떤 탐사 임무도 실패할 요소가 있어서는 안 된다고 깔끔하고 능숙한 언변으로 단언했다. 문제가 생길 수 있고 정해진 목표를 전부 달성하지 못할 수도 있지만, 임무 실패라는 절망적인 결과는 발생 가능한 일의 목록에 들어 있지 말아야 한다고 했다.

"오늘부터 우리는 모든 것이 올바르게 진행되도록 할 겁니다. 말 그대로 완벽하게, 확신할 수 있을 때까지 말입니다."

그는 뒤에 세워진 칠판으로 향해 "굳세게, 만족할 때까지"라고 썼다. 그리고 다시 젊은 관제사들을 향해 돌아섰다.

"사무실로 돌아가면, 여러분 모두 이 단어를 각자 책상 앞에 써 붙이세요. 그리고 달 탐사가 완료될 때까지 절대 지우지 마십시오."

말을 마친 크란츠는 분필을 내려놓고 무대를 내려갔다. 강의는 끝났다.

프랭크 보먼도 진 크란츠와 비슷한 방식으로 비행사들의 사망 소식을 처음 접했다. 누가 대문을 두드린 것이다. 아내와 아이들을 데리고 텍사스주 헌츠빌의 호숫가의 친구네 통나무집에서 긴 주말 휴가를 즐기려 할 참이었다. 보먼은 주말을 가족들과 보낼 계획이라고 누군가에게 이야기한 것 같긴 했지만 정확히 누구에게 그랬는지 기억나지 않았다. 혹시 필요한 일이 생기면 연락할 수 있도록 지나가는 말로 언급한 것이 전부였다. 노크 소리에 문을 열자 텍사스 레인저스나 고속도로 순찰대 중 한쪽임이 분명해 보이는 사람이 서 있었다.

"보먼 대령이십니까?" 경관이 물었다.

"네, 그렇습니다만." 보먼이 대답했다.

"우주센터에서 전갈이 왔습니다. 슬레이튼 씨에게 지금 바로 전화하라는 내용입니다."

보먼은 서둘러 전화기로 달려갔다. 통화음이 울릴 때 이미 좋은 소식은 아닐 것 같다고 생각했지만, 수화기 너머로 전해진 뉴스는 생각보다 훨씬 암울했다. 가슴이 철렁 내려앉아 두 눈을 꼭 감고 말았다. 어떤 말도 할 수가 없었다. 그리섬과 채피의 죽음도 슬펐지만 특히 친구인 에드 화이트의 사망 소식에 가슴이 찢어질 것 같았다. 보먼은 그와의 우정을 소중하게 생각했기에 이 상실감을 어떻게 이겨내야 할지 알 수 없었다.

"디크, 어쩌다 그렇게 된 겁니까? 뭐가 잘못된 거죠?" 겨우 정신을 차린 보먼이 물었다.

"아직 모르네. 그걸 조사할 팀이 꾸려졌는데 자네도 포함됐어. 내일 아침까지 본부로 오게."

보먼은 그러겠다고 대답하고 수화기를 내려놓은 뒤 수전과 아이들에게 슬레이튼이 전한 소식을 조용히 전했다. 다급히 짐을 챙긴 보먼의 가족들은 휴스턴으로 돌아왔다. 집 앞까지 와서도 안에 들어가지 않고 곧장 길 건너 화이트의 집으로 가서, 이미 거리를 가득 채운 우주 비행사들의 스포츠카며 공무 차량들 사이에 겨우 공간을 찾아 주차했다. 집주인이 우주에 나갈 때면 늘 그랬듯 대문을 노크할 필요도 없었다. 우주 비행이 시작되면 남은 가족들과 무사귀환을 바라는 사람들이 모여서 다 같이 밤낮을 지새우면서 낮에는 케이크와 샌드위치, 커피를 나누고 저녁에는 캐서롤과 감자 샐러드, 위스키를 함께했다. 정신없이 돌아가던 그 활기찬 나날에는 우주선이 마침내 바다에 안착할 때까지 짜릿한 흥분과 두려움이 오가는 심정을 그렇게 가라앉히곤 했다.

보먼이 도착한 날 저녁은 두려움이 압승을 거두었다. 방 안에 모인 사람들의 핼쑥해진 얼굴과 푹 꺼진 눈으로 침통하게 슬퍼하는 표정에서 그것이 역력히 느껴졌다. 수전은 여러 아내들에게 둘러싸여 있던 팻에게 곧장 달려갔다. 두 사람이 부둥켜안는 모습은 친자매와 다르지 않았다. 보먼은 우주 비행사들이 모여 있는 쪽으로 갔다. 다들 조용히 눈인사를 나누고 애도의 말을 건넸다. 정부에서 나온 사람들도 한쪽에 모여서, 중요한 일을 논의할 때처럼 작지만 단호한 음성으로 무언가를 이야기하고 있었다. 얼핏 듣기에 그들은 장례식 이야기를 하고 있었다. 팻은 자꾸만 울컥 올라오는 눈물을 겨우 추스르며 수전에게 그 내용을 전했다.

사망한 우주 비행사 세 명 모두 며칠 내로 알링턴 국립묘지에 안장한다는 결정이 내려졌다. 불과 3년여 전에 존 케네디 대통령이 묻힌 곳이었다. 고인에게는 분명 명예로운 일이지만 에드 화이트의 경우는 달랐다. 케네디가 잠들었든 말든 에드는 알링턴 묘지에 묻히길 원치 않았기 때문이다. 부친의 뒤를 이어 웨스트포인트를 졸업한 에드는 군인으로 사는 법을 배우고 주어진 임무를 완수할 수 있게 된 건 모두 웨스트포인트 덕분이므로, 혹시라도 임무 중에 목숨을 잃게 되면 그곳에 묻히고 싶다는 뜻을 아내에게 여러 번 전했다. 하지만 워싱턴에서는 장례식을 합동으로 한번에 치른다고 결정을 내린 것이다. 존슨 대통령이 장례식에 참석할 예정이라 일정을 간편하게 만들기 위해서였다.

수전은 보먼을 불러 이 문제를 의논했다. 팻 역시 어떻게 좀 해달라고 간청했다. 그는 고개를 끄덕이며 팻에게 약속했다.

"에드는 웨스트포인트에 묻힐 겁니다."

"하지만 정부에서 장례식은 한 번밖에 치를 수 없다고 하던걸요."

"두 번이 될 거예요."

대답을 마친 보먼은 정부 사람들이 모인 쪽으로 가서 그들에게 에드의 집으로 가라고 알려 준 의전 담당관의 연락처를 받아냈다. 그리고 더 참지 못하고 바로 전화를 걸었다.

"저는 프랭크 보먼입니다." 상대방이 전화를 받자 보먼은 용건을 꺼냈다.

"지금 에드 화이트의 집에서 전화했습니다. 웨스트포인트에 에드의 묘를 마련하고 싶다는 것이 가족들의 뜻입니다."

담당자는 안 된다는 이야기를 꺼내며 알링턴 국립묘지에 안장하기로 이미 결정돼 일이 진행 중이라고 설명했다.

"글쎄요, 그건 여기서 상관할 바가 아닙니다. 에드는 웨스트포인트에 묻힐 겁니다. 가족들이 원하는 대로 말입니다. 그러니까 일정을 그렇게 잡아 주세요. 반드시 그래야만 하니까요."

말을 마친 보먼은 상대가 듣든 말든 수화기를 세게 내려놓았다. 다음 날 아침, 보먼은 지시대로 케이프 케네디로 향하면서 푸른색 공군 유니폼을 챙겨 갔다. 며칠 뒤 친구의 시신이 웨스트포인트 묘지로 향할 때 곁을 지키고 싶었기 때문이다.

보먼은 케이프 케네디에 도착하자마자 발사대로 가서 불타버린 아폴로 호 내부로 들어갔다. 우주선은 아직 로켓 꼭대기에 그대로 연결돼 있었다. 멀리서 보면 빛이 비추는 각도에 따라 아직도 방대한 우주로 날아갈 준비를 하고 있는 허연 유령선처럼 보였다.

시신은 모두 검시소로 옮겨진 뒤였다. 검시 절차는 그리 오래 걸리지 않았다. 세 사람 모두 화상이 아니라 질식사했다는 징후가 뚜렷했다. 불길이 번진 속도가 워낙 빨라서 우주복을 전부 태우기까지는 어느 정도 시간이 걸렸지만 천여 가지에 달하는 각종 물질이 타면서 발생한 연기와 매연 때문에 오래 버틸 수 없는 상황이 된 것이다.

왼쪽 좌석에 앉았던 그리섬은 중앙에 앉은 화이트 쪽으로 몸이 반쯤 푹 기울어진 상태로 발견됐다. 훈련한 대로 해치를 분리하려던 화이트를 도우려 했음을 짐작할 수 있는 모습이었다. 화이트도 제자리에서 탈출을 시도하던 자세로 사망했는데 한쪽 팔로 얼굴을 가리고 있었다. 내부를 가득 매웠을 유독한 연기를 피하려고 한 것 같았다.

채피 역시 좌석에 그대로 앉은 채로 숨졌다. 탈출 시 지상 본부와 무전으로 연락하는 것이 그의 역할이었고 사고 당시에 실제로 채피의 목소리가 가장 먼저 들린 것도 그래서였다.

우주선 내부에 들어서자 조작 패널과 좌석 위에 큰 비닐이 덮여 있었다. 기계장치에 대한 조사가 시작되면 플라스틱 조각을 하나하나 살펴보기 위해 사고 현장을 그대로 보존하는 조치였다.

비행 관제센터에 설치된 모든 콘솔과 마찬가지로 우주선의 조작 패널도 스위치 하나까지 그대로 보존됐다. 전선 하나에서 스파크가 발생하여 화재로 번졌을 가능성이 있었고, 불타서 없어지거나 녹지 않고 남아 있는 부분은 전부 하나하나 추적해서 원인을 찾아야 했다. 느슨한 볼트 하나 때문에 장치의 어딘가가 분리됐을 수도 있고, 반대로 너무 세게 조여진 볼트가 연결 문제를 유발했을 가능성도 있으므로 볼트마다 해체할 때 들어간 회전력이 상세히 기록될 터였다.

이와 같은 해체 작업은 몇 개월이 소요됐다. 그리고 마침내 세밀하고 철저한 모든 과정을 거쳐 그날 발사대에서 벌어진 끔찍한 비극이 왜 일어났고 그 비극을 어떻게 피할 수 있었는지 밝힐 수 있었다.

발사 당일 오후 6시 31분 정각, 거스 그리섬이 앉아 있던 좌석 아래 우주선 왼쪽 깊은 곳에 있던 전선에서 스파크가 발생했다. 문제의 전선은 좌석 아래에 쇠문이 달린 작은 수납공간 아래로 이어져 있었다. 이 문을 수도 없이 열고 닫을 때마다 피복이 조금씩 마모돼 벗겨지고 마침내 얼마든지 스파크가 튈 수 있는 구리선이 밖으로 드러났다는 사실을 아무도 알아채지 못했다. 플러그아웃 시험 중에 이 전선에서 결국 스파크가 일어났지만 1, 2초 정도 확 타오르다 꺼질 만한 아주 작은 불꽃이었다. 그러나 순수 산소와 결합하면서 불꽃이 커졌고, 수납돼 있던 각종 천과 망에 번져 우주선 왼쪽 벽면을 따라 올라왔다. 하필 불길이 번진 곳이 왼쪽 벽이었다는 것이 상황을 최악으로 치닫게 했다. 그리섬이 출입구 쪽 밸브를 열고 압력이 높아진 내부 공기를 배출시켜야 불이 번지는 속도를 늦출 수 있었을 텐데 그럴 조치를 취할 수가 없게 된 것이다.

어떠한 제약도 받지 않고 퍼져나간 화마는 태울 수 있는 건 모조리 다 집어삼켰다. 비행 계획이 적힌 종이며 의자를 덮은 천은 물론 곳곳에 널린 벨크로와 플라스틱, 고무까지 모든 게 불타기 시작했다. 불길은 그리섬을 먼저 덮친 후 꼭 닫혀 있는 출입구를 어떻게든 열어 보려 부질없이 래칫과 씨름하던 화이트 쪽으로 번졌다. 우주선 내부 온도가 올라가면서 압력도 높아지기 시작했다. 컴퓨터에 기록된 압력계에 따르면 제곱센티미터당 1.18킬로그램이었던 압력계 수치가 1.27, 1.40으로 상승하더니 몇 초 만에 2.11까지 치솟았다. 이렇게 우주선이 구조적으로 버틸 수 있는 한계를 넘어서자 조종석 우측과 멀리 떨어진 쪽의 취약한 부분부터 파열되기 시작했다. 지상 근무자가 "모두 대피하라!"고 외친 것도 이즈음이었다.

아폴로 1호의 폭발은 단순히 우주선 한 대가 부서진 것으로 끝나지 않았다. 사고와 함께 달로 나아가기 위해 NASA가 심혈을 기울여 차근차근 마련해온 계획들도 전부 무너지고 말았다. 온 나라가 숨진 비행사들을 애도하고, NASA는 언론의 뭇매를 맞았다. 상하원 양쪽에서 매서운 평가가 담긴 보고서를 발표했다. 모두의 예상대로 NASA는 예정됐던 아폴로 우주선의 비행 계획을 무기한 연기한다고 밝혔다.

우주선의 해체 작업이 완료된 후에야 보먼은 사고 조사팀의 일원으로 맡겨진 역할을 수행할 수 있었다. 그 역할은 바로 다우니로 가서 생산 시설에서 벌어진 일을 조사하는 일이었다. 사고 이후 NASA 국장과 디크 슬레이튼은 보먼을 우주 비행사 수석 대표단 겸 대변인으로 지명했다. 노스 아메리칸 사와의 계약을 파기하고 다시 새로운 업체를 찾기에는 너무 늦은 상황이지만 개선 조치를 마련할 필요가 있다는 판단에서 비롯된 인사조치였다.

대표단에 포함된 우주 비행사가 보먼 한 사람만 있었던 건 아니다. 사실 그가 생각하기로는 너무 많은 비행사들이 조사에 투입돼 공장 곳곳을 돌아다녔다. 그리섬과 제미니 3호에 함께 오른 데이어 마이크 콜린스와 제미니 10호로 비행했던 존 영은 회사 대표마냥 생산라인 전체를 작업자들의 어깨 너머로 들여다보면서 시정할 부분을 메모로 기록해서 거의 전원에게 들이밀었다. 변경이 필요한 부분도 이것저것 지적하고는 지금 당장 바꿔야 한다고 주장했다. 영이 건넨 메모를 읽는 사람도 있었지만 보지 않는 사람도 있었다. 보먼은 그 메모에 '영의 기록'이라고 남몰래 이름을 붙였다. 존경스럽기도 하고 고맙기도 했지만 때로는 짜증이 치민 것도 사실이었다.

월리 쉬라도 현장에 있었지만, 그는 진짜 월리가 아닌 다른 사람 같았다. 플러그아웃 시험이 진행된 날 그리섬이 코감기라도 걸렸다면 아폴로 1호의 예비 선장이었던 쉬라가 왼쪽 자리에 앉았을 것이었다. 우선 배정된 비행사들이 모두 숨지면서 아폴로 우주선을 타고 처음 실시될 임무가 그와 신참 비행사인 돈 아이슬Donn Eisele, 월터 커닝햄Walter Cunningham에게로 넘어왔다. 쉬라는 우주선이 제대로 만들어지도록 자신이 그 누구보다 큰 몫을 해야 한다고 판단했다. 그 결과 모두가 알던 유쾌하고 명랑한 월리의 모습은 싹 사라졌다. 다우니 생산 시설에 파견된 우주 비행사가 작업에 개입하려는 데 누구라도 방해하는 사람이 나타나면 쉬라가 얼른 끼어들어서 이렇게 지적했다.

"그 물건으로 이미 세 명을 통구이로 만들었죠. 하지만 나까지 그렇게 만들지는 못할 거요."

비통한 마음에 죄책감과 스트레스가 더해지면서 누구든 더 이상 버틸 수 없는 지경에 이르자 이번에는 수습에 참여하던 사람들이 무너지기 시작했다. 인류 최초로 음속에 두 번이나 도달한 전설적인 시험 비행사이자 척 예거와 어깨를 나란히 할 수 있는 유일한 공군 비행사인 스캇 크로스필드Scott Crossfield는 화재 사건이 터지기 전, 노스 아메리칸 사에 입사하여 아폴로 호의 품질관리 팀에서 일하고 있었다. 평소 위스키를 아무리 마셔도 절대 취하는 법이 없었던 크로스필드는 사고 후 위스키 병을 끼고 살았다. 사고 조사가 시작되자 그는 여기저기에 화를 내며 시비를 걸었고, 결국 노스 아메리칸 사가 새턴 로켓의 2단계 생산이 완료됐음을 발표하기로 한 날 회사 생활에 종지부를 찍었다.

"이 물건을 정말로 공개한다면 내가 그 앞에 드러누워 있을 겁니다."

로켓이 아직 완성되지 않았다고 생각한 크로스필드가 으르렁댔다. 그 말을 들은 모든 작업자들이 하던 일을 일제히 멈추고 크로스필드 쪽을 쳐다보았지만 그는 마음을 바꿀 생각이 전혀 없어 보였다.

"어떻게 해야 할까요?"

노스 아메리칸 사의 책임자가 보먼에게 물었다. 회사 입장에서는 어떻게든 NASA가 맡긴 일을 책임지고 해내야만 하는 상황이었지만 술에 절어서든 다른 이유에서든 크로스필드가 제 역할을 못하고 있는 것도 사실이었다. 그래도 아직 크로스필드는 크로스필드였다. 전설이라 불리는 사람을 평범한 엔지니어가 질책할 수는 없었다.

"해고하셔야 합니다." 보먼의 대답이었다.

"그럴 순 없어요. 저 분은… 스캇 크로스필드 아닙니까."

"저 사람이 누구건 전 모르겠습니다. 해고하세요."

책임자는 천천히 고개를 끄덕이고 지시를 내렸다. 바로 그날 척 예거에 비할 만한 영웅이라 불리던 파일럿, 스캇 크로스필드는 일자리를 잃었다.

노스 아메리칸 사의 일을 맡아서 처리하던 민간 업체 중 한 곳의 대표도 무너졌다. 과중한 업무와 수면 부족에 사고로 인한 애통함과 죄책감이 무겁게 더해진 결과였다. 노스 아메리칸 사의 사무실에서 실시된 회의에 참석하러 온 그는 갑자기 칠판에 하늘나라의 조직도라며 무언가를 그리기 시작하더니, 어느 한 칸을 가리키며 '아버지'라고 적어넣어 회의 참석자들을 경악하게 만들었다. 결국 누군가의 연락에 응급차가 찾아와 그를 데리고 나갔다.

이런 상황 속에서 아폴로 우주선은 서서히 재설계됐다. 전선이 다시 만들어졌고 해치도 안에서 몇 초 만에 바로 열고 나갈 수 있는 새로운 모델로 교체됐다. 가연성 벨크로는 모두 제거되고 일반 종이는 전부 연소되지 않는 종이로 교체됐다. 천으로 된 부분도 전부 불이 붙지 않는 직물인 베타클로스로 바뀌었다. 가연성 냉각수도 교체되고 땜질로 이어진 배관의 연결 부위에도 재작업이 실시됐다. 진동 시험 방식도 개선됐다.

발사대에서 우주선 내부 공기를 100퍼센트로 산소로 채우던 기존 방식은 질소와 산소를 60 대 40의 비율로 혼합해서 사용하는 것으로 바뀌었다. 우주선의 품질 관리와 점검 절차도 모든 부분이 재평가되고 다시 수립됐다.

가장 중요한 변화는 인적 요소를 다루는 노스 아메리칸 사의 직원들과 엔지니어들이 두 번 다시 NASA의 관리망에서 은근슬쩍 벗어나지 못하게 된 것이었다.

"그 누구라도, NASA 관리부에서 승인하지 않은 것은 그 어떤 것도 우주선에 사용할 수 없습니다."

보먼의 말이었다. 노스 아메리칸 사에서는 보먼이 그 NASA 관리부였다. 그리고 누구도 그 말을 어기지 않았다.

골칫덩이

1967~1968년

달에 닿는다는 목표가 사고 이전 얼마나 매력적이었는지 기억하는 사람은 아무도 없었다. 사고가 일어나기 전까지 달에 착륙하기 위해 필요한 단계들이 착착 준비되면서 케네디 대통령의 도전을 NASA가 완수하리란 전망이 거의 확실시되던 참이었지만 모든 게 다 수포로 돌아갔다. 목표로 정해진 기한은 3년도 채 남지 않았는데 달에 가려던 우주선은 좌초된 상황이었다. 여기에 NASA가 어떻게 할 수 없는 전 국가적인 혼란이 발생하면서 사태는 더욱 악화됐다.

1967년, 린든 존슨 대통령은 투표권법과 시민의 권리에 관한 법을 직접 제안했다. 하지만 그 법률로 혜택을 받아야 할 사람들은 극심한 빈곤을 겪던 미국 남부 농촌 지역과 북부의 피폐하게 망가진 빈민가에서 여전히 고통받고 있었다. 법이 해결할 수 있는 부분은 거의 없었다.

나라 전체가 기록적인 폭염에 시달리던 그해 여름, 150곳이 넘는 도시에서 인종 문제로 인한 폭동이 일어났다. 폭동에 가담한 사람들은 방화를 저지르기 시작했다. 뉴욕에서는 7월 말에 벌어진 방화로 도로에 차들이 뒤집히고, 극심한 분열로 내내 몸살을 앓던 할렘 지역 대부분이 불에 탔다. 뉴어크에서는 6일 동안이나 폭동으로 인한 거대한 화염에 휩싸여 26명이 숨지고 1000여 명이 다쳤다. 뒤이어 디트로이트에서도 화재로 사망자 43명, 부상자 1189명이 발생하고 7200여 명이 체포됐다. 소방관들이 손 놓은 100여 개 도시 광장에서 빠른 속도로 퍼져 나간 불은 바람을 타고 시속 40킬로미터의 속도로 곳곳을 덮쳤다.

10월에는 또 다른 종류의 불길이 일었다. 미국이 동남아시아에서 벌여온 끝없는 전쟁을 더 이상 두고 볼 수 없었던 반전 운동가들 1000명 이상이 워싱턴을 향해 행진했다. 링컨 기념관에서 시작된 시위 행렬은 포토맥강을 건너 국방부로 향했다. 존슨 대통령과 국방부가 베트남에서 벌인 모험을 향한 시위자들의 혐오감이 손에 잡힐 듯 생생했다. 저마다 손에 들고 있는 종이의 문구에도 맹렬한 분노가 그대로 그러났다. '린든 존슨 대통령님, 오늘은 애들을 몇 명이나 죽게 했나요?'라는 문구가 보였고, '오스왈드는 어디 갔나요? 지금 대통령에게 꼭 필요한데'같이 훨씬 더 과격한 문구도 있었다. 케네디 대통령의 암살자로 지목된 오스왈드는 이미 오래전 저세상 사람이 됐지만, 차라리 그가 되살아나 대통령을 또 암살했으면 좋겠다는 생각이 번영된 문구였다.

NASA의 분위기도 이에 못지않게 절망적이었다. 1967년은 대실패의 해, 최소한 미국에서 우주 비행사들이 발사대를 떠나는 것으로는 대대적으로 실패한 해라는 것이 모두의 생각이었다. 유독 허세가 대단하기로 유명했던 NASA에도 스멀스멀 의구심이 흘러들어왔다. 당연한 결과가 아니었을까? 달 탐사 계획은 우주선에 성패가 달려 있는데 그 우주선이 죽음의 덫이 됐고 새턴 V 로켓으로 궤도에 진입한 사람은 아직까지 한 명도 없는 데다 달 착륙선은 아직 완성되지도 않았으니 말이다.

그러나 아폴로 계획이 지연될 수밖에 없었던 여러 가지 이유에도 불구하고 NASA에서 근무하던 수많은 사람들은 어서 우주 비행이 재개되기를 초조하게 기다렸다. 그 열망은 우주 비행사들 사이에서 단연 강렬했고 프랭크 보먼도 예외가 아니었다.

제미니 계획에서 일찍 발을 빼기로 한 건 아폴로로 비행을 곧바로 시작하기 위해서 보먼 스스로 내린 결정이었다. 1968년 새해는 보먼에게 제미니 7호로 우주에 나갔던 단 한 번의 도전 이후 아무런 비행 임무 없이 시작된 세 번째 해였다. 짐 러벨과 존 영, 피트 콘래드, 톰 스태포드는 이미 두 차례 비행을 마쳤다. 오른쪽 자리에서 우주로 향했던 이들 모두 다시 나갈 때는 왼쪽 자리를 맡았고 제미니 계획의 마무리는 보먼의 부사령관이던 러벨이 맡았다. 그가 선장이 돼 이끈 제미니 12호의 임무는 2인승 우주선을 이용한 우주 비행이 완벽히 준비됐음을 입증했다. 뜨거운 야심을 불태우던 많은 우주 비행사들 중에서도 비행 경험이 두 번인 비행사들이 다가올 아폴로 계획에 꼭 맞는 주인공이라는 분위기가 형성되기 시작했다. 보먼을 비롯해 비행 경험이 한 번뿐인 비행사들은 순서가 뒤로 밀린 것 같았다.

엎친 데 덮친 격으로 NASA의 창립 멤버이자 휴스턴의 유인 우주 센터 기관장인 밥 길루스Bob Gilruth가 보먼을 더 이상 조종석에 앉히지 않을 거라는 이야기가 돌면서 상황은 보먼에게 더 불리해졌다.

화재 사고 후 얼마 지나지 않아, 아폴로 계획이 처음 구상되던 시점부터 프로젝트를 총괄해온 조 시어Joe Shea가 경질됐다. 초기 개발 과정의 문제가 전부 시어의 책임은 아니었지만, 대부분은 그때 진행되던 일들을 크리스 크래프트나 진 크란츠 같은 사람이 책임지고 이끌었다면 문제를 일으킨 수뇌들이 다 정리되고 끔찍한 사고도 일어나지 않았을 거라 여겼다. 그리섬과 화이트, 채피의 목숨을 반드시 구해내지는 못했을지언정 최소한 생존 확률은 높일 수 있었을 거라는 것이 대다수의 견해였다.

4월에 워싱턴의 NASA 본사 사무실로 보직이 변경된 시어는 그 자리가 유배지라는 사실을 깨닫고 7월에 퇴직을 결심했다. 아폴로 계획의 총책임자는 길루스의 부관이던 조지 로우George Low가 임시로 맡게 됐다. 빠른 시일 내에 정식 책임자가 필요한 상황이었지만, 재능을 날카롭게 알아보고 필요한 자리에 꼭 필요한 인재를 배정하는 전문가로 잘 알려진 길루스도 정확히 어떤 인물을 공석에 앉혀야 할지 방향을 잡지 못했다. 그러다 화재 사고의 수습이 진행되던 중 마침내 찾던 사람을 발견했다. 보먼을 눈여겨본 것이다.

길루스는 보먼이 다우니의 생산 공장에서 해낸 일들을 높이 평가했다. 곧 NASA 내부에서는 길루스가 보먼으로 하여금 달 탐사라는 꿈을 포기하고 탐사 계획 전체를 통솔하면서 다른 비행사들을 우주로 보내는 일을 하게 만들 것이라는 이야기가 공공연한 비밀로 나돌았다. 하지만 보먼의 생각은 달랐다. 귀 상태가 따라주지 않아서 땅에 발이 묶인 경험은 한 번으로 족했다. 일을 너무 잘했다는 이유로 같은 일이 벌어지도록 내버려 둘 계획은 더더욱 전혀 없었다. 다우니에서 맡은 일이 끝나자마자 보먼은 아폴로 호에 탑승하기 위한 훈련을 재개했다. 정해진 훈련 일정을 하나도 빠짐없이 따르면서 그동안 못했던 훈련을 다 보충하려고 애쓰는 모습은 누가 봐도 그가 책상 앞이 아닌 우주선에 오르기 위해 NASA로 온 것임을 분명하게 깨닫게 만들었다.

마침내 길루스는 보먼에게 의논할 것이 있다며 호출했다. 보먼과 마주하자, 길루스는 단도직입적으로 용건을 던졌다.

"프랭크, 나는 자네가 아폴로 계획을 맡아 주면 정말 기쁘겠네."

보먼은 예의 바르게 길루스를 쳐다보면서도 아무 말도 하지 않고 침묵이 대답을 대신하기를 바랐다. 그 기대는 이루어진 것 같았다. 이야기가 어떤 방향으로 나아가고 있는지 금세 인지했는지, 길루스는 이와 비슷한 상황에서 늘 그랬듯 사안과 관련된 모든 사람이 옳은 결정을 내렸다고 느낄 수 있는 쪽으로 생각을 정리했다. 잠시 기다렸다 길루스는 다시 이야기했다.

"물론 자네가 비행을 계속 하고 싶어 한다는 것도 잘 알고, 우리는 지금 당장 행정적인 일을 해줄 사람이 필요하지만 자네가 그쪽에 경력이 없는 것도 사실이지."

보먼은 대답 대신 무겁게 고개를 끄덕이며, 자신의 태도가 너무나 안타깝고 진심으로 속상하다는 표현으로 받아들여지도록 최대한 노력했다.

길루스는 얼른 분위기를 전환하며 공석을 어떻게 채울지 많이 고민했으며 조지 로우에게 지금 자리를 정식으로 맡길 수도 있다고 말했다. 그러면서 이렇게 덧붙였다. "하지만 자네가 그 자리에 관심이 있다면, 재고해 보지."

"아닙니다, 지금까지 하신 말씀에 저도 완전히 동의합니다." 보먼은 약간 조급하게 대답했다. 두 사람은 악수로 논의를 마무리했다. 이로써 보먼은 공식적으로 비행 임무로 돌아갔다.

일 년 내내 화재가 이어졌던 해가 지나고 찾아온 1968년 초, 아폴로 계획 중의 초기 임무를 수행할 비행사의 임시 배정 결과가 마침내 발표됐다. NASA의 우주 비행사들은 반 배정을 기다리는 중학생의 심정으로 이 순간을 기다렸다. 보먼은 자신의 역할을 확인하고 크게 실망했다. 현재 그가 서 있는 높은 위치나 다우니 공장에서 해낸 큰 공헌, 더불어 유인 우주 센터의 총책임자가 그에게 아폴로 사업 전체를 관리할 리더 자리에 앉히려고 했다는 이 모든 사실에도 불구하고 또 다시 골칫덩이를 맡게 됐기 때문이다.

아폴로 우주선의 첫 번째 임무는 예정대로 월리 쉬라와 돈 아이슬, 월터 커닝햄이 맡아 지구 궤도에서 아폴로 우주선의 처녀비행을 실시하는 것으로 정해졌다. 아폴로 우주선에 번호가 어떻게 매겨질 것인지 정확하게 아는 사람은 아무도 없었다. 새턴 V 로켓의 무인 비행 시험이 몇 차례나 실시되느냐에 따라 달라지겠지만 쉬라가 이끌 우주선은 아폴로 7호가 될 것으로 점쳐졌다.

그다음 차례는 제미니 호로 비행했던 베테랑 비행사 짐 맥디비트와 데이브 스캇 그리고 3대 우주 비행사로 뽑힌 신예 러스티 슈바이카트Rusty Schweickart였다. 이들은 아폴로 8호에 올라 지구 궤도에서 아폴로 우주선과 달 착륙선의 시험 비행을 최초로 실시하기로 했다.

그동안 제작된 비행기나 유인 우주선 중 그 어느 것과도 비슷한 구석이 없는 달 착륙선은 아무리 좋게 표현해도 아주 무모한 기계로 일컬어졌다. 지구에서 쏜살같이 벗어나 우주 공간으로 향하는 모든 기계는 목적지에 도달하기 전, 반드시 대기를 '관통'해야 한다. 이는 양력을 부여하고 공기 저항을 최소화하기 위해 매끄러운 표면과 앞은 뾰족하고 뒤로 갈수록 넓어지는 형태로 설계된, 미학적으로도 우아한 외관이 돼야 한다는 것을 의미한다. 그러나 달 착륙선은 이 모든 전제를 싹 무시한 형태로 만들어졌다. 추진로켓의 최상단부 안쪽에 장착된 후 로켓이 지구 궤도를 벗어나 달을 향해 나아갈 때까지 그 속에서 별빛 하나 못 본 상태로 있다가, 아폴로 우주선에 의해 로켓에서 분리되도록 설계됐기 때문이다. 달 착륙선은 철저히 해야 할 임무에 맞게, 즉 우주의 진공 환경을 뚫고 달로 날아가 착륙했다가 다시 이륙할 수 있도록 만들어졌다.

그 결과 우아함과는 전혀 거리가 먼 기계가 만들어졌다. 높이 7미터짜리의 네 발 달린 곤충과 흡사한 괴물이 나온 것이다. 양쪽에 달린 세모 모양 창문은 누가 봐도 성난 두 눈처럼 생겼고 그 아래에 사다리꼴 모양의 문이 꼭 입처럼 달렸다. 우주 비행사들은 달 착륙선까지 기어서 이동한 후 사다리로 달 표면까지 내려가야 했다. 표면은 비행사들이 타고 있는 선실의 벽과 동일하게 빛을 반사할 수 있는 자잘하게 주름진 단열재로 만들어졌는데 두께가 알루미늄 호일 석 장 정도를 겹친 정도로 얇았다.

새턴 V 로켓에 실을 수 있는 최대 무게의 한계로 인해 달 착륙선의 설계는 무엇보다 가볍게 만드는 데 초점이 맞춰졌다. 롱아일랜드 베스페이지에 있는 그러먼 항공Grumman Aircraft의 설계 담당자들은 달 착륙선에 최대한 많은 기능을 부여하되 어떻게 하면 무게를 최대한 줄일 수 있을지 고심했다.

달 착륙선은 두 부분으로 구성돼 있어 그러한 목적을 어느 정도 수월하게 달성할 수 있었다. 최초 임무는 네 개의 다리로 달에 착륙하는 것으로, 일단 강력한 하강 엔진이 필요했다. 다시 이륙할 때는 아래쪽 절반이 발사대 역할을 했다. 폭발 볼트와 절단장치가 위아래로 이어진 케이블을 비롯한 연결부를 끊어내고, 상승 엔진으로 윗부분 절반인 비행사들이 있는 선실이 포함된 부분만 달 궤도로 향하는 것이다.

선실은 최대한 간소하면서도 튼튼해야 했다. 의자는 무게가 너무 많이 나가는 부품이므로 전부 제외됐다. 달 착륙선이 무중력 환경인 우주나 중력이 지구의 6분의 1밖에 되지 않는 달에서 사용되므로 우주 비행사들은 서서도 무리 없이 임무를 수행할 수 있다는 시각에서 비롯된 결정이었다. 같은 이유로 설계 초기에 거론됐던 우주선 둘레를 감싸는 긴 창문도 제외됐다. 창문이 있으면 비행사들의 시야는 극대화되겠지만 무게가 너무 많이 나갔기 때문이었다. 비행사들이 서 있는다면 세모 모양의 작은 창문에 코 혹은 헬멧 앞면 유리를 갖다 대고 내다보는 것으로 밖을 충분히 확인할 수 있었다. 전선도 최소 규격으로 사용하여 전체 무게를 줄였다. 대신 이 전선은 굉장히 약해서, 거미줄 다루듯이 조심조심 다루지 않으면 끊어지기 쉽다는 특징이 있었다.

엔지니어들은 달 착륙선의 무게를 더 줄이기 위한 방안으로 '화학적 연마'라고 부르는 방식까지 동원하여 금속으로 된 모든 표면을 처리했다. 금속의 두께를 화학적인 방법으로 원래의 절반에서 4분의 1 정도까지 녹여서 없앤 것이다. 고되고 힘든 작업을 요하는 처리였고, 적용된 각 부분의 무게는 별반 달라지지 않았지만 선체의 총 무게가 줄어드는 효과가 있었다.

호일로 종이접기를 해 만든 듯한 이 기계는 아폴로 8호의 비행사들과 함께 최초로 비행을 하게 될 예정이었다. 맥디비트와 슈바이카트가 달 착륙선 내부로 들어가서 아폴로 우주선과 분리된 상태로 지구 궤도를 몇 바퀴 도는 동안 스캇이 사령선과 함께 비행하는 계획이었다. 열을 차단할 수 있는 탄탄한 보호막이 설치된 사령선과 달리 달 착륙선은 지구 대기로 재진입하는 과정에서 얇은 종잇장처럼 눈 깜짝할 사이에 재가 돼버리는 운명에 처할 수도 있었다. 우주 비행사들은 이 임무가 얼마나 복잡한 비행술을 요하는지 잘 알고 있었다. 스캇은 8호의 임무를 '전문가의 미션'으로 칭했다.

보먼의 비행은 그다음 차례였다. 이번에도 선장 자리인 왼쪽에 앉게 됐다는 사실은 뿌듯한 일이었다. 성격이 서글서글한 마이크 콜린스가 중간에, 3대 우주 비행사 가운데 열정 넘치는 신참 비행사 빌 앤더스가 오른쪽에 배정됐다. 보먼은 앤더스가 어떤 사람인지 거의 아는 바가 없었지만, 달 착륙선이라는 낯선 기계장치를 잘 아는 신동으로 명성이 자자하다는 것은 익히 들었다.

맥디비트가 이끌 임무가 원만하게 마무리된다면 그다음에는 무난하게 달로 향할 수 있을 터였지만 보먼은 아폴로 9호의 임무가 8호의 임무와 크게 다르지 않다는 점 때문에 무척이나 실망했다. 하지만 사실 보먼의 생각처럼 비슷한 임무는 아니었다. 8호와 거의 동일한 횟수만큼 지구 궤도를 돌다가 아폴로 9호는 7400법정킬로미터까지 고도를 높여 고속 재진입 상황을 연습한다는 점이 달랐다. 앞서 제미니 우주선의 비행 임무에서는 시속 2만 8000킬로미터의 속도로 지구 궤도를 돌다가 이동 속도가 떨어지고 우주선이 떠 있는 상태를 유지하지 못하는 시점이 되면 브레이크를 작동시켜 지구 대기권에 무사히 진입하는 연습을 했다. 이와 달리 아폴로 우주선은 시속 4만 킬로미터에 달하는 속도로 대기권에 진입할 예정이었다. 너비가 고작 1~2도에 불과한 좁은 열

쇠구멍에 쏙 들어오는 것이나 다름없었고, 급격한 이동 과정에서 우주선에 불이 붙을 가능성도 존재했다. 제대로 진입하지 못할 경우, 연못가 바위에서 발이 미끄러지듯 대기권에서 우주로 다시 미끄러져 나가 영원히 돌아오지 못할 수도 있었다.

그러나 보먼은 맥디비트가 조종할 아폴로 8호가 임무 막바지에 고도를 더 높여 대기권 재진입 연습을 해도 된다고 보았다. 우주선에 전문가가 세 명씩이나 탑승하는데, 우주에 나갔다가 귀환하면서 화려한 피날레를 장식할 수 있다면 다들 더 기뻐하지 않을까? 보먼의 생각에 달 착륙선과 함께 최초로 비행할 8호의 임무는 역사에 길이 남을 일이지만 그 뒤를 이을 9호의 임무는 보충 임무 정도에 불과했다. 그러나 비행 계획을 수립한 사람들은 우주선에 불이 붙을 경우를 대비하여 신중한 접근법을 택했다. 다시는 비극이 되풀이되지 않아야 하고, 달로 향한 여정은 천천히 아주 조금씩 범위를 넓혀야 한다는 관점이었다. 아폴로 10호, 11호, 12호 혹은 그 이상이 될 때까지 지구 가까이 떠 있는 달일지라도 쉽사리 가까이 갈 수 없도록 계획이 마련됐다.

한편 아폴로 호 임무에서 러벨이 맡을 역할은 한층 전망이 밝았다. 러벨은 보먼이 이끌 아폴로 9호에서 콜린스가 배정된 역할을 하지 못할 경우 그 자리를 채울 예비 비행사를 맡았지만 그런 일이 생길 확률은 매우 낮았다. 콜린스는 누구보다 건강한 비행사였고, 다른 비행사들처럼 술을 퍼마시거나 과속을 즐기는 타입도 아니었다. 콜린스가 배정된 임무를 수행하지 못할 확률은 거의 없다고 여겨질 정도였다.

따라서 러벨은 좀 더 나중에, 훨씬 더 괜찮은 비행 임무에 선발로 나설 예정이었다. 바로 아폴로 11호의 중간 자리였다. 왼쪽에는 닐 암스트롱이, 오른쪽에는 버즈 올드린이 배정됐다. 아폴로 11호가 달 착륙을 하게 될 것인지 여부는 아직 정해지지 않았다. 설사 그 임무를 맡게 되더라도 암스트롱과 올드린이 달 착륙선을 타고 달 표면에 내려가 신발에 달의 흙을 잔뜩 묻히고 돌아올 때까지 러벨은 달 궤도를 돌며 대기해야 했다. 그럼에도 11호가 실시할 임무는 제대로 된 달 탐사라 할 수 있었다. 지구 궤도에서 개헤엄 치다 돌아오는 보먼의 임무에 비해 훨씬 괜찮은 임무였다. 제미니 호로 우주 비행을 조금 더 길게 했던 것이 역시나 현명한 선택이었는지도 몰랐다.

그러면 사에서 달 착륙선을 설계하고 제작하는 과정이 아무리 순탄하게 잘 이루어진다 하더라도, 여러 업체가 하청을 맡아 제작 중이던 새턴 V 로켓이 이륙하지 못한다면 우주든 달이든 아무 데도 갈 수가 없었다. 그런데 이 로켓이 완성되려면 어느 정도 시간이 필요했다.

미국 플로리다의 발사대를 출발하여 달 표면까지 가는 여정은 기본적으로 거대한 로켓으로 상당한 무게를 굉장히 빠르게 이동시킬 수 있어야 가능한 일이었다. 그리고 그 속도는 인류가 한 번도 경험해 보지 못한 수준에 이르러야 했다. 이를 위해 기존에 만들어진 그 어떤 로켓과도 비교할 수 없는 로켓이 필요했던 NASA는 전 세계가 감탄사를 쏟아낼 만큼 거대한 괴물에 비할 만한 초대형 로켓을 만들어냈다. 그렇게 탄생한 새턴 V 로켓의 높이는 36층 건물 높이에 맞먹는 110미터로, 자유의 여신상보다 약 18미터 더 크고 골 라인과 엔드 라인 사이 공간을 다 포함한 미식축구 경기장보다도 거대한 규모였다.

이 괴물 로켓의 무게도 감탄을 자아냈다. 연료를 가득 채웠을 때 새턴 V 로켓의 무게는 3250톤으로, 해군 구축함의 3분에 1에 달하는 수준이었다. 그러나 구축함은 가로로 길게 누워 지구 중력을 벗어나지 않고 해수면을 미끄러지듯 이동하는 반면 새턴 V 로켓은 위로 날아오른다는 엄청난 차이가 있었다.

새턴 V 로켓의 1단계 엔진 다섯 개에는 각각 3톤 분량의 케로신이 채워졌고, 1단계가 기능하는 168초간 500톤이 넘는 액체 산소가 연료로 소비되도록 설계됐다. 고도가 약 66킬로미터에 도달하면 로켓의 1단계는 분리되고 2단계가 이어받아 1단계 엔진보다 작은 다섯 개의 엔진이 384초 동안 무려 1287킬로리터의 연료를 소비한다. 이어 단일 엔진이 장착된 3단계 로켓으로 우주 비행사들은 지구 궤도에 진입한다. 나중에는 이 3단계가 재점화되면서 달을 향해 날아가는 구조였다.

하지만 이 놀라운 기계에는 큰 위험이 내포돼 있었다. 1단계 로켓이 점화되고 발사대를 벗어나 상승할 때 엔진에서 발생하는 힘은 1억 6000만 마력에 달했다. 미국의 모든 강과 개울 전체에 수력발전 터빈을 하나씩 설치해 동시에 작동할 때 얻을 수 있는 어마어마한 에너지다. 핵폭발로 시작되는 새턴 V 로켓의 이륙 시 발생하는 소음 또한 인간이 만든 그 어떤 소리보다도 클 것으로 예상됐다. 물리학자들은 혹시라도 로켓에 이상이 생겨서 이륙 과정에서 폭발할 경우 어떤 결과가 나올 것인가에 대해서도 정확한 수치를 내놓았다. 지름이 약 430미터에 달하는 불덩이가 33.9초 동안 타오르고 주변 온도가 섭씨 1370도 이상 상승한다는 것이다.

이 괴물 로켓의 첫 번째 발사는 아폴로 4호 미션이 시작된 1967년 11월 9일 아침에 이루어졌다. 엄청난 관심이 쏟아진 행사였다. 유인 우주 비행이 실시될 때나 볼 수 있었던 인파가 플로리다 해안을 가득 채웠고 기대했던 대로 놀라운 광경을 목격했다.

"이럴 수가, 건물이 흔들리고 있습니다! 제가 있는 건물이 흔들려요!"

발사대로부터 5킬로미터 떨어진 곳에 설치된 임시 스튜디오에서 발사 과정을 중계하던 월터 크롱카이트가 외쳤다. 이 앵커는 남들의 이목에 별로 개의치 않고 로켓이 발사될 때마다 디젤 기관차를 처음 본 어린 꼬마처럼 반응했다.

크롱카이트가 앉아 있던 임시 스튜디오에 발사대 쪽으로 큼직하게 만든 창문의 창틀 전체가 흔들리기 시작했다. 보도국에 있던 사람들이 달려가서 창틀을 붙잡아야 할 정도였다. 크롱카이트는 난생 처음 겪는 사태를 즐기는 기색을 역력히 드러내며 함께 창틀을 붙잡았다.

"울림이 굉장하군요!"

건물 전체를 뒤흔든 무시무시한 진동 소리가 시청자들에게도 전해질 정도가 되자 그가 다시 외쳤다.

"이 커다란 유리 창문이 흔들려 지금 이렇게 우리가 손으로 붙잡고 있습니다! 저기 로켓이 날아가는 모습을 보십시오! 지금 이곳 천장도 일부가 흔들리는군요!"

케이프 케네디의 우주 비행 관제센터에 마련된 통제실도 소란스럽기는 마찬가지였다. 평소에는 먼지가 단 한 톨도 남아 있지 않도록 관리되던 콘솔이 천장에서 비처럼 떨어진 회반죽 먼지에 덮였다. 로켓 엔진에서 나는 소리는 통증으로 인간이 소리를 더 이상 들을 수 없는 단계에 해당하는 135데시벨에서 140데시벨에 달했고, 지각에 진동이 발생하여 뉴욕 북쪽 멀리 떨어진 지점에 설치된 지진계로 감지될 정도였다. 관제사들은 먼지가 가득 내려앉은 책상에서 함성을 지르며 환호했다. 쌍안경을 들고 다른 곳보다 튼튼한 관제실 창문 너머로 발사 상황을 지켜보던 베르너 폰 브라운도 벅차오른 환희를 드러냈다.

"가자, 우리 베이비, 가자!" 그때까지 사람을 향해서든 사물을 향해서든 이 독일인 설계자의 입에서 '베이비'라는 호칭이 나온 건 처음이었다.

새턴 V 로켓의 3단계와 무인 아폴로 우주선이 지구 궤도에 진입하기까지는 채 12분도 걸리지 않았다. 로켓과 로켓에 실린 우주선이 궤도에 도착하는 것이 주된 목표였던 아폴로 4호의 임무는 그렇게 완료됐다. 휴스턴 본부로 전해진 신호도 매우 또렷해서 관리자들 모두가 우주선에 비행사들이 타고 있었더라도 무사했으리라 확신할 수 있었다. 약 세 시간 만에 지구 궤도를 두 번 돌고

난 뒤 3단계 로켓이 점화됐고, 고도 191킬로미터 궤도를 돌던 아폴로 우주선은 1만 7800킬로미터라는 어마어마한 높이로 날아올랐다. 로켓과 분리된 사령선은 머나먼 우주 공간에서 지구 대기권에 순탄하게 재진입해 하와이 인근 착수 지점과 16킬로미터 정도 떨어진 위치에 무사히 도착했다.

"평생 이렇게 기분 좋게 생일 촛불을 꺼보긴 처음입니다!" 그날 예순 살 생일을 맞이한 폰 브라운의 조수, 아서 루돌프Arthur Rudolph는 발사대를 나와서 마주친 기자들에게 싱글벙글 기쁜 얼굴로 이렇게 전했다.

그러나 이 완벽한 비행은 한동안 NASA가 거대한 로켓으로 거둔 마지막 성과에 그쳤다. 바로 두 달 뒤에는 아폴로 5호의 발사가 예정돼 있었다. 앞서 발사된 로켓보다 작은 2단계 로켓인 새턴 1B와 LEM-1이라는 명예로운 이름이 붙여진 달 착륙선이 함께 지구 궤도에 진입하도록 함으로써 이 작은 착륙선이 어떻게 움직이는지 NASA가 점검해 볼 수 있도록 계획된 비행이었다.

그러나 아폴로 5호의 임무는 불운한 결말을 맞이했다. 화재 사고 당일, 발사대에 설치됐던 로켓의 윗 단계가 새턴 1B에 그대로 재사용된 것부터 불길한 징후였는지도 모른다. 이 부분은 당시 화재에 손상되지 않았고 예산이 조금이라도 낭비되는 기미가 보이면 의회가 당장 달려들 기세였으므로 NASA 입장에서는 운 나쁜 사고에 사용됐다는 이유로 부품을 폐기할 수 없었다.

새턴 1B 로켓은 달 착륙선을 궤도에 올리는 그리 힘들지 않은 역할을 마쳤지만, 착륙선은 제대로 기능하지 못했다. 장착된 컴퓨터로 전송된 명령이 잘못 실행돼 하강 엔진이 너무 일찍 꺼진 데 이어, 착륙선 분리 후 상승 단계가 시작되자 또 다시 오류가 발생했다. 그 바람에 우주선은 전체 중량의 절반이 줄었다는 사실을 인식하지 못했고 원래 지구 재진입 시 정해진 무게보다 선체 무게가 두 배 더 나간다는 잘못된 정보를 토대로 무게 균형을 잡으려는 헛된 노력을 하다가 그만 추락했다.

언론은 달 착륙선이 궤도를 비행한 것만으로 임무가 성공한 셈이라며 너그러운 평가를 내놓았다. 그러나 실제 달 탐사 임무에는 한 치의 오차도 용납할 수 없었고, 사람을 싣고 LEM-1처럼 비행했다가는 탑승자 모두가 목숨을 잃었을 것이었다.

마지막 무인 비행이자 미국의 우주 비행사들이 다시 우주로 나갈 수 있는지 여부를 확인해 볼 수 있는 마지막 비행은 그로부터 석 달 뒤인 1968년 4월 4일에 아폴로 6호로 실시됐다. 새턴 V 로켓이 두 번째로 발사되는 임무이기도 했다.

새턴 V 로켓의 두 번째 발사도 첫 번째만큼이나 장관이었다. 그러나 발사 2분 후 1단계 로켓의 연료 압력이 불안정하게 변하면서 로켓 전체가 위로 튀어 올랐다가 내려오는, 흡사 스카이 콩콩 같은 모습이 나타났다. 게다가 그 움직임이 너무 빠른 속도로 이어져서 구조 전체의 안정성을 위협할 정도였다. 우주 비행사가 타고 있었다면 그냥 부상을 입은 정도가 아니라 아주 심하게 다쳤을 만한 상황이었다. 우주 비행사들과 함께 달로 가야할 달 착륙선의 꽃잎처럼 얇디얇은 상단 패널 두 장은 거센 움직임을 견디지 못하고 결국 떨어져버렸다.

1단계가 분리되고 2단계 엔진이 점화되자마자 또 다시 불안정한 상황이 발생했다. 다섯 대의 엔진 중 두 대가 완전히 꺼졌고, 우주선에서 전해진 원격측정 데이터에 2단계 내부에 설치된 약 30센티미터 길이의 I자 모양 구조 빔이 휘어지고 있다는 위태로운 징후가 포착됐다. 이로 인해 엔진의 모든 시동을 다 꺼뜨릴 만한 진동이 발생해, 엔지니어들이 쓰는 용어로는 '돌발 고장', 그 밖에 다른 사람들은 폭발이라 부르는 사태가 벌어질 위험에 처했다. 다행히 어찌어찌 2단계가 이어져서 아폴로 우주선이 꼭대기에 설치된 채로 로켓은 겨우 궤도로 날아가 3단계까지 작동했지만 누구도 이번 임무의 성과를 미화시킬 수는 없었다.

"참사나 다름없었다." 크래프트는 비행 관제 센터를 나서면서 이렇게 못 박았다. NASA 내부에서 누구라도 방금 벌어진 일을 꾸며서 전할 엄두도 내지 못하게 한 발언이었다. "분명히 강조하는데, 이건 참사였다."

미국인 우주 비행사가 마지막으로 우주에 나간 때로부터 17개월이라는 세월이 흘렀고, 그들 중 한 사람이 달 표면을 딛도록 하겠다고 정한 날은 20개월밖에 남지 않았다. 적어도 이 순간만은 미국의 우주 개발 프로그램이 역행한다고 볼 수밖에 없었다.

아폴로 6호의 비행에서 그나마 좋았던 점을 꼽는다면 임무가 단시간에 완료됐다는 것이다. 동부 표준시 기준으로 아침 7시 1초에 정확히 시작돼 사령선이 태평양 중앙 지역에 착수하기까지 두 시간이 채 걸리지 않았다. 또한 크래프트나 NASA, 아폴로 계획 전체에는 우울한 날이었지만 결과가 실망스럽다는 언론 보도는 그리 오랫동안 이어지지 않았다.

새턴 V 로켓에 실려 있던 사령선이 바다에 착수하고 열 시간이 지난 저녁 6시 5분, 청소 노동자들의 시위가 한창이던 멤피스 시의 로레인 모텔 306호에 머물던 마틴 루터 킹 목사가 발코니로 나왔다. 노동자들의 입장을 알리기 위해 연설을 하려고 멤피스로 온 그의 곁에는 그날 저녁 예정된 집회에서 연주를 맡은 밴드 리더이자 재즈 색소폰 연주자, 벤 브랜치Ben Branch도 함께 있었다.

"벤, 이따가 저녁에 〈사랑하는 주님, 제 손을 잡아주세요Take My Hand, Precious Lord〉를 꼭 연주해줘. 정말 아름다운 곡이야." 킹이 말했다.

그 순간, 45미터 정도 떨어진 곳에 있던 다세대 임대주택 한 곳에서 레밍턴 M760 라이플이 발사됐다. 총알은 킹의 볼과 턱을 거쳐 목과 경정맥에 닿고 말았다. 킹은 세인트 조셉 병원으로 긴급 호송됐지만 부상이 너무 심해서 회복될 가망이 없었다. 총상을 입고 한 시간도 되지 않아 사망 선고가 내려졌다.

킹이 암살되기 전부터 이미 1968년이 피로 얼룩진 한 해가 되리라는 조짐은 뚜렷했다. 1월 말에는 베트남의 음력설인 뗏 응웬 단Tet Nguyen Dan 기간에 7만 명이 넘는 북베트남군과 베트콩이 비무장지대를 지나 남베트남 주요 지점 열세 곳과 100여 곳의 작은 마을에 공격을 감행했다. 이 사태로 남북 베트남군을 통틀어 16만

5000명의 부상자가 발생하고 민간인 피해자도 1만 4000명 넘게 발생했다. '뗏 공세'라 불린 이 사태는 베트남에서 벌여온 미국의 개입이 얼마나 무익한지 보여 준 사례이자 한때는 희망으로 가득했던 린든 존슨 대통령 정부의 권력이 모두 퇴색했음을 입증한 대표적인 사례로 거론되기 시작했다.

존슨 대통령 자신도 이런 분위기를 감지한 것 같았다. 3월 31일 저녁 텔레비전 연설에 나선 그는 표면적으로는 베트남 전쟁에 관한 이야기를 했지만 실제로는 마음에 담고 있던 결심을 분명하게 드러냈다. 연설이 막바지에 이를 즈음, 다음과 같은 말로 정치적인 폭탄을 꺼내든 것이다. "저는 여러분의 다음 대통령 후보로 나서지 않을 것이며, 우리 당이 후보로 지명할 경우 수용하지 않을 것입니다."

그러나 대통령이 정치적 삶을 희생하는 것으로 그해 들끓던 분노를 가라앉힐 수 있으리라 기대했다면 큰 오산이었다. 마틴 루터 킹 목사의 암살을 기점으로 볼티모어, 시카고, 워싱턴 D.C를 비롯한 미국 주요도시 열 곳에서 폭동이 일어나 수십 명이 목숨을 잃고 수천 명이 체포됐으며 수천억 달러 규모에 달하는 재산 피해가 발생했다. 대통령의 소속당인 민주당은 갈가리 찢어져 다음 대통령 자리에 오르기 위한 싸움을 벌이면서 지저분한 내부 갈등이 고조됐다. 6월에는 로버트 케네디 상원의원이 대통령 후보로 지명된 지 불과 3개월 만에 로스앤젤레스의 한 호텔에서 암살됐다. 캘리포니아 예비선거에서 승리를 거둔 직후에 벌어진 일이었다. 그날 밤, 그가 확보한 지지자들은 한순간에 지지할 곳을 잃고, 케네디 가의 누군가가 목숨을 잃고 추모 행렬이 이어지는 풍경이 또 다시 재현됐다. 그럼에도 분노가 촉발한 폭력은 사그라지지 않았다. 시카고에서 민주당 전당대회가 열린 8월에는 2만 3000명에 달하는 경찰이 반전 운동을 벌이던 1만여 명의 시위대와 맞서 경찰봉을 마구잡이로 휘두르는 사태가 벌어졌다. '경찰 폭동'이라 불리게 된 사건이었다.

이 같은 혼란이 이어지는 내내, NASA에서는 엔지니어, 계획 담당자들, 우주 비행사들 모두가 조용히 끈질기게 노력을 기울이고 있었다. 이들은 창문 없는 방, 외부인의 출입이 통제된 기지 안에서 격렬하게 불꽃이 튀는 외부 세상과 거의 차단된 채로 지냈다. 사나운 분위기를 그나마 감지할 수 있었던 건 저 멀리서 흐릿하게 들려오는 둔탁한 소리나 두꺼운 가림막 사이로 새어 들어온 가느다란 불빛 정도가 전부였다.

7 여정의 시작

1968년 여름

갑자기 떠오른 묘안이 엄청난 변화를 일으킬 수 있다고 생각한 사람은 아무도 없었다. 1970년이 되기 전 미국인이 달에 발을 디디도록 하기 위해 크고 작은 사무실이며 연구소, 공장, 대학에서 40만 명에 달하는 사람들이 애쓰고 있었다. 그리고 그중 어느 한 사람이 우주 개발 사업을 가로막는 여러 문제를 살펴보고는 별안간 아주 기가 막힌, 허탈할 정도로 쉬운 해결책을 찾았다고 외칠 가능성은 아주 희박했다. 새턴 V 로켓의 상태가 조마조마하고 달 착륙선과 아폴로 우주선도 발사대에서 사람을 태우고 날아간 적이 한번도 없지만 여전히 골치 아픈 문제가 많다는 것은 모두가 아는 사실이었다. 항공우주국 내에서 특히 비상한 두뇌를 가진 인력 중 최소 일부는 촉박한 일정과 인내심이 바닥난 국민들을 떠올리며 묘안을 떠올리는 데 골몰했다. 모든 문제를 한꺼번에 바로잡을 수 있는 기발하고 멋진 방법, 그동안 쌓아둔 칩을 몽땅 걸고 쇠구슬이 굴러가는 휠을 들여다보면서 기회를 노릴 만한 방법이 필요했다.

그때 조지 로우가 처음으로 그런 아이디어를 제시했다. 월리 쉬라가 이끄는 아폴로 7호가 지구 궤도에 오르기로 한 날이 석 달 정도 남은 1968년 8월이었다. 7월에는 최초로 완성된 달 착륙선이 케이프 케네디로 옮겨졌다. 공장에서부터 엉망진창이라고 알려진 그 상태 그대로였다. 결함도 많고 무게도 너무 많이 나가는 데다 다리 네 개로 멀쩡히 서 있지도 못할 만큼 약했다. 물론 중력이 지구의 6분의 1인 달에서만 제대로 서 있으면 된다는 것을 감안하고 설계된 결과였지만, 안정적으로 고정되지 않는 모습은 착륙선이 너무 허술하다는 것을 암시하는 징후로 느껴졌다. 기술자들이 아무리 피땀 흘려 애쓴다 해도 잭 맥디비트가 이끌기로 한 아폴로 8호의 처녀비행이 예정된 11월이나 12월 전까지 달 착륙선이 완벽히 준비될 가능성은 분명 없어 보였다.

이런 상황에서 아폴로 계획의 총책임자인 로우는 크리스 크래프트와 밥 길루스에게 아이디어가 하나 떠올랐는데 한번 들어보라는 말로 이야기를 시작했다. 이런 내용이었다.

"날짜가 얼마나 남았는지는 다들 알고 계시죠? 그걸 확 바꿔버려요. 16주 내로 달에 가는 겁니다. 그 일을 아폴로 8호에게 맡기자고요."

마이클 콜린스가 자신과 함께 아폴로 9호로 비행하게 됐다는 소식을 접한 프랭크 보먼은 내심 흐뭇했다. 훈련에 열의를 보이는 우주 비행사는 많았지만 콜린스를 능가할 만한 사람은 없었기 때문이다. 제미니 10호로 우주 비행에 한 번 참가한 콜린스는 그날을 위해 1년 가까이 집착에 가까울 정도로 훈련에 매진했다. 비행 임무도 무결점으로 완료했다. 우주 유영을 실시하고, 제대로 비행한 마지막 로켓으로 남은 아제나 로켓과 제미니 호의 도킹을 도왔다.

아폴로 9호의 비행 날짜가 다가오자 콜린스는 또 다시 강도 높은 훈련에 돌입했다. 그가 새로 맡을 임무를 이전만큼 잘해내리라는 사실에 의구심을 갖는 사람은 아무도 없었다. 하지만 콜린스에게 말 못할 일이 생겼다. 콜린스 자신도 핸드볼을 하다가 다리가 이상하게 뻣뻣하고 무겁다는 느낌이 들기 전까지는 몰랐던 일이었다. 뭐가 문제인지 정확히 설명하기는 힘들었지만 마음대로 빨리 움직이기가 힘들고 평소처럼 유연하지 않다고 느껴졌다. 콜린스는 이제 나이가 서른일곱인 만큼 유연성이 조금 약해진 거라고 생각했다. 어느 날 왼쪽 무릎이 휘청하며 구부러지더니 무릎 아래에 아예 감각이 없어졌다. 그뿐만 아니라 장딴지 쪽에 찬물이 조금만 닿아도 통증이 느껴지는 데 반해 따뜻한 물은 아무 느낌이 없었다. 심지어 펄펄 끓을 정도로 뜨거운 물이 닿아도 아무 느낌이 없을 정도였다. 이런 증상은 종아리에서 위로 타고 올라오기 시작하더니 허벅지까지 이어지기 시작했다.

결국 콜린스는 조지 로우가 밥 길루스, 크리스 크래프트에게 자신이 떠올린 묘안을 설명하던 바로 그즈음 NASA 진료소를 찾았다. 의사는 다발성 경화증이나 콜린스와 같은 나이에 숨진 루게릭이 겪은 근위축증일 가능성을 떠올렸지만 뼛속까지 파일럿인 콜린스가 걱정한 건 오직 하나, 비행 부적합 판정을 받을 만한 문제면 어쩌나 하는 생각뿐이었다. 콜린스에게는 배정된 우주선에 못 앉게 되는 것보다 더 끔찍한 일은 없었다.

콜린스가 진료소 문을 열고 들어간 뒤 한 시간 만에 X선 촬영과 의료진의 철저한 검진이 모두 완료되고 결과가 나왔다. 콜린스와 의사는 그 결과에 아주 상반된 반응을 보였다. 의사 쪽에서는 다섯 번째와 여섯 번째 경추 사이에서 발견된 골극이 콜린스가 호소한 문제의 원인임을 발견하고 크게 안도했다. 비교적 간단한 수술로 해결할 수 있는 문제였기 때문이다. 반면 수술을 받고 재활 과정이 끝나기 전까지는 지상 근무 외에 아무것도 할 수 없다는 가혹한 현실과 마주한 콜린스는 크게 절망했다.

콜린스의 상태는 디크 슬레이튼에게도 공식적으로 전달됐다. 슬레이튼은 콜린스에게 비행 임무에 서둘러 복귀할 수 있도록 수술 날짜를 최대한 빨리 잡으라고 강조했다. 사실 콜린스에게는 굳이 따로 이야기하지 않아도 되는 부분이었다.

보먼에게 팀원 중 한 명이 비행을 못 하게 됐다는 사실을 전하고 짐 러벨을 호출하는 것도 슬레이튼이 해야 할 몫이었다.

“짐, 마이클에게 골극 문제가 생겨서 수술을 받아야 한다고 하는군. 그래서 자네가 9호를 맡고, 마이클이 회복이 된다면 자네 대신 11호를 맡는 것으로 임무를 교체하게." 러벨이 도착하자 슬레이튼이 설명했다.

러벨은 규칙상 이런 상황에서 자신이 무슨 말을 해야 하는지 아주 잘 알고 있었다. 정답은 '네, 알겠습니다'였고, 그래서 그는 그대로 대답한 다음 "잘됐군요"라는 말까지 덧붙였다.

그러나 사실 잘됐다는 생각은 전혀 진심이 아니었다. 보먼과 마찬가지로 러벨 역시 아폴로 9호의 임무는 마지막에 고도를 높인 뒤 지구로 다이빙하는 단계를 제외하면 아폴로 8호의 임무와 다를 것이 없고, 아폴로 11호로 비행하는 쪽이 달로 한층 더 가까이 갈 수 있다고 생각했기 때문이다. 게다가 제미니 7호로 지구 궤도에서 14일을 보낸 경험이 있음에도 불구하고 아폴로 9호로 또 다시 10일을 지구 궤도에 머물러야 한다는 것을 의미했다.

러벨이 새로 맡게 된 임무에서 불편하게 생각하는 점은 또 한 가지가 있었다. 수석 우주 비행사인 동시에 오래전 공군 비행사로 일했던 슬레이튼이라면 터놓고 이야기해도 충분히 이해할 만한 사안이었다. 바로 멤버 교체 전에는 아폴로 9호에 공군 출신 비행사만 배정됐다는 사실이었다. 보먼과 콜린스, 신참 비행사인 빌 앤더스 모두 공군 출신이고 슬레이튼도 공군 출신인 반면 러벨은 해군 출신이었다.

제미니 6호와 7호가 우주에서 서로의 주변을 빙빙 돌던 그때는 보먼이 수적으로 약세라 제미니 6호의 창문에 '육군을 무찌르자'라는 장난스러운 문구가 나붙기도 했지만 이번에는 러벨 혼자 수적으로 밀리게 될 판이었다. 이러한 구성이 우주 비행사가 처리해야 할 임무를 수행하는 데 중대한 영향을 주지는 않지만, 함께 비행할 팀원끼리 완벽하게 똘똘 뭉쳐야 한다는 점에서 보면 결집력에 아주 미묘한 틈이 생긴다는 것을 뜻했다. 목표가 전혀 다른 정당에 몸담은 의원들끼리도 얼마든지 저녁식사는 함께할 수 있고 레드삭스 선수들이 양키스 선수들과 술을 한잔 걸칠 수는 있지만 실제로는 자신이 속한 곳을 더 선호하게 마련이었다.

그럼에도 러벨은 새로 맡은 임무에 그만한 보상이 따른다는 사실을 깨달았다. 비행 임무는 순차적으로 이어질 것이므로 일단 먼저 다녀오는 편이 분명 유리했고, 아폴로 13호나 14호 혹은 15호 등 아폴로 호의 우주 비행이 열 대 이상 이어질 계획이라면 달로 날아갈 기회를 또 잡을 수 있을지도 모른다. 보먼과 함께 비행하는 일은 전혀 문제가 되지 않았다. 제미니 12호에서는 선장을 맡았는데 이번에는 부조종석에 머물러야 한다는 사실이 좀 짜증스럽긴 해도 큰 문제는 아니었고 신참인 앤더스는 평소에 상당히 유쾌한 녀석이라고 느끼던 참이었다.

그리하여 러벨은 제미니 7호에 올랐을 때와 마찬가지로, 이번 아폴로 9호의 비행도 최대한 좋은 기회가 되게끔 활용해 보기로 마음을 정했다. 해군에서든 NASA에서든, 비행사에게 비행 임무가 주어지면 마땅히 해야 하는 일이기도 했다. 정해진 일을 묵묵히 해내는 것이다.

1968년 여름, 수줍음 많은 서른다섯 청년이던 빌 앤더스는 타고난 군인이라는 말이 잘 어울리는 비행사였다. 그는 해군 대위이던 부친이 홍콩에 주둔하면서 기혼 장교들에게 제공된 관사에서 지낼 때 태어났다. 앤더스는 러벨처럼 해군사관학교를 나왔지만 졸업 후에 비행사가 되려고 공군에 입대했다. 순수 해군 장교 출신인 러벨의 시각으로는 이해하기 힘든 결정이었다.

앤더스도 보먼처럼 척 예거를 겪은 다음 NASA로 들어왔고, 역시나 보먼처럼 예거의 수하에서 벗어날 때 그에 대한 감정이 썩 좋지만은 않았다. 1959년, 전투기 비행을 특히 좋아하던 젊은 비행사 앤더스는 테스트 파일럿 기술을 배우기 위해 에드워드 공군기지에 지원서를 냈다. 그러나 예거는 그를 받아 주지 않았다.

"얼마 전부터는 엔지니어링 석사 학위가 있는 지원자만 받고 있다네." 사무실로 찾아온 앤더스에게 예거가 밝힌 거절 이유였다.

거절당하는 일을 별로 좋아하지 않은 앤더스는 그 즉시 오하이오주 라이트 패터슨 공군기지의 공군 기술연구소에 입학했다. 그리고 3년간 학업에 매진했고 썩 괜찮은 성과를 거두었다. 마침내 필요한 학위를 따낸 앤더스는 다시 에드워드 기지로 가서 예거의 사무실 문을 두드렸다.

"합격 기준이 변경됐네. 석사 학위는 더 이상 보지 않고, 이제는 비행시간이 중요해졌어." 지난 3년간 대부분의 시간을 강의실에서 보낸 앤더스가 비행시간을 쌓았을 리 만무했다.

그러나 이번에는 예거도 이 쓸데없이 고학력이 된 파일럿의 합격 여부를 최소한 고민은 해보겠노라고 이야기했다. 부디 이번에는 합격하기만을 바라는 마음으로 앤더스는 근무지인 뉴멕시코주 공군 특수무기 센터로 돌아갔다. 얼마 지나지 않아 1963년 봄의 어느 날, 앨버커키 인근 사막 도로를 폭스바겐 버스로 달리던 앤더스는 라디오에서 NASA가 3세대 우주 비행사의 신청서를 받고 있으며, 선발 요건이 변경됐다고 전하는 뉴스를 접했다. 엔지니어링 석사학위 소지자라면 테스트 파일럿이 되는 것으로 만족하지 않아도 된다는 내용이었다. 앤더스는 길옆에 차를 세우고 15분간 제대로 들은 게 맞는지 재차 확인했다. 틀림없는 사실이었다.

그는 최대한 서둘러 신청서를 제출했다. 험난한 선발 과정이 시작됐다. 의료진은 앞서 두 번의 우주 비행사 선발 때보다 더욱 세밀하고 더 괴로운 검진을 실시했다. 체력과 기본적인 지능 수준을 평가하는 검사와 더불어 행동 평가와 복잡한 심리학적인 평가까지 추가됐다.

핀 볼 게임기처럼 생긴 적성검사 기계로 우주 비행사 지원자들이 두뇌 게임이나 공간추론 퍼즐을 풀도록 하는 과정도 포함돼 있었다. 그 정도로도 충분히 어려운데, 한 번에 열 문제씩 주어지는 바람에 응시자는 문제가 주어지자마자 레버를 당기거나 스위치를 누르거나 깜박이는 불빛을 보고 적절히 반응해서 버튼을 누르는 등의 방식으로 즉각 답을 제출해야 했다. 쉬운 문제도 있었지만 정신을 모두 집중해야 하는 문제들도 있었다. 정답률보다 응답 속도가 점수에 더 중요한 요소라는 사실을 재빨리 깨달은 앤더스는 수학적으로 따져본 결과, 어려운 문제가 주어져도 쓸데없이 시간을 낭비하면 총점에 도움이 안 된다는 것을 인지했다. 따라서 까다로운 문제는 그냥 답을 추측하고 쉽게 풀 수 있는 문제를 집중 공략했다. 그의 전략은 제대로 통했다. 점수 순위에서 다음 합격자보다 무려 150퍼센트나 더 높은 점수로 당당히 시험에 합격한 것이다.

앤더스는 필기시험에도 그와 비슷한 전략을 적용했다. 사관학교 시절, 그를 비롯한 동기들이 '웅얼웅얼 이론'이라고 부르던 방법이었다. 교수들도 사람이라 금세 지루함을 느낄 수 있고, 학생들이 제출한 에세이에 점수를 매기는 일처럼 교수도 정신이 온통 혼미해질 수밖에 없는 때가 있다는 사실을 활용하는 것이다. 앤더스는 이 이론에 따라 대부분의 문제에 모든 노력을 기울여 우수한 답을 써내고, 제대로 답을 쓰려면 시간은 엄청나게 소요되면서도 결과가 잘 나올 가능성은 별로 없는 몇 가지 문제는 애매모호하지만 꽤 설득력 있는 내용으로 횡설수설 칸을 채웠다. 우주 비행사 선발 위원회는 뭔 소린지 알아들을 수 없는 답에도 최소 C는 줄 텐데 그 정도면 나쁘지 않은 점수고, 대신 나머지 문제에서 A를 받으면 된다는 것이 앤더스의 생각이었다. 규칙에 위배되는 부분은 전혀 없으면서도 심사위원들을 교묘하게 다루는 방법이라 할 수 있었다.

이 전략은 제대로 맞아떨어졌다. 서른 살 생일날이던 1963년 10월 17일 앤더스는 디크 슬레이튼에게서 우주 비행단의 일원으로 선정됐다는 축하 전화를 받았다. 몇 달 동안이나 이 전화가 걸려오기만을 고대했던 앤더스는 속으로 혼자 연습했던 대로, 감사와 존경을 담아 기쁘게 전화를 받았다.

그로부터 딱 이틀 뒤에 역시나 지난 몇 개월 동안 기다린 전화가 걸려왔다. 이번에 전화를 건 사람은 예거로, 나이 든 대령이 전하려는 소식은 아주 안 좋은 내용이 분명해 보였다.

"앤더스, 미안하네. 자네는 훌륭한 지원자야. 다만 테스트 파일럿 학교의 입학 요건에 맞지가 않아."

이미 으쓱한 기분에 취해 있던 앤더스는 이런 상황에서 해야 할 말과 해서는 안 될 말을 알고 있었지만 썩 현명하지 못한 쪽을 택하고 말았다.

"그렇군요, 대령님. 전화 주셔서 감사합니다. 그런데 제가 더 괜찮은 곳으로 가게 됐습니다."

예거는 어디냐고 물었고 앤더스는 순순히 알려 주었다. 건방진 태도를 절대로 봐줄 수가 없었던 대령은 지체 없이 자신의 영향력을 발휘하러 나섰다. 우주 비행사 선발을 결정하는 주요 인사들을 압박하여 앤더스를 제외하라고 요구한 것이다. 결과적으로는 실패한 시도였지만 대령이 이런 일을 했다는 사실이 밖으로 새어 나와 앤더스를 기겁하게 만들었다. 예거가 처음부터 의도한 결과였는지는 모르지만, 혈기왕성한 젊은 파일럿에게 교훈을 준 사건이었다.

앤더스는 우주 비행사 훈련을 거뜬히 잘 받았다. 훈련할 시간도 충분했다. 함께 선발된 우주 비행사가 열세 명이고 2세대 비행사가 아홉 명인데다 1세대 중에서도 네 명은 여전히 비행에 참여하고 있어서 곧바로 비행에 자주 투입될 가능성은 없었다.

신입 우주 비행사는 반드시 세부 전문분야를 선택해야 했는데, 앤더스는 달 지리학과 방사선 차폐를 집중적으로 공부했다. 그의 마음속에 달 착륙선 전문가가 돼야겠다는 생각이 자리를 잡기 시작했다. 순수한 야망이기도 했지만 어딘가 독특한 그 작은 기계가 정말 마음에 들었다. 달 착륙선이 자신과 닮았다는 생각도 들었다. 달 착륙선은 여러 면에서 항공기 설계 규칙을 어긴 결과물이었지만 그 방식이 창의적이고 과감할 뿐만 아니라 기발한 면이 있었다. 앤더스는 언제가 될지는 모르지만, 이 착륙선을 타고 우주를 날고 싶다는 소망을 간절히 품게 됐다. 지구 궤도부터 빙빙 돌아야 하는 한이 있더라도 상관없었다.

이 젊은 비행사는 달 착륙선의 전문가가 되면 스스로 크게 일을 그르치지 않는 한, 달로 갈 기회를 놓칠 가능성은 없다는 것을 깨달았다. 예거에게 까불다가 커리어를 다 망쳐버릴 뻔한 일은 한 번으로 족했으니 두 번 다시 그런 실수는 저지르지 않을 생각이었다.

조지 로우가 달 탐사 일정을 예정보다 앞당기자는 엉뚱한 발상을 떠올린 데에는 여러 가지 이유가 있었다. 정해진 날짜는 성큼성큼 다가오는데 달 착륙선에 문제가 많다는 사실을 모르는 사람은 없었다. 예산 결정권을 쥔 의회가 이런 상황에 불만이 많다는 사실도 마찬가지였다.

그러나 소련과 관련된 문제는 대다수가 알지 못했다. 아폴로 1호의 사고로 비행사들이 숨진 사건은 미국과 소련 양국 모두의 우주 탐사 프로그램에 큰 타격을 줬다. 사고 당일 저녁, 우주여행에 관한 것이라면 우주선에 실린 것이 망치건 낫이건, 우주선 바깥에 칠해진 깃발이 성조기라도 상관없이 큰 관심을 기울이던 미국 주재 소련 대사 아나톨리 도브리닌Anatoly Dobrynin은 백악관에서 열린 환영 연회에 참석했다. 공식 명칭은 〈달과 기타 천체를 포함한 외기권의 탐색과 이용에 있어서의 국가 활동을 규율하는 원칙에 관한 조약〉이지만 '우주 조약'이라는 이름으로 더 많이 알려진 합의에 미국이 서명한 것을 축하하는 행사였다. 미국과 소련, 영국이 맨 처음 서명했으나 명시된 규칙을 준수하고자 하는 다른 나라들도 얼마든지 동참할 수 있는 이 조약의 핵심은 우주를 군대화해서는 안 된다는 것, 자국 영토에 우주 비행사가 착륙할 경우 해당 비행사가 탑승한 우주선과 함께 즉각 본국으로 돌아갈 수 있도록 필요한 지원을 모두 제공해야 한다는 것이었다.

그날 백악관 연회는 반드시 참석해야 하는 자리였지만 그렇지 않았더라도 도브리닌은 미국인 우주 비행사들을 만날 수 있는 기회를 절대 놓치지 않았을 것이었다. 연회가 막바지에 이를 무렵, 케이프 케네디에서 벌어진 비극적인 사고 소식이 전해졌다. 미국의 상황에 촉각을 세우고 있던 소련도 사방에 설치된 정보망을 통해 사고 사실이 널리 공표되기 전에 이미 인지한 상황이었다. 도브리닌은 다음 날 린든 존슨 대통령 앞으로 서신을 보내 진심 어린 애통함을 전했다.

아폴로 1호에서 비행사가 유명을 달리한 것은 슬픈 일이었지만 그것과 별개로 소련은 기회를 놓칠 생각이 없었다. 미국의 우주 개발 사업에 브레이크가 걸리고 소련 앞에 한동안 탁 트인 도로가 펼쳐진 것이다. 1968년 여름까지 소련은 이를 최대한 활용했다. 미국의 정보망에 러시아의 우주 사업 엔지니어들이 새로 개발한 유인 우주선 존드Zond의 테스트에 몰두하고 있다는 소식이 들려왔다. 특히 존드 5호와 6호가 연이어 발사돼 달 주위를 돌고 지구로 돌아올 것이라는 계획이 전해졌다. 달에 착륙하는 것도, 달 궤도에 진입하는 것도 아닌 계획이었지만 그래도 달을 목적지로 삼은 최초의 비행이 될 터였다. 이는 곧 최초로 멀리서나마 달을 가까이에서 내려다보는 나라가 소련이 될 것임을 의미했다. 정확히는 존드 5호의 경우 쥐나 벌레, 햄스터가 달을 보게 될 것이고 이 동물들이 지구에 살아서 돌아오면 다음은 우주 비행사들의 차례였다. 그리고 1968년이 끝나기 전에 그런 일이 벌어질 가능성이 상당히 높았다.

로우는 이런 생각에 속이 뒤틀려 이를 바득바득 갈다가 일정을 앞당기자는 묘안을 떠올렸다. 그리고 이 위험천만한 계획을 길루스와 크래프트에게 가장 먼저 알린 것은 아주 영리한 판단이었다. 무엇보다 그 두 사람이 NASA에서 차지하는 위치가 딱 적당했다. 그 둘은 문제를 창의적으로 해결하고 우주 비행 계획을 수립하는 일에 깊이 관여할 수 있으면서도, 행정적인 차원에서 중요한 결정을 확정하는 데 영향을 줄 수 있는 고위직이었다. 즉 길루스와 크래프트가 공감할 경우, NASA 국장인 짐 웹에게 보고할 때 로우 자신의 견해만큼이나 묵직한 영향을 줄 수 있다는 의미였다.

자신의 생각이 아예 말도 안 되는 일은 아니라고 확신한 로우는 전화를 걸어 크래프트를 사무실로 호출했다. 크래프트가 오자 이유는 따로 밝히지 않고 함께 길루스의 사무실로 향했다. 사무실에 도착한 후 로우는 생각했던 것을 공유했다. 달 주위 비행을 하면 어떻겠느냐는 의견이었다. 그는 아폴로 8호가 임무를 맡았으면 한다고 말했다. 달로 향하는 이 임무는 아폴로 7호가 지구 궤도에서 실시할 임무가 '완벽하게, 최소한 매우 우수하게' 완료될 경우에만 승인할 것이라는 조건도 덧붙였다. 이어 최종 요건을 밝혔다. 해가 바뀌기 전에 완료돼야 한다는 것으로, 약 4개월 내에 임무를 끝내야 한다는 의미였다. 더 이상 낭비할 시간이 없었다.

로우가 충분히 예상했던 대로 깊은 침묵만 흘렀다. 로우와 길루스가 알기론 어지간한 일에는 놀라지 않는 크래프트도 적잖이 충격을 받은 것 같았다.

동료들이 자신의 아이디어를 지나치게 엄청난 일로 여기지 않기를 바라는 마음으로, 로우는 '달 비행'이라는 표현 대신 좀 더 구체적인 '달 주위 비행'라는 용어를 사용했다. 소련도 준비 중이었던 달 주위 비행은 우주선이 자동 귀환 궤도를 벗어나지 않아 SPS라 부르는 추진 장치의 엔진이 완전히 망가지더라도 달의 중력을 받아 멀리 훽 내던져지는 원리를 이용한 계획이었다. 따라서 달 비행보다 약간 더 수월하게 달의 뒤편을 돌고 그 힘으로 다시 지구로 돌아올 수 있었다. 추진 장치가 완벽하게, 그것도 한 번이 아니라 우주선이 궤도에 자리를 잡을 때와 달 궤도를 빠져나올 때 총 두 번 아무 문제없이 작동해야 가능한 달 궤도 비행과 차이가 있었다.

길루스는 로우가 아예 정신 나간 소리를 할 사람은 아니라고 확신했다. 하지만 분명히 하는 차원에서 정말 그런지 확인해 보기로 했다.

"그건 어떤 임무가 되는 겁니까? 그저 멀리 나갔다가 돌아오는 거죠? 주위를 돌다가?"

"그렇소. 내 생각은 그래요." 로우가 재빨리 대답했다.

크래프트도 겨우 말문을 열었지만 가능한 일인지 장담할 수가 없었다. 일단 달을 향해 곧장 비행하는 일이 가능한지조차 가늠할 수 없는 상황이었다.

"생각을 좀 해봐야겠습니다. 답을 드릴 수가 없군요. 모든 일이 정해진 계획대로 진행 중인데, 그렇게 하면 다 엉망이 됩니다. 다시 돌아가서 모든 걸 면밀히 살펴봐야 합니다." 크래프트가 머리를 가로저으며 말했다.

로우는 크래프트의 대답을 정확히 예상했다. 그는 크래프트가 모든 걸 면밀히 살핀다고 말한 것만으로도 우주 비행 임무를 수정하는 절차가 이미 시작됐다고 확신했다. 사령선과 기계선은 어느 정도 준비가 된 상황이었고 그 정도면 결코 진행이 더디다고는 볼 수 없었다. 달 착륙선과 마찬가지로 총 두 부분으로 이루어진 사령선은 높이가 약 3.4미터인 원추형 구조로 내부에 승무원이 머무를 수 있는 조종석이 마련돼 있었다. 기계선은 약 7.3미터 높이의 원통형 구조물로, 트럭 뒤에 연결된 트레일러처럼 사령선 뒤쪽에 부착돼 있었다. 기계선에는 동력 장치와 구명 장치, 추진 장치가 작동하는 데 필요한 각종 기계가 설치돼 있었다. 그 뒤로 종 모양 엔진이 7미터 넘게 이어졌다.

화재 사고 이후 NASA에서는 고된 노력을 통해 CSM Command and Service Module이라고 부르는 사령선과 기계선을 확실하게 비행할 수 있도록 만들었다. 하지만 그건 어디까지나 하드웨어 차원에서였지 소프트웨어 면에서는 아직 완료되지 않은 상태였다.

새턴 V 로켓은 수많은 사람들에게 신뢰를 잃었다. 새턴 V 로켓으로 비행이 가능하다는 사실을 어떻게든 증명해야 했지만 달로 향하는 비행이 최소 1년 뒤로 예정돼 있던 터라 우주 비행을 실질적으로 관리하는 비행 관제사들은 그 부분에 대한 강도 높은 예행연습을 아직 시작도 하지 않았다.

우주 비행사들의 훈련 문제도 있었다. 짧은 시간 내에 달로 비행할 수 있는 준비를 마쳐야만 했다. 길루스도 그 부분을 생각하지 못한 건 아니었다. "디크도 같이 이야기를 해봐야 할 것 같습니다." 그는 이렇게 말한 뒤 전화기를 들고 슬레이튼의 번호를 눌렀다.

수석 우주 비행사 디크 슬레이튼이 도착해 자리에 앉았다. 로우는 조금 전 길루스와 크래프트에게 설명한 계획을 그에게도 전했다. 슬레이튼은 무표정한 얼굴로 한참을 가만히 생각했다. 비록 우주 비행을 한 번도 해본 적은 없지만 그 역시 우주 비행사였기에 체계적이고 꼼꼼한 계획대로 움직이는 일보다는 아슬아슬하지만 야심찬 일을 좋아했다. 그러나 실제로 우주로 나아가 비행을 하게 될 우주 비행사들의 안전을 책임지는 사람으로서 좀 더 신중하게 고민할 필요가 있었다.

“비행사들 훈련은 가능할 것 같습니다. 그 부분은 문제가 안 됩니다.” 그가 설명했다.

“하지만 그 아이디어 자체는… 이틀 정도 신중하게 생각해야 할 것 같습니다.”

로우는 고개를 끄덕이고 길루스와 함께 크래프트, 슬레이튼에게 세부 사항을 조율해 보라고 지시했다. 대화가 마무리되고 모두 사무실을 나서려고 일어서자 길루스는 두 사람에게 잠시 기다리라고 손짓했다.

“아무에게도 이야기하지 말게. 반드시 알아야 하는 사람을 제외하고는 누구도 알아서는 안 되네. 그리고 무슨 일이 있어도 언론에는 절대 말하면 안 돼.”

크래프트와 슬레이튼 모두 동의했다. 사무실 밖으로 나서자 크래프트는 슬레이튼을 바라보며 이야기했다. “자네는 자네 몫을 하게. 나는 내 몫을 할 테니.”

슬레이튼이 할 일은 그리 많지 않았다. 다른 사람과 의논할 수도 없었다. 어떤 결정을 하든 그가 보살피는 아폴로 우주선 비행사들이 받아온 훈련과 적성에 관한 그간의 지식을 총동원해야 결론을 낼 수 있을 터였다. 슬레이튼은 비행사들에게 어떤 말도 하지 않았지만 달 주위를 비행한다는 계획을 알게 된다면 누구든 적극적으로 나설 것이라 확신했다. 슬레이트는 정말 그 비행을 해낼 수 있는 비행 팀과 세 우주 비행사가 있는지 혼자 판단해야 했다.

그 시점에 우주 비행에 돌입할 태세를 가장 완벽하게 갖춘 후보로는 출발일이 임박한 아폴로 8호의 짐 맥디비트와 데이브 스캇, 러스티 슈바이카트, 아폴로 9호의 프랭크 보먼과 짐 러벨, 빌 앤더슨을 꼽을 수 있었다. 이 두 팀 중 맥디비트가 이끄는 팀이 더 많이 준비됐다고 볼 수 있었지만 바로 그 점이 불리했다. 보먼의 팀은 대부분 사령선 비행과 관련된 훈련을 받아 왔지만 맥디비트의 팀은 달 착륙선의 비행 준비가 끝나지 않았음에도 그 우주선으로 비행할 경우에 대비한 훈련을 시작했다. 그러므로 이들을 달 착륙선과 무관한 임무에 투입한다면 그간 받은 훈련 중 상당 부분이 쓸모가 없어진다.

리더 두 명에 관한 부분도 고민거리가 많았다. 슬레이튼은 맥디비트와 보먼을 똑같이 매우 우수한 파일럿으로 평가했지만 NASA 내 많은 사람들은 아폴로 1호의 화재 사고를 수습하는 과정에서 보먼이 일군 성과에 깊은 인상을 받았다. 또 한 가지 고려할 사실은 맥디비트의 팀원들은 과거 함께 비행한 경험이 없지만 보먼과 러벨은 누구도 원치 않았던 우주 비행 임무를 맡아서 14일간이나 함께 지냈다는 점이었다. 두 사람은 맡은 일을 훌륭하게 해냈고 그 과정에서 같이 비행한 사람 간의 특별한 파트너십이 형성됐다. 최초로 이루어질 달 비행에서 두 비행사의 유대감을 활용하지 않는다면, 맥디비트의 팀이 달 착륙선 훈련을 받고도 그 기술을 활용하지 못하는 것에 못지않은 낭비였다.

하지만 크래프트는 혼자 생각에 잠길 수 있는 사람이 아니었다. 혼자로 구성된 협의체가 아닌 아닌 믿을 수 있는 몇 명, 꼭 닫힌 문 뒤에서 함께 의논할 수 있는 진짜 협의체가 필요했다. 사무실로 돌아오자마자 동료들 가운데 몇 명을 호출한 것도 그런 이유 때문이었다. 궤도 역학 전문가로 달 비행과 관련된 물리적인 문제에 대처할 수 있는 빌 틴달Bill Tindall 중위와 비행 계획의 총책임자로 우주 개발 임무를 기획해온 존 호지John Hodge 중위도 포함돼 있었다. 모두 모이자 크래프트는 로우가 제안한 아이디어를 공유했다. 누구도 눈이 휘둥그레지거나 무조건 안 된다고 여기기는커녕 다들 좋아하는 눈치였다. 심지어 잔뜩 신이 난 기색까지 엿보였다.

크래프트가 꾸린 협의체는 로우의 아이디어를 세부적으로 논의하기 시작했다. 지금까지 한 번도 해보지 않은 임무였지만, 전력질주로 완주해야 하는 만큼 일정에 관한 논의가 주가 됐다. 이야기가 진행될수록 분명해진 것은 해결해야 할 문제가 꽤 많지만 해결 안 될 일도 없다는 사실이었다. 회의 결과에 충분히 만족한 크래프트는 자신을 제외하고 따로 더 깊이 논의를 해보고, 잠을 푹 잔 다음에 내일 더 세부적인 결과를 알려달라고 지시했다.

하루가 지나고 다시 크래프트의 사무실로 돌아온 이들이 꺼낸 답변은 그가 전혀 예상치 못한 수준이었다.

“정말 굉장한 아이디어라고 생각합니다. 우리가 해낼 수 있을

지는 모르겠지만, 해볼 만한 일이에요." 틴달이 말했다. 크래프트는 고개를 끄덕였다. 하지만 틴달의 말은 그게 끝이 아니었다.

"다만 어제 언급하지 않은 부분에 대해 한 가지 말씀드리고 싶습니다. 굉장히 당황스러우실 수도 있어요. 저희 생각에는 달 근처에 가는 것으로 끝내지 않았으면 해요. 달 궤도에 진입했으면 좋겠습니다."

크래프트는 어안이 벙벙했다. 그리고 엔지니어들을 쳐다보면서 자신이 짊어진 책임을 다하기 위해 가장 중요한 질문을 던졌다.

"왜 일을 더 위험하게 만들려고 하나?"

사람들은 이미 그 질문에 답을 준비한 상태였다. 우선 첫 번째로 달을 향해 비행을 한다는 것은 어마어마한 자원과 훈련이 뒷받침돼야 하는데 그 근처까지 가서 휙 주변을 돌다가 달의 뒤쪽을 힐끗 관찰한 다음 지구에 돌아오는 건 낭비라는 게 이들의 생각이었다. 달 궤도에 진입하려면 추진 장치가 완벽하게 제 기능을 해야 한다는 전제가 따랐지만 그건 어떤 임무를 수행하든 반드시 넘어야 하는 산이고, 아폴로 7호를 통해서 성능이 충분히 안정될 수 있었다. 추진 장치가 그만한 일을 해낼 수 없다고 생각한다면 애당초 그런 물건을 만들지 말았어야 한다는 것이 엔지니어들의 견해였다.

크래프트를 비롯한 관리자들이 추진 장치의 신뢰도를 크게 신경 쓴 데에는 얼마 전 NASA에서 언론으로 흘러들어간 통계자료도 한몫을 했다. 사령선과 기계선은 총 560만 개의 개별적인 부품으로 이루어진다는 내용으로, 전체의 99.9퍼센트가 완벽하더라도 나머지 부품 5600개가 잘못될 수 있다는 사실에 과도한 관심이 쏠린 것이다. 그러나 엔지니어들은 그런 통계가 아무 쓸모없다는 사실을 잘 알고 있었다. 성능이 99.9퍼센트인 기계에 사람을 태워서 우주로 보낼 일은 절대로 없었기 때문이다. 그들이 설계가 제대로 이루어졌다고 판단하는 최소 기준은 99.999 또는 99.9999퍼센트였다. 또한 사령선과 기계선을 구성하는 수백만 개의 부품 중에는 핵심적인 부분이 아닌 것이 많고 백업용, 심지어 백업의 백업용도 포함돼 있으며 주된 부품이 고장 나지 않는 한 쓰일 일이 없다는 사실도 중요한 고려 사항이었다.

NASA의 엔지니어들이 추진 장치를 깊이 신뢰하는 또 다른 이유가 있었다. 추진 장치에는 원래 일반적인 액체 산소와 케로신이나 액체 수소와 같은 폭발성 물질을 혼합한 연료가 사용됐는데, 이번에는 자동 점화성 연료로 대체됐기 때문이다. 물질이 전부 연소되려면 점화 장치가 필요한데, 하이드라진과 사산화질소로 이루어진 이 새로운 연료는 연소실 내부에 함께 두기만 해도 폭발을 일으켜 추진력을 제공했다. 또한 연료를 정해진 지점으로 정확히 이동시키는 방법도 개선됐다. 걸핏하면 고장을 일으키는 펌프를 엔진 시스템에 일체 설치하지 않고 두 가지 연료가 가압 헬륨을 통해 관을 따라 이동하도록 설계가 변경된 것이다.

크래프트가 의견을 구한 엔지니어들은 이처럼 우주선 엔진의 성능이 달 궤도를 충분히 비행할 수 있는 수준이라는 확신과 함께, 임무를 달 선회로 제한할 필요가 없는 또 하나의 중요한 이유를 제시했다. 불시착했든 연착륙했든 달 궤도를 순회한 경우든 그동안 미국이 달로 보낸 무인 우주선은 모두 달의 중력에 적응하지 못했다. 달의 중력장에는 마치 돌풍이 몰아치는 것 같은 불안정한 곳, 즉 중력이 지구의 6분의 1인 대부분의 지점과는 전혀 다른 특징이 나타나는 곳들이 존재했다. 달 중력의 이러한 불규칙성은 매스콘이라 불리는 중력이 크게 집중된 곳에서 나타났다. 먼 옛날 달과 부딪혀 표면 아래 가라앉아 있던 중금속 성분의 운석이 존재하는 매스콘은 수십억 년 동안 어떠한 문제도 일으키지 않았지만, 지구에서 기계 장치가 나타나 달 표면 위를 떠다니자 보이지 않는 달 중력의 힘으로 활성화돼 우주선을 누구도 예상할 수 없는 방식으로 뒤흔들었다.

"지금은 달의 중력 모형으로 궤도를 정할 때마다 3킬로그램 이상 어긋납니다. 사령선이 달 궤도에 진입할 수 있다면 궤도를 제대로 예측할 수 있는 공식을 도출할 수 있어요." 틴달은 달 궤도를 열 바퀴 정도 돌면 충분할 것으로 보인다고 설명했다. 그 정도면 매스콘에 관한 데이터를 다량 수집할 수 있을 뿐만 아니라 세밀한 달 표면 사진을 얻을 수 있어 차후 달 착륙 계획에도 분명 유익하게 쓸 수 있었다.

틴달은 엔지니어들의 주장이 상관에게 상당한 짐이 될 것임을 알고 있었다. 달 궤도를 도는 임무는 아폴로 8호가 감당해야 할 위험성을 높이겠지만 그만큼 뒤따르는 아폴로 우주선들의 위험성은 줄어들 것이었다. 단순한 수학 계산으로도 나오는 결과였다. 그리고 크래프트는 수학을 좋아했다.

크래프트는 그 부분을 조금 더 이야기한 뒤 틴달을 비롯한 팀원들에게 가서 숫자 계산을 더 해보라고 요청했다. 비행 계획에서 각자 맡은 부분을 기준으로, 달 궤도 비행이 가능하다는 사실을 입증할 수 있는지 확인해 보라는 의미였다. 그러려면 이틀은 더 걸리겠지만 크래프트는 그 정도 고민할 시간은 필요하다고 보았다.

그 주가 끝날 무렵, 크래프트는 마지막으로 가장 절실하게 의견을 구하고 싶었던 사람을 호출했다. 바로 진 크란츠였다. 비행 임무가 진행될 때마다 콘솔 앞에 앉아 있던 시절은 이미 지나갔지만 그는 우주 비행 관제센터의 전반적인 업무에 없어서는 안 될 주요 인사가 됐다. 크란츠는 홀수 번호가 붙은 우주선에 한하여 비행 총책임자를 맡았기 때문에 아폴로 8호에 주어질 임무는 그의 몫이 아니었다. 크래프트는 8호에 부여될 임무 계획을 포괄적으로 수립하고 무엇보다 비행이 가능한지 판단할 수 있는 사람을 원했다. 그 점에서 크란츠가 적임자였다. 크란츠가 사무실로 들어서자 크래프트는 곧바로 요지를 전했다.

"올해 12월에 달 비행을 추진할까 하네." 크래프트는 간단히 설명했다. 크란츠가 아무 말이 없자 말을 이었다. "일단 돌아가서 내일까지 그 비행 계획을 누가 수립할 수 있을지 생각해 보고, 불가능한 일이라면 그 이유가 무엇인지 내게 알려 주게."

그러나 크란츠는 다음 날 아침까지 기다리고 싶지 않았다. 곧장 전화기를 빌린 그는 수석 컴퓨터 엔지니어인 밥 어널Bob Ernal에게 전화를 걸었다. 다급히 크래프트의 사무실에 도착한 어널은 두 상관이 무슨 생각을 하는지 곧 이해했다. 크래프트가 지금 계획 중인 임무가 가능할지 묻자, 어널은 짧고 명쾌한 대답을 내놓았다.

"이번 주말에 12동 건물과 30동 건물에 설치된 컴퓨터를 제가 전부 다 사용할 수 있게 해주시겠습니까? 그러면 월요일까지 답을 드릴 수 있습니다."

어널의 요청이 수용됐다. 주말 내내 컴퓨터를 돌린 그는 월요일에 다시 두 상관을 찾아와 보고했다. "네, 가능합니다."

비행 임무에서 다른 부분들이 출발 준비를 마친다고 가정할 때, 아폴로 8호가 달 궤도를 돌고 지구로 귀환하는 일까지 그가 컴퓨터로 처리해야 할 일들을 충분히 지원할 수 있다는 의미였다.

달에 도달할 미국의 위대한 우주선은 수많은 시스템의 레버가 당겨지고 기어가 맞물려 서서히 돌아가는 기계처럼 아주 조금씩 하나하나 자리를 잡기 시작했다. 하지만 최종적으로 해결해야 할 숙제가 남아 있었다. 가장 거대하고 소란스럽고 강력한 부분, 바로 새턴 V 로켓이었다. 로켓이 없으면 달로 가는 건 생각도 할 수 없는 일이었다.

어널에게서 긍정적인 대답이 나온 직후 로우, 크래프트와 다시 만난 길루스는 두 사람에게 제안했다. "이 일을 추진하기 전에 우선 베르너와 만나야 합니다." 그리고는 전화기를 집어 들고 수석 설계자로 새턴 V 로켓을 설계하고 일부를 제작한 앨라배마주 헌츠빌의 마셜 우주 비행센터의 베르너 폰 브라운 사무실로 전화를 걸었다.

브라운의 비서가 전화를 받았다. "지금 회의 중이십니다. 다시 전화를 드리라고 할까요?"

"아뇨, 지금 바로 통화를 해야 합니다만."

길루스의 말에 놀란 비서는 바로 폰 브라운에게로 가서 알렸다. 그가 수화기를 들고 "여보세요"라고 말하자마자 길루스는 로우, 크래프트와 함께 만나서 논의할 일이 있다고 이야기했다.

"그럼 내일 뵙죠." 폰 브라운이 점잖게 제안했다.

"곤란합니다. 지금 바로 만나야 해요."

"그게 무슨 말씀이시죠?

"우리가 항공편으로 지금 출발하겠습니다. 만나서 이야기하죠." 길루스는 이렇게 대답한 뒤 폰 브라운이 다시 거절하기 전에 전화를 끊었다.

길루스를 쳐다보던 크래프트는 떠오르는 미소를 억누를 수가 없었다. 그는 지금 이 일이 얼마나 무모한지 잘 알고 있었다. 따라서 이 아찔한 스릴이 판단에 어떠한 영향도 주지 않도록 애써왔지만 그날만은 어쩔 수가 없었다. 크래프트는 구내식당에 전화를 걸어 샌드위치를 챙긴 다음 길루스, 로우와 함께 걸프스트림 기에 훌쩍 올라탔다. 세 사람을 태운 헬리콥터는 휴스턴을 떠나 커내버럴 기지 근처 헌츠빌로 날아갔다. 항공우주국은 예산 정책상 달로 로켓을 쏠지언정 관리진이 제트기를 타고 다니지는 못하게 했다. 그래서 비행기로 이동할 일이 있을 때마다 직원들은 머릿속을 꽝 꽝 때리는 것만 같은 걸프스트림의 프로펠러 소리를 견뎌야 했다. 그러나 그날은 그 소음조차 아무렇지 않았다.

세 사람은 헌츠빌에 도착한 즉시 폰 브라운의 사무실로 들어섰다. 자리에 앉는 대신 그대로 서서 폰 브라운에게 회의실로 앞장서라고 한 뒤 방에 들어가 문을 닫았다. 보안이 철저히 지켜진 뒤에 이야기해야 할 사안이었기 때문이다. 일행은 폰 브라운에게 아폴로 8호의 비행에 관한 새로운 계획을 설명하고, 그가 설계한 로켓이 일정에 맞게 준비가 완료될 수 있겠느냐고 물었다. 폰 브라운의 얼굴에 이미 대답이 떠올라 있었다. 새턴 V 로켓을 향한 그의 애정은 자식을 보는 부모의 마음과 거의 흡사했다. 아버지의 개인적인 소망이 아들의 성취와 복잡하게 얽히고설키기 마련이듯, 폰 브라운의 야망이 그가 만든 기계에 담겨 있었다. 해가 바뀌기 전에 달로 비행을 한다는 아이디어는 거부할 수 없을 만큼 매력적인 제안이었다. 첫 번째 새턴 V 로켓은 멋지게 날아올랐지만 두 번째 비행은 엉망진창에 가까운 결과가 발생한 상황에서, 세 번째는 절대로 그런 실수를 만들지 않도록 할 참이었다.

"가능합니다. 일정대로 준비할 수 있어요." 수석 디자이너가 손님들에게 대답했다.

이제 마지막 고비만 남았다. 정확히 총 세 단계로 이루어진 이 최종 문턱은 기계적인 문제와는 전혀 상관이 없었지만 넘지 못하면 아폴로 8호의 달 비행 계획도 무산될 수 있는 일이었다. 바로 NASA 국장인 짐 웹과 NASA의 유인 우주 비행 사업 책임자 조지 뮐러George Mueller 그리고 린든 존슨 대통령의 허락이 남은 것이다. 비엔나에서 개최된 국제회의에 참석 중이던 웹과 뮐러는 국제전화로 연락해온 로우에게 휴스턴의 엔지니어들이 우주 비행 계획을 수정하는 방안에 대해 논의했다는 이야기를 듣고 격분했다. 로우는 달 비행 임무가 실제로 가능한 일인지 확실하게 확인될 때까지 두 상관에게 알리지 않는 편이 낫다고 생각했기 때문에 보고하지 않았고 그동안 그 계획을 극히 세부적인 부분까지 철저하게 검토했다는 사실을 열심히 설명했다. 그러나 전화 보고는 역효과를 낳고 말았다. 윗선을 배신하고 단체로 폭동이라도 일으키는 것 같은 인상을 준 것이다.

"절대 안 될 일이네! 미친 짓이야!" 뮐러는 로우의 말을 끊고 소리쳤다.

뮐러보다 더 크게 분노한 웹은 도저히 믿을 수 없다는 투로 되물었다. "지금 자네들은 내가 해외에 나와 있을 때 사업 방향을 완전히 바꾸려고 하는 건가?"

웹은 야심찬 아이디어를 꺾는 사람도 아니고 그런 시도를 반란으로 여기는 사람은 더더욱 아니었지만 로우와 일당이 하려는 일은 그렇게밖에 보이지 않았다. 그럼에도 웹은 그런 제안이 나온 이유를 이해했고, 일단 며칠 뒤 귀국하기 전까지는 판단을 내리지 않겠다고 밝혔다. 두 사람이 마침내 미국으로 돌아온 8월 22일, 웹은 달 비행과 관련된 음모에 가담한 모든 팀원과 만나기로 했다.

전화로 전해 들은 호언장담에 부디 설득당하기를 바라는 심정으로 웹과 뮐러가 휴스턴에 도착했다. 하지만 큰 기대는 하지 않았다. 지난 몇 주간 휴스턴에서 여러 차례 반복되던 장면이 또 다시 재현됐다. 심각하게 의구심을 가진 사람 한두 명이 다른 사람들의 설명에 조용히 귀를 기울이며 곰곰이 고민을 하다가, 새로운 계획에 담긴 야망과 비전, 대범함에 서서히 마음이 기울고 결국 다른 사람들이 보인 반응처럼 위험성이 매우 크지만 진행할 만한 근거가 충분하다는 사실에 동의한 것이다.

웹보다도 뮐러를 설득하기가 더 어려웠지만 사실 가장 중요한 건 웹의 견해였다. NASA 국장에게는 1963년 11월, 자신에게 이 나라의 우주 개발 사업을 맡겼던 당시의 대통령이 세상을 떠나기 전에 국민들에게 한 약속을 이어가야 한다는 의무감이 있었다. 그는 1970년 전까지 미국이 달에 닿게 하겠다고 굳게 약속했었고 순서가 조금 뒤바뀐다 해도 그 약속을 지키고 싶었다.

그리하여 웹도 동의했다. 그는 새로운 계획과 대통령의 재가가 필요한 사항들을 가지고 대통령을 찾아갔다. 그는 우주 개발 사업에 관심이 깊은 존슨 대통령이 지체 없이 허락하리라고 예상했다. 그 예상은 맞아떨어졌다.

프랭크 보먼과 짐 러벨, 빌 앤더스가 캘리포니아주 다우니의 노스 아메리칸 항공 사 공장에 있을 때 갑자기 걸려온 전화는 불청객이나 다름없었다. 아폴로 9호의 출발일이 7개월도 채 남지 않았는데 아직 사령선에 직접 탑승해서 연습할 시간을 충분히 갖지 못했고 앤더스는 달 착륙선 근처에도 못 간 상황이었기 때문

이다.

하지만 그 전화가 슬레이튼의 전화인 이상 안 받을 수는 없었다. 보먼은 러벨과 앤더스에게 "계속 하게"라고 웅얼거리고는 서둘러 조종석을 빠져나갔다. 그는 휴스턴으로 오라는 지시가 어떤 연유에서 나온 것인지는 전혀 몰랐다. 다음 날 다우니로 돌아와서야 보먼은 비행 동료들에게 슬레이튼의 이야기를 전할 수 있었다.

"우리 비행일자가 앞당겨졌네, 12월로." 먼저 덜 중요한 소식부터 전하는 것으로 말문을 연 보먼은 러벨과 앤더스의 조금 놀란 얼굴을 보면서 계속 설명했다.

"그리고 우리는 달 궤도로 갈 거야."

두 사람 모두 기뻐하는 기색이 역력했다.

"누구 아이디어인가?" 믿을 수 없다는 듯이 러벨이 물었다.

"디크와 크래프트, 모두가 그렇다고 하는군. 이 계획을 실행했으면 하고, 해가 지나기 전에 완료했으면 한다네. 우리가 훈련할 수 있는 시간은 16주야." 보먼이 대답했다.

"빡빡하긴 한데, 우린 할 수 있어." 러벨의 말에 보먼도 고개를 끄덕였다.

"하지만 달 착륙선은 아직 미완성이지 않습니까?" 러벨이 지적했다.

보먼이 가장 말하기 두려워했던 이야기를 꺼냈다. "달 착륙선은 제외야. 사령선과 기계선만 갈 거야."

앤더스의 표정이 급격히 어두워졌다. 곧 마음을 추스르고 억지로 미소 지으며 고개를 끄덕였지만 실망감이 어쩔 수 없이 드러났다. 달 비행은 멋진 일이고 굉장한 기회지만 앤더스에게 달 착륙선이 빠진 비행은 팔다리 중 하나가 없는 상태로 달에 가는 것과 같았다. 우주선에서 사람이 탑승할 수 있는 곳은 사령선과 달 착륙선이고 앤더스는 그중에서도 달 착륙선에 오를 선두주자의 자리를 지켜왔는데 그 자리를 다른 사람이 맡게 된 것이다. 달 착륙선보다 덜 복잡하고 별다른 매력도 느끼지 못하는 사령선에서 앤더스가 집중 훈련을 받는 동안 다른 누군가가 똑같은 16주 동안 달 착륙선에 올라 비행 훈련을 받게 된다는 의미였다.

그럼에도 최초로 이루어질 달 비행에 우주 비행사로 참가한다는 것이 얼마나 역사적인 일인지 부인할 수는 없었다. 게다가 보먼의 설명에 따르면 앤더스에게 새로 주어진 임무는 달 착륙 예상 지점의 사진을 촬영하고 육안으로 조사하는 일이라 지리학적인 전문지식도 충분히 활용할 수 있을 터였다. 지구인이 '바다'라고 부르는 달 표면의 평원이 실제로 향후 달 착륙 시 인류가 사상 최초로 발을 디딜 장소로 적합한지, 암석이 많은 곳이나 표면이 고르지 못한 것으로 보이는 장소는 달 착륙선이 접근하기에 정말로 위험한지 누구도 정확히 이야기할 수 없는 상황이었으므로 앤더스의 역할은 이번 임무의 핵심이 될 것이다. 또한 계속해서 이어질 달 탐사에 일찍 참여하면 다시 달로 비행할 기회를 얻을 가능성도 있고 그때는 선장 자리를 맡게 될지도 몰랐다. 앤더스는 결론적으로 보먼이 전한 뉴스가 이상적이지는 않더라도 최소한 좋은 소식임을 깨달았다.

앤더스에게는 가족들에게 이 놀라운 소식을 전해야 하는 숙제가 남았다. 보먼은 휴스턴에 간 김에 가족들과 만나 새로운 계획을 전했고 아내와 아이들 모두 엄청나게 기뻐했다고 말했다. 엔더스는 가족들이 그런 반응을 보이면 좋겠다고 기대했다.

앤더스는 결혼 전 발레리 호드Valerie Hoard라는 이름을 가졌던 여성을 1955년에 아내로 맞이했고 부부는 사내아이 넷과 여자아이 하나까지 다섯 아이를 낳았다. 막내가 네 살, 제일 큰 아이가 열한 살이었다. 발레리는 열여섯 어린 나이에 해군사관학교 신입생이던 앤더스를 처음 만났다. 그전까지는 빌이 그저 해군이라는 사실 정도만 알고 있었다. 두 사람의 만남은 빌이 사관학교 입학 후에 휴가를 맞아 고향인 샌디에이고로 돌아왔다가 만난 소녀에게 데이트를 신청하면서 시작됐다. 그 소녀는 빌에게 한 가지 조건을 내걸었는데, 발레리라는 친구 한 명을 같이 데리고 나와도 되냐는 것이었다. 앤더스는 수락했다. 그리고 처음 데이트하기를 원했던 소녀보다 발레리에게 마음이 더 끌렸다. 발레리 역시 그를 좋아하게 됐고, 대부분의 사관생도들과 마찬가지로 두 사람도 뜨겁게 연애하다 그가 졸업한 직후 결혼식을 올렸다.

발레리는 비행사의 아내가 된 덕분에 투표할 수 있는 나이가 되기도 전에 비행을 간 남편을 침착하게 기다리는 법에 익숙해졌다. 달 비행 임무도 그녀에게는 크게 다르지 않았다. 아이들도 동요하지 않았다. 우주 비행사 가족들이 모여 사는 동네에서 다른 비행사의 자녀들과 학교에 다니는 동안 제일 어린 막내도 우주 비행사의 아이가 견뎌야 하는 삶을 조금은 깨달았을 정도였다.

“우리 애들이 나보다 더 감탄하는 대상이 누구인 줄 아나?” 앤더스는 친구들이 우주 비행사라는 직업을 너무 경탄할 때면 이렇게 말하곤 했다. "소방관으로 일하는 친구 아버지야."

달로 가게 됐다는 소식을 전했을 때 가족들의 격렬한 반응과 맞닥뜨린 사람은 러벨이 유일했다. 아내 메릴린과 함께 당시 각각 열다섯 살, 열세 살, 열 살, 두 살이던 네 아이들을 데리고 멕시코 아카풀코로 휴가를 갈 계획을 세워두었기 때문이다. 메릴린은 이미 여행가서 입을 옷과 해변 용품 쇼핑을 시작한 참이었다. 하지만 NASA가 러벨의 휴가 일정을 다른 것으로 채워버렸다.

"우리 아카풀코로 여행을 가기로 했잖아?" 러벨은 캘리포니아에서 집으로 돌아온 뒤 아내에게 말을 꺼냈다.

"그렇지." 메릴린은 조심스럽게 답했다.

"저기, 내가 그때 다른 데로 가야 할 것 같아."

"거기가 어딘데?"

"달." 러벨이 대답했다.

메릴린은 자신도 모르게 미소를 지었다.

8 막바지 준비

1968년 여름과 가을

NASA가 해가 바뀌기 전에 달 비행을 실시하기로 결정을 내린 후, 아폴로 8호에 탑승할 우주 비행사와 관제센터의 관제사들, 비행 계획 담당자들은 모두 서둘러 움직여야 했다. 출발 예정일은 16주도 채 남지 않았다. 시계는 그 날짜를 향해 아주 빠른 속도로 움직이기 시작했다. 베르너 폰 브라운은 대부분의 관계자들과 마찬가지로 이 일이 얼마나 급박하게 돌아가고 있는지 터놓고 이야기하곤 했다. 영어가 모국어도 아닌 그는 당시 심정을 아주 적절하게 묘사했다. "저 하늘에 있는 달이 곧 데드라인을 표시하는 장치 같구먼."

케이프 케네디에 걸린 카운트다운 시계와 달리 이 장치는 누구도 끌 수가 없었다.

폰 브라운은 16주 내내 그야말로 전력투구해야 했다. 달 탐사 비행에서 약 110미터 길이에 달하던 몸체가 대략 10미터 길이의 사령선과 기계선으로 줄어들 때까지 새턴 V 로켓이 맡은 역할을 수행하는 시간은 세 시간 미만으로 짧았지만, 출발 준비를 마치고 필요한 장치들과 연결해 발사 가능한 상태로 만들기까지 거쳐야 할 과정은 가장 까다로웠다. 이번에도 스카이 콩콩처럼 튕겨 오르는 현상이 나타나면 우주 비행사들이 목숨을 잃을 수도 있었다. 그리고 어딘가 잘못돼 끔찍한 일이 벌어질 경우 어마어마한 규모의 폭발로 이어져 인명피해를 막을 수 없을 터였다.

아폴로 6호의 비행이 처참한 실패로 끝난 직후, 폰 브라운은 헌츠빌에서 개발팀 전체를 호출해 우주선을 망가뜨린 문제를 해결할 방법을 모색했다. 그리고 유능한 인재들이 한 사람도 빠짐없이 참여할 수 있도록, 도급 업체와 하도급 업체는 물론 그 업체들이 일을 맡긴 업체들까지 포함해서 천여 명에 달하는 엔지니어들에게 이 거대한 기계에 발생한 각종 결함을 어떻게 하면 가장 확실하게 해결할 수 있을지 고민해달라고 직접 요청했다.

그중에서도 가장 심각한 문제인 용수철처럼 위로 튀어 오르는 현상은 모든 로켓에 해당되는 단순한 특성이 원인으로 밝혀졌다. 가득 채워져 있던 연료가 연소될수록 점점 줄어들다가 연료통이 텅 비는 것이 이유였다. 케로신과 액체 수소, 액체 수소가 줄면서 연료통의 무게가 가벼워지자 로켓의 진동이 흡수되지 않아 스카이 콩콩처럼 튕겨져 오르는 현상이 나타난 것이다.

그렇다면 이 빈 공간이 계속 채워져야 해결이 될 텐데, 무슨 수로 그렇게 만들 수 있을까? 새턴 V 로켓의 속도는 최대 속도로만 작동했고 연료가 소진되면서 로켓이 점점 가벼워지는 것이 계속 해서 고도를 높일 수 있는 유일한 방법이었다. 무게가 계속 줄어야 정해진 추진력을 유지하면서 위로 나아갈 수 있었기 때문이다. 그와 같은 방식으로 정지 상태에서 시간당 약 4만 킬로미터의 속도를 내야 달에 도달할 수 있었다. 빈 공간을 채우기 위해 연료탱크를 다른 무언가로 채울 경우 무게도 늘어날 수밖에 없었다.

엔지니어들은 이 난관을 헬륨으로 깔끔하게 해결했다. 헬륨은 반응성이 없고 가벼운 기체로 대기압에서는 무게가 0에 가깝다. 새턴 V 로켓에는 압축해서 훨씬 더 높은 밀도로 실리겠지만 그렇더라도 무시할 만한 수준의 무게가 된다. 연료가 소진되고 그 자리를 헬륨이 채울 수 있도록 탱크 상단으로 공급하는 방법을 마련하면 타이어에 공기가 적당히 채워져야 충격을 흡수할 수 있듯이 발사 시 발생하는 진동을 헬륨이 흡수하게 되는 원리였다.

2단계 로켓에서 엔진 두 개가 제대로 기능하지 못한 문제는 더욱 풀기 힘든 난제였다. 부분적으로는 로켓의 위로 튀어 오른 것을 고장의 원인으로 볼 수 있었다. 아폴로 6호 발사 시 상하 진동이 너무 심해서 I자 모양의 기둥이 휘어질 정도였기 때문이다. 또 다른 원인은 무성의한 일처리로 드러났다. 단순하지만 치명적인 결과를 낳은 이 무성의한 작업은 공장에서 일어났다. 문제의 두 엔진과 연결된 전기 리드선이 뒤바뀐 것이다. 그로 인해 동력장치와 제대로 연결되지 않아 엔진이 작동하지 못한 채 동력 공급을 대기하는 상태로 머문 것이다. 이 바보 같은 실책은 아폴로 6호의 사고 이후 실시된 조사에서 금세 드러났다. 폰 브라운은 이런 말도 안 되는 일이 두 번 다시 벌어지지 않아야 한다는 사실을 재차 강조했다.

위와 같은 문제들과 다른 결함들을 해결하고 개량이 끝난 상황이라, 폰 브라운은 다음에 발사될 새턴 V 로켓에는 사람이 탑승할 수 있다고 자신 있게 말할 수 있었다. 이는 그가 아폴로 8호가 달에 갈 수 있다고 확답할 수 있었던 배경이기도 했다.

"사람을 태울 수만 있다면 목적지가 어딘가는 중요치 않다." 그는 길루스와 로우, 크래프트를 헌츠빌에 있는 자신의 사무실에서 만나고 며칠이 지난 뒤 이렇게 말했다.

하지만 NASA는 그만큼 확신을 갖지 못했다. 폰 브라운은 NASA에게 자신이 만든 로켓으로 유인 비행이 가능하다는 승인을 받기 위해 디터 그라우Dieter Grau를 찾아갔다.

그라우도 폰 브라운과 마찬가지로 종전 후 미국으로 건너온 독일 출신의 여러 로켓 엔지니어들 중 한 사람이었다. 독일에서 폰 브라운과 일했던 그라우는 앨라배마에서도 여전히 그와 동료로 지냈다. 헌츠빌에서 그라우는 품질과 안정성 관리 업무를 총괄했고 이러한 업무 특성상 때로 폰 브라운에게 상관과 같은 존재이기도 했다. 따라서 폰 브라운이 만든 로켓이 얼마든지 비행할 수 있는 상태더라도, 그라우가 그에 동의하지 않는 한 사실 로켓은 어디에도 갈 수 없었다.

"추가로 해야 할 일이 있을까?" 폰 브라운이 그라우에게 이렇게 물은 건 9월이었다. 그의 기준에서 로켓에 취할 수 있는 조치는 다 끝낸 후였다.

“한 번 더 전반적으로 점검을 했으면 합니다.” 그라우가 대답했다.

폰 브라운도 동의했다. 이후 그라우의 품질 안정성 관리 팀은 몇 주에 걸쳐 아폴로 8호를 싣고 갈 새턴 V 로켓의 도면과 설계 내역을 세밀하게 검토하는 한편 아폴로 4호와 6호에서 원격 측정된 성능 자료를 확인했다. 도급업체들이 과거 로켓 발사 이후 자체적으로 실시해온 검사 기록도 모두 살펴봤다. 그라우의 염려는 정확했다. 몇 가지 문제가 발견됐다. 크게 중요한 문제는 아니지만 그대로 둘 수 없는 문제까지 다 해결되고, 로켓을 구성하는 모든 요소와 시스템이 제대로 갖추어졌다는 사실이 확인한 다음에야 그라우는 로켓의 비행을 승인했다.

그러나 이것은 조건부 승인이었다. 로켓이 케이프 케네디의 발사대로 이동하면 일단 헌츠빌 엔지니어들의 손에서는 떠나지만 대체품으로 마련된 수많은 하드웨어 장비가 아직 앨라배마에 남아 있었다. 이에 그라우는 새턴 V 로켓의 엔진 점화 시험을 가을까지 계속 실시하라고 지시했다. 최종 시험은 12월에 실시하기로 했다. 아폴로 8호의 출발 예정일을 3일 남겨둔 12월 18일이 마지막 점검일로 정해졌다.

소프트웨어를 제작하고 적절한 컴퓨터 코드를 마련하는 것도 아폴로 8호의 임무를 준비하는 팀이 넘어야 할 산이었다. 밥 어널의 요청대로 진 크란츠는 12동 건물과 30동 건물에 설치된 컴퓨터를 주말 내내 전부 사용했고, 그 결과 이틀 만에 어널에게 비행이 가능하다는 답을 얻었다. 하지만 이 대답을 확정된 결과로 받아들이기는 힘들었다. 이제 훨씬 더 많은 인력을 모아서 훨씬 더 많은 일을 해야 한다는 신호이기도 했다. 빌 틴달이 다시 한 번 나설 때가 된 것이다.

틴달은 아폴로 8호가 달 궤도에 진입해야 한다는 사안을 두고 크리스 크래프트와 엔지니어들이 설전을 벌일 때 중요한 몫을 담당한 인물이자, 진 크란츠를 비롯한 NASA의 여러 관리진에게 '설계자'로 불렸다. 이 별명에는 아폴로 우주선 개발에 사용된 모든 컴퓨터 프로그램이 틴달이 그린 청사진대로 제작됐다는 것에서 비롯된 존경심이 담겨 있었다. 부하직원 사이에서 그는 기술적인 부분을 지적할 때 굉장히 직설적이고 때로는 매섭기까지 한 상사로 유명했다. 틴달은 자신이 떠올린 부분이나 자신의 팀원들이 개발한 소프트웨어와 관련하여 분명히 해둬야겠다고 생각한 내용을 전달할 때는 인정사정없이 몰아쳤다.

8월이 지나 9월이 시작되고 16주의 시간도 흘러갔다. 달 비행 계획에 필요한 소프트웨어를 제작하고 테스트해온 매사추세츠주 캠브리지의 매사추세츠 공과대학MIT의 드레이퍼 연구소Draper Lab에서 틴달이 보내는 시간도 점점 늘어났다. 얼마 전부터는 400여 명의 MIT 엔지니어들이 명목상으로는 대학 소속이지만 실제로는 틴달의 지시를 받아 개발 작업을 진행했다. 우주선의 메모리는 총 서른여덟 개의 독립적인 뱅크로 구성되고 뱅크 하나에는 1킬로바이트, 즉 1000개의 개별 데이터를 저장할 수 있었다. 작은 크기로 압축하려면 상당한 연산력이 필요하다는 의미였다.

대부분의 작업은 콜로서스Colossus라는 소프트웨어를 중심으로 진행됐다. 콜로서스는 지구와 달을 오가는 비행의 경로 탐색에 활용할 수 있는 소프트웨어를 선정하기 위해 1년간 실시한 대회에서 우승을 차지한 프로그램이었다. 그러나 비행 임무에 곧바로 적용할 정도로 준비가 완료된 것은 아니었다. 비행 계획이 바뀌기 전부터 콜로서스를 실제 비행에 활용할 수 있는 수준으로 만들기 위한 작업이 맹렬한 속도로 진행되고 있었는데, 이제는 그야말로 전력질주를 해야 할 판이었다.

가장 우려된 점은 소프트웨어 충돌이 일어날 경우 대처 방안이었다. 충돌이 빈번히 발생했고 완전히 해결하지 못할 수도 있었다. 핵심은 충돌 발생 시 시스템에 영향을 주지 않고 신속하게 재부팅하는 방법을 찾는 것이었다. 저 멀리 달과 가까운 곳에서 3일을 보내는 동안 컴퓨터가 잠깐 오프라인 상태가 되는 것 정도는 큰 문제가 되지 않겠지만 우주선을 달 궤도로 진입시키기 위해 엔진이 연소되기 직전 몇 분 혹은 몇 초의 시간에 소프트웨어가 오류를 일으키면 그 결과는 엄청난 재앙이 되고 말 것이다.

MIT는 소프트웨어 충돌 이후 재부팅이 자동으로 신속히 이루어지도록 만드는 데 주력했다. 그러려면 컴퓨터의 핵심적인 운영 프로그램이 어떤 시퀀스에서 어느 시스템을 가동해야 하는지 알아내고, 각 시스템이 온라인 상태일 때와 마찬가지로 올바르게 기능하는지 점검하는 한편 이 작업이 완료될 때까지 우주선에서 가동되는 불필요한 작업을 중단해야 했다.

틴달은 소프트웨어 개발 팀을 거세게 독촉한 동시에 엔지니어들의 자존심을 자극했다. 콧대가 높은 이들의 자존심을 건드린 말은 'MIT에서 해결이 안 되면 IBM의 잘나가는 엔지니어들에게 부탁하면 된다'였다. 그의 말에 새삼 의욕이 타오른 MIT 엔지니어들은 곧바로 그런 도움을 요청할 일은 없을 거라고 대답했다.

가을이 깊어가는 만큼 소프트웨어 버그도 하나둘 해결됐다. 마침내 콜로서스는 비행 준비를 마쳤다. 하지만 완비됐다고 자신 있게 확신할 수 있는 사람은 아무도 없었다. 그러나 틴달은 결과에 만족한다는 견해를 밝혔고, 그 정도면 충분했다.

아폴로 8호가 지상을 벗어나 달까지 갔다 지구로 무사히 돌아올 준비를 마쳤다고 해서 모든 것이 끝난 게 아니었다. 우주선이 바다에 착수한 다음 비행사들을 안전하게 구출할 방법도 알아내야 했다. 기술적으로는 전혀 어려울 것이 없는 일이었다. 배를 보내서 물에 빠진 비행사들을 건져내면 됐고, 미국이 우주 탐사를 이어온 지난 7년 동안 NASA와 해군은 이 일을 아주 훌륭하게 해냈다. 하지만 우주 비행이 예정될 때마다 아주 골치 아픈 수송 문제들이 늘 존재했다.

1968년 말에는 비행이 예정된 우주선이 여러 대였고 모두 지구와 달을 기준으로 한 상대적인 발사 위치가 정해졌다. 아폴로 8호의 목적지인 달은 시간당 약 3680킬로미터의 속도로 지구 주변을 도는 움직이는 타깃이었다. 이는 아폴로 8호가 지상을 벗어난 순간 저 멀리 가만히 있는 지점을 향해 날아가는 것이 아니라, 그 시점에서 3일 이후에 도달할 지점을 향해 날아가야 한다는 의미였다. 사냥꾼이 총부리를 오리가 아니라 푸드덕 날아오른 오리 떼 전체를 향해 조준하는 것과 비슷한 상황이었다.

아폴로 8호의 비행이 성공하려면 세 가지 조건이 충족돼야 했다. 먼저 새턴 V 로켓이 지구 궤도에 진입한 뒤 달을 향해 적절한 각도로 날아가려면 로켓이 지상을 벗어날 때 자전 중이던 지구의 위치가 특정 지점에 정확하게 이르러야 한다. 두 번째로 우주선이 발사 후 6일 후에 다시 지구 대기권에 진입하여 착수를 준비할 때 대서양이나 태평양의 위치가 우주선이 휘어져 날아오는 방향과 맞아떨어져야 한다. 그리고 세 번째로 향후 착륙 지점으로 계획된 달 표면을 달이 차고 기우는 주기에 따라 빛을 받는 시기에 맞춰서 관찰해야 한다. NASA는 무수한 계산을 거듭한 끝에 동부 시각으로 12월 21일 아침 7시 51분이 최상의 발사 시각이라는 결론을 내렸다. 이 일정대로라면 아폴로 8호가 크리스마스이브에 달 궤도에 진입하고 12월 27일 동트기 전 태평양 남서부 하와이 인근 지점에 착수할 것이라는 예측이 나왔다.

회수함이 아폴로 8호의 도착 지점과 착수 시각에 대비하려면 복잡한 지휘가 필요한데, 그 역할을 해줄 선박이 그 시각에 다른 임무를 수행하고 있을 가능성도 고려해야 했다. 이에 해군은 그 일을 맡을 군인들에게 크리스마스 휴가를 짧게 보내도록 하고, 일부 병력은 태평양 함대 지휘관이자 베트남에서 미 해군 전체를 지휘한 존 맥케인 주니어 제독과 함께 우주선 회수 작업을 위해 계속 대기하도록 했다. 맥케인은 베트남에서 벌어진 사태에 개인적으로도 깊은 관심을 쏟고 있었다. 해군 비행사로 근무하던 장남 존 맥케인 3세가 1년쯤 전에 북베트남에서 벌어진 전투에서 격추된 뒤 포로로 붙들려 있는 상태였다. 고위 간부들을 비롯한 해군 전체가 이 전쟁에서 수많은 임무를 맡고 있었기 때문에 해군은 작전 수행에 지장을 주지 않는 선에서만 미국의 우주 개발 사업을 지원했다.

아폴로 8호의 임무가 바로 그 선에 충족한다는 점을 맥케인 제독에게 설득하는 일은 크리스 크래프트의 몫이었다. 10월이 되자 크래프트는 하와이로 날아가서 해군 장성들로 꽉 채워진 강연장에서 이 사안을 설명했다. 그의 관심은 장교들에게 둘러싸여 큼직한 시가를 물고 있던 맥케인에게 집중됐다. 크래프트는 이번 미션의 목표와 성패를 조목조목 설명하고 무엇보다 가장 중요한 부분, 이 임무에 담긴 거대한 야심을 전했다. 러시아가 한발 앞서기 전에 미국의 우주 비행사가 달을 탐사하고 돌아와야 한다는 사실이었다.

"제독님, 해군에 크리스마스 계획이 다 정해져 있다는 사실을 저도 잘 알고 있습니다만 부디 변경해 주시기를 부탁드립니다. 저는 해군의 도움을 요청하기 위해 이 자리에 섰습니다. 우주선이 발사되기 전에 배를 준비해 주시고, 크리스마스 기간에도 협력해

주셨으면 합니다. 우리는 해군이 필요합니다." 크래프트는 이와 같은 바람을 밝혔다.

사실 그런 요청이 무색하게도 맥케인이 마음을 정하기까지는 채 1초도 걸리지 않았다. "거 내가 지금까지 들은 보고 중에 최고였소. 저 젊은이가 원하는 걸 다 들어줍시다." 맥케인의 대답이었다.

헌츠빌과 캠브리지, NASA 본부에 꾸려진 각 팀 모두가 12월 발사 계획을 향해 맹렬히 달렸지만 휴스턴의 관계자들, 특히 아폴로 8호를 직접 몰고 갈 세 명의 비행사와 비행 관제센터에서 콘솔 앞을 지킬 수십 명의 책임자들은 그보다 훨씬 더 피나는 노력을 기울였다. MIT에서 작업 중이던 엔지니어들이 틴달에게 들들 볶이고 있을 때 휴스턴의 상황도 비슷했다. 심지어 틴달보다 모두를 훨씬 가혹하게 들볶는 사람들도 있었다. 그 주인공은 바로 시뮬레이션 관리자들이었다. 수많은 사람들의 인생을 절망으로 채우는 것이 직업이 아닐까 의심이 될 정도였다. 관제센터에 출근하면 오른쪽의 콘솔 앞에 이들이 앉아 있는 모습이 뚜렷하게 보였지만 유리벽 때문에 그쪽으로 갈 수는 없었다. 오히려 그 점이 다행스럽게 느껴졌다.

비행 임무를 맡은 우주 비행사들과 관제사들 모두 예정된 미션과 관련된 시뮬레이션 훈련을 계속해서 반복했다. 비행 계획에서 발생할 수 있는 모든 상황을 모두 속속들이 이해하고 반사적으로 반응할 정도가 되기 위해 진이 다 빠질 만큼 엄청난 양의 훈련이 이어졌다. 겨우 그 상태가 되면 틴달의 쌍둥이 같은 관리자들이 그동안 익힌 내용을 싹 갈아엎었다. 비행 관제센터에서 한동안 반복해서 리허설을 진행하다, 새턴 V 로켓의 발사 상황을 가정한 훈련이 진행되던 도중 로켓이 발사대에서 300미터밖에 상승하지 못한 상황에서 아무 예고도 없이 1단계 엔진 세 개를 전부 꺼버리는 식이었다. 또는 비행사들을 태운 우주선이 지구 궤도를 벗어나 달을 향해 날아가기 시작하고 5분이 경과했을 때 통신 시스템을 꺼버리고 관제사들이 막 가동하려던 백업 시스템까지 없애버렸다. 우주선의 환경 시스템을 박살낸 다음에 관제소의 환경제어 콘솔을 맡은 담당자에게 비행사들이 저체온증이나 산소 부족으로 사망하는 꼴을 보고 싶지 않다면 빨리 시스템을 복구하라고 지시하기도 했다.

세 명의 비행사들은 휴스턴 사옥의 다른 곳에서 우주선 시뮬레이터로 예행연습을 실시했는데 틴달의 복제인간 같은 이 악당들은 비행사들에게도 예외 없이 그 잔인한 면을 드러냈다. 우주선이 달과 멀찍이 떨어진 위치에 도달하면 메인 엔진이 과열되도록 만든 다음 딱 3분을 주고 우주선의 궤도가 되돌릴 수 없을 만큼 변경됐으니 달 표면에 불시착하기 전에 문제를 해결하라고 지시했다. 또 달까지 절반 정도 이동했을 때 사령선이 고속 회전하도록 만들고 추력기 제어장치를 못 쓰게 만들고는 우주 비행사들이 기체를 안정화시킬 틈도 없이 백업 시스템을 활성화시키도록 했다.

심지어 이 작업은 시뮬레이션상에서 사령선의 회전 속도가 분당 60회, 즉 1초에 한 번에 도달하기 전에 완료해야 했다. 그 정도 속도에 다다르면 내부에 탑승한 사람이 극심한 어지럼증을 느끼고 의식을 잃을 수도 있기 때문이다.

시뮬레이션 훈련에는 우주 비행사나 관제사들만 참여했지만, 어느 정도 시간이 지난 뒤에는 실제로 임무에서 통신 장비와 원격 장치로 협력할 담당자들이 모두 참여하는 훈련이 실시됐다. 그동안 우주 비행 임무가 진행될 때마다 비행사들과 관제사들은 이런 방식으로 훈련을 해왔고 아폴로 8호도 마찬가지였다. 달 탐사, 더 정확히는 달로 가는 법을 배우기 위해 실시된 이 훈련에 차이가 있다면 지금껏 누구도 해본 적 없는 일을 준비한다는 점이었다.

아폴로 8호의 발사 준비가 이어지는 동안, 아폴로 7호의 임무가 조지 로우의 표현대로 '완벽하거나 최소한 매우 우수하게' 완료돼야 한다는 사실은 절대로 엇나가면 안 되는 요건이 됐다. 그렇지 않으면 아폴로 8호는 달로 향할 수 없기 때문이다.

아폴로 7호에서 선장을 맡은 월리 쉬라는 제미니 호가 비행하던 시절만 해도 모두에게 행복하고 유쾌한 존재였지만 이제는 그런 시절이 있었나 싶을 정도로 확 바뀌었다. 화재 사고 이후 노스 아메리칸 항공 사의 공장을 잔뜩 인상 쓴 얼굴로 돌아다닐 때부터 월리는 동료 비행사 세 명의 목숨을 앗아간 그런 재난이 절대 일어나지 않도록 하리라 굳게 결심했다. 아폴로 7호의 출발이 얼마 남지 않은 어느 날, 월리는 함께 비행할 동료인 월트 커닝햄, 돈 아이슬과 함께 휴스턴에서 열린 기자회견장에 모습을 드러냈다. 회견이 시작될 때부터 그에게서 짜증스럽고 초조한 분위기가 느껴졌고 그 자리를 불편해하는 기색도 역력했다. 한 기자가 쉬라에게 우주선의 상태가 어느 정도로 완전하다고 생각하느냐는 질문을 던지면서 분위기는 한층 더 불편해졌다.

"우리는 아폴로 7호가 공장에 있을 때도 거의 그 안에 살다시피 했고 케이프 케네디로 옮겨온 뒤로도 마찬가집니다. 누가 작은 부품 하나라도 제거하면 우리는 곧바로 불같이 화를 내면서 따져 묻죠. '그걸 왜 없앤 거죠?' 하고요. 이유를 즉각 들을 수 있어야 한다고 생각하면서 말이죠." 쉬라의 대답이었다.

회견장에 모인 기자들 사이에 눈짓이 오갔다. 그 자리에 참석한 노스 아메리칸 항공의 중역들도 심기가 불편한 모습이었다. 사실 그와 같은 이야기가 나오면 곤란함을 느낄 수밖에 없지만 회사 내에서 조용히 말한다면 참아 줄 수 있었다. 그런데 기자들 앞에서 내놓고 이야기하다니? 심지어 그게 끝이 아니었다.

"실은, 대답을 기다리고 있는 일이 지금도 하나 있습니다. 가령, 출입구 커버를 누가 떼어내서 다우니 시설로 가져갔는데, 왜 그랬는지 아직 이유를 듣지 못했거든요."

노스 아메리칸 항공 쪽 사람들의 얼굴이 핼쑥해졌다. 우주선 출입구, 해치는 절대로 건드리면 안 되는 영역이었다. 그 은행 금고 같은 문이 그리섬과 화이트, 채피의 목숨을 빼앗아갔기 때문이다. 엔지니어들이 케이프 케네디에 있는 우주선에서 해치를 제거한 뒤 손을 보기 위해 캘리포니아로 다시 가져갔다면, 분명 그럴 만한 이유가 있었을 것이다. 그러나 이런 식으로 단편적인 사실만 툭 던지니, 방 안 전체가 싸늘해졌다.

"잠깐만요, 이건 너무 충격적인 사실인데요." 아이슬이 입을 열었다. 자기 차례가 되지도 않았을 때 발언하는 일이라곤 전혀 없었던 이 새내기 비행사는 적어도 사령관이 먼저 말을 했으니까 하고 싶은 말이 있으면 해도 된다고 생각한 것이다.

"그러게 말입니다." 쉬라가 말했다.

"세상에." 아이슬에게서 탄식이 터져 나왔다.

아폴로 7호는 10월 11일 오전 11시 2분에 케이프 케네디에서 새턴 1B 로켓의 위에 장착돼 발사됐다. 아폴로 시리즈 가운데 유인 우주선으로는 최초로 비행할 7호를 위해 새턴 로켓의 축소 버전으로 만들어진 이 추진로켓은 문제없이 제 몫을 해냈다. 처음에는 우주선에도 아무 문제가 없었다. 그러나 그 안에 타고 있는 비행사는 다른 문제였다. 이미 지상에서부터 사이가 좋지 않았던 세 사람의 관계는 우주에서 서로 못 견딜 만큼 악화됐다. 출발 열네 시간 만에 커닝햄에게서 쉬라가 지독한 코감기에 걸렸다는 보고가 들려왔다. 내부 공기가 계속 재순환될 뿐 창문을 열 수도 없고 누군가의 손길이 닿은 곳을 다른 사람도 만질 수밖에 없는 비좁은 사령선의 특성상, 커닝햄과 아이슬도 금세 감기를 옮았다. 건강이 나빠지니 성질도 더욱 사나워졌고 지난 2년간 유인 우주 비행이 이어지지 못해 몸이 근질근질하던 비행 계획 담당자들이 일정표에 잔뜩 채워 넣은 온갖 실험과 조작이 기름에 불을 붓는 격이었다. 그 스케줄 때문에 좀 쉬거나 버틸 힘을 되찾고 답답한 호흡을 추스를 겨를도 없었기 때문이다. 얼마 지나지 않아, 지구 궤도에 나가 있는 비행사들과 지상의 관제소 사이에 오가는 대화에 유쾌한 내용은 거의 사라졌다.

"이 테스트를 대체 어떤 멍청한 작자가 고안해냈는지 꼭 찾아내시오. 내려가면 내가 직접 얘기를 좀 하고 싶으니까." 운항 연습이 계획대로 진행되지 않자 쉬라는 캡컴에 윽박을 질렀다.

"그리고 지평선 시험이 누구 머리에서 나온 꿈인지도 찾아봐줘요. 얼마나 아름다운 시험인지 모릅니다." 아이슬도 이어받았다.

백업으로 장착된 증발기가 제 기능을 하지 못해 비행사들이 사용할 물 공급이 제한될 상황이 발생하자 지상에 있던 엔지니어들은 임시 해결책을 내놓았다. 기술자들은 이런 차선책을 곧잘 마련하곤 했고 보통 비행사들은 그 정도로 만족했다. 하지만 아폴로 7호의 비행사들은 그렇지 않았다.

"지난 수개월 동안 고민한 결과가 이런 겁니까? 예비 증발기로는 안 된다고 내가 말했던 것 같은데요."

커닝햄이 으르렁대자 지상에서는 보통 제대로 작동해왔다는 응답이 왔다. 대신 해결 방법이 있는데 4단계만 거치면 되는 비교적 간단한 방법이라는 설명이 덧붙여졌다.

"좋아요, 들어나 봅시다. 그래봤자 케케묵은 방법일 거라는 생각이 들지만 뭐 해야 한다면 참고해 보죠." 커닝햄이 대답했다.

단순한 반항 정도에 그쳤던 갈등은 결국 명령 불복종으로 이어지고 말았다. 아폴로 7호의 임무 마지막 날이던 10월 22일, 우주선이 대기권에 재진입하기 전 비행사들이 여압복과 헬멧을 착용해야 할 시점이 됐을 때 일어난 일이었다. NASA 안전 담당 엔지니어들의 판단에 따라, 우주선이 대기권에 급속히 빠른 속도로 진입하는 과정에서 갑작스러운 여압 환경이 조성되기 때문에 별도로 정해진 때를 제외하고 비행사들은 여압복과 헬멧을 항상 착용해야 했다. 우주 비행사들이 늘 지켜왔고 앞으로도 준수해야 할 규칙이었다. 그러나 이미 그런 일들을 하찮게 여기던 쉬라는 꽉 막힌 귓속이 압력 때문에 더 괴로워질 수 있다는 이유로 헬멧 착용을 거부했고 동료들에게도 그렇게 해야 한다고 주장했다.

캡컴은 규칙을 따르라고 요구했지만 쉬라는 꿈쩍도 하지 않았다. 급기야 디크 슬레이튼이 마이크를 들고 우주선에 직접 지시를 내렸다. 그동안 혼란을 방지하기 위해 우주 비행사들에게는 캡컴의 지시만 전달됐기 때문에 슬레이튼이 직접 지시를 한 건 굉장히 이례적인 조치였다. 그러나 슬레이튼도 쉬라와 두 비행사들이 헬멧을 쓰도록 설득하지 못했다.

“여기 도착하면, 자네들이 왜 헬멧을 쓰지 않았는지 그럴듯한 설명을 준비해오게.” 슬레이튼은 이렇게 말하고, 마지막으로 딱하다는 투로 덧붙였다. “어쨌든 자네들 목이야. 부러지지 않기를 바라네.”

쉬라의 목은 무사했고 커닝햄과 아이슬의 목도 부러지지 않았다. 그러나 이 결정의 대가는 다른 형태로 찾아왔다.

아폴로 7호에 오르기 전, 쉬라는 이것이 세 번째이자 마지막 우주 비행이 될 것이라 밝혔다. 그러나 아직 검증되지 않은 우주선으로 첫 비행에 나설 만큼 용감한 면모를 보였던 커닝햄과 아이슬에게는 달 탐사라는 아주 밝은 미래가 기다리고 있었다. 이 꿈은 아폴로 7호의 비행 이후 모두 사라졌다. 지상에 도착한 직후 세 명 모두 크래프트에게 언젠가 스캇 카펜터가 받았던 것과 똑같은 일격을 받았다. 아이슬은 두 번 다시 비행을 할 수 없게 됐고, 커닝햄도 거의 그와 비슷한 처지가 된 것이다. 다만 커닝햄의 경우 셋 중 규정 위반의 수준이 가장 약해서 처벌을 면할 수 있는 가능성은 남아 있었다. 그러나 그런 기회는 끝내 찾아오지 않았고 얼마 지나지 않아 커닝햄도 우주 비행과는 무관한 길로 전향했다.

아폴로 우주선 자체는 상당한 성과를 거두었다. NASA 내에서는 10월에 진행된 아폴로 7호의 비행 임무가 로우의 요구, 즉 사령선과 기계선이 총 11일간의 비행 기간 동안 거의 완벽하게 기능해야 한다는 요건을 빈틈없이 충족시켰다는 사실에 모두가 공감했다. 특히 가장 중요한 성과는 메인 엔진을 반복적으로 켜고 끄는 과정이 지시에 따라 정확하게 이루어졌다는 점이었다. 아폴로 7호의 엔진이 지구 궤도에서 이토록 아무 문제없이 작동한다면 아폴로 8호의 엔진도 달 궤도에서 똑같이 작동할 것이라 확신할 수 있었다.

달 탐사 임무가 본격적으로 시작됐다. 쉬라와 커닝햄, 아이슬은 평생을 지구에만 머물게 됐지만 보먼과 러벨, 앤더스는 달로 향할 것이다.

모스크바 외곽, 중앙 연구소에 모인 소련 우주 개발 사업의 핵심인력 중 미국이 어떤 우주 비행을 시도할 것인지 알아낼 만한 여력이 있는 사람은 별로 없었다. 소련의 우주 비행에 신경 쏟아야 할 더 중요한 일들이 많았기 때문이다.

9월에는 어느 정도 잡혀 있던 계획에 따라 거북이와 벌레, 곤충을 실은 존드 5호 우주선이 우주로 날아가 달에서 약 1930킬로미터 떨어진 지점에 도착했다. 존드 5호는 지구로 돌아왔지만 목표를 제대로 수행하지 못했고 대기권 진입 시 공중 회랑이라 불리는 우주선의 비행경로를 정확히 맞추지 못했다. 다행히 크게 어긋나지는 않았고 탑승 환경이 썩 고르지 못한 데다 원래 지정된 있던 카자흐스탄 초원 지대가 아닌 인도양에 착륙하긴 했지만 내부에 있던 동물들은 살아서 돌아왔다.

마침 존드 5호가 착수한 시점에 미 해군 감시선인 맥모리스 호가 지나고 있었다는 사실이 알려지면서 성공의 달콤함이 배가됐다. 그 해군 전함에 타고 있던 정보원들이 분명 워싱턴에 소련이 또 다시 우주 경쟁에서 승리를 거둘 가능성이 높다는 사실을 보고할 것이기 때문이었다. 유인 우주선을 통한 최초의 달 탐사 임무 역시 소련의 승리로 끝날 것이라고 말이다.

그러나 이 대대적인 목표를 달성하기 위해서는 존드 우주선의 무인 비행 시험을 최소 한 번 이상 추가로 실시할 필요가 있었다. 거북이나 벌레, 곤충들처럼 우주 비행사도 생존할 수 있음을 더 확실하게 확인해야 했다. 러시아의 우주 공학자들은 우주선 재진입 시 발견된 문제를 해결했다고 확신했다. 그리고 이를 증명하기 위해, 이번에는 동물들을 태운 우주선이 달 주변을 돌고 지구로 그냥 돌아오는 대신 로켓 발사대에서 약 16킬로미터 떨어진 지점에 착륙하도록 한다는 계획을 세웠다. 지정된 곳에 실제로 우주선이 도착할 경우, 발사대까지 걸어서 이동할 수 있는 거리였다.

존드 6호는 11월 10일에 발사됐다. 그리고 존드 5호와 마찬가지로 달과 멀리 떨어진 곳을 선회하다 지구로 곧장 돌아왔다. 대기권 진입이 시작되자 모든 과정이 먼저 비행한 우주선보다 훨씬 순탄하게 진행됐다. 재진입 시 필요한 조작이 거의 흠잡을 데 없이 착착 이루어지고, 엄청난 속도로 대기권을 지나는 동안 열이 과도하게 발생하지도 않았다. 중력도 내부에 사람이 탑승했더라도 원활하게 대처하지 못할 정도로 크게 증가하지 않았다. 우주선은 사전에 선정된 착륙 지점을 향해 정확한 각도로 날아갔다.

존드 6호의 낙하산이 정해진 시점에 펼쳐지고 하강 속도 역시 예상했던 수준으로 감소했다. 그런데 지면까지 불과 5킬로미터 정도를 남겨두었을 때, 무려 37만 킬로미터를 무사히 날아온 우주선에서 전혀 예상하지 못한 일이 벌어졌다. 우주선이 그대로 카자흐스탄의 지면에 내리꽂힌 것이다. 낙하산이 분리돼 이미 제거된 낙하산을 되돌릴 방법도 없었고 우주선에 비행사가 타고 있었다면 달리 구출할 방법이 전혀 없는 상황이었다. 죽은 사람처럼 바닥에 털썩 떨어진 수 톤짜리 우주선은 땅속에 절반이 처박혀버렸다.

바로 다음 날, 존드 우주선의 유도장치를 만든 수석 설계자 니콜라이 필류긴Nikolai Pilyugin은 중앙 연구소에 엔지니어들을 불러놓고 질책했다. "마지막에 가서, 우주선 시스템이 전부 아무 문제없이 작동했는데 지면에 거의 다 온 상태에서 낙하산이 분리될 수가 있나! 그러면서 사람을 태워서 보내겠다는 꿈을 꾸고 앉아 있었단 말이지?"

엔지니어들은 우주선 내부로 공기가 새어 들어간 것이 원인이라고 설명했다. 고무 개스킷에 결함이 생기면서 공기가 유입되자 대기압 센서가 장착된 장비에 혼란스러운 정보가 수집되고, 이것이 낙하산 제어 장치로 전달되자 기체와 연결된 줄을 끊어버린 것이다. 이들은 충분히 바로잡을 수 있는 문제라고 확신했지만, 무서운 속도로 따라 붙은 미국인들을 거뜬히 물리칠 만큼 서둘러 오류를 수정하고 시험 비행까지 마칠 수 있을지 누구도 장담할 수 없었다. 또 다른 문제들이 존드 우주선의 다음 비행을 가로막지 않는다는 보장도 없었다. 혼란스러움과 절망감을 동시에 느낀 필류긴은 그저 머리를 가로젓고 연구소의 비행 역학 전문가 콘스탄틴 다비도비치 부슈예브Konstantin Davidovich Bushuyev에게 물었다.

"콘스탄틴 다비도비치 씨, 비행이 잘 진행되다가 하강하면서 우주선이 작살난 이유가 대체 뭔지 설명해 주실 수 있습니까?"

9 이륙

1968년

1968년 12월 9일 저녁, 백악관 공식 만찬장을 채운 142명의 이름을 린든 존슨 대통령이 전부 외워야 할 의무는 없었다. 식당을 가득 메운 사람들이 다들 즐거운 시간을 보낼 수 있도록 격려하면 그만이었다. 사실 여럿이 함께 식사를 한다거나 사람들과 어울리는 일은 존슨 대통령도 잘해낼 수 있었지만 참석자 모두를 웃게 하는 것에는 썩 소질이 없었다. 윙크와 반짝이는 두 눈으로 시종일관 유쾌한 분위기를 만들곤 하던 케네디 대통령과 비교되는 부분이었다. 기자회견장도 케네디 시절에는 흡사 아이비리그 출신 동창들이 모인 칵테일 파티마냥 위트 넘치는 말들과 정감 어린 농담이 오가는 분위기였다면 존슨 대통령의 재임 기간에는 국회 분과위원회 청문회장의 분위기가 물씬 느껴졌다. 특히나 최근에는 누군가 전쟁에 관한 질문을 던지고 다음 질문에도 전쟁 이야기가 등장하고 계속 그런 주제가 이어지는 상황이라, 존슨 대통령으로서는 조목조목 따져대고 여러 명의 검사 앞에 어쩔 수 없이 서 있는 목격자가 된 것 같다는 생각이 들 수밖에 없었다.

그러나 그날은 존슨 대통령의 날이었고 이번에는 별 어려움 없이 사람들을 웃게 만들었다. 물론 백악관에서는 대통령이 농담을 던지면 다들 무조건 웃음을 터뜨리는 식의 소통이 으레 이루어지곤 했다. 대통령에게 제공되는 이런 일종의 특권도 42일밖에 남지 않았다. 1월 20일이 되면 지난 달 대통령 선거에서 휴버트 험프리Hubert Humphrey를 근소한 표차로 따돌린 리처드 닉슨Richard Nixon이 존슨의 뒤를 이어 백악관에 들어올 예정이었다.

존슨은 이날 만찬을 즐거운 행사로 만들겠다고 굳게 마음먹었고 모든 것이 계획대로 준비됐다. NASA가 거둔 성과와 아폴로호의 우주 비행사들, 더 구체적으로는 프랭크 보먼과 짐 러벨, 빌 앤더스를 응원하기 위해 마련된 행사였다. 세 사람은 백악관 만찬이 끝나면 각자 집으로 돌아가 가족들에게 작별 인사를 하고 곧장 케이프 케네디로 향할 예정이었다. 그리고 기지 내에 마련된 비행사 거주시설에서 달을 향해 날아갈 12월 21일 아침까지 지내기로 했다.

만찬장에는 다른 우주 비행사 스무 명도 참석했다. NASA와 무관한 참석자들 대부분은 신참 비행사 네 명을 제외하고 최소 한 번 우주에 다녀온 이 베테랑 비행사들에게서 마치 우주를 경험해본 사람만이 가지고 있을 법한 신비한 분위기를 느꼈다. 짐 웹과 베르너 폰 브라운을 비롯해 케이프 케네디의 발사시설 총괄 책임자인 커트 디버스Kurt Debus도 참석자 명단에 포함돼 있었다. 이들은 우주 비행사들을 우주로 쏘아 올린 여러 비행 사업에서 중추적인 역할을 담당했지만 직접 우주를 경험하지는 못했기에 우주 비행사의 분위기와는 거리가 멀었고 앞으로 그렇게 될 가능성도 별로 없었다.

백악관에 초대된 다른 인물들 중에 그 특별한 기운을 비슷하게 풍긴 유일한 인물이 한 명 있었다. 최초로 대서양을 혼자서 횡단한 찰스 린드버그Charles Lindbergh라는 비행사였다. 예순여섯 살의 린드버그는 아폴로 8호의 우주 비행 임무에 열렬히 관심을 쏟았고 발사 당일에도 케이프 케네디로 가서 지켜볼 계획이었다. 이 행사에서 우주 비행사들이 존경을 표한 린드버그를 제외하면 험프리 부통령이나 내각 관료들, 상하원 의원 등 나머지 참석자들은 엑스트라에 가까웠다.

만찬으로 시작된 이날 저녁 행사는 독일 출신의 프랑스 작곡가 자크 오펜바흐Jacques Offenbach가 1875년에 쓴 총 4막짜리 오페라, 〈달 여행〉을 짧게 줄인 공연을 관람하는 것으로 마무리됐다. 20세기가 배경인 이 오페라에서 젊은 왕자는 달에 있는 여성을 만나기 위해 로켓과 연결된 3인승 우주선에 오른다. 달의 왕은 지구를 원래 있던 궤도에서 옆으로 밀어내고 달이 태양빛을 더 많이 받을 수 있도록 하려는 계획을 한창 세우고 있다. 극이 진행되면서 갈등은 해소되고 로맨스가 이어진다. 그리고 평화가 찾아와 지구와 달, 두 세계의 리더는 사이좋게 협력해서 과학적인 목표를 함께 이루자고 약속한다. 미국과 소련 사이에 벌어지고 있는 치열한 우주 개발 경쟁에 관한 내용도 아주 노골적으로 등장했다. 객석의 NASA 관계자들이 그 내용에 담긴 의미를 제대로 파악했는지는 모를 일이었지만 말이다.

이런 여러 가지 이유로 존슨 대통령은 공연 전에 이루어진 연설이 꽤 괜찮았다고 확신했다. 물론 그의 연설문을 써주는 사람들이 잘 먹힐 만한 내용을 제공한 것도 사실이다. 대통령은 행사에 참석한 여러 사람들과 우주 비행사들이 무척 바쁜 일정을 소화하고 있으며 이날 만찬을 위해 스케줄을 조정하느라 고생했다는 이야기를 스스럼없이 꺼낸 뒤 웹과 나눈 대화를 언급했다.

대통령의 말에 따르면, 웹은 만찬이 시작되기 직전에 다가와서는 특유의 진지한 말투로 "대통령님, 혹시 터틀 클럽 회원이세요?"라고 물었다. 그러자 주변에서 그 말을 들은 우주 비행사들이 폭소를 터뜨리며 그 농담의 진원지인 월리 쉬라에게 일제히 시선이 쏠렸다. 연설문 작성자가 만찬 전에 열심히 조사를 벌여 유인우주센터 홍보실 책임자에게 이 질문이 어디서부터 비롯된 말인지 알아낸 덕분에 대통령도 그 농담의 의미를 이미 알고 있었다.

대통령에게 건네진 참고자료의 초안에는 그 말이 다음과 같이 정리돼 있었다. "우주 비행사들 사이에서 오가는 농담으로, 질문을 받은 사람이 '말해 뭐합니까, 그렇고 말고요'라는 대답을 하지 못할 경우 모임 전체에 술을 사야 한다."

존슨 대통령은 유쾌한 분위기로 1~2분가량 연설을 이어갔다. 그러다 정치인답게 진중한 모습으로 돌아와 장난기 어린 표정을 거두고 만찬을 개최한 진짜 이유를 밝혀야 할 타이밍을 정확히 잡았다. 이 행사를 준비한 목적은 아폴로 8호에 오를 비행사들은 물론 NASA에 근무하는 모든 사람들, 특히 언젠가 달로 비행을 떠날 스무 명의 다른 우주 비행사들을 격려하기 위해서라는 이야기가 전해졌다. 대통령의 말이 계속해서 이어졌다.

"로켓은 한 곳에서 다른 곳으로 날아갈 수 있지만, 우주라는 새로운 지평으로 건너갈 수 있는 건 오직 인간의 정신뿐입니다. 이제 조금 이례적인 건배를 해봅시다. 여러분은 일어서지 말고 그대로 자리에 앉아계시고, 부통령과 국방부 장관, 의원 여러분과 함께 오신 아내분께서는 일어나서 저와 제 아내 존슨 여사와 함께 미국의 우주 개발 사업에 헌신해온 분들과 이 분들의 훌륭한 배우자들을 위해 건배해 주시기 바랍니다."

의자가 바닥에 부딪히는 소리와 함께 고위 관리들이 일어나 잔을 들었다. 대통령의 연설은 생각했던 대로 잘 마무리됐다. 존경심을 충분히 나타내면서도 비행사들을 향한 친근함을 적절히 드러냈으며 위험한 임무를 앞둔 사람들의 상황을 애정을 담아 놀리기도 했다. 이렇게 명랑한 분위기는 임무를 앞두고 있을 때마다늘 남몰래 도사리고 있다 조용히 다가오는 짙은 두려움을 물리치는 데 분명 도움이 됐다.

거스 그리섬의 아내와 에드 화이트의 아내도 백악관 만찬에 참석할 영예를 얻었다. 이들도 NASA의 식구라 대통령의 요청대로 앉아서 건배를 받은 사람들 사이에 앉아 있었지만, 그날 참석한 다른 여성들과 달리 이 두 사람만 에스코트해 줄 남편이 없었다.

1968년 12월 20일이 낀 주말, 플로리다에서도 대규모 파티가 하나 열렸다. 케이프 케네디 곳곳의 주차장과 해변 도로, 숙박업소 주차장으로 대략 25만 명 정도가 몰려들었다. 이곳에 오려고 얼마나 먼 거리를 달려 왔는지 정확히 알 수는 없었으나 자동차 번호판만 봐서는 미국 곳곳은 물론, 발사대에 로켓이 설치될 때마다 매번 이곳을 찾는 플로리다 인근 미국 최남동부 지역 사람들을 비롯해 훨씬 멀리 떨어진 캐나다에서 온 차량들도 있었다.

NASA는 차가운 밤공기에도 아랑곳하지 않고 캠핑을 시작한 군중에 크게 관심을 기울이지 않았다. NASA의 공식적인 귀빈으로 초대된 유명 인사들과 VIP들에게 훨씬 큰 관심이 쏠려 있었기 때문이다. 우주선이 발사될 때마다 꽤 많은 주요 인물들이 초대되곤 했지만 이번에는 규모가 엄청난 수준이었다. 국회의원 전원, 대법원과 정부 내각 소속 인사 전체를 비롯해 할리우드와 산업계 인사들까지 포함된 명단은 최소 2000명에 달했다. 최고급 호텔과 바나나 강변에 설치된 우주센터의 관람석 중에서도 편안하게 볼 수 있는 자리를 너도나도 요구했던 이 특별한 손님들에게 다음과 같은 문구가 새겨진 초대장이 발송됐다.

"미국의 우주선, 아폴로 8호가 달 주변을 돌기 위해 여행을 시작하는 날, 그 출발을 함께 해주시기를 진심으로 바라며 이 초대장을 보냅니다.

발사 장소는 케네디 우주센터의 39번 발사대이며, 발사 시각은 1968년 12월 21일 오전 7시로 예정돼 있습니다."

남의 시선을 한껏 의식한 듯한 느낌도 들고, 문구에 사용한 표현도 지나치게 예스러웠다. '우주선 아폴로 8호'라는 단어는 이 일이 동화 속 이야기나 호메로스의 『오디세이』에 나올 법한 일이라는 인상을 줄 정도였다. NASA가 발사를 앞둔 기계장치를 '우주선'이라고 표현한 것 자체가 전례를 찾아볼 수 없는 일이었다. 그럼에도 초대장에서 물씬 느껴지는 이 참신한 분위기는 아폴로 8호와 아주 잘 어울렸다.

보먼과 러벨, 앤더스는 출발을 며칠 앞두고 케이프 케네디로 몰려오는 인파며 VIP, 기자들을 거의 신경 쓰지 않았다. 비행 임무를 앞두고 시끌벅적해지는 주변 분위기는 오히려 방해요소였다. 보먼은 백악관 만찬은 좀 성가신 행사였지만 아내가 좋아하는 기색이 분명했으니 참을 만하다고 생각했다. 그날 만찬이 끝나고 수전과 발레리 앤더스는 휴스턴에 있는 집으로 돌아가 텔레비전로 아폴로 8호의 발사 장면을 지켜보기로 했고 메릴린 러벨과 러벨의 네 아이들은 케이프 케네디로 함께 왔다. 보먼이 앞둔 위험, 나아가 보먼의 가족 전체가 감수해야 할 위험을 고려할 때 수전과 프랭크는 백악관의 열기 가득했던 축제가 끝난 바로 다음 날 아침 작별인사를 나누는 것이 서로를 위해 딱 알맞다고 판단했다.

백악관에서의 행사를 마치고 케이프 케네디의 소박한 숙소로 돌아온 보먼은 새삼 편안함을 느꼈다. 비행사들을 위해 마련된 이 숙소는 거실과 욕실, 작은 주방이 딸린 방 세 칸짜리 아파트로, 철제 프레임으로 된 군용 침대가 있었다. 옷장과 침실의 실내등도 모텔보다 조금 더 나은 수준이었다. 거실에 놓인 소파는 푹신함이 소파라고 부를 수 있는 최저 기준을 가까스로 충족한 정도였다.

이 숙소에서 비행사들의 큰 위안은 식사를 담당하는 요리사였다. 비행사들에게는 '셰프'로 불렸지만 사실 어울리지 않는 호칭이었다. 그가 요리를 배운 곳은 플로리다 항구로, 예인선 선원들이 먹을 식사를 되는 대로 뚝딱 만들어내던 경력이 전부였기 때문이다. 간단하면서도 열량이 높고 아주 든든한 음식들을 만들어내는 솜씨는 셰프라는 명칭과는 어울리지 않을지언정 비행사들에게는 충분히 훌륭한 능력이었다.

발사 전 10일은 이 비행사 숙소와 아폴로 호의 시뮬레이터를 오가는 일정으로 채워졌다. 가끔 궤도 전문가와 비행 계획 담당자의 설명을 듣는 시간도 있었다. 이미 세상과 절반은 단절된 환경에서 생활하는 비행사들에게 한 번씩 찾아오는 손님은 골칫거리였다. 대부분 초청된 유명 인사로, NASA 측에 비행사들과 만나고 싶다고 한 번도 아닌 여러 번 요구를 해온 유별난 사람들이었다.

비행사들이 숙소에 들어오고 며칠이 지난 뒤 비행 관제센터에서 역추진 점화를 담당하는 척 디트리치Chuck Deiterich가 찾아왔다. 보통 역추진 점화는 우주선이 지구 궤도에서 임무를 마친 뒤에 활용되는 기능이었다. 선체의 뭉툭한 부분을 지구를 향하게 한 뒤 엔진을 점화하여 천천히 지구로 돌아오는 것으로, 아폴로 8호의 경우 달 궤도 진입 시 적용할 예정이었다. 지구로 돌아와야 할 시점이 되면 달 궤도에서 우주선의 엔진을 재점화시키고 3일 뒤에는 지구 대기권에 진입하게 되는데, 그 이동거리와 속도는 지금껏 한 번도 시도된 적 없는 수준이 될 예정이었다. 그러므로 보먼의 입장에서는 디트리치가 검토하거나 알려줄 사항이 있다면 아무리 사소한 것이라도 귀를 기울이는 것이 당연했다.

보먼을 찾아온 디트리치는 달 궤도에 진입하려면 엔진이 어떻게 연소돼야 하는지 설명했다. 거실에 앉아서 누군가 테이블에 올려둔 면도 크림 깡통을 바닥이 앞을 향하도록 쥐고 엔진이 연소될 때 우주선 방향이 어디로 향하게 되는지 열심히 설명하던 그때, 누가 현관문을 두드리는 소리가 들렸다. 이어 문이 열리더니 홍보실 직원 한 사람이 미안한 표정을 하고 문틈으로 얼굴을 내밀었다. 코미디언이자 텔레비전 광고인인 아서 갓프리Arthur Godfrey를 데리고 온 것이다. 이 붉은 머리의 방송인은 코미디언으로서보다 "보루로 구입하세요"라는 문구로 시청자들에게 흡연을 부추겼던 체스터필드 담배 광고로 더 잘 알려진 인물이었다.

갓프리가 지팡이를 짚고 방 안에 들어섰다. 1959년부터 폐암으로 투병 생활을 하며 체스터필드 광고모델로 일한 대가를 혹독히 치르던 그는 예순다섯인 실제 나이보다 훨씬 나이 들어 보였다. 보먼은 자리에서 일어나 미소를 지으며 갓프리가 내민 손을 붙잡고 악수를 나누었지만 온 정신은 디트리치의 손에 들려 있는 면도 크림 깡통에 가 있었다. 이 유명 연예인이 전하는 격려의 말을 가만히 듣고 방문해 줘서 감사하다고 인사를 전하는 것으로 짤막한 행사는 끝이 났다. 홍보실 직원은 보먼을 향해 살짝 고개를 숙이며 조심스레 감사 인사를 전하고 유명 인사를 서둘러 현관문 밖으로 데리고 나갔다. 아마도 그는 집에 돌아가서 "오늘 내가 누굴 만났는지 맞춰 봐"라는 말로 사람들의 흥미를 끌었겠지만, 보먼은 설사 그날 집에 갔다고 하더라도 그러지 않았을 것이다.

며칠 후 비행사들의 머리를 혼란스럽게 한 만남이 이루어졌다. 찰스 린드버그가 찾아온 것이다. 한 번 방문하겠다는 약속대로 그는 발사 바로 전날 현관문을 두드렸다. 보먼은 이 사람을 어떻게 대해야 할지 난감했다. 러벨과 보먼 둘 다 린드버그가 비행기로 대서양을 횡단한 바로 이듬해인 1928년에 태어났고 어린 시절 내내 이 위대한 조종사를 동경했다. 그러다 1930년대 말, 그가 독일 제국과 손잡은 사실이 알려지자 당시의 미국인 대다수와 마찬가지로 보먼과 러벨도 그를 맹비난했다. 인종우월주의적 언행을 쏟아내며 나치의 찬사를 받았던 린드버그는 이어 미국 우선주의 운동을 앞장서서 이끌며 미국은 유럽에서 일어난 전쟁에 관여하지 말아야 한다고 목소리를 높였다. 보먼의 집에서는 린드버그의 이름이 거론될 때마다 그런 행태를 비웃는 이야기들이 오갔다. 그렇게 한때 위대한 비행사였던 그가 30년이 지난 지금, 숙소 현관문을 노크하며 비행사들과 짧은 대화를 나누기를 요청한 것이다.

아폴로 8호의 비행사들이 그와 마주한 시각은 12월 20일, 점심식사를 하고 있을 때였다. 모두 자리에 그대로 앉아서 예인선 요리사 출신 주방장이 내놓은 음식을 계속 먹었고 접시가 비워지면 손님도 자리에서 일어나리라는 것이 모두의 예상이었다.

그러나 네 사람의 대화는 이후에도 이어졌다. 정확히는 린드버

그의 이야기가 이어졌다. 자신이 비행사로 일하던 시절의 이야기며 알고 지내던 파일럿들, 그토록 반대했던 전쟁이 기어이 터지자 곧장 싸우러 나섰으며 태평양 전장에서 미국을 위해 50여 회의 전투 비행 임무를 수행했다는 이야기까지 줄줄이 흘러나왔다. 액체 연료 로켓을 개발한 미국의 과학자 로버트 고다드Robert Goddard와 1920년대에 만난 적이 있는데, 그가 말하기를 언젠가 달로 비행을 할 수는 있겠지만 100만 달러라는 어마어마한 비용이 들 거라 예측했다는 이야기도 했다.

우주 비행사들은 한참 그의 말을 경청했다. 저녁이 깊어지면서 내일 시작될 임무로 화제를 겨우 바꿨지만 시선은 시계를 떠나지 않았다. 그림자는 차츰 길어지고 이제 출발 시각까지 채 열여섯 시간도 남지 않았기 때문이다. 이야기를 시작한 비행사들의 목소리에서 주저하는 마음이 묻어났다. 대서양을 비행기로 횡단하는 것보다 달로 비행하는 일이 훨씬 더 야심찬 일임은 틀림없지만, 린드버그는 이미 그 원대한 목표를 이룬 반면 보먼과 러벨, 앤더스의 임무는 아직 완료되지 않았다. 세 사람의 이야기에 열심히 귀를 기울이던 린드버그는 우주선과 로켓에 대해 질문하기도 했다. 그러다 테이블 위에 올려둔 작은 메모지를 집어 들더니, 계속 이야기하라는 의미로 고개를 들어 세 사람을 쳐다보면서 무언가를 열심히 써내려갔다. 잠시 뒤에 린드버그는 세 사람을 쳐다보면서 말했다.

"내일 여러분의 임무가 시작되고 첫 1초 동안 쓰는 연료의 양이, 내가 대서양 횡단을 하면서 사용한 연료의 양을 전부 더한 것보다도 열 배가 더 많구먼." 명예가 닳을 대로 닳은 이 늙은 비행사는 존경스러운 눈빛으로 세 비행사를 바라보았다. 그러면서 린드버그는 이 세 명의 젊은이들의 마뜩잖은 태도가 곧 이들이 남길 역사적인 업적과 전혀 어울리지 않는다는 결론을 내렸다.

보먼과 앤더스에게는 찰스 린드버그와 함께 보낸 오후가 기억에 남을 만한 특별한 일이었겠지만, 러벨은 그렇게 한가하게 여유를 부릴 틈이 없었다. 러벨의 온 가족이 현장에 와 있었기 때문이다.

메릴린 러벨은 발사 3일 전 아폴로 우주선 사업에 참여한 항공기 업체들 중 한 곳에서 마련해 준 전세기 편으로 두 살배기 아들 제프리와 함께 플로리다로 왔다. NASA와 계약한 업체들은 발사가 예정된 기간이 다가오면 서로 앞다투어 호의를 베풀고 유명 인사와 접촉하려고 애를 썼고 우주 비행사의 가족에게 항공편을 제공하는 것도 당연히 그 노력에 포함됐다. 이틀 뒤에는 러벨의 나머지 세 아이들도 다른 전세기를 타고 플로리다에 도착했다. 가족들은 발사대가 보이는 바닷가 집을 하나 빌려 모두 그곳에서 머무르기로 했다.

러벨은 기회가 되면 비행사 숙소에서 슬쩍 빠져나와 가족들이 있는 해변으로 와서 아이들과 함께 떠들썩하게 놀면서 신나는 시간을 보냈다. 실컷 놀고 난 뒤 아이들이 마침내 지치면 아내와 산

책에 나섰다. 부부는 다가올 미션에 대해서는 이야기하지 않았다. 러벨이 검증되지 않은 전투 비행기에 올라 테스트 비행에 나서던 시절에도 그랬듯 딱히 할 말이 없었다. 발사 전날 밤까지, 두 사람은 그저 인류가 최초로 달에 날아가는 일에 관한 이야기만 간간히 나누었다.

1968년 들어 가장 짧았던 12월 20일 낮이 지나고 어둠이 내려앉을 무렵, 오후 다섯 시 반경 러벨은 바닷가 집으로 가서 메릴린과 네 아이들을 전부 차에 태웠다. AIA 고속도로를 달리는 동안 부부는 말이 없었고 뒷좌석에 앉은 아이들만 재잘재잘 떠들어댔다. 우주 센터에 도착한 러벨이 경호원들이 엄중히 지키고 있는 입구로 가서 출입증을 꺼내 보였다. 사실 그럴 필요도 없었다. 문을 지키던 경호원이 곧 달로 날아갈 비행사와 아름다운 가족들을 따스한 눈빛으로 둘러보고 문을 열어 주었다.

우주 센터의 방벽 너머 5킬로미터쯤 떨어진 곳에 하얀색으로 밝게 빛나는 새턴 V 로켓이 서 있었다. 평평한 지대에 우뚝 세워져 투광 조명을 받고 있는 이 로켓은 어디에서나 눈에 띄었다. 출입구를 통과한 뒤 우주 센터의 여러 건물들과 보호실을 지나 발사대로 향할수록 36층 건물 높이의 로켓은 점점 러벨의 시야에 점점 더 크게 들어왔다.

발사대 주변에 모여 있던 기술자들이 러벨을 발견하고 손을 흔들다가 차가 근처 모래 둔덕에 멈추고 가족들이 내리자 자리를 비켜 주었다. 메릴린의 팔에 안긴 제프리와 옆에 서 있던 아이들 모두 가만히 고개를 들어 위를 올려다보았다. NASA 의전 팀에서 기술자들을 위해 모래 위에 테이블을 세우고 도넛과 커피를 마련한 참이었는데, 러벨 가족들은 엄청난 로켓의 모습에 압도당한 나머지 식욕이 전혀 없었다. 새턴 V 로켓의 모습에 이미 익숙한 기술자들은 간식 시간에 찾아온 손님들을 조금도 불편하게 생각하지 않았다. 메릴린은 남편을 태우고 우주로 두 번 날아갔던, 훨씬 작고 색깔도 푸르스름한 회색인 타이탄 로켓을 떠올렸다. 지금 눈앞에 있는 로켓은 그것과 전혀 달랐다. 메릴린은 고개를 길게 뻗어 새턴 V를 올려다보았다. 그 정도로 가까이에서 로켓을 보면 거대한 괴물 같다고 느낄 사람도 있겠지만, 메릴린은 놀라움과 함께 한 가지 생각만 떠올렸다. 바로 '이건 예술이야'였다. 로켓은 괴물 같기는커녕 너무나 아름다웠다.

이제 다음 날 아침이면 2.5킬로미터 정도 떨어진 안전한 위치에서 이 로켓이 날아가는 광경을 보게 될 터였다. 그렇게 이 로켓은 아이들의 아버지를 태우고 40만 킬로미터에 육박하는 절대 안전하지 않은 거리를 날아갈 것이다. 하지만 로켓을 올려다보던 그 순간만은 걱정을 잠시 제쳐 두고 남편이 하게 될 일이 너무나 흥미진진하다는 생각에서 비롯된 깊은 경외감을 느꼈다.

"출발할 때 울리는 소리가 엄청날 거야." 러벨은 아내에게 가까이 다가와 메릴린의 시선이 닿은 곳을 함께 바라보며 이야기했다.

"우린 괜찮을 거야. 타이탄이 발사되는 것도 봤잖아." 메릴린은 남편을 안심시켰다.

"그때와는 비교할 수도 없어." 러벨의 말에 메릴린이 고개를 끄덕였다.

"그리고 로켓이 좀 기울더라도 걱정하지 마." 러벨이 덧붙였다.

"기울어진다고?"

"출발할 때 오른쪽으로 1~2도 정도 비스듬하게 올라갈 거야. 탑과 충돌하면 안 되니까." 러벨이 고개를 끄덕이며 설명했다.

메릴린은 이 거대한 물체가 직각으로 똑바로 서 있다 살짝 기울어진 모습을 상상해 보다가 그만두었다. 그렇게 날아가야 한다면 정해진 대로 잘 날아가겠거니 생각할 참이었다.

아이들이 슬슬 까불기 시작하자 메릴린은 아이들을 얼른 차에 다시 태웠다. 러벨 가족을 태운 차가 발사대를 벗어나 바닷가 집으로 돌아왔다. 러벨은 집 안까지 함께 들어가 작별 인사를 나누었다. 메릴린은 러벨의 손에 들린 마닐라 봉투를 가만히 바라보았다. 그는 봉투를 열어 사진 하나를 꺼내 보였다. 달 궤도를 선회하고 돌아온 NASA 우주선에서 촬영된 달 사진이었다. 광활한 회색의 표면이 클로즈업된 모습이 보였다.

"여기가 '고요의 바다'야." 러벨은 이렇게 말하고는 물이 없는 그 바다의 메마른 비탈에 삼각형 모양으로 서 있는 작은 산 모양을 가리켰다. "그리고 이곳이 내일 우리가 조사할 '최초 지점'이고. 다음 탐사에 비행사들이 달 표면에 내려갈 때 기준점이 될 곳이야." 메릴린은 고개를 끄덕였지만 러벨이 이런 비밀스러운 정보를 왜 이야기하는지는 알지 못했다. "난 이 지점에 '메릴린산'이라는 이름을 붙일까 해."

메릴린의 두 눈 가득 눈물이 차올랐다. 어떤 말을 해야 할지 몰라, 그저 남편을 끌어안고 작별의 키스를 나누었다.

러벨은 저녁 여덟 시를 조금 넘긴 시각 비행사 숙소로 돌아왔다. 아폴로 8호에 오를 비행사들의 달 비행이 시작된 셈이었다. 아직까지는 지상에 발을 붙이고 사복 차림으로 지구상에 함께 살아가는 36억 명의 다른 사람들과 똑같은 공기로 호흡하고 똑같은 흙을 밟고 있지만, 출발 시각을 알려줄 시계는 계속해서 째깍째깍 흘러가고 있었다.

출발 시각은 동부 표준시로 다음 날 아침 7시 51분으로 정해졌다. 숙소에 있던 두 사람은 저녁 5시 반에 저녁식사를 마쳤고 러벨은 바닷가 집으로 향하기 전 저녁을 먹었다. 그가 숙소로 돌아오자 보먼과 앤더스는 잘 준비를 마쳤고 러벨도 잠자리에 들었다. 강박적일 만큼 치밀하게 짜인 NASA의 일정은 정확히 오전 2시 36분에 기상하여 2시 51분에 마지막 신체검사가 실시되고 오전 3시 21분에 아침식사를 마친 뒤 3시 56분부터 옷을 갈아입도록 돼 있었다. 그리고 오전 4시 42분에는 숙소를 나서 발사대로 데려다 줄 차량에 오른다. 5시 3분에 발사대에 도착하면 5시 11분에 갠트리 엘리베이터에 올라 로켓 꼭대기, 우주선 내부로 들어가게 된다.

모든 것이 계획된 순서대로 진행됐다. 비행사들을 깨우는 일 역시 늘 그랬듯 디크 슬레이튼이 직접 어두운 숙소로 찾아가서 거실에 불을 켜는 것으로 시작됐다. 그는 침실을 하나하나 찾아가 노크를 하고 문을 열어 거실의 불빛이 들어가면 손목시계를 가리키며 일어날 시각임을 알렸다. 이는 15분 뒤에 의료진이 도착한다는 의미이기도 했다.

아침 식사는 스테이크와 달걀, 토스트, 과일, 주스, 커피로 머큐리 우주선이 발사되던 시절부터 늘 같은 메뉴로 구성됐다. 예비 비행사들까지 모두 함께 식사를 하는 전통도 변함이 없었다. 이날 아침에는 닐 암스트롱과 버즈 올드린, 신입 비행사 프레드 하이즈Fred Haise가 식탁에 함께 둘러앉았다. 러벨은 이 세 사람을 보면서 '마이클 콜린스의 건강에 이상이 생기지 않았다면 나도 지상에 남아 있게 될 이 예비 팀의 한 사람이었을 텐데' 하는 생각을 했다. 그는 아폴로 8호의 비행사로 선발된 콜린스의 자리를 그가 대신하면서 새로운 예비 비행사로 뽑힌 하이즈가 썩 마음에 들었다. 이 신참 비행사는 앤더스 못지않은 달 착륙선 전문가로, 앤더스와는 달리 그에게는 달 착륙선과 함께 달로 향할 가능성이 열려 있었다.

동트기 전부터 숙소 바깥에는 기자들이 싸늘한 새벽 공기를 맞으며 모여 있었다. 이들은 비행사들이 옷을 차려입고 차량으로 향하기 전까지 밖에서 기다려야 했다. 아침 식사를 할 때 그 모습을 촬영하는 사진사가 따로 있었기 때문이다. 그 사진사는 식사 장면부터 옷을 갖춰 입는 모습까지 촬영하도록 돼 있었는데, 비행사들은 밥 먹는 모습을 누가 지켜보는 건 개의치 않았지만 옷을 갈아입는 일은 전혀 다른 문제로 받아들였다.

우주로 떠날 비행사가 옷을 갖춰 입는 과정은 중세 기사가 전투에 나서기 전 옷을 갈아입는 것과는 상당히 달라서, 대중들도 그다지 관심을 기울이지 않을 정도로 굉장히 느리고 번거로웠다. 우주복을 하나하나 입을 때마다 몸이 점점 굼떠져서 뒤로 갈수록 기술자들의 도움을 더 많이 받아야 했다. 신발을 신고 바지를 끌어올리고 장갑을 낀 다음 손목 링을 소매의 정해진 곳에 연결시켰다. 마치 축제날 퍼레이드에서나 볼 법한 풍선처럼 통통하고 움직임이 둔한 상태가 된 것으로도 모자라, 옷을 다 입고 나면 커다란 안락의자에 몇 분간 반듯하게 누워 흡사 등딱지를 바닥에 대고 누운 거북이 같은 모습으로 생명유지 장치와 연결된 압축 공기를 들이마시면서 옷에 적응해야 했다. 그런 다음에야 다른 사람의 도움으로 다시 일어나 밖으로 나가서 발사대로 데려다 줄 차량에 오를 수 있었다.

발사 당일, 우주 비행사들이 힘들게 옷을 갖춰 입는 동안 케이프 케네디에 우뚝 선 거대한 기계도 철커덕 소리를 내며 움직일 준비를 했다. 연료가 모두 채워져 발사대에 설치된 로켓은 연료와 기계 자체의 무게만 3250톤에 달했다. 여기에 0.6톤 분량의 플로리다의 습한 공기가 연료 탱크를 채운 과냉각된 액체 산소와 수소로 응고점 이하까지 냉각돼 로켓의 표면 전체에 공급됐다.

케이프 케네디 인근 해변에는 텐트며 자동차에서 나온 구경꾼들이 속속 몰려들어 떠오르는 해를 바라보기도 하고 5킬로미터 넘게 떨어진 로켓을 향해 쌍안경의 초점을 맞추기도 했다. 휴스턴의 비행 관제센터보다 인력 규모가 훨씬 큰 발사 통제실에는 350명의 관제사들이 여기저기로 뻗은 콘솔 앞에 앉아 있었다. 그러나 이곳 통제실이 발사 당일 아침에 맡은 임무는 단 한 가지였다. 종 모양으로 된 로켓 엔진이 발사 탑을 벗어난 직후부터는 휴스턴 관제실이 모든 상황을 통제하고 플로리다의 통제실은 우주선의 비행에 전혀 관여하지 않기로 돼 있었다.

발사 책임자인 로코 페트론Rocco Petrone은 통제실 뒤편에 설치된 콘솔 앞에서 로켓의 상태와 팀 전체의 상황을 면밀히 살펴보았다. 콘솔 앞에 서 있던 한 관제사의 헤드셋으로 자리에 앉으라는 페트론의 음성이 들려 왔다. 발사가 성공적으로 완료되려면 통제실부터 엄격한 통제가 이루어져야 했다.

보먼과 러벨, 앤더스는 마침내 옷을 다 차려입고 숙소를 나와 쏟아지는 카메라 플래시와 소리치며 질문을 던지는 기자들 앞을 지나 곧장 걸어갔다. 숙소 현관부터 차량까지 이어진 짧은 길에 바리케이드가 설치됐고 모두 그 뒤에 서 있었다. 한 손에 이동식 공기조절장치를 든 비행사들이 다른 한 손을 흔들어 보였다. 둥근 헬멧의 앞 유리로 주변을 둘러보는 동안, 자신들의 등장으로 시작된 소란스러운 주변의 소리들이 마치 물 밑에서처럼 흐릿하게 들렸다. 차에 올라 문이 닫히자 그마저도 거의 들리지 않았다.

발사대까지 말없이 이동한 뒤 갠트리 엘리베이터에 오를 때까지도 침묵이 이어졌다. 비행사들을 태운 엘리베이터는 저 멀리 플로리다 해안을 내려다보며 차가운 증기를 내뿜는 로켓 옆면을 미끄러지듯 지나 위로 향했다. 표면의 얼음층 아래로 거대한 미국 국기 모양, 1단계 로켓과 2단계 로켓을 따라 세로로 길게 대문자로 적힌 USA라는 글자와 UNITED STATES라는 글자가 보였다.

갠트리 꼭대기에 다다른 비행사들은 스윙 암에 설치된 사방이 막힌 통로를 따라 걸어가서 우주선을 둘러싼 방진실에 들어섰다. 그리섬과 화이트, 채피의 목숨을 앗아간 것과 모양이 거의 비슷했지만 작동 방식은 크게 달라진 우주선의 출입구가 활짝 열려 있었다. 왼쪽 좌석에서 비행할 보먼이 먼저 안으로 들어갔다. 훌륭한 지휘관이라면 누구나 그렇듯 가장 먼저 탑승하고 가장 나중에 나오는 것이 그의 몫이었다. 오른쪽 좌석에 앉는 앤더스가 뒤이어 탑승하고 출입구 바로 아래, 가운데 자리에 앉을 러벨은 마지막까지 스윙 암에 혼자 남아 있었다.

저 아래를 내려다보던 러벨은 그제야 수만 명의 사람들과 차량들이 동트기 전 어둠 속에서 헤드라이트를 켠 채로 발사 순간을 지켜보기 위해 모여 있는 광경을 보았다. 모여든 구경꾼들 가운데 로켓 주변 약 2.5킬로미터 반경 내로 들어올 수 있는 사람이 단 한 명도 없다는 사실도 알 수 있었다. 사람들의 발자국은 뜨거운 관심이 집중되고 있는 무시무시할 만큼 거대한 중앙의 로켓을 둘러싼 둥근 원 바깥에만 머물러 있었다. 그리고 러벨은 로켓 바로 위에 올라앉은 아폴로 8호의 내부로 들어갔다.

"어쩌면 저 사람들이 우리가 모르는 뭔가를 알 수도 있겠군." 그는 농담 삼아 나직이 혼자 이야기했다.

열려 있는 출입구로 들어선 러벨은 안쪽을 들여다보다 계기판을 보며 얼굴을 잔뜩 찡그린 보먼을 발견했다. 좌석마다 자그마한 크리스마스 장식이 달려 있었다.

"이게 다 뭐야?" 혼잣말인지 다른 사람에게 하는 말인지 모를 음성으로 보먼이 투덜대는 소리가 러벨의 헤드셋으로 들려왔다.

"권터 짓이구만." 러벨이 대답했다. 사실 보면도 아는 일이었다.

권터 벤트Guenter Wendt는 전쟁이 끝나고 베르너 폰 브라운과 함께 미국으로 건너온 독일인 엔지니어 중 한 사람으로, 방진실 총괄이자 발사대 책임자였다. 비행사들이 우주선 출입문이 굳게 닫히기 전 마지막으로 보는 사람이 바로 권터였고, 그는 매번 작은 소품으로 장난을 치며 비행사들을 놀라게 하는 일을 즐기곤 했다. 그런 이벤트를 좋아하는 비행사들도 꽤 많았다. 윌리 쉬라가 특히 그랬지만 프랭크 보먼은 쉬라와 전혀 다른 사람이었다. 특히 이번 미션과 같은 중차대한 일을 앞둔 상태에서는 더욱 반갑지 않았다. 보먼은 좌석 앞에 걸린 장식들을 뜯어낸 뒤 어깨 너머로 돌아보며 벤트를 향해 친절하게 웃어 보였다.

"고맙네, 권터." 보먼은 이렇게 말하면서 우주선 탑재가 허용되지 않은 그 물건들을 권터에게 돌려주었다. 러벨과 앤더스도 그렇게 했다.

탑승을 최종 마무리할 담당자가 세 비행사의 어깨를 한 명씩 세게 누르면서 좌석의 안전장치를 조였다. 엔진이 점화될 때 그리고 전방을 향해 힘껏 나아갈 때 비행사들의 몸은 좌석과 충돌하게 되고, 로켓 1단계가 분리돼 아래로 떨어진 후 2단계 로켓이 점화되는 순간, 이어 3단계로 넘어갈 때도 몸이 앞뒤로 세게 부딪히는데, 이때 가해질 충격을 줄이기 위해 탑승 시 반드시 필요한 과정이었다. 이 과정이 끝나자, 우주 비행사가 자리에 앉은 채로 불에 타버리는 일이 두 번 다시 생기지 않도록 몇 초 만에 활짝 열리게끔 성능과 안전성이 개선된 출입문이 닫히고 봉쇄됐다. 이제

이 문은 보먼과 동료들이 달 가까이로 간 뒤 다시 지구로 돌아올 때까지 열리지 않을 것이다.

탑승한 비행사들과 지상 팀은 한 시간 넘게 발사 전 점검할 사항들을 꼼꼼히 살펴보았다. 사소한 문제 하나조차 발견되지 않고 확인 작업이 순탄하게 이어지자 카운트다운이 지체될 가능성이 점점 줄었다. 아폴로 8호의 임무가 시작될 시간도 그만큼 빠르게 다가왔다.

"아폴로 새턴 발사 제어실입니다." 마침내 발사가 임박해지자 잭 킹Jack King의 목소리가 흘러나왔다. NASA의 음성방송을 맡은 킹은 카운트다운을 읽을 예정이었다. 그가 우주선 조종석과 제어실 사이에 오가는 대화를 듣고 상세한 상황을 전할 때면, 각자 마련한 방송 부스에 대기 중이던 방송국 앵커들도 조용히 귀를 기울였다.

금세 환한 아침이 밝았다. "발사 7분 30초 전입니다. 예정된 발사 시각까지는 아직 좀 남아 있습니다." 킹의 목소리였다.

"몇 분 전에 짐 러벨이 파란 하늘을 봤다고 전달해 왔습니다. 해가 뜨는 모습을 볼 수 있었다고요."

시계는 빠르게 흘러가 발사 6분 전, 5분 전이 다가왔고 이어 발사 4분 전이 됐다. 발사 3분 전이 되자 연료탱크에 압력이 가해지기 시작했다. 곧 액체가 거대하게 휘몰아치며 콸콸 쏟아지는 소리가 들려왔다. 아폴로 우주선에 연료가 채워지는 소리는 3년 전 크리스마스 즈음 보먼과 러벨이 타이탄 추진로켓 위에 장착된 제미니 호에서 들었던 소리보다 훨씬 컸다. 보먼은 이 소리를 인지

했다는 뜻으로 러벨을 바라보며 고개를 끄덕였다. 러벨은 이런 소리를 들어 본 적이 없는 앤더스에게 안심하라는 의미로 고개를 끄덕여 보였다.

마지막 3분이 째깍째깍 흘러갔다. 마침내 발사 시각이 되자, 앞서 발사된 두 대의 새턴 V 로켓에서도 확인된 거대한 진동이 퍼져나갔다.

"이륙했습니다!" 다섯 개의 엔진에서 계획대로 불기둥이 뿜어져 나오자 잭 킹이 소리쳤다.

"이곳 아래층 건물이 흔들리고 있습니다!" 월터 크롱카이트도 기술의 힘을 여실히 보여 주는 광경에 다시 한 번 기뻐하며 외쳤다. "카메라 받침대도 흔들리고 있군요. 하지만 이 얼마나 멋진 광경입니까. 이대로 모든 것이 잘 진행된다면 인류가 달로 향하게 됩니다."

그가 '인류'라고 칭한 대상은 사실 세 사람이었고, 이들에게 로켓 발사는 밖에서 바라보는 사람들과는 전혀 다른 풍경을 선사했다. 이 세 우주 비행사들은 크롱카이트가 앉아 있는 건물을 뒤흔든 그 괴물의 속에 있었다.

"이륙했다. 시계가 작동한다." 보먼은 솟구치는 우주선 안에서 최대한 크게 소리쳤다. 지상에서 카운트다운이 시작될 때까지만 해도 멈춰 있던 계기판 시계가 돌아가기 시작했다.

"알았다. 시계 작동." 아폴로 8호 미션의 캡컴을 맡을 세 명의 우주 비행사 중 하나인 콜린스가 답했다.

"롤 앤 피치 프로그램을 작동한다." 3250톤에 달하는 기계를 공중에 띄우기 위해 3720톤의 추진력을 받고 있는 우주선에 탑승한 보먼이 떨리는 목소리로 보고했다. 새턴 V 로켓이 하늘 높이 나아가면서 방향을 잡기 시작했다. 로켓의 꼭대기도 궤도로 향했다.

조종석 내부를 채운 소음은 우주 비행사들이 그동안 훈련을 이어온 시뮬레이터로는 전혀 비슷하게 재현할 수 없었다. 발사 후 첫 1분 중에서 앤더스가 그나마 제일 나았다고 느낀 첫 10초간조차 어떤 방법으로도 소통을 할 수 없을 정도였다. 비상상황이 발생할 경우 각자 알아서 대처해야 했다. 내부의 중력이 타이탄 로켓으로 비행하던 시절보다 낮아졌다. 보먼과 러벨이 제미니 호 이륙 시 견뎌야 했던 중력은 지상의 7, 8배에 달했지만 이번에는 4배를 조금 넘긴 수준이었다. 그러나 우주 비행이 처음인 앤더스에게는 실제 수치보다 두 배는 더 크게 느껴졌다.

앤더스가 느낀 새턴 V의 거대한 힘은 중력 그 이상이었다. 기다란 로켓과 우주선 전체가 정해진 곳으로 나아갈 수 있도록 방향을 바꿀 수 있는 짐벌 장치 위에 엔진이 장착돼 로켓 아래쪽에 자리하고 있었기 때문이다. 짐벌의 움직임은 저 아래에서 미세하게 이루어졌지만 높이가 약 110미터에 달하는 꼭대기에서는 엄청난 움직임으로 느껴졌다. 앤더스는 자신이 마구 휘둘리는 채찍 끝에 매달린 벌레가 된 것 같다고 느꼈다.

조종석에서 느끼는 진동은 과거 타이탄 로켓에서 느낀 수준을 훌쩍 뛰어넘을 만큼 거대했다. 새턴 로켓이 엉뚱한 방향으로 향하거나 폭발할 위험이 발생할 경우 사령선과 그 안에 탑승한 비행사들을 로켓과 분리시킬 수 있는 이륙 중단 핸들은 선장인 보먼이 조작하도록 돼 있었고, 우주 비행 임무 규정상 선장은 임무 수행 시 항상 장갑을 착용한 한쪽 손을 이 핸들 위에 올려두어야 했다. 보먼은 이 규정을 어길 생각이 전혀 없었고 발사 후 첫 3분간은 그 결심을 지킬 수 있었다. 하지만 로켓이 어찌나 심하게 흔들렸는지 이러다 의도치 않게 핸들이 돌아가는 바람에 대서양을 불과 수 킬로미터 벗어난 시점에서 달 탐사 미션이 끝나버리면 어쩌나 두려울 정도였다. 그럼에도 로켓이 하늘을 향해 긴 궤적을 그리며 날아가는 내내 보먼은 핸들 위에서 손을 내려놓지 않았다.

발사 후 2분 30초가 경과하여 새턴 로켓과 비행사들이 지상에서 약 65킬로미터 높이에 올라 시간당 8700킬로미터의 속도로 이동할 때 1단계 로켓이 분리됐다. 순간적으로 좌석에서 앞으로 확 쏠린 우주 비행사들의 몸은 1초 뒤 2단계 로켓이 점화되자 다시 뒤로 젖혀져 등받이와 세게 부딪혔다.

앤더스는 이 거센 흔들림이 너무 힘들었다. 1단계 로켓이 분리되기 몇 초 전 계기판 쪽으로 손을 들어 올리려던 그는 10킬로그램은 족히 되는 추가 손에 매달린 것만 같은 느낌을 받았다. 2단계 로켓이 점화되기 직전에 겨우 손을 뻗은 순간 2단계가 점화되면서 손이 헬멧 앞 유리와 세게 부딪힌 것이다. 그 바람에 소매를 고정시킨 금속 링이 방탄 헬멧 유리에 보기 흉한 자국을 남겼다. 앤더스는 혼자 거친 말을 내뱉었다. 우주 비행 초보 아니랄까 봐 헬멧에 초보 티를 크게 남기고 만 것이다.

앤더스의 이 작은 사고를 보먼이 봤는지는 알 수 없다. 그랬더라도 선장의 재량으로 모른 척했을 만큼 경미한 실수였다. "1단계는 무사히 완료, 지금은 상황이 더 좋아졌다." 보먼은 지상에 진행 과정을 보고했다.

"알았다, 무사히 완료됐고, 더 나아졌다고 함. 이곳 상황도 좋다." 콜린스가 응답했다.

그러나 발사 8분 째부터 순탄했던 여행의 상황이 바뀌었다. 1단계가 분리된 새턴 V 로켓에서 아폴로 6호가 거의 망가질 뻔했던 때처럼 엄청난 진동이 시작됐다.

보먼은 문제가 생겼다는 사실을 지상에 보고했다. "위아래로 약간 흔들린다."

"알았다, 약간 위아래로 흔들린다고 함." 콜린스가 보고를 반복해서 이야기했다. 보먼도 콜린스도 폰 브라운이 로켓에 새로 추가한 충격 흡수장치가 왜 제 기능을 하지 못하는지 의아했다. 하지만 몇 초 뒤, 헬륨이 연료탱크를 채우고 역할을 무사히 마치자 로켓의 진동도 잠잠해졌다.

"상하 진동이 사라졌다." 보먼이 전했다.

"알았다." 콜린스도 답했다.

폰 브라운이 계획하고 지정한 모든 기능이 모두 제대로 작동했고 그 이후로는 잠깐의 문제도 발생하지 않았다. 2단계 로켓은 지정된 시점에 정확히 분리됐고, 3단계 엔진은 아폴로 8호를 임시로 머무를 궤도까지 데려다 놓을 만큼만 짧게 점화된 후 꺼졌다. 이 임시 궤도는 고도가 너무 낮아서 비행 임무를 장기간 수행하기에는 적합하지 않지만 잠시 머무르는 목적으로는 아무 문제가 없었다. 이 궤도를 따라 지구 둘레를 두 바퀴가 채 안 되는 거리 만큼 돌면서 우주선의 방향을 정하고 시스템을 점검한 뒤, 다시 3단계 엔진을 점화시켜 달로 향할 예정이었다.

"아폴로 8호, 여기는 휴스턴. 현재 위치는 원지점 103, 근지점 99다." 콜린스는 우주선의 위치를 지구와 가장 먼 거리와 가장 가까운 거리를 나타내는 마일 단위로 알려 주었다.

"103, 99." 러벨이 경쾌한 음성으로 응답했다.

대답을 마치고 좌석에 기대앉은 러벨이 동료들에게 말했다. "오케이, 숨 쉬기도 좀 편해지고, 소리도 더 잘 들리는 것 같은데?" 그의 주변에는 먼지와 기술자들이 깜빡 잊은 볼트 몇 개가 둥둥 떠올라 돌아다니고 있었다.

"아주 대단한 비행이었어, 안 그런가?" 보먼도 등을 기대며 대답했다.

"낡은 기관차를 탄 것 같던데요." 앤더스가 말했다.

"이게 낡은 기관차 아닌가, 친구." 러벨이 장갑과 헬멧을 벗으며 말했다. "편하게 쉽시다. 긴 여행이 될 테니."

러벨의 말은 정확했다. 지상에서 출발할 때 달은 37만 6114킬로미터 떨어져 있었고, 지금 아폴로 8호가 도착한 궤도에서 가장 가까운 거리를 계산하더라도 37만 5949킬로미터를 더 가야했다.

10 지속 엔진 중단

1968년 12월 21일

엄밀히 따지자면 진 크란츠는 아폴로 8호가 발사되는 날 휴스턴의 비행 관제센터에 올 필요가 없었다. 6일간 이어질 비행에 대비해 8시간씩 3교대로 각 콘솔을 담당할 관제사들의 이름이 적힌 공식 근무자 명단이 나왔지만 그의 이름은 찾을 수 없었다. 크란츠는 홀수 번호가 붙은 우주선의 비행에만 참여하고 짝수 번호가 비행할 때는 근무에서 제외되므로, 아폴로 프로젝트가 얼마나 이어질지는 모르겠지만 9호와 11호, 13호, 15호의 순서로 근무할 예정이었다. 관제센터에서 아폴로 8호의 비행을 총괄할 비행 책임자의 콘솔은 클리프 찰스워스Cliff Charlesworth와 밀트 윈들러Milt Windler, 글린 루니Glynn Lunney가 번갈아 가며 맡기로 돼 있었다. 크란츠가 그 자리에서 굳이 이런저런 의견을 내놓지 않아도 다들 알아서 자기 몫을 해낼 수 있는 사람들이었다.

하지만 근무자 명단에 이름이 올라 있는지 여부와 크란츠 자신이 하고 싶은 일은 별개였고, 그날 크란츠가 떠올린 유일한 장소는 관제센터였다. 천장이 무척이나 높은 관제실의 형태며 벽에 걸린 커다란 지도, 대형 영화관의 스크린처럼 데이터로 빼곡하게 채워진 전면부의 벽까지 크란츠는 관제실의 모든 것을 사랑했다. 업무에 돌입할 만반의 준비가 갖춰졌다고 스스로 확신할 수 없는 상태로는 관제실에 들어서는 것을 상상조차 할 수 없다고 여길 정도였고 특히 우주 비행 임무가 진행되는 기간에는 그런 마음이 한층 더 강해졌다.

크란츠는 한 번 잠에 들면 보통 꿈도 꾸지 않고 숙면을 취했다. 매일 밤, 그는 자신이 관리하는 우주선과 비슷한 상태가 됐다. 불을 끄면 전원이 완전히 꺼지는 것이다. 잠에서 깰 때도 마찬가지였다. 불이 들어오면 잠들기 전과 같이 기능이 재가동됐다. 가끔은 약간의 도움이 필요할 때도 있었다.

크란츠는 스스로 존 필립 수자의 음악이 담긴 앨범을 마흔 장쯤 가지고 있다고 생각했지만 그 추측은 별로 정확하지 않았다. 아내와 아이들이 그의 생일이나 축하할 일이 생길 때마다 수자의 앨범을 준비했기 때문이다. 그는 아침마다 잠에서 깨면 수자의 음악을 틀었다. 늘 〈성조기여 영원하라The Stars and Stripes Forever〉, 〈변함없이 충성하라Semper Fidelis〉 또는 〈바다를 넘은 우정Hands Across The Sea〉과 같은 노래로 하루를 시작했다. 차를 몰고 출근하는 동안에도 테이프로 수자의 음악을 계속 들으면서, 휴스턴의 교외 주택지역인 리그 시티에서 우주센터까지 초록색 신호등을 최대한 맞추려고 애쓰는 것이 그의 습관이었다. 막상 센터에 도착한 뒤에는 지나온 도로에 신호등이 전부 초록색이었는지 다 기억나지 않았다. 노래에 푹 빠져, 그날 할 일을 열심히 생각하느라 신경을 기울이지 못했기 때문이다.

관제센터가 있는 건물 주차장에 차를 대고 나서 크란츠는 금니와 깍듯한 군대식 예절이 특징인 주차장 직원 무디와 인사를 나누었다. 센터에 근무하는 관제사와 엔지니어의 이름을 전부 외우고 있는 그에게 아침 인사를 건네면, 무디는 환하게 미소 지으며 활기찬 인사로 응수했다. 그런 다음에야 크란츠는 관제실로 들어갔다.

공군으로 복무하던 시절에는 F-86 세이버 전투기를 몰고 한국의 비무장지대 주변을 정찰하는 것이 그의 임무였다. 크란츠는 세이버 전투기가 1인승이어서 부조종사 한 명 없이 혼자서 비행을 해야 한다는 점 딱 한 가지가 아쉬웠다. 항상 동지애를 느끼며 일해 보는 것이 소원이었던 그에게 비행 관제센터의 일은 아주 괜찮은 차선책이었다.

우주 비행 임무가 시작되면 언제든 관제실을 쭉 훑어보는 것만으로 교대 근무가 어떻게 진행되는지, 비행 계획이 어디까지 완료됐는지 알 수 있었다. 휴지통에 채워진 쓰레기의 양이나 방치된 채 상해가는 샌드위치의 상태만 봐도 그랬다. 피자가 딱딱하게 굳어 있는지 아니면 아직 따끈따끈한지, 커피에서 향긋한 냄새가 나는지 지독한 악취가 나는지도 그에게는 하나의 지표였다. 만사가 순조롭게 돌아갈 때는 대다수가 자신이 맡은 콘솔 앞에서 바쁘게 일하는 반면, 뭔가 문제가 생긴 경우에는 그 일과 관련된 콘솔 주변에 둥그렇게 모인 무리들이 눈에 띄었다. 그런 무리가 하나면 문제가 하나라는 의미고, 여러 개면 아주 심각한 문제가 생겼다는 의미였다.

아폴로 8호가 발사된 날 아침에는 아무것도 모르는 신입 직원이라도 모든 일이 순탄하게 흘러간다는 것을 알 수 있었다. 크란츠는 발사 시각보다 훨씬 일찍 관제실에 도착해서 뒤쪽에 자리를 잡고 앉았다. 시야를 막는 장애물이 없고 필요하면 즉시 일어나 상황을 파악할 수 있는 위치였다. 카운트다운이 시작되고 0을 향할수록 관제실에 기분 좋은 긴장감이 점점 감돌았다. 새턴 V 로켓이 지구 궤도를 향해 날아가기 시작하자 그 분위기는 더욱 고조됐다. 마침내 로켓이 궤도에 도달하자 관제사들은 그다음으로 치르게 될 핵심 단계까지 세 시간 정도 대기했다. TLI라고 이름 붙여진 달 궤도 진입, 즉 엔진이 점화돼 비행사들이 달을 향해 이동하는 단계였다.

TLI는 아폴로 우주선과 아직 연결돼 있는 약 18미터 길이의 새턴 V 로켓 3단계 엔진이 점화돼야 하는 까다로운 과제였다. 이 엔진이 점화돼야 아폴로 8호가 달 궤도로 진입할 수 있을 만한 속도로 날아갈 수 있었다. 이 과정이 끝나면 3단계 로켓은 분리되고, 폐기물이 처리되는 태양 주변의 궤도로 이동한다. 수학 공식이나 시뮬레이션 상에서는 지극히 간단해 보였지만 지금껏 유인 우주선으로는 시도해 본 적 없는 일이었다. 그날 관제실에는 이 단계가 과연 제대로 이루어질까 염려하는 사람이 있었을지언정 아무도 그런 내색을 드러내지는 않았다.

마이크 콜린스는 편안한 표정으로 캡컴 콘솔 앞에 자리를 잡고 있었다. 우주 비행사 전체를 통틀어 아폴로 8호의 비행 임무를 콜린스만큼 잘 아는 사람은 없었기에, 비행 초반에 캡컴을 담당할 적임자로 지명됐다. 척 디트리치는 역추진 엔진 콘솔을 맡고 제리 보스틱Jerry Bostick은 FIDO 콘솔이라고 불리던 비행역학 콘솔 앞에 자리했다. 두 사람 모두 비행사들이 좋아하는 엔지니어들이자, TLI를 책임지고 진행할 적임자였다.

비행 총괄을 맡은 찰스워스, 윈들러, 루니의 지휘 능력도 마찬가지였다. 이들은 같은 일을 맡았지만 처리하는 방식이 제각기 달랐다. 미군 퍼싱 미사일 개발 사업에 참여했던 물리학자 찰스워스는 항공기 자체를 사랑할 뿐만 아니라 어떤 원리로 어떻게 날아가는지 누구보다 깊이, 직관적으로 이해했고 비행기에 관한 한 어떠한 허튼 짓도 용납하지 않았다. 윈들러는 크란츠와 비슷한 편이었다. 시스템과 하드웨어, 콘솔 앞을 차지한 관제사들의 움직임을 전장에 나선 장군과 같은 철두철미한 시선으로 파악하는 동시에 이 대대적인 프로젝트에 진심 어린 애정을 느꼈다. 모든 관제사가 그런 마음으로 일하는 건 아니었다.

루니는 상당히 특별한 존재였다. 크란츠가 가장 오랫동안 함께 일한 동료로, 두 사람은 루니가 크란츠의 팀에 신입으로 처음 입사했을 때부터 함께했다. 루니는 크란츠처럼 대범하고 발끈하는 성질이 전혀 없었고, 비행 책임자들 가운데 가장 섬세하고 철두철미한 인물로 꼽혔다. 시스템에 발생한 모든 문제를 보석 세공사처럼 주도면밀한 눈으로 들여다보고, 다른 비행 책임자들이 쓸데없이 애쓴다고 할 만한 일도 루니는 매우 진지하게 파고들었다. 그는 시스템 성능과 관련된 결함은 아무리 사소한 것이라도 전부 꼼꼼하게 기록을 남겼다. 당장은 아무 의미가 없어 보이는 결함이어도 향후 다른 미션을 맡은 책임자의 눈에는 굉장히 중요한 의미가 될 수도 있다는 생각에서였다.

크란츠는 활기 가득한 관제실 안에서 일하는 듬직한 사람들을 둘러보고 대형 디스플레이 화면으로 눈길을 돌렸다. 평면 지도에 지구와 그 주변을 도는 우주선의 이동경로가 나와 있었다. 곧 TLI가 시작되면 지도의 형태가 다 바뀔 예정이었다. 역사상 최초로 지구 둘레를 둥글게 선회하던 비행경로가 달을 향해 날아가는 궤도로 바뀌는 것이다. 우주선은 왼쪽에 지구, 오른쪽에 달을 두고 천천히 한쪽 끝에서 다른 쪽을 향해 나아갈 것이다. 그리고 3일이 지나기 전에 지도는 다시 한 번 바뀌어 달 주변을 도는 궤도가 나타나게 될 것이다.

크란츠는 소련과의 냉전에서 한 번의 우주 비행 혹은 한 번의 승리로만 정의할 수 없는 훨씬 거대하고 장엄한 변화가 시작됐음을 느꼈다. 그리고 앞으로 이어질 우주 비행에서 콘솔 앞을 지키고 앉아 고된 시간을 보내야 할 날들이 기다려졌다. 아직은 그런 업무를 신경 쓰지 않고 즐길 수 있었다. 이번 미션이 세상에 선사할 변화는 절대 놓칠 수 없을 만큼 아름다운 것이었다.

+ ✦ ·

지구와 짧게는 159킬로미터, 길게는 165킬로미터 떨어진 상공에 떠 있는 프랭크 보먼과 짐 러벨, 빌 앤더스는 새로운 시대가 열렸다는 생각을 할 여력이 없었다. 최소한 그 순간만은 제발 토하지 말자는 생각에 몰두했기 때문이다. 보먼과 러벨에게 우주는 낯선 공간이 아니었다. 보먼의 경우 열네 시간을 보낸 적이 있고, 우주에서 최장 시간을 보낸 세계 기록 보유자인 러벨은 열여덟 시간을 우주에서 지낸 적이 있었다. 그러나 그 시간을 보낸 약 2.6세제곱미터 크기의 제미니 호에는 비행사가 자리에서 일어날 만한 공간도 없었다. 물론 무중력 상태였지만 무게가 없다는 사실은 주변에 떠다니는 물건들을 보고 그렇게 느낄 뿐, 실제로 무게가 사라진 건 아니었다.

아폴로 우주선의 상황은 달랐다. 6.2세제곱미터로 공간이 늘어났을 뿐만 아니라, 세 명이 그 공간을 함께 차지하고도 움직임을 최대한 늘릴 수 있도록 구조가 '스마트'하게 설계됐다. 좌석과 계기판 사이 공간도 그 사이를 마음대로 빠져나갈 수 있을 만큼 널찍하고 우주선의 한쪽 벽에서 다른 쪽 벽으로, 또는 한쪽 창문에서 다른 쪽 창문으로 자유자재로 이동할 수 있을 만큼 공간이 넉넉하게 확보돼 있었다.

좌석 아래 발치에 설치된 장비 격실도 더 넓어졌다. 격실이라는 명칭으로도 알 수 있듯이 부분적으로는 짐칸으로 사용됐지만 이 공간의 정확한 용도는 육분의와 운항장비가 포함된 콘솔로, 계기판과는 분리돼 별도로 작동하는 장치였다. 이 공간은 비행사가 잠깐 낮잠을 자거나 용변을 봐야할 때 조용히 혼자 들어갈 수 있을 만큼 널찍했다. 아쉽게도 용변 처리 방식은 제미니 호 이후 크게 개선되지 않았다.

지구 궤도에 진입해서 맨 처음 좌석 벨트를 풀고 자리에서 벗어난 사람은 러벨이었다. 곧장 장비 격실로 내려가 헬멧을 벗자 그 즉시 머릿속과 뱃속이 울렁거렸다. 그는 몸이 흔들리지 않도록 우주선 내벽에 설치된 단단한 구조물을 붙들었다.

"자리에서 나올 때 조심해야 할 거야." 러벨은 보먼과 앤더스를 향해 말했다. 앤더스는 어리둥절한 표정을 지었지만 보먼은 우주선이 커지면 우주에서 멀미가 날 수도 있다는 이야기를 러벨과 나눴던 터라 무슨 말인지 바로 이해했다.

"정면을 주시하려고 해봐." 보먼이 앤더스에게 말했다. 보먼은 좌석 벨트를 풀고 러벨이 있는 곳까지 내려갔다가 똑같이 울렁거리는 증상을 느꼈다. 아침에 숙소에서 우걱우걱 입에 쑤셔 넣은 스테이크며 달걀이 눈앞까지 올라오려는 통에, 음식들이 원래 있던 자리로 내려가도록 안간힘을 써야 했다. 그제야 무슨 상황인지 깨달은 앤더스는 그대로 앉아 있다가 벨트를 풀었다.

그러나 멀미와 상관없이 우주선이 지구 궤도를 두 바퀴 정도 돌며 TLI를 준비하는 동안 우주 비행사들이 해야 할 일들이 많았다. 이번 우주 비행 임무에서 보먼에게 주어진 역할은 우주선에 탑승한 모든 선장에게 주어진 것과 동일했다. 우주선 내에 설치된 모든 시스템을 문제없이 다룰 줄 알아야 하고 필요한 경우 우주선을 혼자 조종할 수 있어야 하며 지휘자로서의 무게를 견뎌야 했다. 앞으로 6일 동안 우주선에서 일어나는 모든 일을 결정할 최종권한이 보먼에게 있었다.

러벨에게 주어진 직함은 항법사였다. 아폴로 8호의 비행 거리가 역사상 그 어떤 우주 탐험보다 길다는 점을 감안할 때 결코 가볍지 않은 역할이었다. 자기 테이프에 저장된 정보를 바탕으로 컴퓨터가 우주선 조종에 필요한 모든 기능을 관리하지만, 이와는 별개로 메인 엔진은 물론 그보다 작은 열여섯 개의 추진 엔진 중 어느 하나도 사람의 뇌가 최종 판단을 내리지 않고는 점화되지 않았다.

컴퓨터와 러벨은 서른다섯 개의 별이 떠 있는 위치를 숙지했다. 별의 위치를 이용하여 방향을 찾는 방식은 매우 정확한 동시에 수 세기 전부터 뱃사람들이 활용한 원시적인 방법이기도 했다. 우주선을 조작해야 할 일이 생길 때마다 이러한 지식을 동원하는 것이 러벨의 역할이었고 실제로 그런 상황은 많았다. 컴퓨터로 이루어지는 명령을 모두 관리하는 것도 러벨의 몫으로, 중요한 순간에 메인 엔진을 점화시키는 일도 포함돼 있었다. 그에게는 비행이 이어질 6일 동안 좌석 아래쪽, 장비 격실이 집이나 다름없었다.

앤더스에게는 다소 즉흥적으로 마련된 역할이 주어졌다. 달 탐사선의 작동에 관한 한 세계 최고의 전문가라고 해도 손색이 없을 우주 비행사인 그는 자신의 특기를 활용할 일이 전혀 없는 임무를 할당받았다.

앤더스의 임무는 성능이 가장 좋은 카메라로, NASA의 달 탐사용 로봇이 지구로 보내온 별로 선명하지 않은 흑백 사진을 보완해줄 사진을 촬영하는 것이었다. 할로겐 결정과 젤라틴 유제가 함유된 필름에 보존된 상태로 앤더스가 직접 지구로 가져와서 현상한 사진의 수준은 그런 흑백 사진과 비교도 할 수 없을 터였다. 앤더스는 이 임무를 위해 카메라 여러 대와 사진 관련 잡지들을 챙겨갔다. 어차피 달 착륙선과 무관한 일을 하게 된 이상, 그는 달 표면의 아주 작은 부분 하나도 카메라에 담기지 않는 곳이 없도록 하리라 결심했다.

달 표면 사진을 촬영하는 임무가 시작되기 전까지 사령선의 생명 유지 장치를 관리하는 것도 앤더스의 몫이었다. 산소량과 히터의 상태, 물의 흐름 등을 살펴보는 간단한 일로, 적정 범위에서 어느 정도 벗어나더라도 그게 문제될 일은 없었다. 생명 유지 장치라는 명칭은 이 장치가 제 기능을 못 할 때 발생할 수 있는 결과를 더 강조한 이름 같았다.

마지막으로 좌석 벨트를 푼 앤더스는 자신이 점검해야 할 장치들을 살펴보다가 곧바로 뭔가를 발견했다. 장비를 냉각시키는 글리콜 장치의 압력계 바늘이 쑥 내려가 있었다.

"이런, 너무 낮아. 뭔가 잘못됐어." 앤더스는 반쯤 혼잣말로 이야기했다.

보먼이 장비 격실에서 고개를 내밀었다. "무슨 일인가?"

"글리콜 배출 압력이 낮습니다." 앤더스가 대답했다.

"글리콜 펌프가 잘못된 걸까?"

"아마도요."

"확인해 보자고. 일차 장치가 그렇게 된 건가?" 보먼은 머릿속으로 우주선 내부 구조를 떠올렸다.

앤더스가 그렇다고 했다면 틀린 답이 될 뻔 했다. 우주선이 지상을 떠나기 전 앤더스는 계기판의 조작 방법을 모두 숙지했고, 그중에는 글리콜 시스템의 일차 장치가 작동되도록 하는 방법도 포함돼 있었다. 이 일차 장치가 작동되다가 문제가 발생한 경우 보조 장치로 바꿀 수 있도록 돼 있었다. 그러나 앞으로 148시간의 비행 임무를 앞둔 우주선에서 한 시간 만에 그런 기술적인 결함이 발생했다면 문제가 될 만한 상황이었다.

"잠시만요… 아, 보조 장치가 작동되고 있었어요."

앤더스는 스위치를 조작하여 일차 장치가 가동되도록 설정을 바꾸었다. "이제 됐습니다."

보먼은 그쪽으로 직접 가서 계기판을 살펴보고 압력이 정상 범위로 다시 올라간 것을 확인한 후 미소를 지었다. "해결된 것 같군." 그리고 다시 제자리로 돌아갔다.

보먼과 앤더스 둘 다 이 일로 아무런 문제도 생기지 않았다는 사실을 잘 알고 있었지만 앤더스는 스스로에게 화가 났다. 달 착륙선으로 비행을 했다면 이런 어설픈 실수 같은 건 절대 없었으리란 생각이 들었다.

보먼의 입장에서는 앤더스처럼 우주 비행이 처음인 초보가 임무가 시작되고 겨우 한 시간 지났을 때 실수를 하더라도 질책할 생각이 없었지만 러벨에게는 그리 너그러울 수 없었다. 그때까지 세 사람 다 혹시라도 궤도 진입을 포기하고 바다로 착수해야 할 경우를 대비하여 안전 조치로 이륙 전에 착용한 노란색 구명조끼를 아직 벗지 않았다. 우주복 자체가 워낙 무겁고 성가시다 보니 조끼를 한 겹 더 입은 사실을 깜빡하기 쉬웠다. 그런데 러벨이 우주선 방향설정을 확인하기 위해 보먼의 자리 아래쪽으로 지날 때 구명조끼를 부풀리는 버튼이 우주선의 툭 튀어나온 구조물에 그만 눌리고 말았다. 펑 하는 소리와 함께 공기가 들어가는 소리가 들려 왔다.

"아, 이런!" 가슴팍에서 조끼가 부풀어 오르기 시작하자 러벨이 소리쳤다.

"이게 무슨 소리야?" 러벨의 모습이 제대로 보이지 않은 상태에서 보먼이 물었다.

"구명조끼야."

보먼이 껄껄 웃음을 터트렸다. "농담 아니고? 부풀어 오른 건가?"

절대 놓칠 수 없는 장면이란 생각에 러벨이 있는 쪽으로 이동한 보먼은 웃음을 뚝 그쳤다.

러벨은 실제로 웃음을 터뜨릴 만한 모습을 하고 있었지만 보먼은 전혀 웃을 만한 상황이 아님을 금세 깨달았다. 평상시라면, 즉 지구에서라면 그냥 바람을 빼고 조끼를 벗어서 접어 두면 될 일이지만, 호흡할 수 있는 공기의 양이 제한된 좁은 우주선 내부로 조끼를 부풀린 이산화탄소를 내보내는 건 그리 좋은 생각이 아니었다. 우주선에는 공기 정화장치가 설치돼 있었다. 큼직한 쿠키통 크기의 사각형 캔에 수산화리튬 결정이 채워진 형태로, 우주선 내부의 이산화탄소를 흡수하여 위험한 수준까지 축적되지 않도록 방지해 주는 장치였다. 그러나 담배 필터와 마찬가지로 포화되면 새것으로 교체해야 하는 하는데, 임무 첫날부터 첫 번째 필터를 몽땅 써 버리는 건 그리 좋은 시작이라 할 수 없을 터였다.

사령관의 얼굴에 그늘이 짙게 내려앉은 것을 본 앤더스가 도움을 자청했다. "조끼를 벗어서 저에게 주세요. 도와드릴 테니 계기판을 보면서 벗어 보세요."

러벨은 고맙다는 의미로 고개를 끄덕인 뒤 조끼를 벗으려고 애를 썼다. "벗기도 힘든 물건이구먼." 투덜거리는 소리가 터져 나왔다.

쩔쩔 매는 두 동료를 보던 보먼의 태도도 조금 더 상냥해졌다. "그래, 뭐 이산화탄소가 좀 늘어나도 살 수는 있으니까."

물론 이 말은 사실이었지만, 이런 일이 생기지 않았으면 좋았으리란 생각을 지울 수 없었다. 앞으로 6일 동안 셋 다 이 비좁은 공간을 돌아다닐 때 조금 더 조심해야 한다는 생각도 들었다.

부풀어 오른 조끼는 러벨이 해결해야 할 숙제였는데, 곧 아주 괜찮은 방법을 떠올렸다. 앤더스에게 조끼를 다시 달라는 손짓을 보낸 그는 조끼를 손에 받아들고 우주선에서 화장실이라는 명칭에 그나마 가장 어울릴 만한 공간으로 향했다. 바로 우주선 아래쪽 장비 격실에 마련된 소변 처리 장치였다. 제미니 호와 마찬가지로 처리 장치라고 해봐야 끝에 작은 깔때기가 달린 튜브가 벽에 붙은 조그마한 통에 연결된 것이 전부였다. 소변을 보면 튜브를 통해 통으로 들어가고, 손잡이를 돌리면 통에 담긴 액체가 우주로 배출돼 쉬라가 '유리온 행성'이라 이름 붙인, 반짝이는 결정체로 바뀌는 것이다.

러벨은 튜브 끝에 달린 깔때기를 제거하고 그 자리에 구명조끼의 밸브를 대 튜브와 연결시킨 뒤 밸브를 열었다. 그렇게 눈에 보이지 않는 이산화탄소가 우주선 밖으로 배출됐다. 이산화탄소가 모두 제거되자 러벨은 조끼를 반듯하게 접어서 수납함에 넣어두었다. 아폴로 8호의 임무 중 처음으로 발생한 문제가 해결된 순간이었다.

· + ✦ ·

달 궤도 진입을 위해서는 우주선이 지구 궤도를 두 바퀴째 모두 돌고 난 시점, 즉 우주 비행 시간이 2시간 50분 40초가 됐을 때 엔진이 점화돼야 했다. 극도의 정확성을 요하는 일이므로, 우주 비행사나 우주선 컴퓨터 대신 지상의 우주 관제센터에서 방 하나를 모두 차지할 만큼 거대한 컴퓨터가 점화 지시를 내리기로 했다.

새턴 v 로켓의 3단계 엔진은 정확히 5분 18초 동안 약 102톤의 추진력을 발생시켜 아폴로 8호를 시간당 약 2만 8164킬로미터의 속도로 이동시킨다. 대부분의 뉴스에서는 중력권 이탈 속도가 시간당 4만 234킬로미터라고 설명했지만 이동 속도나 탈출 속도 모두 실제와 달랐다.

사실 정확한 속도는 시간당 3만 8946킬로미터이고, 이탈 속도라고 이름 붙인 속도도 거의 '근접하는' 수준으로 유지됐다고 하는 것이 정확했다. 이는 반드시 필요한 안전 조치로, 물리학적으로 지구를 벗어나는 방향으로 날아가는 것이 오르막길을 올라가는 것에 비유할 수 있다는 시각에서 나온 방안이었다. 즉 빠른 속도로 오르려는 힘과 아래로 끌어내리려는 중력의 힘이 동시에 작용하므로, 시간당 4만 234킬로미터의 최대속도를 쭉 유지한다면 이 양방향 힘에서 벗어날 수는 있지만 계산 착오로 달 궤도에 진입하지 못할 경우 저 먼 우주로 날아가 영원히 떠돌 수도 있었다.

하지만 그 속도를 조금만 늦추면, 다시 말해 시간당 4만 234킬로미터라는 최대속도에서 시간당 1287킬로미터 정도만 속도를 늦추면 중력의 힘을 잃지 않을 수 있었다. 따라서 지구와 아주 멀리 떨어진 곳까지 이동해서 달 궤도에 진입하지 못하더라도 길게 호를 그리며 다시 지구로 돌아올 수 있었다. 지구에서 하늘 위로 공을 높이 던지면 다시 땅으로 돌아오는 것과 같은 원리였다. 마찬가지로 달 궤도에서 약간 벗어날 경우, 달의 중력이 미치는 범위에서 멀찍이 떨어진 곳을 천천히 이동하다가 어느 지점에서 다시 지구 쪽으로 돌아오게 될 터였다. 첫 번째 시나리오대로 될 경우 텅 빈 우주에서 유턴해서 돌아오는 셈이고 두 번째 시나리오의 경우 달 궤도 주변을 돌게 되는 것이다. 둘 다 우주 비행 계획을 수립한 사람들이 자동 귀환 궤도라 부르는 경로를 따르게 되고 어느 쪽이든 집에 돌아올 수 있었다.

3단계 로켓의 발화가 시작되기 전, 러벨은 짧게나마 한가한 시간 동안 창문을 옮겨 다니며 저 아래 천천히 움직이는 지구를 바라볼 수 있다는 것에 만족했다. 첫 우주 비행에서 지구 궤도를

206바퀴 돌면서 여러 번 보았던 광경이었고 이번 비행에서는 지구를 관찰할 시간이 훨씬 짧아졌지만 창문이 두 개였던 제미니 호와 달리 아폴로 호에는 총 다섯 개의 창문이 설치된 만큼 그 기회를 모두 누리고픈 마음이었다.

"와, 내 평생 최고의 비행이야." 러벨은 길고 지루했던 제미니 7호의 미션을 함께한 동료를 향해 윙크를 날리며 말했다. 그리고 다시 한 번 창문을 내려다보며 어둠에 가려진 쪽이 환한 빛에 자리를 내어 주는 광경을 지켜보았다. "해가 뜨고 있어."

"어딥니까?" 지구 궤도에 짧게 머무르는 동안 일출과 일몰을 최대한 많이 보고 싶었던 앤더스가 물었다.

"자, 저쪽을 봐. 서서히 이쪽으로 번지고 있어." 러벨이 앤더스를 향해 손짓하며 말했다.

보먼도 지구를 잠깐씩 내려다보았지만, 동료들이 궤도에 머무르는 얼마 안 되는 시간을 경치 구경으로 낭비하는 것이 썩 탐탁지 않았다. 하지만 이미 두 사람이 창문 앞에 붙어 있으니 그쪽과 관련된 일을 하면 된다는 생각이 떠올랐다. 이번 임무의 핵심은 달의 지도를 작성하는 일이고, 그 일은 여러 겹으로 된 우주선 창문이 얼마나 깨끗한 상태인가에 크게 좌우된다. 그러나 창문을 말끔하게 유지하는 일은 그리 쉽지 않았다. 고무로 된 창틀 사이로 기체가 빠져나가고 육안으로는 보이지 않는 먼지가 이륙 과정에서 쌓일 뿐만 아니라 무중력 환경에서 둥둥 떠다니던 먼지들까지 켜켜이 쌓이기 쉬웠다. 게다가 창문 바깥쪽에 남아 있던 수분이 진공 상태인 우주에서 순식간에 얼어버렸다.

"휴스턴 본부에 창문 오염 상태를 보고하자고." 보먼이 지시를 내렸다. 그리고 러벨과 앤더스가 입을 열기도 전에 먼저 보고를 시작했다. "1번 창문은 깨끗하지만 작은 보푸라기가 보인다." 그는 지상 본부로 무전 메시지를 전했다. "벌써 성에가 약간 생긴 것 같다. 2번 창문에도 먼지가 조금 보인다."

세 번째 창문 쪽에 있던 러벨은 기다란 흔적을 발견하고 엄지로 문질러서 닦아내려다 실패하고 얼굴을 찌푸렸다. "여기 얼룩이 있는데 바깥쪽에 생긴 것 같군."

앤더스는 가운데 창문이 밖을 관찰하기에 무리가 없는 우수한 상태라고 보고했지만, 곧 덧붙였다. "안쪽과 바깥쪽에 먼지가 있습니다." 먼지라고 표현했지만 사실 이는 낙관적으로 표현한 것일 뿐, 정확한 사실은 아니었다. 먼지는 날아갈 수 있지만, 그렇게 말한 앤더스나 보고를 듣는 쪽 어느 누구도 그런 일이 일어나지 않을 거라는 사실을 잘 알고 있었다.

"아폴로 8호, 상태가 양호해 보인다. 이쪽에서는 전할 내용이 없다. 우리는 대기 중이다." 마이크 콜린스의 목소리가 들려 왔다.

남은 대기 시간은 천천히 흘렀다. 콜린스는 우주 비행사들에게 방해가 되지 않도록 아무 말도 하지 않고 대신 관제센터 내부에서 흘러나오는 관제사들의 목소리에 귀를 기울였다. 우주선의 컴퓨터와 유도 장치, 3단계 로켓의 탱크 압력이 모두 적정한 상태임을 확인하는 내용을 들을 수 있었다. 마침내 로켓 엔진의 점화를 23분 앞둔 시점에 비행 책임자로 관제실을 지키던 찰스워스가 콜린스에게 조용히 신호를 보냈다. 우주 비행사들에게 이제 지구를 떠날 준비가 완료됐음을 알릴 때가 온 것이다. 콜린스는 고개를 끄덕였다.

"다 됐다, 아폴로 8호, 이제 TLI를 시작한다. 오버."

"알겠습니다." 보먼이 높낮이 변화가 없는 음성으로 답했다. "TLI를 시작한다. 오버."

콜린스는 의자에 등을 대고 뒤로 푹 기대앉았다. 살면서 가장 스릴 넘치는 순간이어야 했지만, 그는 이런 상황이 너무나 불만족스러웠다.

곧 세 사람은 지구의 거센 중력에서 벗어날 예정이었다. 그리고 3일 동안 다른 천체의 중력에 묶인 채로 지낼 것이었다. 살아 있는 생명체 중 누구도 경험해 본 적 없는 일이었다. 시끌벅적한 밴드가 나팔을 불고 폭죽이 팡팡 터져야 어울렸다. 어떤 식으로든 기념해야 하는 순간에 'TLI를 시작한다'는 이 따분하고 단조로운 말이 전부라니 너무하다는 생각이 들었다.

사실 그러한 표현은 이 일이 너무나 무겁고 중대하다는 느낌을 덜어내기 위해 의도된 것이었다. 임박한 임무에만 집중해야 할 순간에 과도한 중압감이 방해가 될 수 있었기 때문이다. 관제실 한쪽, 비행 역학 콘솔 앞에 앉은 제리 보스틱은 홀로 조용히 이 경이로운 순간을 만끽했다.

"이제 우리 곁을 떠나는군. 저 친구들이 앞장서서 궤도를 벗어나는 거야." 그는 누구에게랄 것도 없이 혼자 중얼거렸다.

우주선에서 보먼과 동료들은 비행 계획에 명시된 단계를 밟아 나갔다. 먼저 모두 제자리로 돌아와 좌석 벨트를 고정했다. 이번에는 어깨를 세게 눌러줄 사람이 없었지만 벨트는 몸이 공중에 뜨지 않도록 붙드는 역할을 할 뿐이었다. 엔진이 점화되면 엄청난 가속도에 몸이 알아서 의자 깊숙이 파묻히게 되리라.

"좋습니다, 신사 여러분. 준비를 해봅시다." 보먼이 러벨과 앤더스에게 말했다.

세 사람은 일제히 계기판을 확인하면서 우주선의 위치나 연료 압력 등 모든 것이 적절한 상태인지 점검했다. 그리고 훈련받은 대로, 다시 한 번 계기판을 확인했다. 모두 질서정연하게 완비됐다.

TLI를 5분 남겨두고 콜린스가 비행사들을 호출했다. "아폴로 8호, 여기는 휴스턴. 이쪽에서 확인한 결과 그쪽은 모두 이상 없다. 모든 것이 정상이다."

"알겠다." 보먼이 응답했다.

마지막 5분이 흐르는 동안 우주선의 비행사들과 지상에 있는 사람들 모두 최대한 침묵을 지켰다. 앤더스는 마음속으로 수천 번도 넘게 확인한 TLI 체크리스트를 다시 떠올리며 자신이 맡은 부분과 다른 비행사가 담당하는 부분을 모두 재확인했다. 특히 EMS라는 진입 모니터링 장치를 떠올렸다. 보먼 쪽 계기판에 장착돼 우주선의 속도, 궤도, 비행 자세를 시각적으로 표시해 주는 장치였다.

"EMS가 자동으로 설정돼 있습니까?" 앤더스가 보먼에게 물었다. 자칫 무례하게 들릴 수 있는 질문이었다. 보먼은 그렇다는 뜻으로 고개를 끄덕였다.

"아폴로 8호, 여기는 휴스턴. 점화까지 20초 남았다." 콜린스가 시선을 시계에 고정시킨 채로 말했다. “확인한다, 모든 것이 정상이다.”

“오케이.” 앤더스가 말했다.

“알겠다.” 보먼이 대답했다.

러벨은 앤더스를 쳐다보며 힘내자는 미소를 보냈다. 보먼을 바라보았지만 그는 돌아보지 않았다. 사령관의 두 눈은 계기판의 시계와 엔진 점화를 알릴 표시등에 고정돼 있었다.

“9, 8, 7…” 보먼이 외쳤다. 중간에 몇 개는 머릿속으로 센 뒤, 다시 크게 말했다. “4, 3, 2…”

우주선 뒤편에서 거대한 울림이 시작됐다. 18미터 떨어진 곳에서 각기 다른 탱크에 담겨 있던 액체 산소와 액체 수소가 연소실로 흘러 들어와 혼합되면서 점화장치가 작동하고, 3단계 엔진에서 배기가스가 폭발하듯 터져 나왔다. 고요한 우주의 진공 속에서 우주선 내부가 낮은 엔진 소리로 채워지며 진동했다.

“켜졌다, 점화.” 보먼이 보고했다.

“알았다, 점화.” 콜린스가 답했다.

예상했던 대로 지구의 중력이 뒤에서 우주선을 끌어당겼다. 사령선과 기계선에 설치된 모든 계기판 바늘이 계속 변화하는 우주선의 속도와 방향을 하나하나 가리키며 지진계처럼 움직였다. 갑작스럽게 속도가 붙으면서 나타나는 우주선의 반응이 디지털 신호로 기록된 뒤 계기판에 표시됐다. 동시에 그보다 훨씬 정확한 센서, 즉 수년간의 비행을 거치면서 예민해진 우주 비행사들의 뇌와 전정계의 센서가 반응하기 시작했다.

"와, 한쪽으로 기운 것 같은데." 몸을 느껴지는 것과 달리 계기판 상에서는 살짝 기울여졌다고 기록된 것을 보고 보먼이 말했다.

"괜찮습니다, DAP는 정상입니다." 앤더스가 디지털 자동조종장치DAP를 확인하고 답했다.

러벨은 우주선의 다른 이동 축을 떠올리느라 여념이 없었다. "지금 비행기 위치가…"

러벨의 질문을 이미 예상한 보먼은 질문이 끝나기도 전에 답했다. "45도, 무난하다."

"오케이."

"탱크 압력은?" 앤더스의 질문이었다.

"탱크 압력도 정상이다." 보먼이 답했다.

"오케이." 앤더스도 대답했다.

세 사람이 침묵 속에서 꼭 필요한 대화만 나누는 동안 5분 20초가 흘렀다. 엔진이 연소되고 우주선은 서서히 지구에서 달로 향하는 중력의 산을 올라가기 시작했다.

콜린스도 주기적으로 격려의 메시지를 보냈다.

"아폴로 8호, 여기는 휴스턴. 모든 것이 정상으로 확인됐다. 선체 중심선도 정확히 맞다."

다시 1분쯤 뒤에 같은 내용이 반복됐다. "아폴로 8호, 모든 것이 정상이다. 중심선도 정확하다."

"알았다." 이번에는 보먼도 대답했다.

러벨의 두 눈이 계기판의 시계에 고정됐다.

"30초 남았다." 러벨의 목소리였다.

"10초 남았다. 상태 매우 양호."

"5, 4…" 러벨의 카운트다운이 시작됐다.

3초가 지나자 엔진이 갑자기 뚝하고 꺼졌다. 조종석에는 선실 환풍기가 돌아가는 소리와 세 사람의 숨소리, 헤드셋에서 흘러나오는 관제센터의 치직거리는 소음만 남았다. 그러나 우주선은 시간당 약 3만 9000킬로미터라는 전례 없는 엄청난 속도로 지구와 멀어지고 있었다.

"오케이, 정확하게 SECO 됐습니다." 보먼이 일상적인 일인 양 편안한 목소리로 보고했다.

"알았다. SECO 상태."

기록적인 순간이었다. '지속 엔진 중단Sustainer Engine Cut-off'을 의미하는 이 말 역시, 우주선의 거대한 엔진이 꺼졌다는 사실에 대해 사람이라면 누구나 느낄 법한 격한 감정을 약화시킬 수 있도록 마련된 용어였다.

관제센터에서 진 크란츠는 참관인만의 특권을 마음껏 누렸다. 벅찬 감정이 마음껏 흘러나오도록 내버려 두었다. 관제실 뒤에 서서 그가 바라보고 있던 거대한 지도가 바뀌고 앞으로 나아가야 할 긴 여정이 표시됐다. 세 우주 비행사가 지구를 벗어났다. 달로 가는 사상 최초의 미션이 순탄하게, 제대로 시작됐다.

지구의 사람들

1968년 12월 21일

발레리 앤더스는 아폴로 8호가 발사되는 모습을 가장 편안한 환경에서 지켜보리라 마음먹었다. 특별한 분위기를 만들지 않고, 우주센터 마당에 설치된 VIP 관람석에서 무수한 유명 인사들과 NASA 우주 비행사들의 가족들 사이에 끼지 않을 셈이었다. 연료에서 풍기는 냄새를 맡거나 로켓이 발사하면서 땅이 울리는 진동을 느끼지도 않고, 두 손으로 햇볕을 가리며 새턴 로켓이 하늘 높이 날아가는 모습을 볼 일도 없을 것이다. 대신 집 안에서 나무로 된 장난감 수납장 위에 앉아 막내를 무릎에 앉히고 다른 아이들도 모두 발치에 옹기종기 모아 놓고 다 함께 텔레비전 화면을 지켜보기로 했다. 극적인 느낌이야 덜하겠지만 편안하고 친숙한 분위기에서 볼 수 있을 테니까.

발레리와 가족들이 집에서 우주선 발사 장면을 '컬러' 텔레비전으로 보는 건 이번이 처음이었다. 주변 이웃들 모두가 이 사치스러운 물건을 장만해도 앤더스 가족은 동참하지 않았다. 그러나 빌 앤더스는 이번이 자신의 첫 번째 우주 비행이고, 온 나라 사람들이 발사 날짜에 맞춰 모여들 때 자신은 가족에게서 아주 멀리 떠나야 했으므로 식구들에게 컬러 텔레비전을 선물하기로 결심했다. 자신의 모험이 시작되는 장면을 가족들이 더 또렷하게 볼 수 있다면 더할 나위 없는 선물이 될 터였다.

발사가 몇 시간 앞으로 다가오자 앤더스의 집은 우주 비행사들과 그 가족들로 채워지기 시작했다. 보먼이나 러벨의 집도 마찬가지였다. 비행사 아내들에게 신망이 두터워 자연스레 NASA의 신뢰를 얻었던 「라이프」 기자 도디 햄블린Dodie Hamblin도 늘 해오던 대로 휴스턴 외곽을 찾았다. 우주 비행사들의 집을 방문해서 가만히 상황을 지켜보면서 적절한 타이밍에 몇 가지 질문을 던지는 것이 그녀의 취재 방식이었다. 그 결과물에는 아내들에게서 나올 법한 상투적인 이야기와는 다른 무언가가 담겨 있었다. NASA가 「라이프」와 보도 계약을 꾸준히 체결한 것도 그런 이유 때문이었고 햄블린이 그 과정에 톡톡한 역할을 했다.

발사 당일 아침에는 모두의 시선이 텔레비전 화면에 집중돼 있었다. 현장에서 직접 보는 것과는 비교할 수 없겠지만 새턴 V가 날아가는 모습을 텔레비전 화면으로 보는 것도 충분히 드라마틱했다. 로켓의 엄청난 크기와 더불어 자그마한 스피커에서 터져 나온 폭발적인 굉음이 그대로 전해졌다. 발레리는 메인 엔진 다섯 개가 점화된 광경을 컬러 화면으로 생생하게 지켜보았다. 이어 로켓이 상승하고, 월터 크롱카이트가 보도 부스가 흔들린다고 외치는 소리도 들었다. '달로 날아가고 있는 사람들도 그런 진동을 느끼겠구나' 생각하던 발레리의 머릿속에 한 가지 말이 떠올랐다. '폰 브라운 박사님, 고맙습니다.'

다소 특이해 보일 수도 있지만 꼭 맞는 인사였다. 폰 브라운은 로켓을 만든 사람이고, 발레리의 눈에 그가 만든 로켓은 제대로 날아가고 있었다. 발레리는 그대로 텔레비전 앞에 앉아 새턴 V 로켓의 1단계가 분리되고 저 멀리 작은 점으로 사라지는 모습을 모두 지켜보았다. 이제 화면은 카메라가 더 이상 담을 수 없는 부분을 애니메이션으로 표현하여 우주 비행의 정보를 전했다. 기자들이 전하는 내용을 통해 남편이 지구 궤도로 진입했다는 사실을 들었다. 세 시간도 채 지나기 전에 남편이 그 궤도에서도 벗어나 달을 향해 나아갔다는 소식도 전해졌다.

발레리는 이와 같은 순간들을 비롯해 중요한 단계가 연속되면서 우주 비행 미션이 이루어진다는 것을 이해했고, 단계가 진행될 동안 감정을 잘 다스려야 한다는 사실을 잘 알고 있었다. 아이들도 마찬가지였다. 앞으로 6일이라는 긴 시간을 집 안에서 보내야 하는 상황이니만큼 마음을 다스리는 것이 꼭 필요했다.

일종의 포위 상태로 일주일을 보낼 준비를 하기 위해 발레리는 발사 전날 우주 센터 내에 있는 상점으로 가서 필요한 물품들을 넉넉히 준비할 작정이었다. 이미 기자 몇몇이 발레리의 집 앞에 자리를 잡은 상태였다. 발사 당일 아침에 얼마나 많은 기자들, 사진사들이 몰려와 집을 빙 둘러쌀지 충분히 예상할 수 있었다. 발레리는 외출하려면 아주 일찍 집을 나서거나 아예 집 밖을 나가지 말아야 한다는 결론을 내렸다. 시내에 있는 슈퍼마켓에 장을 보러 가면 이목이 집중되는 상황을 감수해야 했지만 우주 비행사나 그 아내들과 수시로 마주치는 우주 센터 내에서는 그럴 일이 없었다.

새벽부터 진을 치러 온 기자들을 피하기 위해 발레리는 아이들의 놀이방과 연결된 현관으로 조용히 장을 보러 나섰다. 뒷마당으로 연결되는 이 문은 집 주변을 둘러싼 나무 울타리에 가려져 있었다. 막내 에릭을 한 팔에 안고 다른 손으로 문을 열고 나온 발레리는 그 앞에 서 있던 사진사 앞을 곧장 지나쳤다. 피곤하거나 당황하면 엄지손가락을 빠는 습관이 있던 에릭이 놀라는 바람에 입안에 있던 엄지를 쏙 빼내는 모습이 엄마와 함께 카메라에 찍혔다. “아빠를 위해 엄지를 치켜들다!” 다음 날 신문에는 이런 설명이 붙은 두 사람의 사진이 실렸다.

외출 시도를 실패한 발레리는 집 안으로 들어왔고 갇혀 지내는 생활이 시작됐다. 하지만 장 보는 일에 그렇게 신경 쓸 필요가 없었다는 사실이 곧 드러났다. 저녁이 되자 냉장고가 캐서롤이며 샌드위치, 감자 샐러드, 각종 요깃거리들로 가득 채워졌다. 주방 선반에는 파이, 커피 케이크, 쿠키가 잔뜩 쌓였다. 이미 이러한 사태를 경험해 본 손님들이 우주로 떠난 비행사의 집에 절대 빈손으로 오는 법이 없었기 때문이다.

우주 비행사의 가족들만이 누릴 수 있는 것이 하나 있었다.

NASA가 우주 비행사의 가족들의 편의를 위해 마련해 준 장치로, 침실이나 집 안의 조용한 곳에 설치된 작은 스피커였다. 이 기계를 통해 가족들은 우주선에 탑승한 비행사가 지상을 떠나는 순간부터 바다에 착수할 때까지 지구와 우주선 사이에서 오가는 통신 내용을 들을 수 있었다.

처음에는 이 스피커로 전달되는 소리가 아주 약간 지연되는 수준이었지만 우주선이 달 궤도에 진입하자 지연되는 시간이 1.5초까지 늘어났다. 무선 신호가 초속 30만 킬로미터의 빛의 속도로 전달됨에도 불구하고 달 궤도까지 거리가 37만 5000킬로미터에 달한다는 사실을 실감할 수 있는 변화였다. 그런데 사실 NASA는 일부러 송신 간격을 2초 정도로 설정해두었다. 가족들이 들어서는 안 되는 내용이 나올 때, 집집마다 설치된 스피커로 나가는 신호를 차단하기 위해서였다. 불 붙은 아폴로 1호 내부에서 터져 나온 비행사들의 음성을 들었던 비행 관제센터 사람들 모두가, 비행사의 가족들이 죽어가는 남편과 아빠의 목소리를 고스란히 듣도록 해서는 안 된다는 생각에 동의했기 때문이었다.

빌은 집을 떠나기 전, 발레리에게 이번 비행의 위험성과 집에 돌아올 가능성이 얼마나 되는지 솔직하게 알려 주었다.

"미션이 성공할 확률은 33퍼센트고, 달에 못 가고 안전하게 귀환할 확률도 33퍼센트야. 그리고 아예 지구로 못 돌아올 확률도 33퍼센트고."

앤더스가 설명한 가능성이나, 무사히 돌아올 확률을 이보다 덜 희망적인 50 대 50으로 본 크리스 크래프트의 생각은 모두 동일한 근거에서 비롯됐다. 바로 각자의 직감이었다. 두 사람 다 이런 수치가 구체적으로 어떻게 나온 결과인지는 명확히 설명할 수 없었지만 그 가능성을 확신했다는 점만은 같았다.

빌은 모든 가능성을 염두에 두고 아이들을 위해 두 가지 영상을 미리 촬영해두었다. 하나는 크리스마스에 보여 주고, 다른 하나는 두 번 다시 온 가족이 모여 크리스마스를 함께할 수 없다는 사실이 확실해졌을 때 보여 주라는 메시지를 남겼다.

발레리는 이 두 번째 영상을 틀 일이 생길 수 있다는 생각은 거의 하지 않았다. 비행사의 아내로 살면서 오래전부터 생긴 나름의 차단 스위치로, 직접 통제할 수 있는 일에만 신경을 쓰고 어찌할 수 없는 안 좋은 일들은 무시하면서 터득한 노하우였다. 발레리의 친구들 중에는 남편이 파일럿인 사람들이 많았고, 그들 중 다수가 베트남전에 참전했다. 달 탐사라는 미션과는 사뭇 다른 유혈이 낭자한 또 다른 냉전에 참여한 것이다. 발레리는 친구들이 두려움을 통제한 것처럼 자신도 그럴 수 있다고 생각했고 더 나아가 아이들도 그렇게 견디는 기술을 배우도록 이끌었다.

아이들에게 아빠가 집에 꼭 돌아온다고 약속할 수 없음을 알고 있었기에, 발레리는 애당초 그런 말을 하지 않았다. 대신 너희에게는 엄마가 있고 늘 곁에 있을 거라고 말해 주리라 생각했다.

"엄마가 여기 있을게. 그리고 늘 곁에 있을 거야." 로켓이 발사된 날 밤, 발레리는 아이들을 재우면서 이렇게 이야기했다. 그리고 빌이 돌아올 때까지 매일 밤 아이들에게 그 말을 해주기로 마음먹었다.

수전 보먼의 두 아들은 발레리의 아이들처럼 다독이며 안심시켜 줘야 할 필요가 없었다. 혹시 그런 위안이 필요했을지언정 내색하지 않았다. 열일곱 살이 된 프레드와 열다섯 살인 에드는 둘 다 훌쩍 자라서 신장이 174센티미터인 아버지를 넘어섰다. 고등학교 풋볼 팀에서 뛰기에 아주 적합한 체격 조건과 강단을 모두 갖춘 아이들이었다. 사람이 느끼는 감정은 겉으로 드러낼 수도 있지만 그러지 않을 수도 있다는 사실을 충분히 이해하는 나이였다.

두 아들은 아버지를 닮아 성격이 침착하고 차분했지만, 동시에 어머니에게서 물려받은 또 다른 기질도 있었다. 바로 무심코 친절한 모습을 드러내는 능력이었다. 수전은 이 특별한 기술이 유독 간절할 때가 있었는데, 아폴로 8호가 발사된 날도 그랬다. 동이 트기도 전에 가족들, 친구들이 속속 도착하자 수전은 손님들을 챙기는 동시에 두 아이들을 주시하면서 기삿거리를 찾는 언론의 공격을 받지 않도록 신경 썼다.

발사 당일에는 집으로 기자를 한 명도 들이지 않았지만 아폴로 8호가 무사히 우주에 도착하자 수전은 기자들이 원하는 것을 선사하는 시간을 마련했다. 프레드, 에드는 제외하고 앞마당에 프랭크의 부모님, 애완견과 함께 나가서 기자들을 만난 것이다. 카메라들이 가족의 모습을 충분히 촬영한 뒤에 수전은 몇 마디를 전했다. "평소에 저는 늘 할 말이 있는 사람이지만, 오늘은 그렇지가 않네요."

말은 그랬지만 수전은 충분히 예상했던 기자들의 질문에 대답하고 자신감과 남편에 대한 자랑스러움을 적절히 드러내며 이야기를 이어갔다. “이번 일은 전체적으로 너무 광범위해서 전부 이해하기 매우 힘든 것 같아요. 저도 다 이해하지 못했고요. 제미니 7호 비행과는 굉장히 다른 느낌입니다.”

간단한 기자회견이 막바지에 이르자 수전은 이렇게 말했다. “심적으로 너무 지쳐서 이 정도로 마쳐야 할 것 같아요.”

기자들에게 간곡히 양해의 말을 전한 뒤 수전은 집 안으로 들어갔다. 앞으로 기나긴 일주일의 시간이 남았고, 그쯤 되자 기자들의 관심에 얼마나 호응해 줄 수 있을지도 정확히 파악할 수 있었다. 발사 당일에 해줄 수 있는 호응은 그것이 전부였다.

아폴로 8호의 우주 비행사들은 무거운 여압복에서 벗어나 남은 비행 임무 내내 입고 지낼 흰색 점프수트로 갈아입기도 전에 이미 지구에서 역사상 그 누구보다 멀리 벗어났다. 피트 콘래드와 딕 고든Dick Gordon이 제미니 11호 우주선에 탑승하여 약 1368킬로미터 상공까지 떠오르며 전례 없는 기록을 세운 지도 2년이 넘는 세월이 흘렀다. 인류가 그 정도 기록을 세우기까지 엄청나게 긴 시간이 걸렸지만, 보먼과 러벨, 앤더스는 이탈 속도에 가까운 속도로 달을 향해 나아가고 있었다. 세 사람은 91초마다 숫자가 바뀌는 우주선의 주행기록계를 통해 자신들이 도달한 거리를 확인할 수 있었다. TLI를 위해 엔진이 점화되고 35초 만에 약 2만 2530킬로미터 상공에 도달한 아폴로 8호는 제미니 11호가 세웠던 기록을 무려 열네 배 이상 뛰어넘었다. 패투센강 인근의 해군 공군기지에서 콘래드와 함께 테스트 파일럿으로 근무했던 러벨은 오랜 친구의 속을 박박 긁을 수 있게 된 것이 너무 즐거웠다.

"콘래드에게 기록 깨졌다고 전해줘요." 그가 씩 웃으며 무전을 보냈다.

아폴로 8호가 그만큼 엄청난 고도에 올랐다는 것은 그 거리에서 지구의 모습을 내려다볼 수 있다는 의미였지만, 아직 비행사들은 우주선 방향을 돌려서 떠나온 고향 행성을 제대로 관찰할 수 있는 상황이 아니었다. 우주선이 한쪽 방향으로 나아가게 되면 모를까, 우선은 물리학적인 계획에 따라 우주선 앞코가 어디를 향하든 상관없이 계속 이동하는 것이 중요했다. 게다가 아직 기계선 뒤쪽에 매달린 새턴 V의 3단계 부분도 처리해야 했다. 맡은 몫을 잘해낸 로켓의 마지막 부분을 분리해서 우주 쓰레기로 보내야 했다.

3단계 로켓과 우주선은 폭발 볼트로 연결돼 있었다. 분리 작업이 시작되면 우주 비행사가 그 볼트를 폭파시킨 뒤 추력기를 작동시켜서 초당 수 미터씩 우주선의 이동 속도를 높여야 했다. 우주선과 3단계 로켓 사이에 간격을 넓히는 것이다. 폭발 볼트가 터지면 로켓에 남아 있던 연료가 망가진 관을 따라 밖으로 새어 나오고, 이때 어떻게 움직일지는 예측이 불가능하므로 간격을 충분히 확보해야 했다. 11.5톤짜리 고철이 우주선 뒤에 바짝 다가오는 상황을 바라는 사람은 아무도 없을 테니 말이다. 보먼은 이 상황을 피할 수 있다면 피하는 쪽을 선호했다.

정교한 조작이 필요한 로켓 분리 단계에서 세 사람에게 각기 다른 역할이 주어졌다. 앤더스는 비행 계획의 체크리스트를 들고 분리에 필요한 명령을 하나씩 읽어 내려가고, 러벨은 그 명령을 컴퓨터에 입력하여 폭발 분리를 실행하고, 보먼은 우주선이 로켓과 분리되면 추력기를 작동시키는 임무였다. 러벨은 비행 중에 컴퓨터를 다룰 수 있는 첫 번째 기회에 사뭇 들떴다. 지상에서도 이 뛰어난 전자두뇌를 수 시간 동안 다루어 보았지만 실제 상황에서 활용하는 것은 이번이 처음이었다.

우주선에 설치된 컴퓨터는 버튼 아홉 개가 달린 키패드로 작동되는 비교적 작은 기계였으나 화면은 굉장히 커서 왼쪽 끝부터 오른쪽 끝까지 총 스물한 자를 한 줄로 쓸 수 있을 정도였다. 컴퓨터에 사용되는 언어는 기본적으로 영어와 흡사하게 동사와 명사로 구성되고 모두 숫자로 표시됐다. 러벨은 수개월간 비행 훈련을 받으면서 컴퓨터 언어를 유창하게 구사할 수 있는 방법을 배웠다. 컴퓨터로 실행할 동작에 해당되는 동사와 실행돼야 할 대상을 가리키는 명사를 터득한 것이다. 가령 동사 82는 '궤도 파라미터 표시 요청'에 해당되고 이 숫자를 입력하면 컴퓨터가 명령어를 분석한 뒤 다음 명령을 대기한다. 궤도 파라미터 가운데 정확히 어떤 값을 표시해야 할까? 파라미터의 종류도 여러 가지였다. 그러므로 82를 입력한 후 다시 위도와 경도, 고도를 의미하는 43을 입력해야 명령이 완료돼 컴퓨터가 답을 내놓을 수 있었다. 여러 개별 조작이 복합적으로 이루어진 경우 그 전체 과정이 사전에 입력돼 있었다. 즉 컴퓨터에 필요한 모든 명사를 저장해 비교적 쉽게 명령을 입력할 수 있어 러벨은 알맞은 동사만 입력하면 됐다.

보먼은 러벨이 조작할 기계의 디스플레이에 표시된 정보를 유심히 살펴보고 우주선이 로켓 분리를 실시하기에 적절한 상태인지 확인했다. 그리고 그렇다는 결론을 내렸다.

"됐군." 그는 러벨을 향해 고개를 끄덕이며 말했다.

"좋습니다, 동사 62, 입력." 앤더스가 읽었다.

"동사 62, 입력." 러벨이 따라 읽으면서 명령어를 확인하고 키패드를 눌렀다.

"동사 49, 입력." 앤더스가 다시 읽었다.

"동사 49, 입력." 러벨도 따라했다.

앤더스는 입력된 값을 확인하고 고개를 끄덕였다. "좋습니다. 처리합니다."

"알았다." 러벨은 대답과 함께 디스플레이 패널에 있는 '처리' 버튼을 눌렀다.

볼트가 폭발하면서 발생한 충격에 세 사람 모두 깜짝 놀랐다. 충분히 견딜 만한 강도였고 로켓 발사 당시의 엄청난 진동에 비하면 아무것도 아니었지만, 시뮬레이션 훈련에서 경험한 것보다 강도가 훨씬 셌다.

보먼은 갑작스러운 충격을 얼른 떨치고 피스톨 방아쇠처럼 생긴 핸들을 잡고 우주선의 추력기를 점화시켜 서서히 앞으로 나아갔다. 충분한 간격으로 지정된 거리까지 이동한 뒤, 그는 창문으로 로켓과의 간격이 적당한지 확인할 수 있도록 우주선 자세를 뒤로 젖혀 보기로 했다. 그러나 창문은 너무 작았고 3단계 로켓이 어디에 있을지 도통 알 수가 없었다. 이대로는 쉽게 찾을 수 있을 것 같지 않았다.

보먼은 일단 추력기를 켜고 우주선이 공중제비를 절반만 넘도록 조작한 뒤 창밖을 살펴보았다. 아무것도 없었다. 왼쪽, 오른쪽, 위, 아래 다 살펴봐도 아무것도 보이지 않았다.

"이봐, S-IVB가 어디로 갔지? 누구 찾은 사람 없어?"

러벨과 앤더스는 보먼이 추력기를 조작하는 동안 말없이 각자 창문 앞에서 눈을 가늘게 뜨고 밖을 내다봤다.

잠시 후, 러벨이 소리쳤다. "저기 있다!"

"찾았어?" 보먼이 물었다.

"저기 중앙! 이 창문에서 봤을 때 중간에 있군!"

환한 흰색의 3단계 로켓 표면에 태양빛이 반사되고 있었다. 컴퓨터에 뜬 우주선과의 거리는 수십 미터였지만 육안으로 보기에는 훨씬 더 멀리 있는 것처럼 느껴졌다. 하지만 그 정도로는 간격이 충분치 않았다. 보먼은 로켓에서 연료가 다량 뿜어져 나오는 광경을 확인했다. 저러다 제멋대로 움직이면 우주선과 충돌할지도 모른다. 보먼은 그럴 가능성을 없애기 위해 지금 다른 쪽으로 우주선을 옮겨야 하는지 골똘히 생각에 잠겼다.

바로 그때, 3단계 로켓으로 발생할 수 있는 골치 아픈 문제에 대한 생각이 싹 날아갔다. 보먼의 시야에 그보다 훨씬 더 장대한 광경이 들어왔기 때문이다. 지구였다.

미국과 소련의 우주 비행사들은 여러 번 우주에서 지구를 바라본 적 있었지만 아폴로 8호에서는 이전보다 훨씬 넓은 면을 볼 수 있었다. 너무 커서 우주선 창문에 다 들어오지 않을 정도였다. 그럼에도 보먼과 러벨, 앤더스는 지구가 우주에 홀로, 무엇에도 기대지 않고 떠 있는 모습을 볼 수 있었다. 이제 세 사람에게 지구는 발밑의 흙으로 느끼거나 우주선 저 아래 지평선으로 확인할 수 있는 행성이 아니었다. 거의 완벽한 원반 모양으로 환한 빛을 내며 바로 눈앞에 떠 있는 지구는 푸른색과 흰색이 아름답게 어우러진, 섬세한 크리스마스 장식 같았다. 형언할 수 없이 아름답고, 쉽게 부서질 것만 같은 모습이었다.

"정말 멋진데!" 보먼은 이렇게 외쳤다.

그러나 속으로는 이렇게 생각했다. '하나님은 바로 이 모습을 늘 보고 계시겠지.'

놀란 마음을 진정시키며 보먼은 지구로 무전을 보냈다. "우리는 지금 지구를 보고 있다. 원형에 가깝다."

"아주 좋아. 사진을 전달해 주기 바란다." 콜린스가 응답했다.

보먼은 앤더스에게 지시하려 했지만 그럴 필요가 없었다. 이번 임무에서 사진작가로 임명된 그는 이미 카메라를 조립하고 있었다. 러벨은 창밖을 보면서 앤더스가 담게 될 광경을 설명했다.

"플로리다의 멋진 모습이 보인다. 케이프 케네디는 위치 정도만 보이는군. 아프리카도 한눈에 들어온다. 서아프리카가 정말 아름다워." 러벨은 방금 이야기한 풍경의 규모를 다시 한 번 강조하기 위해 덧붙였다.

"지금 지브롤터와 플로리다가 한눈에 들어온다."

쿠바와 중앙아메리카, 그리고 남아메리카도의 대부분도 볼 수 있었다. "아래쪽으로 아르헨티나와 그 아래 칠레까지 전부 보인다."

보먼은 잠시 지구의 모습을 바라보다가 곧 임무를 수행해야 한다는 사실을 깨달았다. NASA에서 예측한 3단계 로켓의 움직임과 실제 상황이 전혀 일치하지 않는다는 것이 명확히 드러난 상황이었다. NASA는 연료가 소량 새어나온 뒤 탱크에 남아 있는 모든 물질이 통제되지 않은 상태로 마구 흘러나오지 않도록 폭발이 신속하고 깔끔하게 일어날 것으로 내다보았다. 그러나 보먼이 보기에 신속하고 깔끔한 폭발이 일어날 기미는 전혀 보이지 않았다.

"이럴 수가, 아주 볼 만하구먼. 대형 스프링클러처럼 연료를 온 사방에 뿜어내고 있다." 보먼이 말했다.

"사진을 몇 장 찍어보게." 콜린스가 다시 지시했다.

보먼은 이번 지시가 영 탐탁지 않았다. 3단계 로켓은 이제 더 이상 쓸모가 없는데 사진으로 모습을 남겨두는 것이 중요한 일이라는 생각이 들지 않았다. 사진을 찍으려다가 비극적인 결과로 이어질 수도 있었다. 하지만 본부에서는 사진을 원하고 적어도 이 시점에 그 지시를 따르지 않을 생각은 없었다.

러벨도 콜린스의 지시를 들었다. 자신이 담당한 창문으로 3단계 로켓이 나타나자 그는 앤더스에게 카메라를 건네받았다.

"우주선을 조금 위로 이동시킬 수 있을까?" 그는 보먼에게 요청했다. 선장이 그 요청을 받아들였다.

"조금만 더 올라가 주게."

보먼은 다시 추력기를 가동시켰다. 앤더스도 러벨이 있는 쪽 창문으로 다가가 밖을 내다보았다.

"아직 안 보이는데요. 우주선을 좀 더 위로 옮길 수 있을까요?"

"저 망할 물건 가까이로 갈 수는 없어." 보먼이 쏘아붙였다.

보먼이 추력기를 다시 얼마간 작동시켰고, 러벨은 마침내 시야에 들어온 로켓을 향해 셔터를 연달아 눌러댔다. 보먼 쪽을 힐끗 보면서 선장의 인내심이 거의 바닥났음을 짐작한 앤더스가 러벨에게 말했다.

"이 정도면 사진은 충분하지 않을까요?"

러벨은 카메라를 앤더스에게 돌려주었다. 보먼은 예상과 다르게 움직이는 3단계 로켓 쪽을 다시 쏘아보고, 추력기를 작동할 피스톨 손잡이를 잡았다.

"휴스턴, 여기는 아폴로 8호. 본부가 승인하면, 분리 단계를 실행하겠다."

보먼이 무전을 보냈지만 지상에서는 아무런 응답도 하지 않았다. 보먼은 비행 관제사들이 이 문제를 놓고 숙고 중임을 짐작할 수 있었다. 추력기를 예정에 없이 점화시킬지 열심히 상의하고 있으리라. 보먼은 20초 정도 기다렸다가 다시 무전을 시도했다.

"휴스턴, 여기는 아폴로 8호."

이번에도 침묵만 돌아왔다. 보먼은 6초를 기다렸다.

"알았다. 저 물건에서 멀어지려면 추진기를 작동시켜야 할 것 같다."

보먼이 비행 임무를 수행하는 모습에서 월리처럼 명령을 거역할 것 같은 기색은 전혀 찾아볼 수 없었다. 그러나 그는 결정하면 망설이지 않는 사람이었다. 보먼이 추력기를 점화시켰고 아폴로 8호는 3단계 로켓을 태양 주변, 폐기물이 처리되는 궤도에 남겨 둔 채 재빨리 먼 곳으로 나아갔다.

비행 미션에 온통 관심이 쏠려 있던 전 세계 사람들이 우주선이 발사된 후 첫 24시간 동안 유심히 귀를 기울였다면, 최소 몇 명 정도는 우주선과 지상 본부 간 오가는 대화 가운데 좀 이상한 부분을 집어낼 수 있었을 것이다. 그러나 실제로 그런 사실을 눈치 챌 가능성은 거의 없었다. 2만 2530킬로미터였던 최고 고도 기록을 갱신한 데다, 지구 궤도를 한 번 돌 수 있는 시간 동안 지구 궤도의 여덟 배에 달하는 약 19만 3000킬로미터까지 날아간 상황에서 신경 쓸 부분이 너무나 많았기 때문이다.

우주의 상황을 실시간으로 보여 줄 텔레비전 방송도 몇 차례 예정돼 있어 흥분된 분위기는 한층 더 고조됐다. 첫 방송은 비행 임무가 31시간째에 접어드는 12월 22일, 동부 표준시 기준 오후 3시경 실시될 예정이었다. 비행사들이 우주에서 지구를 보면서 느낀 초현실적인 느낌을 지구에 있는 사람들도 안방에 편안하게 앉아 확인할 수 있을 것이다.

그 와중에도 알쏭달쏭한 교신이 간간히 등장했다. 무슨 상황인지 모르는 사람이 듣는다면 의아해할 만한 내용이었다. 가령 앤더스가 보낸 무전 중에는 이런 내용이 있었다. "휴스턴, 테이프 되감기를 시작했습니다. 편할 때 덤프하세요." 그러면 콜린스가 이렇게 응답하는 식이었다. "아폴로 8호, 여기는 휴스턴. 곧바로 테이프를 덤프한다." 잠시 후 한 우주 비행사가 NASA가 테이프에서 뭔가 재미있는 내용을 찾아서 즐거워하고 있으리란 얘기를 꺼냈다. NASA에 연락해서 혹시 테이프를 봤는지, 소감이 어떤지 물어보기도 했다.

이런 대화는 양쪽 모두 '덤프 테이프'라는 별칭으로 부르던 DSE, 즉 데이터 저장장치Data Storage Equipment에 관한 것이었다. 아폴로 8호의 조종석에는 녹음 장비가 설치돼 있어서 이륙부터 착수까지 작동하면서 우주 비행사들이 선내에서 편하게 주고받은 대화들이 모조리 기록됐다. 지상 본부와 주고받은 무전과 별도로 비행사들이 나눈 이야기들이 모두 담긴 것이다. 역사적으로 중요한 기록인 동시에 만에 하나 사고가 생길 경우 중요한 정보를 제공할 수 있고 조사위원회가 문제의 원인을 파악할 때 이를 활용할 수 있었다.

이 녹음 장치의 가장 중요한 기능은 비행사들이 관제센터에 어떤 메시지를 은밀히 전달하는 용도로 활용할 수 있다는 것이었다. 즉 많은 사람들이 엿들을 위험 없이 신속히 메시지를 보낼 수 있는 방법이었다. 문제는 관제센터가 테이프 내용을 들으려면 어느 정도 시간적인 여유가 있어야 한다는 점이었다. 보먼의 몸 상태에 이상이 생겼다는 사실을 지상에 알려야 하는 아폴로 8호로서는 반갑지 않은 일이었다. 보먼은 비행 초반 러벨과 앤더스가 경미한 멀미 증상을 보였을 때보다 훨씬 더 상태가 좋지 않았다.

보먼은 발사 후 12시간이 흐르는 동안 상당 시간 동안 구토를 하거나 자꾸만 올라오는 구역질을 견디면서 보냈다. 어떻게든 토하지 않으려고 애썼지만 여러 번 그 결심이 꺾이고 말았다. 간간히 설사 증상도 나타났는데, 소화 기능이 원활하지 못한 상황에서 흔히 일어날 수 있는 일이었다. 그러나 구토와 설사는 화장실 사용이 자유롭지 않은 우주선에서 극도로 견디기가 힘든 일이었다. 선장으로서의 직분을 다하고 목소리에서도 아무런 문제가 느껴지지 않았지만, 그렇게 버틸 수 있는 시간은 한계가 있었다. 보먼이 아무것도 먹지 못하거나 더 이상 못 견디는 상태가 된다면 임무를 제대로 수행하지 못하고, 급기야 돌아오지도 못하는 상황이 벌어질 수 있다. 좁아터진 우주선에서 보먼이 괴로워하며 발생시키는 소리와 냄새는 이미 셋 다 못 견딜 수준에 이르렀다. 만약 보먼의 상태가 바이러스 감염에 의한 것이라면 러벨과 앤더스까지 감염될 가능성이 높아 상황은 더욱 악화될 수도 있었다.

처음에 보먼은 지상 본부에 자신의 상태에 관하여 한 마디도 하지 말라고 입단속을 했다. "난 아무 말도 안 할 생각이니까, 자네들도 입 닫아." 휴스턴과 통신을 하지 않을 때 그는 이렇게 말했다.

그러나 반나절이 지나자 보먼 스스로도 걱정이 되기 시작했다. 평생 비행기에서 몸이 아팠던 적은 한 번도 없었고 그나마 예외라면 숙취에 시달린 것이 전분데 그런 건 공군이라면 누구나 몇 번은 겪는 일이었다. 제미니 7호로 우주 비행에 나섰을 때도 탈이 난 적은 14일 동안 한 번도 없었다. 하지만 이번에는 소화기관 전체가 제대로 반항하기로 작정한 모양이었다.

러벨과 앤더스는 보먼이 무작정 그렇게 쏟아내면서 꾹 참기만 할 사람임을 알았기에 더 걱정이 됐다. 그러다 마침내 덤프 테이프로 지상에 상황을 전하는 계획에 동참하도록 보먼을 설득할 수 있었다. 그래야 우주 비행 전담의사인 찰스 베리Charles Berry 박사가 보먼의 상태를 파악할 수 있다고 판단한 것이다.

녹음된 내용이 지상에 전달되고 몇 시간이 지난 후에야 휴스턴은 우주 비행사들이 은밀히 전한 메시지를 알아챘다. 당시 비행 총책임자 콘솔 앞에는 글린 루니가 앉아 있었고 클리프 찰스워스도 근무 시간은 아니었지만 근처에 있었다. 두 사람은 우주선에서 전해온 상황이 정확히 무엇인지 모르지만 의학적인 문제임을 인지했다. 루니는 찰스워스에게 베리를 불러서 바로 아래층에 있는 백업 통제실에서 보자고 전했다. 조용히 테이프 내용을 들어보고 필요하면 우주선의 비행사들과 연락도 할 수 있는 곳이었다. 베리는 조금 전까지 캡컴 콘솔을 맡았다가 신입 비행사 켄 매팅리Ken Mattingly와 교대한 콜린스도 호출했다.

그리하여 네 사람이 백업 통제실에 모여서 문을 꼭 닫고 위급 상황을 알리는 테이프에 귀를 기울였다. 멀미라면 가장 다행일 테고, 바이러스 감염이라면 썩 반가운 일이 아닐 것이란 의견이 오갔다. 베리가 곧바로 떠올린 최악의 경우는 방사능 질환일 가능성이었다. 증상이 갑작스럽게 시작된 점, 구토가 동반되고 설사 증상이 나타난다는 점에서 딱 맞아떨어지는 추측이었다. 이번 비행 임무에서 방사능 중독을 일으킬 만한 원인 요소는 밴 앨런 복사대로, 비행사들이 절대 피할 수 없는 것이었다. 이 방사능층은 지구를 둘러싸고 낮게는 998킬로미터부터 높게는 5만 9545킬로미터의 높이로 형성돼 있었다.

제미니 11호의 경우 이 복사대의 가장 낮은 쪽 경계를 살짝 스치고 지나갔지만 아폴로 8호는 그 사이를 뚫고 지나가면서 얇은 우주선이 고에너지 방사선에 그대로 노출됐다. 우주선의 빠른 비행 속도에도 불구하고 방사선이 가장 강하게 조사되는 영역을 빠져나가려면 족히 두 시간은 소요됐다.

베리는 아폴로 프로젝트가 시작된 초반부터 밴 앨런 복사대에 비행사들이 노출될 때 발생할 수 있는 위험을 우려했지만 수천 킬로미터에 달하는 이 방사능 층을 뚫고 가지 않고서는 지구를 벗어날 방법이 없었다. 그래서 우주선을 가능한 탄탄하게 만들어서 비행사들이 방사능의 악영향에 시달리지 않기를 바랄 수밖에 없었다. 그런데 지금 보면이 딱 우려했던 시점에 우려했던 증상을 보이고 있는 것이다.

베리는 루니와 찰스워스, 콜린스에게 방사능 중독일 가능성을 제기했지만 세 사람 다 동의하지 않았다. 러벨과 앤더스는 멀쩡하다는 것이 그 이유였다.

“아직 모르는 일이죠.” 베리가 답했다.

방사능층은 약 5만 8000킬로미터까지 뻗어 있지만 노출되는 방사선량은 흉부 X선 촬영을 할 때 노출되는 정도보다 약간 더 큰 정도였다. 이 반박에 베리는 흉부 X선 촬영을 두 시간 내리 실시할 때 노출되는 양에 해당된다고 재반박했다. 하지만 베리는 과학자답게 다른 두 비행사가 보먼과 같은 증상을 보이지 않는다면 선장에게 발생한 문제의 원인이 방사능 질환이 아닐 가능성이 크다는 사실을 인정했다.

그렇다면 가장 가능성 높은 원인은 바이러스인데, 이 경우 상황이 심각해질 수 있었다. 비행 규칙상 대처 방안은 딱 한 가지였다.

"이번 임무를 취소하는 방안을 고민해야 할 것 같군요." 베리의 견해였다.

루니와 찰스워스, 콜린스는 도저히 믿을 수 없다는 표정으로 그를 쳐다보았다. 역시나 비행 규칙에 따라 이 유일한 방안에 대한 의료진의 견해는 무전으로 비행사들에게 전달돼야 했다. 네 사람은 백업 통제실에서 우주선과 통신을 시도하고 곧바로 용건을 전했다.

"베리 박사 생각에, 보먼 자네는 감염된 것 같고 박사는 빌과 짐도 곧 감염될 수 있다고 염려하고 있네." 콜린스는 보먼에게 설명했다. "그리고 임무 취소를 고려하라고 권고하셨어."

"뭐라고요?" 보먼이 소리쳤다. 이런 제안을 한다는 것이 재미있기도 하고 화가 치밀기도 한 그는 러벨과 앤더스를 똑같이 쳐다보고는 목소리를 잔뜩 낮춰서 다시 이야기했다. "그건 정말 완전히 말도 안 되는 허튼소립니다." 나머지 두 비행사도 동의한다는 뜻으로 고개를 끄덕였다.

"저기요, 지금 이 우주선에 타고 있는 사람들은 전부 멀쩡한 성인입니다. 이대로 집에 돌아가지는 않을 거예요. 전 괜찮습니다." 본부의 입장도 고려해야 한다는 생각에 다시 정신을 가다듬은 보먼이 설명했다. 하지만 괜찮다는 말은 진실이 아니었기에, 보먼은 다시 고쳐 말했다. "일단 좀 나아진 것 같아요."

그 말은 사실이었다. 보먼이 문제를 인정하기까지 반나절이 걸렸고, NASA가 덤프 테이프로 전해진 메시지에 응답하기까지 다시 반나절이 지나는 동안 속도 차차 진정됐다. 그제야 보먼은 그런 증상들이 방사능 때문도 아니고 바이러스 감염도 아니라고 확신했다. 그렇다면 가장 수치스러운 이유만 남는데, 바로 엄청나게 심한 멀미에 시달렸다는 것이다. 보먼은 미국의 우주 비행사들 가운데 이런 증상을 최초로 보고한 사람으로 남게 되겠지만 널찍한 아폴로 호의 환경을 생각하면 앞으로 그런 사례가 또 나오지 않으란 법도 없다고 생각했다. 어찌됐건 이 일에 대해서는 더 이상 말하지 않을 참이었다.

모스크바 중앙연구소의 한 사무실에 설치된 텔레비전에서는 수신 상태가 엉망인 화면이 흘러나왔다. 훨씬 깨끗한 화면을 볼 수 있는 다른 채널들이 있었지만 전부 국가에서 시청을 제한했기 때문이었다. 이날과 같이 유로비전Eurovision의 방송을 꼭 봐야만 할 경우 특수 케이블을 몰래 조작해야 했다. 중앙연구소 같은 기관에 그런 일을 처리할 인력은 얼마든지 있었지만 볼 수 있다고 해서 아주 선명한 화질을 장담할 수는 없었다. 그렇지만 미국의 우주선 발사 31시간째, 세 우주 비행사가 달까지 절반은 가까이 간 시점에 우주선에서 지구의 텔레비전으로 쏘아 보내는 영상을 소비에트의 우주 사업 중진들이 지켜볼 수 있는 방법은 그것밖에 없었다.

방 바깥에 있는 사람들이 안쪽에서 화면을 보고 있는 사람들의 명단을 공식적으로는 공개하지 않았지만 국방부 장관의 유니폼을 차려입은 중앙위원회 소속 드미트리 유스티노프Dmitry Ustinov도 분명 포함돼 있었다. 타고난 재능으로 소련의 항공 산업을 이끌던 항공기 설계자 빅토르 리트비노프Victor Litvinov와 고인이 된 세르게이 코로레프Sergei Korolev 이후로 소련에서 가장 유능한 로켓 엔지니어로 꼽히는 보리스 체르토크Boris Chertok도 마찬가지였다. 이들을 비롯한 여러 당국자들은 이틀 전에도 중앙연구소와 멀지 않은 모스크바 과학연구소 88동 건물에서 대형 스크린으로 미국인들이 우주를 향해 날아가는 순간을 지켜보았다. 새하얗게 빛나는 새턴 V 로켓은 이들의 기를 확 꺾어 놓았다. 새턴 로켓에 대적할 상대로 소련이 만든 카키색 중량로켓 N1은 아직 유인비행은 고사하고 무인비행도 성공적으로 해낸 적이 없는데 미국인들은 망할 새턴 로켓에 우주 비행사 세 명의 목숨을 당당히 맡긴 것이다.

발사 장면을 지켜보던 소련의 관계자들이 유독 인제히 숨죽이고 지켜본 순간이 있었다. 로켓의 2단계 엔진이 점화되고 거대한 흰색 구름이 형성돼 마치 새턴 로켓이 폭발한 것 같은 광경이 펼쳐졌을 때였다. 방 안에 있던 누군가는 폭발이 아니라는 사실을 깨닫고 순간적으로 너무 실망한 나머지, 부적절한 탄식이 입 밖으로 터져 나오지 않도록 미사일 전문가로서 꼭 지켜야 할 신조를 애써 떠올렸다.

몇 초 후 미국인들이 지구 궤도로 멀쩡히 나아가고 있다는 사실이 명확히 확인됐다. 10여 년간 이어진 우주 경쟁에서 미국이 소련을 따돌리고 달을 향해 한 걸음 더 가까이 다가간 것이다. 방 안에 모여 앉은 사람들이 각자 무슨 생각을 했는지는 알 수 없었지만 발사 장면을 지켜본 모두가 의기소침해졌다.

우주선 내부에서 진행될 텔레비전 쇼는 또 얼마나 끔찍할지 충분히 상상할 수 있었다. 의기양양한 미국인 비행사들이 즐거운 얼굴로 저 멀리 지구인들에게 모습을 드러내는 장면을 러시아 사람들도 보게 될 터였다. 이런 이유에서 88동 건물의 대형 스크린으로 시청한다는 계획은 잡히지 않았다. 유스티노프를 비롯한 몇몇 고위급 인사들은 각자 적절한 사무실을 찾아서 케이블을 조작하여 중계를 지켜보기로 했다. 화면 밝기도 어둡게 조정됐다.

방송이 시작되고, 소련 측에서는 도저히 이해할 수 없을 만큼 전체적으로 엉성하기 짝이 없는 상황이 펼쳐졌다. 미국인 세 명이 달에 가는 중인 것 같긴 한데, 화면만 보아서는 그 일을 진지하게 수행하거나 아주 잘한다는 생각은 조금도 할 수가 없었다. 비행사들이 앤더스라고 부르는 사람이 카메라를 들고 있었다. 제대로 할 줄 아는 일이 하나라도 있는지 의심이 되는 자였다. 그는 창밖으로 보이는 지구의 모습을 보여 주려고 했는데 노출이 엉망이라

허연 동그라미 외에 아무것도 보이지 않았다.

"여기서는 안 보인다." 휴스턴의 비행 관제센터에서 흘러나온 목소리는 앤더스가 한 일의 결과를 명확히 지적했다.

"지금은 어때요?" 앤더스가 물었다.

"여전히 안 보인다. 밝은 원으로 나오는데. 뭘 보고 있는지 알 수가 없을 정도다."

잠시 후에는 카메라가 빙글 돌더니 우주선 내부를 비췄다. 화면 상태가 훨씬 좋아졌다. 보먼이라는 선장이 등장했지만 위아래가 뒤집힌 모습이었다.

"지금 여기서 보면 다들 머리가 바닥으로 가 있다." 휴스턴에서 나온 목소리가 다시 한 번 지적했다.

"쉽지가 않네요." 앤더스가 대답하고는 카메라 위치를 바꿔들었다. 그제야 화면이 제대로 잡혔다.

선장이 입을 열었다. "여러분에게 지구를 꼭 보여드리고 싶습니다." 새파란 배경에 아름다운 푸른빛으로 빛나고 있어요. 그 위에 거대한 흰 구름이 덮여 있습니다."

다시 카메라가 움직이고 이번에는 세 번째 비행사인 러벨이 등장했다. 좌석 아래 물품 보관하는 장소로 보이는 곳에서 비닐봉지에 든 무언가를 만지작거리고 있었다.

"짐, 거기서 뭐하는 거야?" 선장이 묻고는 직접 대답까지 했다.

"짐은 디저트를 준비 중입니다. 초콜릿 푸딩을 먹으려나 봅니다. 푸딩이 둥둥 떠다니는 모습을 보실 수 있을 거예요."

씩 웃으며 카메라를 쳐다보는 러벨의 얼굴에는 면도를 못한 지

겨우 하루 반이 지났음에도 거뭇거뭇한 수염이 자라 있었다. 그 사실을 알아챈 보먼이 말했다. "모두들 보시면 알겠지만, 러벨은 수염 빨리 기르기 대회에서 압도적으로 앞서가고 있습니다. 거의 턱수염이라 부를 수 있을 정도죠."

앤더스가 다시 화면에 나타나더니 카메라를 보먼에게 넘기고 뭔가를 집어 들었다. "빌이 칫솔을 들고 있군요. 그동안 꼬박꼬박 양치질을 잘 해온 사람입니다."

보먼의 설명이 끝나자 앤더스는 칫솔을 손에서 놓고 공중으로 띄워 보냈다.

"무중력 환경에서 물건들이 어떻게 떠다니는지 볼 수 있죠."

보먼이 설명을 이어갔다.

"아스트로스 팀 선수처럼 저것들을 잡으려고 애쓰는 모습을 보고 계십니다." 소련에서 보고 있는 사람들은 미국 스포츠 팀을 이야기하는 중이겠거니 짐작했다.

우주 비행사들은 그렇게 5분가량 즐거운 모습으로 화면에 등장했다. "이제 우리는 물러가도록 하겠습니다. 여러분 모두 곧 다시 만날 날을 기다릴게요." 보먼이 말했다.

"알았다." 관제센터에서 응답했다.

"여기는 아폴로 8호, 안녕히 계세요." 보먼이 인사했다.

자유롭게 시청하던 사람들도, 어떻게든 방송 신호를 잡으려고 애를 써야 했던 시청자들에게도 짧게 느껴진 우주에서 보낸 송신은 그렇게 끝이 났다. 중앙연구소에서는 다음 날 대규모 회의가 예정돼 있었다. 짤막한 텔레비전 쇼 때문에 이미 예고된 일이었다. 유스티노프가 회의를 주재하고 모두가 예상할 법한 질문을 던지리라.

"미국에 대응할 준비는 어느 정도 완료된 상태인가?" 이어 이런 명령도 떨어질 것이다. "확인해 보고 지금 진행 상황을 보고하게."

회의 참석자들 가운데 만족할 만한 대답을 내놓을 수 있는 사람은 아무도 없었다.

3부
달의 궤도에 오르다

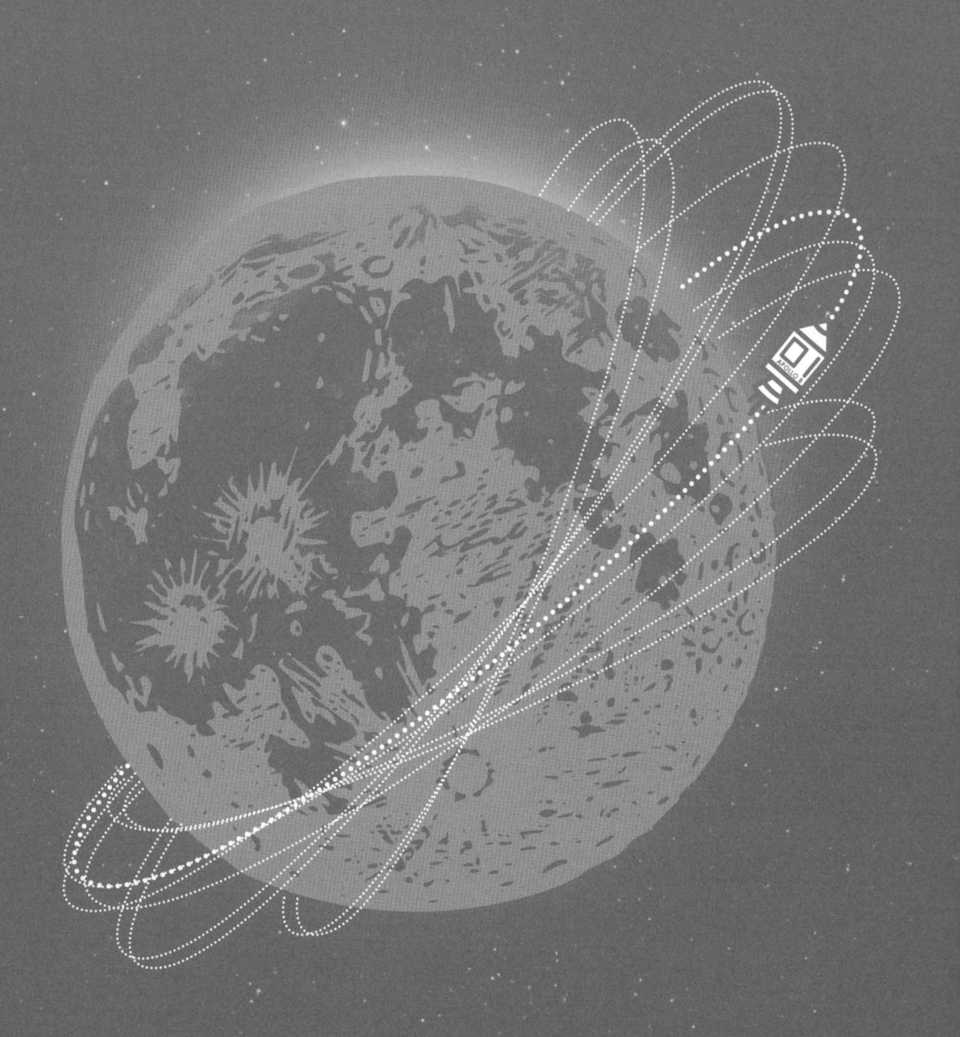

12 지구보다 가까운 달

1968년 12월 22일

모스크바 중앙연구소 사람들이 아폴로 8호의 방송을 암담한 심정으로 지켜보던 그날, 소비에트 연방의 다른 여러 곳에서도 미국의 우주 미션을 주시했다. 머나먼 우주에서 벌어진 잠깐의 쇼는 소련과 동유럽 어디에서도 정식 방영되지 않았지만 통제에 한계가 있었다. 소련의 드넓은 영토 곳곳에 사는 사람들 중에는 강력한 안테나를 솜씨 좋게 만지작거려서 시청이 금지된 방송 신호를 곧장 잡아낼 줄 아는 이들이 꽤 많았다. 그렇게 대대적인 규모는 아니었으나 몰래 본 내용이 무엇인지 사람들 사이에 빠르게 전파될 정도는 된 것 같았다.

서방 세계 그리고 텔레비전 방송 신호를 얼마든지 수신할 수 있는 전 세계 대부분의 지역에서는 굳이 전파를 몰래 잡아서 방송을 볼 필요도 없고 우주선에서 벌어진 생방송도 마음껏 볼 수 있었다. 방송계 고위 인사들은 세계 어딘가 텔레비전 자체가 없거나 전기 공급이 원활하지 않거나 소련, 중국처럼 정부가 시청을 제한한 곳이 존재하지만 수억 명에 달하는 사람들이 어떻게든 극도의 관심이 쏠리거나 굉장히 중요한 프로그램을 지켜본다는 사실을 잘 알고 있었다. 아폴로 8호에서 실시된 최초의 방송을 전 세계 1억 명 이상이 시청했다는 방송업계의 집계를 기준으로 하면 기존의 시청 기록을 하나도 깨지 못했지만 실제 시청자 수가 공식 집계의 두세 배에 달할 가능성이 높다고 여겨진 이유도 그 때문이다.

영국에서도 5분 남짓한 우주 쇼를 지켜보았다. 「선데이 타임스」는 오랫동안 지속된 경기 침체 관련 기사를 헤드라인에서 내리고 "아폴로 호의 비행이 우리 모두에게 짜릿한 흥분을 선사한 날에 파운드화에 관한 글을 차마 쓸 수가 없다"고 인정했다. 프랑스 「주르날 뒤 디망슈」는 아폴로 8호의 비행을 "인류 역사상 가장 환상적인 일"이라고 전했다. 미국의 우주 미션에 대해 언급하지 않았던 중국과 달리 영국 BBC 방송을 어디서나 쉽게 볼 수 있었던 홍콩은 이에 대해 관심을 보였다. 게다가 여러 신문사가 "홍콩인, 달로 향하다"라는 제목을 헤드라인으로 내걸었는데, 이는 앤더스가 태어난 곳이 지리학적으로 홍콩에 해당된다는 점을 가리킨 말이었다. 미군 기지에서 태어난 아기는 법적 출생지가 미국 영토라는 사실을 간과한 제목이었다.

교황 바오로 6세도 방송이 시작되기 한 시간 전 바티칸에서 열린 주간 강론에서 청중들을 향해 아폴로 8호를 언급했다. "까마득한 속도로 우주를 비행하고 있는 저 용감한 우주 비행사들이 다른 행성으로 가는 위험한 여정을 무사히 마치기를 우리 함께 기도합시다."

미국에서도 방송사 세 곳 모두 우주에서 실시된 쇼를 방영했다. NASA가 기획한 5분짜리 우주 방송을 단 1분도 놓치지 않고 전부 방송하기로 한 이들의 결정은 말할 것도 없이 당연한 일이었다. 프랭크, 짐, 빌처럼 평범한 이름을 가진 보통 사람들이 유령처럼 희뿌연 화면에 등장하는 모습은 1년 내내 텔레비전 화면을 떠날 줄 몰랐던 피 흘리는 사람들을 총천연색으로 생생히 비춘 뉴스와는 차원이 다른 경이를 선사했다. 순수한 행복을 안겨 준 장면들과 그 속에서 느껴지는 희망이 기분 좋은 이야기가 이어질 것만 같은 작지만 서서히 고조되던 분위기를 만들어냈다.

순전히 우연의 일치겠지만 우주 비행사들의 모습이 지구의 텔레비전에 방영되던 바로 그날, 1월부터 북한에 나포돼 있던 미 해군 푸에블로 호의 생존자 여든두 명이 마침내 풀려났다.

"굉장한데!" 제리 카Jerry Carr에게 이 기쁜 소식을 전해들은 보먼은 우주선에서 소리쳤다.

같은 일요일, 새 대통령 당선자의 어여쁜 스무 살 딸 줄리 닉슨Julie Nixon과 드와이트 아이젠하워Dwight Eisenhower 전 대통령의 손자이자 역시나 스무 살이던 데이빗 아이젠하워가 결혼식을 올린 것도 또 한 가지 우연의 일치였다. 미국의 일반 시민들은 대통령의 집안일에 크게 신경 쓰지 않았지만 두 대통령 집안이 개최한 성대한 행사는 너무도 불행했던 한 해 끝에 찾아온 기분 좋은 소식이었다.

따스한 분위기나 감상적인 쪽과는 거리가 먼 대통령 당선인 닉슨에게도 이런 고조된 분위기가 전해진 것 같았다. "오늘 저녁에 영광스럽게도 제가 두 번째 건배사를 맡았군요." 결혼식 피로연에서 닉슨은 자신의 차례가 돌아오자 이렇게 입을 열었다. "앞으로 수많은 건배사를 하게 되겠지만, 지금 이 순간만큼 기쁜 날은 없을 것입니다. 오늘은 뉴스거리가 가득한 행복한 날입니다. 아폴로 호의 비행사들이 달에 절반 가까이 다가갔고 푸에블로 호의 선원들은 풀려났습니다."

같은 날 일어난 유쾌한 뉴스 덕분에 닉슨도 자신의 부드러운 면모를 어쩔 수 없이 드러낸 것인지도 모르지만, 그는 시종일관 품위를 잃지 않았고 모든 발언에는 진심이 담겨 있었다. 좋은 일이 일어날 것만 같은 희망이 흐릿하게 어른거리기만 하던 미국에 정말로 운이 어느 정도 따라 준 것이다. 그러나 작은 우주선에 실려 우주 깊은 곳에서 앞으로 돌진하는 세 사람에게 그 운이 계속될 것인지는 며칠 더 두고 봐야 할 일이었다.

NASA 홍보부에서는 아폴로 8호의 비행사들과 지상 관제센터 사이에 오가는 대화에 '볼balls'(영어에서 ball은 남성의 고환을 뜻하기도 한다-역주)과 소변이 너무 빈번하게 언급된다는 사실이 걱

정거리였다. 기관의 대외적인 이미지를 책임지는 사람들과 방송 전문가들도 혹시나 문제가 생길 수도 있다는 두려움에 함께 이 문제를 의논하기도 했다. 그 결과 당장 대책을 마련해야 한다는 결론을 내려졌지만, 구체적인 방안을 제시한 사람은 아무도 없었다. 그래서 '볼'과 소변은 그 후로도 계속해서 대화에 등장했다.

'볼'의 경우는 그래도 이전 우주 비행에 비하면 언급되는 빈도가 줄었다. 우주 비행사들이 대부분 군 비행사 출신이라는 사실을 감안하면 그 정도 줄어든 것도 큰 성과로 볼 수 있었다.

우주선에서는 지구의 통신에 항상 직직대는 소리가 동반된다는 점을 감안해서 콜 사인이나 우주선의 방향을 나타내는 말에 알파벳 A와 C, T가 포함된 경우 내용이 분명하게 전달되도록 알파, 찰리, 탱고라는 단어로 대체됐다. W의 경우 사실 각운 때문에 다른 알파벳과 헷갈릴 일이 없어서 그냥 써도 되지만 위스키로 대체됐다. 단어 자체가 재미있고 왠지 남자다운 느낌을 준다는 이유 때문이었다.

'볼'이라는 단어가 사용된 것도 같은 이치였다. 영어에서 숫자를 나타내는 단어는 각운 때문에 혼동될 우려가 없으므로 원one, 투two, 쓰리three를 그대로 사용하면 되고 제로의 경우는 특히 다른 단어와 헷갈릴 가능성이 더 낮았다. 그럼에도 불구하고 뭔가 재미있는 이름을 붙이고픈 충동을 이기지 못한 비행사들은 제로를 '볼'로 대체했다.

월리 쉬라는 우주 비행사 전체를 통틀어 이 단어로 장난칠 기회를 절대로 놓치지 않은 인물이었다. 아폴로 7호에 올라 우주 비행 임무를 수행한 11일 내내 월리는 "우선 '볼'부터 불러 줄 테니 잘 들어라" 라거나 "별의 각도 차는 포 볼four balls이다" 혹은 "투 볼two balls 22, 플러스 포 볼four balls 6, 플러스 포 볼four balls 1"과 같은 표현을 사용하며 그 재미를 만끽했다.

캡컴도 월리와 대화할 때는 어쩔 수 없이 제로라는 표현은 거의 사용하지 않았다. 지상 관제센터에서 월리에게 응답하는 말 중에 "오케이, 올 볼all balls 마이너스 2687"과 같은 식의 표현이 포함된 것이다.

결국 아폴로 7의 우주 비행이 진행 중이던 어느 날, NASA에서 열린 기자회견장에서 한 여성 기자가 손을 들고 질문을 던졌다. "'볼'에 관한 내용이 무슨 말인지 이해를 못하겠어요." 그 자리에 있던 남성 기자들은 배를 잡고 눈물을 흘리며 웃어댔다.

아폴로 8호에서는 '볼' 대신 신사다운 표현인 '제로'가 주로 사용됐다. 아무리 홍보부라도 감히 그런 요구를 할 수 있는 사람은 아무도 없었기에 누가 지시한 것도 아니었다. 이 변화는 월리와는 모든 면에서 다른 보먼이 주도한 것으로 추정됐다. 무엇보다 아이들도 우주 비행에 관한 방송과 기사를 본다는 사실을 고려해야 했고, 비행 임무에 큰 영향을 주지는 않을지언정 그 표현 때문에 웃다가 맡은 일을 제대로 해내지 못할 가능성도 있었다. 그럼에도 습관은 무서운 법이고 이들이 군 비행사 출신이라는 점도 변함이 없었으므로 아폴로 8호에서도 간간히 '볼'이라는 표현이 언급되곤 했다.

소변에 관한 대화는 문제가 더 심각했다. 표현의 문제로만 치부할 수 없는 중요한 사안이기도 했고, 소변 이야기를 하지 않을 수도 없는 노릇이었다. 뉴턴의 운동법칙 중에서도 움직이는 물체는 계속해서 움직이려 한다는 것과 모든 작용에는 힘의 크기가 동일하고 방향은 반대인 작용이 동시에 따른다는 법칙은 우주선이 달을 향해 나아가는 데 반드시 필요한 법칙이자 로켓의 3단계 엔진이 기능을 다한 이후에도 지속돼야 할 법칙이었다. 그러나 실제로 우주선이 앞을 향해 똑바로 나아가기 위해서는 좀 더 많은 노력이 필요했다.

거대한 추진 장치SPS, 즉 메인 엔진은 약 9300킬로그램의 추진력을 제공하고 총 열여섯 대의 자세제어 추력기마다 약 45킬로미터의 추진력이 발생했다. 그러나 물리학적 계산에는 우리가 원하는 힘과 원치 않는 힘이 전혀 반영되지 않으므로, 우주선 측면에서 미세한 수증기 형태로 배출되는 소변과 폐수도 아주 작게나마 우주선이 나아가는 추진력에 더해졌다.

지구 궤도는 회전목마처럼 빙빙 도는 경로라 걱정할 것이 없지만 달로 향하는 길은 일직선에 가까웠다. 따라서 초반 경로에서 아주 조금만 벗어나도 마지막에 큰 오차가 발생할 수 있었다. 지상의 방향유도 관제사는 아폴로 8호의 임무가 시작된 지 48시간도 지나지 않았을 때 이미 이동 경로가 약간 어긋난다는 사실을 알아챘다. 이는 우주 비행사들이 소변을 언제, 어떻게 외부로 배출해야 하는가에 관한 토의로 이어졌다.

크리스 크래프트는 이러한 발전을 어느 정도 흡족하게 받아들였다. 이동 중에 경로를 수정하는 것은 이번 미션의 비행 계획을 수립하던 단계부터 포함된 내용이었다. 필요할 때 주 추진 장치를 잠깐 가동하거나 추진기를 충분히 작동시켜 40만 킬로미터에 달하는 거리를 비행하면서도 달 표면과 불과 110킬로미터 정도 떨어진 달 궤도에 정확히 오를 수 있게 된 것이다. 그 두 가지 방법 중에서는 대체로 추진기가 더 나은 방안으로 여겨졌다. 주 엔진을 연소하는 것보다 절차가 덜 복잡하고, 추진기 하나로만 바로잡을 수 있는 궤도상의 문제는 비교적 가벼운 문제라는 요인도 작용했다.

그럼에도 크래프트는 SPS를 더 선호했다. 더 정확히는 이 주 추진 장치를 가동해 봤으면 하는 마음이 아주 간절했다. 달 궤도로 이동하는 경로가 SPS를 작동시켜 볼 수 있는 완벽한 기회였기 때문이다. 나중에 우주선이 달 궤도로 진입하고 다시 빠져나올 때 메인 엔진을 가동해야 하는데, 그 전에 한 번도 작동을 시험하지 않는 것은 아주 무모한 일이라는 것이 크래프트의 입장이었다. 그는 혹시라도 엔진에 문제가 있다면 저 멀리 휴스턴 본부와는 무전 연락도 완전히 차단되는 달 가까이에 가서 SPS를 점화시키려다 문제를 발견하는 것보다 일찍 파악해서 남은 이틀 동안 해결하는 편이 낫다고 보았다. 통제실 뒤편에 마련된 콘솔에서 상황을 지켜보며 궤도에 관한 논의에 가만히 귀를 기울이던 크래프트는 '참호'라 불리던 곳으로 다가갔다. 통제실 맨 앞 열을 차지한 비행역학과 방향유도 콘솔이 있는 쪽이었다. 그리고 자신의 생각을 담당 관제사들에게 이야기했다.

"SPS 엔진을 작동시켜 봐야 해. 우주선이 달 뒷면으로 사라지기 전에 잘 연소되는지 꼭 봐야 하지 않나."

콘솔 앞에 앉아 있던 사람들 몇몇이 고개를 가로저었다. 크래프트도 관제사들만큼이나 상황판을 읽고 원격 측정 결과를 해석할 줄 아는 사람이라, 현재 우주선이 정해진 경로에서 아주 약간 벗어났다는 것은 알고 있었다. 하지만 그 오차는 추진기만 작동시키고 초대형 엔진은 우주선 뒤쪽에 그대로 얌전히 대기시켜도 될 만한 수준이었다. 메인 엔진을 연소시켰다가 잘못되면 오히려 문제를 키울 수도 있었다.

"그걸 점화시켰다가 비행 자세가 틀어지면 경로에서 꽤 많이 벗어날 수도 있습니다." 한 관제사가 겨우 용기를 내서 설명했다.

"난 그런 건 개의치 않아. 그렇게 되면 내가 경로로 되돌려 놓겠네. 달에 도착하기 전에 엔진을 점화시켜 봐야 해."

말을 마친 크래프트는 뒤돌아서 참호를 떠났고 남은 엔지니어들은 하는 수 없이 지시한 사항을 준비했다. SPS를 얼마나 작동시켜야 하는지 분석해 보니 터무니없이 짧은 연습에 그칠 것이라는 사실이 확인됐다. 메인 엔진을 딱 2초 정도만 켜면 궤도를 바로 잡을 수 있었다. 추진기로도 얼마든지 쉽게 해결할 수 있는 일이었다.

하지만 휴스턴 본부는 메인 엔진을 이용한 조정 단계를 우주선에 알렸다. 비행사들은 그대로 실행에 옮길 채비를 시작했다. 오른쪽 좌석에 앉은 앤더스는 비행 계획에 따라 엔진 시동에 필요한 단계를 읽고, 러벨은 장비 격실에서 앤더스가 불러 주는 대로 컴퓨터에 필요한 값을 입력했다. 사실 수개월간의 시뮬레이션으로 내용을 듣지 않아도 다 외우고 있었지만 규칙상 엔진은 반드시 지시에 따라 각 단계를 시행하도록 돼 있었으므로 이를 따른 것이다. 우주선 왼쪽 좌석에 앉은 보먼은 카운트다운을 맡았다.

마침내 엔진이 점화되고, 우주선이 펄쩍 튀어 오르며 앞으로 나아갔다. 2.4초 만에 모든 과정이 종료됐다.

"커다란 스프링 같았어." 보먼이 말했다. 갑자기 기체가 휘청하는 바람에 잠시 놀라긴 했지만 그걸로 끝이었다.

크래프트의 반응은 그와 상당히 달랐다. 엔진에 시동이 걸린 그 짧은 시간에 그는 데이터에서 이상 징후를 발견했다. 우려가 사실로 확인된 것이다. 연료관의 모니터링 결과가 나열된 원격측정 데이터상, 연소실로 유입되는 자동연소성 연료의 흐름에 비정상적인 부분이 포착됐다. 각각의 데이터가 정확히 무엇을 의미하는지 알지 못하면 쉽게 눈에 띄지 않을 일이었지만 크래프트의 눈에는 여실히 보였다.

크래프트는 노스 아메리카 항공 사의 아폴로 프로젝트 총괄인 조지 제프스George Jeffs를 호출했다. 비행 임무가 진행되는 동안 통제실에 머물러 있던 그가 가까이 오자 두 사람은 참호로 향했다. 콘솔의 관제사들도 이상 징후를 확인했다. 그냥 넘겨도 될 정도로 경미한 문제였지만, 빠짐없이 살펴보고 무엇도 간과하지 않는 것이 그들의 임무였다.

크래프트와 제프스, 앞쪽 콘솔의 엔지니어들은 이상 징후의 원인이 무엇이고 어떤 결과가 발생할 수 있는지 논의했다. 실제로 문제가 발생하지 않았지만 데이터 판독에는 오류가 생긴 '계측 데이터상 문제'일 가능성도 고려됐다. 하지만 그런 문제가 아닌 것 같다는 의견이 나왔고, 얼마 지나지 않아 제프스가 원인을 찾아냈다.

연료관에서 압축 헬륨을 이용해 연소실에 연료를 공급하는 복합 펌프는 SPS의 기능을 크게 개선시킨 여러 가지 요인 중 하나였다. 이 장치를 지상에서 시험하던 당시 제프스는 공급된 헬륨이 연료관에 전량 다 들어가지 않는다는 사실을 확인했다. 남은 헬륨이 연료 내부에 기포를 발생시켰고 엔진이 잠깐 연소되는 과정에서 이 기포가 데이터에 포착된 것이다.

엔진이 작동되면서 배기가스를 통해 헬륨이 모두 우주선 밖으로 빠져나가자 연료관도 깨끗이 비워졌다. 크래프트는 설명을 들으며 만족스러운 얼굴로 고개를 끄덕이고는 참호에 자리한 관제사들에게 엄중한 눈빛을 보내고 다시 원래 있던 콘솔로 돌아갔다. 앞으로도 그곳에서, 세 명의 우주 비행사들이 모두 안전하게 귀환할 때까지 모든 것을 놓치지 않고 지켜볼 생각이었다.

다 큰 성인 남성 셋이 6일 내내 함께 지내야 하는 아폴로 8호의 사령선이 아주 쾌적한 공간이 되리라 생각한 사람은 아무도 없었지만, 예상보다 훨씬 더 일찍 아주 고약한 공간이 될 줄은 누구도 생각지 못했다. 보먼을 괴롭힌 우주 멀미로 인해 이번 여행은 시작부터 썩 즐겁지 않았고 상황은 점점 악화됐다.

소변을 필요할 때만 배출해야 하는 것으로도 모자라, 이 '필요할 때만'은 '이동 경로에 영향을 주지 않는 한에서'로 다시 바뀌었다. 즉 소변을 일정 기간 비닐봉지에 밀봉해 두기로 한 것이다. 하지만 이 소변 봉지는 제대로 닫히는 법이 없어서 냄새는 물론이고 소변이 새어나오는 경우도 생겼다. 게다가 내용물이 가득 담긴 소변 봉지가 쌓일수록 그중 하나가 어딘가에 부딪혀 터질 확률도 점점 늘어났다.

우주선 내부 공기가 답답한 것도 문제였다. 우주선 바깥쪽은 이글거리는 태양에 바로 닿는 곳과 그늘진 우주의 극저온에 닿는 곳 사이의 온도에 약 영상 93도부터 영하 93도까지 엄청난 차이가 생겼고 온도 균형을 맞추기 위해 수동 열 제어PTC 기능이 거의 비행 내내 가동됐다. PTC는 우주선이 1분에 한 바퀴씩 돌아가는 통구이 기계처럼 돌아가게 만드는 기능으로, 추력기가 점화돼 역방향 추력이 발생하기 전까지 연소되는 방식으로 이루어졌다.

그러나 우주선 내부에는 PTC가 없었다. 게다가 주기적으로 창문을 통해 들어오는 태양열로 인해 실내 온도가 27도 정도로 유지됐다. 히터는 있었지만 내부공기를 순환하도록 설치된 팬 외에는 공기를 식힐 수 있는 장치는 따로 없었다.

실내온도가 너무 더운 것뿐만 아니라 우주 비행사들이 착용한 개인 장비도 문제였다. 발목까지 올라오는 신발이 착용한 지 얼마 되지도 않아 해지는 바람에, 우주선 안에서 튀어나온 실밥이 어딘가에 걸리거나 스위치를 작동시킬까 봐 우려된 비행사들은 양말만 신고 지냈다. 헤드셋도 거추장스럽긴 마찬가지였다. 이륙 시

착용하는 여압복에 딸린 헬멧을 쓰기 전 우주 비행사들은 머리에 딱 맞는 이어폰과 마이크가 내장된 모자를 착용했다. 일반적인 헤드셋은 발사 과정에서 벗겨질 위험이 높은데, 여압복을 입은 상태에서 얼굴 앞쪽의 보호 덮개를 열고 헤드셋을 다시 착용하기란 쉬운 일이 아니므로 이런 상황을 방지하고자 고안된 모자였다. 이 후드를 쓴 모습이 인기 만화 〈피너츠Peanuts〉에 등장하는 스누피와 흡사해서 후드는 개발 직후부터 '스누피 모자'라는 애정 어린 별명도 얻었다.

우주 비행이 진행되는 동안 우주 비행사들은 지상의 관제사들이 착용하는 것과 유사한 헤드셋을 쓸 수 있었다. 통신 상태가 너무 나쁘고 잡음이 섞여서 무슨 소린지 알아듣지 못하는 상황만 아니었다면 그들도 그 헤드셋을 이용했을 것이다. 세 사람은 결국 큰 헤드셋을 벗고 장비 격실에 넣어두었던 스누피 모자를 다시 꺼내 임무 수행기간 내내 착용했다. 심지어 우주선에서 방송을 하면서도 벗지 않을 정도였다. 위엄은 포기해야 했지만 그 대가로 훨씬 편하게 소통할 수 있었다.

충분히 휴식을 취하는 것도 중요한 문제였다. 다행히 보먼과 러벨은 비교적 쉽게 잠을 잘 수 있었다. 몸을 펼 공간도 없고 계속해서 상황을 모니터링하고 지상 본부와 통신할 수 있도록 항상 대기해야 했던 제미니 호 비행에 비해 아폴로 호는 많은 부분이 자동화됐다. 따라서 휴스턴 본부에서도 우주 비행사에게 필요하면 잠시 눈을 붙이라고 권고했다. 좌석 아래 장비 격실에는 해먹과 비슷하게 생긴 침낭도 마련돼 있었다.

그러나 보먼은 근무하면서 잠을 잔다는 것이 영 마뜩치 않았다. 쌩쌩 달리는 차에서 운전대를 붙들고 잠드는 것처럼 태만한 행동이라고 생각한 것이다. 우주에는 근처에서 달리다가 자칫 부딪힐 만한 다른 우주선도 없고 가속기나 브레이크 조작에 신경 쓸 필요가 없음에도 마찬가지였다. 우주 비행 이틀째 밤, 보먼은 러벨과 앤더스가 수면을 취하는 동안에도 억지로 계속 깨어 있었다. 밤 11시경, 휴스턴에서는 캡컴 콘솔을 담당하던 제리 카가 보먼과 함께 밤을 지켰다.

카는 푸에블로 호 선원들이 북한에서 석방되던 날의 상황을 보먼에게 자세히 들려주었다. '돌아오지 않는 다리'라는, 이번 상황에 꼭 맞는 이름을 가진 북한과 남한 사이의 다리를 한 사람씩 20초 간격으로 건너오기 시작해서 30분 정도에 걸쳐 모두 풀려났다는 이야기였다.

"오전 열한 시 반쯤 다리를 건너기 시작했어요. 자정쯤에 모두 돌아왔죠." 카는 러벨과 앤더스의 잠을 깨우지 않도록 목소리를 최대한 낮춰서 이야기했다. "풋볼은 어떻게 됐냐면, 혹시 볼티모어와 미네소타 경기 이야기 들으셨어요?"

"최종 결과는 못 들었어." 보먼도 카만큼 낮은 소리로 대답했다.

"최종 점수는 볼티모어 콜츠 24, 미네소타 바이킹스 14였어요. 콜츠가 웨스턴 컨퍼런스에 진출하게 됐으니까 아마도 29일에 NFL 타이틀을 놓고 클리블랜드 브라운하고 붙게 될 것 같아요." 보먼은 그 말을 들으며 정말로 콜츠가 승리를 거두고 올해로 세 번째 개최될 슈퍼볼 경기에서 아메리칸 풋볼 리그 챔피언 자리를 두고 경기를 벌이겠다고 생각했다. 뉴욕 제츠 팀에게는 거의 기대할 수 없는 일이었다.

"하나만 더 말씀드리면, 날씨 이야긴데요. 춥고 맑아요. 다시 겨울이 오는 것 같다니까요." 카가 전했다.

"크리스마스 보내기에 좋겠군. 딱 어울리는 날씨잖아." 보먼이 느긋하게 대답했다.

"오늘 저녁에는 찰리 듀크Charlie Duke가 에그노그를 가져와서 같이 마셨어요." 듀크는 아직 우주 비행 경험이 한 번도 없는 젊은 우주 비행사였지만 아폴로 프로젝트 후반에 진행될 달 착륙 임무에 참여할 후보로 거론되는 인물이었다. "발레리도 들러서 함께 했어요. 좋아 보이던데요. 빌에게 잘 있더라고 전해 주세요."

"그러지." 보먼이 답했다.

잠시 침묵이 흐르고, 보먼은 휴스턴이 지금 밤늦은 시각임을 떠올렸다. "제리, 교대근무가 힘들지 않아?"

"아주 좋습니다, 프랭크."

보먼은 말없이 창밖을 바라보았다. 우주선에서 첫 번째 방송을 했을 때보다 훨씬 더 멀리 떨어진 곳에 지구가 보였다.

"세상에, 제리. 지구가 정말 작게 보여."

"그렇죠. 앞으로 더 작아질 거예요."

보먼이 조용히 웃으며 부드럽게 이야기했다. "그래. 꽤 잘 가고 있는 것 같군."

비행 총감독 밀트 윈들러Milt Windler가 우주 비행 통제실에 있는 모든 사람에게 하나씩 나눠줄 플란넬 깃발을 만들고 있다는 사실을 아는 사람은 몇 명뿐이었다. 사실 그가 직접 그 깃발을 만드는 건 아니었다. 밀트의 모친이 그 일을 맡았다. 휴가를 보내러 휴스턴에 온 밀트의 어머니는 마침 바느질 도구를 다 챙겨왔고 아들이 매우 중요한 역할을 맡고 있는 이 역사적인 우주 미션에 아주 사소한 일일지언정 조금이라도 손을 보탤 수 있다는 기쁨으로 흔쾌히 밀트의 부탁을 수락했다. 붉은색과 파란색 바탕에 흰색으로 숫자 1이 크게 새겨진 깃발이었다. 통제실에 있는 모든 사람이 깃발을 들어야 한다는 것이 밀트의 고집스러운 주장이었지만 그러려면 만들어야 할 깃발이 너무 많았다. 결국 다른 관제사들의 아내들도 참여해서 돕기로 했다.

깃발을 어떻게 사용할 것인가는 아직 합의해야 할 부분이 남아 있었다. 구체적으로는 정확히 어느 시점에 깃발을 흔들 것인가가 중요했다. 비행 통제센터에는 미션 종료를 축하하는 전통적인 방식이 오래전부터 고수돼 왔다. 일단 우주선의 착수가 시작되면 시가를 하나씩 손에 쥐는데, 불을 붙이는 타이밍을 엄격히 지켜야 했다. 우주선이 바닷물에 첨벙 떨어진 순간은 아직 성급한 것으로 여겨졌다. 거스 그리섬이 탑승했던 머큐리 호처럼 우주선이 물살에 휩쓸려 가라앉을 뻔했던 일이 다시 일어날 수도 있기 때문이다.

헬리콥터 사고가 간간히 일어난다는 점에서 봤을 때, 우주 비행사들이 헬리콥터에 옮겨 타는 순간도 아직 시가에 불을 붙이기에는 이른 시점이라고 여겨졌다. 따라서 우주 비행사들이 헬리콥터에서 내려 배에 도착해서 갑판에 두 발을 디디는 순간, 그때가 비로소 휴스턴에서도 안심하고 기뻐할 수 있는 순간이었다. 해군 선박이 비행사들을 무사히 집에 데려올 것임을 확신하지 못한다면 누구에게 무슨 일을 믿고 맡길 수 있을까? 그래서 이때가 되면 비행 통제센터에서도 환호하며 시가에 불을 붙였다.

그러나 윈들러는 깃발을 그만큼 한참 기다렸다가 흔들어야 한다고 생각하지 않았다. 이번 비행 임무에서 가장 중요한 부분, 어떤 방식으로든 티를 내지 않고는 절대 넘길 수 없다고 생각하는 부분은 우주선이 달 궤도를 열 바퀴 전부 다 돌고 SPS를 점화시켜 지구 방향 분사TEI, Trans Earth Injection가 시작돼 지구를 향해 속도를 높이는 시점이라고 그는 생각했다. 그때야말로 러시아인에게 제대로 한 방 먹일 순간이었고, 수많은 NASA 사람들이 그렇듯 윈들러도 러시아에 본때를 보여 줄 수 있다는 사실이 너무나 마음에 들었다.

깃발을 흔들어야겠다는 아이디어가 처음 떠올랐을 때만 해도 밀트는 손에 들 수 있는 작은 성조기를 넉넉히 사와야겠다고 생각했다. 저렴한 생활용품을 파는 매장에 가면 그런 깃발을 얼마든지 쉽게 구할 수 있을 터였다. 그러나 그건 너무 시시하다는 생각이 들어 직접 깃발을 만드는 편이 좋겠다고 결론 내렸다. NASA가 기회만 되면 널리 배포해온 비행 통제센터 내부 모습을 소련 정부에서도 분명히 지켜보고 있을 것이었고, 흰색으로 숫자 1이 또렷하게 새겨진 깃발은 분명 눈에 확 들어올 터였다.

제리 카가 프랭크 보먼과 밤늦도록 수다를 떨던 그날, 교대 근무를 마치고 퇴근한 윈들러는 곧장 잠자리에 들지 않고 집에서 아내와 어머니를 도와 플란넬 천을 자르고 바느질을 했다. 하루 종일 남자들만 가득한 사무실에서 우주선을 달에 보내는 일을 하고 온 사람이 하루를 마무리하는 방식치고는 좀 어색하게 느껴질 수도 있었지만 윈들러 자신에게는 반드시 필요한 일로 느껴졌다.

· ✦ ·

아폴로 8호가 우주에서 보낸 시간이 3일 차 여덟 시간째로 접어들었을 때, 아폴로 8호의 임무도 능선을 넘어섰다고 볼 수 있었다. 우주선은 여전히 우주 한복판에서 조용히 앞으로 나아갔고 그대로 반나절은 더 가야 달에 닿을 예정이라 우주 비행사들이 특별히 목격하거나 느낀 변화는 없었지만, 우주 비행 경과시간이 정확히 55시간 39분 55초를 지난 시점부터 세 사람은 지구보다 달에 더 가까이 있었다.

우주선이 지구 중력과 벌이던 고된 싸움도 한 시간 단위로 점차 기세가 약화됐다. 중력에서 벗어나 달 쪽으로 날아가기 위해 시간당 약 3만 9000킬로미터라는 어마어마한 값으로 속도를 설정해야 했지만, 속도계가 가리키는 숫자는 그 직후부터 빠르게 줄어들기 시작했다. 지구에서 대략 30만 5770킬로미터를 날아온 시각은 동부 표준시 기준 12월 23일 월요일 오후 3시 30분으로, 이때 아폴로 8호는 초반 속도의 16퍼센트에도 미치지 않는 시간당 6115킬로미터의 속도로 날아갔다.

그로부터 한 시간 정도가 더 경과하여 우주선 이동 거리가 32만 1800킬로미터에 이르자 지구와 달의 힘의 균형이 바뀌었다. 우주선을 잡아당기는 달의 중력이 지구의 중력보다 커졌고, 지구 중력을 완전히 없앨 정도는 아니었지만 가파른 언덕길을 오르는 것과 같았던 우주선의 비행이 내리막길로 접어든 양상으로 바뀌어 속도가 다시 증가하기 시작했다. 아주 멀게나마 물리적으로 아폴로 8호가 달 주변을 휘감아 도는 비행을 시작한 것이다. 이대로 우주선이 달 궤도에 성공적으로 진입할 수도 있고, 엔진에 문제가 생겨 달 중력에 떠밀려 그대로 집으로 내던져질 수도 있었다. 또는 엔진이 과다 연소돼 달과 충돌할 가능성도 있었다. 그러나 무슨 일이 벌어지든, 보먼과 동료 비행사들이 인류 최초로 달의 뒷면을 직접 보게 된다는 사실만은 변함이 없을 것이다.

미션 세 번째 날 아침이 되자 지구와 더욱 멀어지고 있다는 사실이 우주선에서도 나타나기 시작했다. 태양의 영향이 바뀐 것도 한 가지 변화였다. 태양계 중심부에 있던 우주선의 위치가 계속해서 바뀌면서 아폴로 8호의 창문으로 쏟아지는 태양광도 점점 강렬해졌다. 쏟아지는 빛 때문에 러벨이 운항관리용 광학기구를 제대로 사용하지 못할 정도였다.

항로와 위치를 제대로 파악하기 위해서는 항해용 소형 망원경으로 별을 대략적으로 관찰한 뒤 육분의로 정확하게 측량하는 과정이 필요하다. 그러나 별 중에서도 가장 눈에 띄는 별인 태양에서 뿜어져 나오는 강렬한 빛 때문에 망원경이 무용지물이 돼 러벨은 육분의로만 측량을 이어가야 했다. 일을 아예 못 할 정도는 아니었지만 킬로미터 단위로 길이를 재야 하는데 센티미터 눈금이 새겨진 자를 이용하는 것처럼 귀찮은 과정을 많이 거쳐야 했다.

보먼은 캡컴 콘솔로 돌아온 콜린스에게 상황을 보고했다. 콜린스는 무전이 오간 그 시점에 육분의로 측정한 각도가 정확히 얼마인지 물었다. 항로 측정 장치가 있는 쪽에서 대화를 듣고 있던 러벨이 보먼에게 바로 알려 주었다.

"항성직하점Substellar 33도."

"항성직하점 33도다." 보먼이 콜린스에게 전했다.

"알았다, 무슨 말인지 알겠어." 콜린스가 대답했다.

보먼에게 이야기하지는 않았지만, 해결해야 할 문제가 발견됐다. 항성직하점 33도에서는 아무 문제없이 관측할 수 있을 만큼 시야가 좋아야 하는데, 실제로 그렇지 않았다. 이는 달 궤도와 가까워질수록 항로 측량이 점점 더 어려워진다는 의미였다. 차후 또 다른 달 탐사 임무가 시작되기 전에 비행 계획을 수립하는 사람들이 해결해야 할 세부적인 숙제가 추가된 것이다.

콜린스는 눈앞 화면에 뜬 항로 데이터를 열심히 살펴보면서, 점점 강렬해지는 태양빛이 러벨의 육안 관찰 능력에 얼마나 영향을 줄 수 있는지 최대한 이해해 보려고 했다. 그러다 또 한 가지 흥미로운 사실을 깨달았다. 충분히 예상했던 일이었지만 실제로 일어났다는 생각에 콜린스의 얼굴에 미소가 떠올랐다.

"재미있는 사실을 발견했어, 자네 목소리가 여기 도착하는 데 1.6초 정도 소요되고 있다." 태양 광선이 지구에 도달하는 데 걸리는 시간이 점점 뚜렷하게 드러나고 있었다.

"그냥 목이 좀 쉬어서 그런 거야." 보먼이 농담을 던졌다.

우주 비행사들이 다시 각자 할 일을 하면서 다음 생방송을 준비하기 전에, 콜린스가 거론해야 할 문제가 하나 더 있었다. 사실 그는 그 이야기를 그다지 하고 싶지 않았지만, 그때 비행 총괄 콘솔에 앉아 있던 클리프 찰스워스가 지시한 사항이었다.

"시간이 된다면 말이야, 선원들 상태가 어떤지 상세 보고를 좀 들었으면 한다." 콜린스가 물었다.

"어떤 상태 말인가?" 보먼이 썩 유쾌하지 않은 목소리로 되물었다.

"음, 말하자면… 저기 우리가 알고 싶은 건, 지난 24시간 동안 프랭크와 비슷한 증상이 보인 사람이 없었나 하는 것이야."

대화 중인 상대방을 제3자처럼 거론한 기민한 화법이었다. 콜린스는 비행사 전체의 건강이 궁금할 뿐, 얼마 전에 몸이 안 좋았던 선장을 꼭 집어서 그렇지 않아도 앤더스나 러벨보다 건강이 조금이라도 안 좋다는 식으로 취급 받는 걸 용납하지 못하는 사람의 상태를 의심하는 질문이 아님을 강조했다. 우주 비행 전담의사는 콜린스에게 우주선에 약이 있으니 필요하면 꼭 챙겨 먹어야 한다는 말도 해달라고 요청했다. 우주선에는 구토 증상을 해결해 줄 마레진과 수면제 세코날이 실려 있었다.

"그리고 한 가지 더 알고 싶은 게 있는데…" 콜린스가 머뭇거리며 말을 이었다. "자네도 알겠지만, 일전에 필요하면 마레진을 복용하라고 했었는데 혹시 자네들 중에 약을 복용한 사람이 있었나?"

"우리 중에 어떤 약이든 먹은 사람은 한 명도 없다." 보먼이 대답했다. 목소리에 바짝 날이 선 것이 확연히 느껴졌다. "아무도 마레진을 복용하지 않았다. 아픈 사람도 전혀 없다. 오늘 아침에 다들 식사를 마쳤고 거의 깨끗이 비웠어. 또 뭘 알고 싶은가?"

하지만 갈수록 태산이었다. "물을 좀 더 충분히 마셨으면 한다. 여기서 보기에 자네들 물 섭취량이 좀 준 거 같아서."

"우리는 다 멀쩡하다." 보먼은 이쯤에서 대화가 마무리되길 바라면서 대답했다. 그때 앤더스가 다가와 지상 본부에서는 들을 수 없을 만큼 작은 소리로 보먼에게 뭔가를 이야기했다. 보먼은 어이없다는 눈으로 그를 쳐다보았다.

"한 가지 수정한다. 윌리엄이 마레진을 하나 먹었다고 한다. 보고도 안 하고 몰래."

"역시 빌 앤더스답구먼." 콜린스가 대답했다. 당연한 소리인 줄 알면서도 입 밖으로 소리 내어 이야기한 이유는, 방송국 카메라가 우주선과 통제실 사이에 오가는 대화를 전 세계에 내보내고 있는지 아직은 아닌지 확신을 할 수가 없었기 때문이다. 어쨌든 세상이 대화를 듣고 있는지 여부와 상관없이 건강 상태에 관한 면담은 거기서 끝이 났다.

몇 시간 뒤에는 아폴로 8호의 두 번째 방송이 예정돼 있었다. 월요일 오후 세 시 반에 방영되는 텔레비전 프로그램은 보통 큰 시청률을 기대하기 힘들지만, 이날은 12월 23일이라 학교도 쉬었고 휴무에 들어간 회사들도 많았다.

아폴로의 첫 번째 방송은 훨씬 더 많은 사람들이 시청할 수 있는 일요일 오후 시간대에 방영됐다. 그러나 NFL 중계와 시청률을 겨뤄야 했던 데다, 우주 비행사 가족들이 밀집돼 있는 휴스턴 엘라고 지역에서는 특히 만만찮은 경쟁 상대가 있었다. 매년 크리스마스 주간이면 뒤에 산타클로스를 태우고 마을 곳곳을 순회하는 소방차였다. 올해 산타클로스의 방문 계획이 정해질 때만 해도 이웃에 사는 세 명의 아저씨들이 지구와 달의 중간 어디쯤에서 방송으로 인사를 하게 될 날과 그날이 겹치게 될 것을 예상한 사람은 아무도 없었다.

"우리 동네 명물 기억나시죠? 엘 라고 지역에서는 아폴로가 산타클로스에게 졌습니다. 그날 꼬맹이들은 대부분 밖에 나가 있었거든요." 두 번째 우주선 방송이 예정된 전날 밤, 카가 보먼에게 말했다.

하지만 오늘은 꼬맹이들도 부모님과 함께 텔레비전 앞에 모여 앉아 있었다. 방송이 시작되자 우주 비행사들이 1편보다 훨씬 더 괜찮은 쇼를 보여 줄 것이라는 사실도 확실해졌다. 비행 임무가 이어지면서 질적으로도 더 나은 화면을 지구에 보낼 수 있게 된 것이다. 우주선 창문 밖으로 보이는 지구는 여전히 희뿌옇고 아무런 색도 보이지 않았지만 편광 필터를 적절히 사용한 덕분에 훨씬 더 선명한 이미지를 볼 수 있었다. 카메라를 흔들림 없이 단단히 고정시킨 것도 한몫을 했다. 그래서 흐릿했던 지구의 모습을 어느 정도 초점이 잡힌 영상으로 볼 수 있었다.

방송이 시작되기 전 보먼은 추진기를 점화시켜서 선체가 통구이 기계처럼 빙빙 돌아가지 않도록 했다. 카메라맨인 앤더스가 렌즈를 카메라에 정확히 고정시킬 수 있도록 하기 위해서였다. 보먼은 밖을 내다보고 시야에 들어온 풍경에 할 말을 잃었다.

"지금 지구를 보고 있는데, 구름이 길고 얇게 띠를 이룬 모습이 정말 장관입니다. 끝내주게 멋진 광경이에요. 지구 전체를, 거의 절반 이상을 감싸고 있군요." 보먼이 말했다.

"알았다. 텔레비전 방송을 하면서 그 말을 다시 들려주게. 그리고 가능하다면 말이야, 시적인 능력을 최대한 발휘해서 보이는 걸 더 구체적으로 묘사해줘."

이날 방송에서 시청자들은 시적인 표현을 많이 접하지는 못했지만, 화면을 뚫어져라 보면서 적당한 지점에서 눈을 조금 찌푸리면 우주에서 비행사들이 설명하는 구름의 형태와 육지의 지형을 정말로 볼 수 있었다.

방송이 시작되고 러벨이 설명을 맡았다. "지금 보고 계신 곳은 서반구입니다. 맨 윗부분이 북극이죠."

정보가 충분히 전해지도록 잠시 기다렸다가 그는 다시 설명을 시작했다. "중심에서 조금 아래에 보이는 것이 남아메리카입니다.

케이프 혼까지 쭉 이어져 있어요."

"바하 캘리포니아가 보이고, 미국 남서부 지역도 눈에 들어옵니다." 다시 잠깐 틈을 두었다가 러벨은 다시 말을 이었다.

그가 설명하는 지역들을 시청자들이 전부 알아볼 수 있는가는 중요하지 않았다. 지구에서 약 32만 2000킬로미터라는 머나먼 곳까지 가 있는 우주 비행사들과 같은 시선으로 지구를 바라볼 수 있다는 것이 핵심이었다.

러벨은 휴스턴에서 요청한 대로 지구가 무슨 색을 띠고 있는지도 설명했다. 갈색의 사막이 푸른색의 바다, 흰색 구름과 어떻게 만나고 이어지는지 설명한 후, 그는 분위기를 조금 바꿔 앞서 요청받은 대로 시적 능력을 조금 발휘했다.

"저는 이런 생각을 해봤어요. 만약 제가 다른 행성에 살던 외로운 여행자라면, 지금 여기에서 지구를 보면서 무슨 생각을 할까 하고요. 사람이 사는 곳일까, 그렇지 않을까, 어떤 생각을 하게 될까요."

"손 흔드는 사람이 하나도 안 보인다는 의미인가?" 콜린스가 농담을 던졌다. 그럴듯한 표현을 주문한 당사자로서, 러벨의 감상을 유쾌하게 받아치고 싶은 것 같았다.

러벨은 갑자기 와 닿은 경이로운 감정을 굳이 부인하려 하지 않았다. "지구의 저 푸른 부분과 갈색 부분 중 어디로 향할지도 궁금하군요." 골똘히 생각에 잠긴 말투로 러벨이 전했다.

"우리도 궁금해." 콜린스가 답했다.

러벨은 잠시 웃고는 다시 감상적인 마음을 뺀 담백한 표현으로 보이는 것을 설명하기 시작했다. 그러나 속으로 러벨은 자신이 조금 전 그 어느 때보다 큰 행복을 느꼈음을 깨달았다. 이번 미션을 끝내고 지금까지 해온 모든 절차를 다시 밟더라도 꼭 내일 아폴로 8호가 궤도를 돌게 될 바로 그 달의 세계에 달 착륙선과 함께 착륙하게 될 날을 더욱 간절히 바라게 됐다.

두 번째 방송은 17분 정도 이어지다 끝났다. 우주 비행사들의 작별인사도 없이, 끝나기로 예정된 시각이 되자 그냥 뚝 끊겼다. 하지만 우주선 생방송은 아직 여러 번 더 남아 있었다. 스무 시간 넘게 달 궤도를 도는 동안에도 두 번의 방송이 잡혀 있었다. 그래서 일단 이번 방송을 마친 비행사들은 카메라를 잘 넣어두고 우주선을 다시 통구이 기계처럼 빙빙 돌게끔 설정을 되돌린 뒤 수억 명의 시선에서 벗어나 평소 하던 일로 돌아갔다.

잠시 후 콜린스가 다시 우주선에 말을 걸어 왔다. "그런데 말이야, 달의 영역에 들어간 것 축하하네."

"달의 일이요?" 잡음 때문에 제대로 듣지 못한 보먼이 되물었다.

"달의 영역이라고. 지금 자네들은 달의 영향권에 들어갔어." 콜린스가 다시 말했다.

아폴로 8호는 조용히, 눈에 띄지 않게 인류가 늘 영향을 받으며 살아온 지구의 중력에서 벗어나 달의 중력권에 들어갔다. 달을 향해 날아가는 세 비행사의 본격적인 비행이 시작된 것이다.

달의 위성

1968년 12월 24일

휴스턴 오일러스가 꽤 우수한 풋볼 팀이었다면 수전 보먼도 남편이 타고 있는 우주선이 달의 저편에 가까이 가기 위해 준비하고 있다는 생각에 몰두할 여유가 별로 없었을 것이다. 그러나 오일러스의 실력은 지극히 평범한 수준이었고 수전의 두 아들은 크리스마스 연휴에 딱히 할 일이 없었다.

프레드와 에드, 두 아이들은 여가 시간에 휴스턴 오일러스 팀에서 일했다. 워낙 유명한 아버지 덕분에 아이들은 전문적인 집단 특유의 엄격한 규율을 잘 따를 줄 아는 기질을 타고났다. 이제 열일곱, 열다섯 살이 된 두 아이들은 볼 보이로 활동하다가 뛰어난 실력으로 두각을 나타내 장비 공동관리자로 금방 승진했다. 보먼이 웨스트포인트 시절에 풋볼 팀에서 맡은 역할과 비슷한 일을 하게 된 것이다.

1968년 시즌에 오일러스의 성적은 7승 7패였다. 1위인 뉴욕 제츠와는 4승이 뒤진 상태였다. 조금만 더 잘했으면 아폴로 8호의 발사 다음 날인 12월 22일에 예정된 플레이오프 경기에 출전해서 보먼의 두 아들 모두 방 안에만 처박혀 있지 않았을 것이다. 그랬다면 아버지가 달 여행을 무사히 마치고 집에 돌아올 수 있을까 하는 걱정도 덜 했을 것이다. 그러나 오일러스는 플레이오프에 진출하지 못했고, 프레드와 에드는 일주일 내내 집에 있었다. 수전으로서는 남편이 점점 더 먼 곳으로 날아가고 집 안은 사람들로 북적이는데 또 한 가지 챙겨야 할 일이 생긴 셈이었다. 수전은 두 아이들에게 가장 적합하다고 판단한 유일한 방식대로 그 시간을 보내겠다고 마음먹었다. 평소와 전혀 다르지 않게, 평범하게 하루하루를 보내는 것이다.

학기 중에는 아침마다 수전이 일찍 일어나서 학교 갈 아이들을 위해 폭찹과 달걀 요리로 아침밥을 차려 주곤 했는데, 연휴 기간에도 변함없이 그렇게 했다. 맛있는 냄새에 밤새 우주 비행 뉴스를 보다가 거실에서 잠든 우주 비행사들과 아내들도 정신을 차렸다. 이 냄새는 다들 각자의 집으로 가서 샤워를 하고 아침을 만들어 먹고 나중에 다시 찾아오라는 신호이기도 했다.

프레드와 에드에게는 아침 식사시간이 가족들만 오붓하게 보낼 수 있는 기회이자, 엄마가 잘 버티고 있는지 조용히 지켜볼 수 있는 유일한 시간이었다. 두 아이들은 엄마가 썩 잘 지내고 있지 않다는 사실을 쉽게 알아챌 수 있었다. 늘 그랬듯 손님맞이에는 빈틈이 없었고 기자들에게도 여유 있는 미소를 보낼 줄 아는 엄마라 신문에 실린 사진만 보면 아무렇지 않아 보였다. 수전을 잘 모르는 사람들 눈에는 그랬겠지만 프레드와 에드는 대부분 눈치채지 못하는 엄마의 속내까지 다 읽을 수 있었다. 형제는 꼭 다문 입과 두 눈에서 느껴지는 잔뜩 겁먹은 표정으로 엄마가 속으로 큰 두려움을 느끼고 있음을 감지할 수 있었다.

장남인 프레드는 일주일 동안 자신은 물론 에드가 제대로 행동하도록 책임지고 관리하리라 결심했다. 멍청한 짓은 하지 말자는 것이 프레드의 목표였다. 하지만 어리석은 행동을 안 하는 것보다 더 심각한 숙제는 '지루함을 어떻게 견딜 것인가'였다. 매일 잠시도 쉴 새 없이 달 탐사 이야기만 오가는 상황이었기 때문이다. 우주 프로그램과 함께 성장해온 아이들인 만큼 둘 다 우주가 중심이 되지 않는 삶은 알지도 못했고 이런 생활이 퍽 즐겁기도 했다. 아폴로 8호가 발사되는 장면도 어른들과 함께 나란히 서서 지켜보았다.

하지만 지구 궤도를 벗어나기 위한 엔진 점화가 시작될 즈음부터 둘은 텔레비전 앞에서 벗어났다. 집 안에 설치된 수신 장치나 텔레비전에서 흘러나오는 아버지의 목소리에 귀를 기울이기도 하고, 우주선에서 방송이 시작되자 두 번 다 거실로 돌아와서 화면에 잡힌 아버지의 얼굴을 보기도 했다. 수염이 많이 자라 있었지만 색이 누르스름한 덕분에 짙은 색 털로 뒤덮인 짐 러벨이나 빌 앤더스의 모습만큼 눈에 띄지는 않았다. 그렇게 잠시 중계를 보다가 두 아이들은 다시 각자 할 일을 하곤 했다.

프레드와 에드는 기회가 되면 친구네 집에 놀러갔다. 몰려온 손님들도 없고, 기자는 물론 아예 텔레비전 자체가 없는 집으로 향했다.

"저 나가요." 외출할 준비를 마친 프레드가 거실 쪽에는 들어갈 엄두도 못 내고 수전을 향해 소리쳤다. 괜히 거실에 갔다가는 아침에 인사조차 나눈 적 없는 사람들을 비롯한 열두어 명의 사람들에게 다녀오겠다고 인사해야 했기 때문이다.

"정문으로는 나가지 마!" 수전은 이렇게 대답했지만 사실 걱정할 필요가 없었다. 이미 앞마당은 기자와 사진사들로 발 디딜 틈도 없이 꽉 차서 나갈 수가 없었다.

뒷마당에는 높다란 울타리가 둘러져 있고 튼튼한 자물쇠가 달린 문도 있어서 그쪽을 이용하는 편이 더 안전했다. 발레리 앤더스처럼 마당 앞에서 몰래 기다리고 있는 카메라맨을 걱정하지 않고 두 아이들이 나다닐 수 있는 곳이었다. 혹시라도 울타리 문 너머에 누가 숨어 있는 낌새가 느껴지면 아이들은 그곳과 가장 멀리 떨어진 울타리를 훌쩍 넘어 친구 집으로 향하곤 했다.

목적지에 도착하면 그 집에 있던 어른들이 어쩔 수 없는 궁금증에 우주 비행에 관한 질문을 했지만 두 아이들에게서는 별다른 대답을 들을 수 없었다.

"별로 신경 안 쓰고 있어요." 이런 대답 정도만 돌아올 뿐이었다.

아빠가 지금 얼마나 위험한 일을 하고 있는가에 관한 이야기를 꺼내는 사람들도 있었다. 사실 너무 많은 사람들이 그런 주제를 꺼내곤 했는데, 에드는 그럴 때면 사람들이 걱정하는 대상이 어떤 인물인지 똑똑히 상기시켜 주었다.

"아버지는 공군이세요. 공군 중령이시죠. 그리고 지금 냉전도 이어지고 있잖아요."

당시 에드 보먼은 겨우 고등학생이었지만 이런 의견을 밝힐 때면 아버지를 너무나 빼닮아서 어른들도 놀라 고개를 저을 정도였다. 그 전쟁에 나가 싸우고 있는 에드의 부친이 봤어도 그렇게 생각했을 것이다.

아폴로 8호가 달 궤도에 진입하는 순간을 지구에서 함께하기는 어려워 보였다. 우주선이 호를 그리며 달 뒤편으로 향하는 시각이 새벽 3시 50분이었는데, 3일 전 우주 비행사들이 아폴로 호에 탑승할 때부터 내내 이어지던 우주 관제센터와의 통신이 휴스턴 시각으로 크리스마스이브 새벽이던 그때부터 몇 시간 동안 두절됐기 때문이었다. 관제센터 화면상으로는 비행사들을 태운 아폴로 8호가 우주 저 멀리 사라져버린 것만 같았다. 데이터 스트림도 텅 비어 있는 상태인 '올 볼'이 되고 관제실 헤드셋에는 달 궤도로부터 전해진 쉬익 하는 소리만 흘러나왔다.

통신 두절은 약 35분간 지속됐다. 지구와의 통신이 끊기고 10분 후 아폴로 호는 SPS 엔진을 점화시켜 달 궤도에 진입을 시도하기로 돼 있었다. 달의 위성이 될 수 있을지 결정되는 순간이었다. 지구에서 쏟아져 나온 무선전파에 이들이 다시 응답하지 않는 한, 세 사람이 죽었는지 살았는지 아무도 알 수가 없었다.

성공 여부를 쥐고 있는 엔진은 굉장히 정확한 절차대로 점화돼야 했다. 우주선이 신호 두절 지점에 도달하면 시간당 약 6115킬로미터로 비행하던 속도가 달의 중력 덕분에 9330킬로미터 정도로 증가한다. 이때 우주선은 앞뒤가 바뀐 자세로 비행한다. 즉 엔진이 있는 종 모양의 뒤쪽이 앞을 향한다. 이 상태로 4분 2초간 비행하면서 연소되는 엔진이 브레이크 역할을 하여 다시 우주선의 속도를 시간당 약 6115킬로미터로 돌려놓는다. 이만큼 늦춰져야 우주선이 달의 중력에 붙들려 있으면서도 궤도에 머무를 수 있었다.

NASA가 언론에 공개한 숫자는 이렇게 적당히 정돈된 숫자였지만 우주 비행사들과 우주 관제센터의 관제사들은 소수점 뒤로도 한참은 더 길게 이어지는 수준까지 훨씬 정확한 단위를 다루었다. 37만 5000여 킬로미터를 날아가서 달 표면과 법정단위로 불과 111킬로미터 떨어진(NASA는 달 표면과의 거리를 '60해리'로 즐겨 표현하곤 했지만 법정단위라는 표현이 훨씬 더 위태로운 느낌을 준다) 궤도에 진입하는 상황에서는 손가락 하나만 잘못 움직여도 모든 것을 망칠 수 있으므로 당연한 일이었다. 해리로 표시하건 법정단위로 표시하건 오차 허용 범위는 겨우 0.0296퍼센트였다. 풋볼 경기장 한쪽 끝에서 사과를 던져 반대쪽 끝에 있는 엔드 존에 도달하도록 하되, 그 지점에 정확히 들어가면 안 되고 스치기만 하는 확률과 같았다.

비행유도와 항로 제어 콘솔을 맡은 제리 그리핀Jerry Griffin은 숫자가 얼마나 정확해야 하는지 강조하려고 곧잘 농담을 던졌다.

"우주 비행사들은 무슨 일이 있어도 우리를 철썩같이 믿어야 해요. 우리가 내놓는 숫자가 표면에서 111킬로미터 위에 있는 궤도로 안내할 거라고 말이죠. 표면에서 111킬로미터 아래가 아니라요."

하지만 사실 그 말을 하는 당사자도 유쾌하게 웃을 수 없는 농담임은 잘 알고 있었다.

우주선에 있는 사람들에게 달에 도달하기 위한 마지막 여정은 눈을 감고 하는 것이나 다름없었다. 그들은 우주에 나온 첫날 우주선의 뾰족한 앞부분이 정면을 향하던 때 말고는 달을 보지도 못했다. 심지어 그 첫날에도 항로 판독결과에 따라 우주선이 달과의 수평면을 기준으로 위나 아래로 기울어지면 창밖을 내다봐도 별만 보일 때가 많았다. 두 번째 텔레비전 방송을 위해 우주선이 지구를 향하도록 방향을 돌린 후에는 그 상태로 달 궤도 진입을 준비했다.

"재밌는 일 아닌가, 우린 아직까지 달을 보지도 못했어." 휴스턴 시각으로 새벽 2시 50분, 무전 교신이 끊어지기 한 시간 전 러벨이 지상본부에 전했다.

"그러게요. 달 말고 뭐가 보입니까?" 당시 캡컴 콘솔을 담당하던 제리 카가 물었다.

"아무것도 안 보입니다." 지독히도 뿌옇게 흐리기만 한 창밖을 바라보며 앤더스가 답했다. "잠수함에 타고 있는 기분이에요."

"그렇군요." 카가 대답했다.

굳이 물어보지 않아도 카는 앤더스가 창문을 두고 한 말임을 알고 있었다. 세 사람 다 우주선 창문을 영 마음에 안 들어 한다는 것은 모두가 아는 사실이었다. 우주선을 만들 때 엔지니어들은 김 서림이 이 정도로 심할 줄은 예상치 못했다. 지난 며칠 동안 이 문제를 어떻게 해결할지 고심한 끝에, 알아서 해결되리란 결론이 내려졌다. 우주선이 달 궤도에 진입하면 달 표면에 반사된 햇빛으로 우주선 표면 온도가 섭씨 10도 정도 올라갈 것으로 예상됐기 때문이다. 적어도 비행 계획을 수립한 사람들의 말에 따르면 그랬다. 예상대로 된다면 창틀 사이에 갇혀 있던 기체의 밀도가 바뀌고 성에도 녹아서 시야가 한층 나아질 것이었다.

신호가 두절되고 달 궤도에 진입할 시각이 서서히 다가오자 우주선과 지상 관제소 양쪽 모두 자질구레한 정리정돈을 시작했다. 통신 설정과 조종석의 녹음기 상태를 확인하고 우주선 궤도의 세부 정보를 점검하는 등의 절차가 진행됐다. 사실 딱히 서둘러 해야 할 일이었다기보다, 달에 다가선 마지막 단계에서 무언가에 집중하려는 시도였다.

마침내 지구를 출발한 지 68시간 4분이 경과한 시각, 캡컴은 이번 미션에서 가장 위험한 단계이자 우주 비행 전체의 성패가 달린 일을 공식적으로 승인했다.

"아폴로 8호, 여기는 휴스턴. 68시간 04분에 달 궤도에 진입합니다." 카가 지시했다.

"알겠다, 아폴로 8호, 진입." 보먼의 답이었다.

잠시 침묵이 흐르는 동안 카는 마음을 가라앉힐 수가 없었다.

콜린스와 마찬가지로 캡컴 담당자가 우주선에 전하는 차가운 전문용어로는 방금 우주 비행사들에게 승인한 그 일이 얼마나 엄청난 것인지 도저히 표현할 수 없었다.

"아폴로 8호, 여기는 휴스턴. 지금 여러분은 우리가 찾아낼 수 있는 최고의 새에 올라타고 있습니다." 카는 마지막으로 덧붙였다.

"뭐라고 했나." 보먼이 물었다.

"여러분은 지금 우리가 찾아낼 수 있는 최고의 새에 올라탄 거라고 했어요. 오버."

"고맙네." 보먼이 대답했다. 그리고 5초 후, 보먼도 심정이 조금 느껴지는 말을 덧붙였다. "정말 훌륭한 새야."

때맞춰 관제 센터 맨 앞에 걸린 대형 스크린의 큼직한 지도가 바뀌었다. 지난 3일간 달 궤도로 향하는 경로가 표시되던 지도가 사라지고 달 지도가 나타났다. 엔진이 제대로 연소된다면 우주선이 이동하게 될 경로도 표시됐다.

"아폴로 8호, 여기는 휴스턴. 달 지도가 켜졌고, 이제 모든 준비가 끝났습니다." 카가 보먼에게 알렸다.

"알았다." 보먼이 대답했다.

이후 45분 정도 거의 대화가 오가지 않다가, 카가 한 번 더 우주선에 메시지를 보냈다.

"아폴로 8호, 여기는 휴스턴. 신호 두절까지 5분 남았습니다. 시스템은 정상입니다, 오버."

"확인 고맙네." 보먼이 대답했다. 잠시 후 다시 정적을 깨고 카가 말했다.

"프랭크, 175도에서 커스터드를 굽고 있다고 합니다."

"무슨 말인지 모르겠는데." 보먼이 말했다.

하지만 그 말을 하자마자 아차 싶었다. 수전이 보낸 메시지였다. 그가 아는 수전이라면 내내 집 안에서 지내면서 찾아온 손님들을 성심껏 대접하면서도 이제 통신이 두절되고 엔진이 연소될 시점이 다가오자 혼자 조용히 있을 만한 곳으로 향했을 것이다. 주방이든 침실이든 누구의 시선도 미치지 않고 미션이 원만히 완료됐다면 안도감을 표출하고 그러지 못했을 때 절망을 터뜨릴 수 있는 곳에서 통신 스피커에 귀를 기울이고 있으리라. 수전은 그런 격한 감정을 대중 앞에서 드러내는 게 부적절하다는 사실을 잘 아는 사람이었다.

수전은 프랭크에게 메시지를 보낼 방법을 떠올리고, 카가 근무를 서지 않을 때 가족들만이 이해할 수 있는 암호를 남편에게 전해달라고 부탁했다. 보먼과 수전이 결혼 초기부터 주고받은 주문, 보먼이 하늘을 나는 위험한 일을 잘 처리하는 동안 수전 자신은 집과 아이들을 잘 돌보겠다고 약속하는 그 말이 그렇게 전해졌다.

보먼은 속으로 조용히 미소 지었다. 앤더스가 그 미소를 봤는지 못 봤는지는 알 수 없지만 보먼을 대신해 카에게 대답하는 것으로 수전의 메시지를 재차 언급해서 그 속에 담긴 내밀한 감정이 깨지지 않도록 막아 주었다.

"알았다." 앤더스의 대답이었다.

잠시 후 카가 신호 두절 1분 전을 알렸다. 그리고 캡컴 앞의 카는 통제실에 있는 모두가 떠올렸을 법한 말을 비행사들에게 전했다. "안전한 여행이 되길 빕니다."

"감사합니다, 여러분." 앤더스가 답했다.

"달 반대쪽에서 다시 만나요." 카가 말했다.

잠깐 뒤 NASA가 계산한 정확한 시각에 신호가 끊어졌다.

우주선의 비행사들은 놀라기도 하고 경탄스럽다는 얼굴로 서로를 쳐다보았다.

"정말 대단하지 않아?" 보먼이 이렇게 말하고는 웃으며 덧붙였다. "그냥 통신을 꺼버린 거 아닐까."

앤더스도 씩 웃었다. "크리스가 이랬는지도 모르죠. '무슨 일이 생기더라도 그걸 꺼버려'라고요."

물론 크리스 크래프트가 그런 지시를 내릴 리가 없다는 것은 아폴로 8호의 비행사들도 잘 알고 있었다. 수십 분 동안 이어질 신호 두절이 막 시작된 이 순간, 세 명의 우주 비행사들은 지금껏 그 누구도 경험해 보지 못한 방식으로 지구의 모든 인류와 단절됐다.

관제센터 뒤에 서 있던 진 크란츠는 여기저기서 다급히 지포 라이터가 켜지는 소리를 들었다. 약속이라도 한 것처럼 일제히 그 소리가 들려왔다. 이 거대한 공간의 사람들이 쉴 새 없이 담배에 불을 붙였다. 관제사들 대부분이 흡연자였다.

보통 관제실에서 지포 라이터를 켜는 익숙한 소리가 선명하게 들리는 경우는 거의 없지만, 너무나 고요한 탓에 그런 소리까지 들렸다. 사실 우주선이 지구 궤도를 돌면서 지구 둘레 곳곳에 설치된 추적소 사이를 지나다 지상과의 통신이 잠시 끊길 때는 종종 있었다. 그때 발생하는 침묵은 예측 가능하고 익숙해서 특별한 의미가 없었다. 그러나 너비가 약 3475킬로미터나 되는 달 뒤편을 비행하느라 통신이 두절된 적은 단 한 번도 없었다. 그래서 이번 침묵이 특별했다.

크란츠 근처에 있는 참관용 콘솔에 앉아 있던 크리스 크래프트는 자리에서 일어나 차를 가지러 갔다. 커피 주전자와 전기 보온기가 놓인 테이블로 간 그는 밥 길루스와 나란히 서서 대화를 나누었다. 길루스는 휴스턴 유인 우주센터의 초대 센터장이자 NASA의 전신으로 아이젠하워 대통령이 1958년에 설립한 '우주 임무 그룹Space Task Group'이라는 위원회의 초대 구성원 중 한 사람이었다.

"10년 하고도 한 달이 걸렸군." 길루스가 말했다. 첫 번째 우주 임무를 수립한 때로부터 얼마나 많은 세월이 흘렀는지 이야기한 것이다. "10년하고도 한 달이야. 그 계획에는 서른여섯 명의 이름이 들어 있었어, 크리스 자네도 포함해서."

"그리고 지금 저 달 뒤에 세 명이 가 있군." 크리스가 대답했다. "여기에 와 있으니 망정이지, 밖에서 들었다면 과연 이걸 내가 믿었을까 싶어."

두 사람은 관제실 앞쪽에 미션 경과 시간을 나타내는 시계를 응시했다. 통신 두절 시간은 정확히 파악되지 않았지만, 모든 일이 순조롭게 진행된다면 35분 정도 지속될 것이다. 엔진이 성공적으로 점화돼 우주선이 시간당 5950여 킬로미터까지 속도를 늦추고 궤도에 진입한다면 그보다 조금 길어질 것이고, 엔진이 점화되지 못해 우주선이 계속해서 시간당 9330여 킬로미터로 비행한다면 그보다 짧아질 것이다. 그리고 뭔가 안 좋은 일이 벌어진다면, 이 침묵은 영원히 이어질지도 몰랐다.

우주선의 비행사들은 앞으로 어떤 일이 생길지 일일이 생각할 만한 여유가 없었다. 엔진 점화 시점까지 10분도 채 남지 않은 상황에서 챙기고 준비할 일이 너무나 많았다.

세 사람은 파일럿이나 선원들이 오래전부터 활용해온, 속사포처럼 빠르게 말을 주고받는 방식으로 그 절차를 밟아 나갔다. 한 명이 설정할 항목을 알려 주면 다른 사람이 알아들었다는 의미로 똑같이 말하면서 실행하는 방식이었다.

"데드 밴드를 최소로." 앤더스가 안정화 시스템을 점검하면서 말했다.

"데드 밴드 최소로." 보먼이 반복했다.

"낮게 설정."

"낮게."

"제한 주기, 작동."

"제한 주기, 작동."

"GDC는 맞춰졌습니까?" 앤더스가 물었다. 자이로스코프 디스플레이 장치를 가리키는 말이었다.

"응." 보먼이 이렇게 대답했다가 5초 뒤에 다시 제대로 대답했다. "GDC 설정 완료."

원래 최종 점검 과정은 남은 10분 중에 4, 5분 정도 소요되는 일이었지만 세 사람은 지구에서 워낙 여러 번 훈련한 덕분에 단 2분 만에 모든 점검을 마쳤다.

"오케이, 8분 남았다." 보먼이 카운트다운 시계를 힐끗 보고 알렸다.

러벨은 동료들을 힐끗 보았다. 심하게 긴장한 것 같지도 않지만 딱히 편안해 보이지도 않았다. "자, 중요한 건 침착해야 한다는 거야." 그가 이야기했다.

러벨은 레이더 수신기 쪽으로 시선을 돌렸다. 우주선 창문은 위를 향해 있고 우주선은 뒤로 가는 중이라 여전히 달이 보이지 않았다. 하지만 계기판상으로는 달이 바로 밑에 있었다.

"자, 여러분, 달이 상당히 가까이에 있어." 러벨이 밝혔다.

"7분 남았다." 보먼도 다시 알렸다.

다시 1분이 지나고, 보먼은 남은 시간 6분을 알리면서 앤더스에게 몇 가지 스위치의 위치를 점검하도록 했다. 1분이 흐르고 이번에는 러벨이 5분 남았음을 알렸다.

보먼은 눈을 가늘게 뜨고 창밖을 바라보다가 잔뜩 찡그렸다. 컴컴한 어둠밖에 보이지 않았다. "여보게들, 저 너머에 뭐가 있는지 하나도 보이지 않아."

"조명등을 끄고 살펴볼까요?" 앤더스가 실내조명 스위치로 팔을 뻗으면서 물었다.

하지만 손이 닿기도 전에 러벨이 외쳤다. "이봐, 달이 보여!"

"그래요?" 앤더스가 되물었다.

"바로 우리 아랩니다!" 가까운 창문으로 내다본 앤더스도 외쳤다.

우주선 뒤쪽으로 향해 있던 러벨 쪽 창문에, 정말로 달이 나타났다. 우주선이 달의 가장자리를 한참 지난 뒤에야 아폴로 호의 뾰족한 앞머리 뒤로 넓게 펼쳐진, 흐릿한 회색 표면의 일부가 모습을 드러냈다. 크기가 엄청났다. 유성과 부딪힌 흔적이 오른쪽 왼쪽으로 지평선 전체에 길게 펴져 있었다.

인류 역사상 최초로 달의 뒷면을 두 눈으로 본 짐 러벨은 황폐한 풍경에 시선을 빼앗긴 채 얼어붙어, 잠시 아무 말도 하지 못했다.

"우리 아래쪽이죠?" 앤더스도 앞쪽 창문에 가까이 다가가며 신나는 목소리로 물었다.

"그래, 저건…" 러벨이 뭔가 말을 하려고 했다.

"세상에, 이럴 수가!" 앤더스가 소리쳤다.

"뭐가 잘못됐어?" 보먼이 물었다.

잘못된 건 하나도 없었다. 앤더스도 달을 발견한 것이다. "저것 좀 보세요! 저기 두 개가…"

너무 흥분해서 '분화구'라는 말이 떠오르지 않아 그는 양손을 마구 휘저었다. "저걸 보세요!"

"그래." 러벨도 답했다.

"보이시죠? 환… 환상적이에요." 앤더스가 말했다.

우주선이 빠르게 비행하는 만큼 태양의 위치도 시시각각 변했다. 이제는 지구에서 한낮에 보는 태양과 비슷한 위치가 돼 곧장 내리쬐는 빛이 달의 그림자를 모조리 거둬갔다. 표면에 오목한 분화구와 작은 언덕처럼 볼록한 부분을 구분하기가 힘들 정도로 빛이 강렬했다.

"어디가 구멍이고 어디가 둔덕인지 구분하기가 힘든데요." 지리 용어가 여전히 떠오르지 않는지 앤더스가 이렇게 말했다.

"자, 이제 됐어." 동료들이 입을 쩍 벌리고 달을 구경하는 동안 우주선을 챙기던 보먼이 꾸짖었다. "이제 그 풍경은 아주 오랫동안 볼 수 있을 거야."

"스무 시간은 남은 거죠?" 앤더스가 물었다. 달 궤도를 한 바퀴 도는데 평균적으로 두 시간 조금 안 되는 시간이 소요되니, 스무 시간 가량은 달을 볼 수 있다는 것을 그도 잘 알고 있었지만, 이토록 숭고하고 기막힌 풍경을 보게 됐다는 사실을 재차 확인하고 싶었다.

앤더스와 러벨은 제자리로 돌아왔다. 그리고 세 사람 모두 좌석 벨트를 적당히 느슨하게 맸다. 앞서 달 궤도로 향하기 위해 엔진이 점화됐을 때와 마찬가지로 달 궤도 진입 시 발생하는 추진력도 비교적 약한 편이었다. 따라서 좌석벨트로 몸을 단단히 붙잡기보다 다른 곳으로 떠오르지 않도록 살짝 잡아 주는 정도면 충분했다.

"남은 시간 1분." 보먼이 시간을 알리고 덧붙였다. "자, 짐. 제대로 멋진 풍경을 보러 가자고."

러벨도 정확히 같은 생각이었다. 바로 앞 계기판에 놓인 컴퓨터 키패드에 앞으로 4분간 엔진을 점화시킬 최종 명령어를 입력하는 것이 그의 역할이었다. 러벨은 컴퓨터에서 알려 주는 고도와 속도를 확인하고, 시뮬레이션으로 수천 번도 더 연습한 대로 명령어를 입력했다.

"엔진 시동 대기." 앤더스가 알렸다. "준비되면 시작합니다."

"오케이." 러벨이 대답하고 마지막 글자를 입력했다.

10초간 그는 컴퓨터 화면에 뜬 값들을 한 번 더 확인했다. '99:20'이라는 숫자가 깜박거렸다. 컴퓨터가 최종 확인을 위해 내보낸 코드, 즉 값을 입력한 사람이 정말로 그 값이 의미하는 일이 실행되기를 원하는지 묻는 코드였다.

카운트다운 시계가 0에 다다르자, 러벨은 '실행' 버튼을 눌렀다.

우주 비행사들이 앉은 곳 저 뒤편에서 엔진이 조용히 기체를 분사하며 10.115톤에 달하는 추진력으로 우주선의 속도를 늦추기 시작했다. 보먼, 러벨, 앤더스 중 그 소리를 들은 사람은 없었지만 등 뒤에서 느껴지는 미세한 압력이 느껴졌다.

"1초, 2초." 242초로 지정된 엔진 점화가 시작되자 보먼이 첫 순간을 큰 소리로 알렸다. "현재 상태는…"

보먼의 질문을 예상했던 앤더스는 말이 다 끝나기도 전에 답했다. "정상입니다. 압력도 정상 범위에요."

"15초." 보먼이 다시 알렸다.

"압력도 원활히 올라가고 있습니다." 앤더스도 다시 선장에게 보고했다.

"좋아."

"전부 순조롭습니다."

엔진이 연소되는 동안 우주선의 속도도 계속해서 감소했다. 세 사람 모두 엔진 점화 시간이 궤도 계획을 수립한 사람들의 반복된 계산 끝에 나온 결과라는 것을, 그리고 우주 비행에서 빠른 속도로 이동하다가 속도를 늦출 때는 꼭 필요한 수준 이상 과도하게 느려지면 안 된다는 것이 기본 원칙임을 다들 숙지하고 있었다. 특히나 달과 같은 거대한 물체 근처에서는 더더욱 조심해야 했다. 속도가 과도하게 떨어지고 그로 인해 진입하려던 궤도에 들어서지 못하면 우주선은 그대로 자유낙하하고 만다.

"맙소사, 4분이라니!" 보먼은 시계가 2분에 다가서자 중얼거렸다.

"내 평생 가장 긴 4분이야." 1분쯤 지나자 러벨도 이야기했다.

엔진이 계속 돌아가고, 비행사들은 등 뒤로 전해지는 압력이 점차 증가하는 것으로 엔진이 만들어낸 변화, 즉 중력의 영향을 서서히 느끼기 시작했다. 실제 중력은 1g에도 미치지 못했지만 3일 동안 무중력 환경에서 지낸 후라 훨씬 더 무겁게 느껴졌다.

"3g는 되는 것 같은데요." 앤더스의 말이었다.

러벨은 시계에 눈을 고정하고 1분 남았음을 알렸다. 이어 48초, 28초가 남았다는 사실도 알렸다.

"대기하라." 러벨이 말했다.

"오케이." 보먼이 답했다.

"5, 4, 3, 2, 1." 앤더스가 숫자를 읽어나갔다.

그러자 활발히 돌아가며 우주선의 속도를 늦추던 주 추진 장치가 정해진 시점에 정확히 움직임을 멈추고 조용해졌다.

"정지!" 보먼이 알렸다.

"오케이!" 러벨도 만족스럽게 고개를 끄덕이며 답했다.

그 순간부터 아폴로 8호는 달의 위성이 됐다. 계기판에 나온 값에 따르면 우주선은 타원형의 궤도를 따라 최고높이 296킬로미터, 최저높이 111킬로미터 상공에서 선회했다. 휴스턴 본부가 예측한 결과와 정확히 맞아떨어진 수치였다. 이들이 달 궤도를 성공적으로 돌고 있다는 사실을 아는 사람은 지구 전체를 통틀어 이 세 사람밖에 없었다.

비행 관제센터에서는 침묵이 이어질수록 기운이 쭉 빠진 사람들이 콘솔 앞에서 연필로 탁자를 하릴없이 두드리거나 발을 까딱거리고, 담배꽁초를 비벼 끈 뒤 새로 불을 붙였다. 여러 관제사들이 정면에 걸린 미션 시계를 응시했다. 각자 앉아 있는 콘솔 화면에는 우주선에서 수신된 정보가 하나도 뜨지 않아서 관제실 앞에 걸린 시계가 현 상황을 파악할 수 있는 유일한 데이터였다. 모두가 가만히 째깍째깍 움직이는 시계만 응시했다. 처음에는 엔진이 잘못된 건 아닐지 우려하는 사람들의 목소리가 들렸고, 얼마 지난 뒤에는 아직 연락이 없는 걸 보면 우주선 속도가 늦춰져서 달 궤도로 들어간 것이라고 기뻐하는 소리가 들리기도 했다.

그 기뻐할 만한 순간이 지나자 몇몇 관제사들은 서로 얼굴을 쳐다보면서도 대놓고 웃지는 못했다. 좋은 소식을 의미할 수도 있는 이 침묵이 영원히 계속돼, 아주 나쁜 소식이 될 가능성도 있었기 때문이다. 그렇게 시간은 계속 흐르고 헤드셋에서는 잡음만 들렸다. 콘솔 화면에도 새로운 데이터가 뜨지 않았다.

우주선이 암흑 속으로 사라지고 34분 2초가 경과하자 카의 호출이 시작됐다.

"아폴로 8호, 여기는 휴스턴. 오버." 대답을 기대하기에는 너무 이르지만 그렇다고 전혀 불가능한 시점도 아니었다.

"아폴로 8호, 여기는 휴스턴. 오버." 33초 후, 카는 다시 한 번 호출했다.

"아폴로 8호, 여기는 휴스턴. 오버." 다시 15초가 흐르고 카의 호출은 반복됐다.

18초, 13초, 그리고 23초의 간격으로 카는 계속해서 무전을 시도했다.

다시 8초 뒤 신호 두절이 시작되고 35분 52초가 지난 순간, 일말의 생기도 느껴지지 않았던 관제사들의 헤드셋에 뚜렷한 생명의 신호가 들려 왔다.

"계속 하라, 휴스턴. 여기는 아폴로 8호." 의심할 여지없이 분명 러벨의 목소리였다.

"점화는 완벽히 이루어졌다. 현재 궤도 160.9에 60.5."

"아폴로 8호, 여기는 휴스턴. 목소리를 다시 듣게 되다니, 너무 감격스럽습니다!" 카가 답했다.

말은 그렇게 했지만 사실 캡컴은 우주 비행사의 목소리를 제대로 듣지 못했다. 다들 환호성을 지르고 기뻐하면서 서로 얼싸안고 안도감과 승리감을 표출하는 통에 주변이 온통 난리법석이었다. 관제센터에서 허용하는 점잖은 반응과는 크게 어긋나는 광경이었지만 누구도 개의치 않았다. 어디까지가 적정선인가 하는 염려 따위는 다들 제쳐두었고 문제될 것은 전혀 없었다. 이른 아침부터 방송을 시작한 NASA 해설자 폴 헤이니도 이 사실을 공식적으로 알렸다.

"해냈습니다! 우리가 해냈어요! 아폴로 8호는 현재 달 궤도에 있습니다. 지금 이곳은 환호로 가득합니다!"

그에 반해 보먼의 집 부엌은 굉장히 조용했다. 프랭크의 예상대로 수전은 그곳에서 달에서 전해진 기나긴 침묵을 혼자 가만히 기다렸다. 하지만 거실에서 터져 나온 환호성을 부엌에서도 다 들을 수 있었다.

미국인 세 명이 달 궤도에 진입했다는 소식이 미국 전체에 서서히 퍼져나갔다. 달 궤도 진입을 위한 엔진 점화가 동트기 전에 이루어진 만큼 수많은 사람들이 애타게 기다렸던 우주선의 응답이 전해진 그때 대다수의 국민들은 잠들어 있었다. 물론 휴스턴은 예외였다. 그곳에서는 전체 주민의 절반가량이 새벽 3시 50분에 불을 밝히고 대기했다. 아이들 외에는 대부분 잠자리에 들 생각도 하지 않은 NASA 인근의 팀버 코브나 엘 라고 지역도 마찬가지였다. 그러나 나머지 미국 국민들은 대부분 아폴로 8호가 달 궤도에 진입했다는 뿌듯한 소식을 몇 시간이 지난 뒤, 아침 식탁에서 커피와 함께 접했다.

반면 하루가 시작되고 꽤 많은 시간이 흐른 시각에 소식을 접한 전 세계 다른 나라들은 제각기 다른 반응을 보였다. 영국에서는 아폴로 8호의 미션을 전면적으로 다루어온 BBC가 달 궤도 진입을 위한 엔진 점화 상황을 생방송으로 전했다. 궤도 진입에 성공했다는 소식은 그리니치 표준시 기준 오전 9시 50분, 많은 사람들이 뉴스를 접할 만한 시각에 전해졌다. 런던 곳곳의 술집에 걸린 텔레비전에서 흘러나온 뉴스가 수많은 사람들의 발길을 잡아끌었고 다들 화면을 응시했다. 맥주를 마시기에는 다소 이른 시각이었지만, 이토록 경사스러운 일이 생긴 마당에 어떻게 한잔 걸치지 않을 수 있을까? 사람들의 시선이 텔레비전 화면에 고정돼 있을 때, 영국에서 가장 명망 있는 천문학자로 꼽히는 조드럴 뱅크 천문대의 버나드 러벨 경은 자신과 무관하지만 훨씬 더 큰 명성을 얻게 된 미국의 우주 비행사들이 해낸 미션을 "인류 역사상 가장 기념할 만한 발전"이라고 평했다.

서유럽 전역의 다른 방송사들도 BBC의 뒤를 이어 오진, 오후의 정규방송을 끊고 달에서 전해온 소식을 전했다. 네덜란드에서는 그 나라 국민이 아니고서는 정확히 이해하기 힘든 이유로 달 탐사 소식에 유독 큰 관심을 기울여왔고, 이날은 평소 음악만 내보내던 라디오 방송국까지 정규 프로그램을 쉬거나 중간에 끊고 아폴로 호의 소식을 전했다. 국가 통제에 따라 운영되는 이란의 텔레비전 방송과 주요 라디오 방송에서도 아폴로 호의 소식이 꾸준히 보도됐고 생방송으로도 전해졌다. 건국 17주년을 맞이한 리비아에서는 대규모 집회가 열려 나라의 독립과 아폴로 8호의 괄목할 만한 성과를 동시에 축하했다. 달 궤도 진입이 성공적으로 이루어졌다는 소식은 소련에서도 있는 그대로 보도됐다. 아폴로 8호가 달 궤도에 들어가고 1시간 15분이 경과한 후에야 그 소식이 전해졌지만, 국가가 통제하는 언론 보도의 특성을 고려하면 생중계나 다름없는 신속한 보도였다.

아폴로 8호의 우주 비행사들은 이 굉장한 성과를 조용히 되짚어 보고 싶었지만 궤도를 조용히 선회할 수 있을 때까지 기다려야 했다. 달 궤도를 한 바퀴 돌 때마다 지상 관제실과 거의 90분간 교신을 해야 했고, 나머지 시간에도 완료해야 할 자질구레한 일들이 너무 많았다. 이어폰으로 쏟아지는 말들도 너무나 많았다. 한 숟 더 떠서 달과 가까운 궤도에서 최초로 텔레비전 방송을 진행할 예정이었다. 수억 명의 사람들이 우주선에서 무슨 일이 벌어지고 있는지 듣기 위해 기다리고 있다는 의미였다. 이른 새벽에 생중계를 놓친 미국인들도 당일에 진행될 방송으로 궤도 진입 이후의 상황을 지켜볼 수 있게 된 것이다.

이런 점을 고려하여, 엔진이 점화되고 통신이 두절된 직후 몇 분 동안 세 명의 우주 비행사들은 잠시나마 창밖의 풍경을 구경하는 여유를 즐겼다. 비행 계획에 따라 우주선은 달 궤도에 머무는 약 20시간의 대부분을 선체 위아래가 뒤집힌 상태로 비행해야 했다. 우주선 창문이 모두 위쪽을 향하고 있어서, 정상 위치로 비행할 경우 달 지도 작성에 아무 도움이 되지 않는 구조였다.

"좋아. 이제 선체를 뒤집는다." 보먼은 위치를 변경해야 할 시점이 되자 두 사람에게 경고했다. 이어 아주 오래전, 다우니의 우주선 제조공장에서 조작 방향을 반대로 설정하는 어리석은 실수가 적발됐던 바로 그 추진기 핸들을 단단히 붙잡고 손목에 재빨리 힘을 주자 선체 좌측 분출구로 추진 연료가 방출되기 시작했다. 우주선은 즉시 옆으로 돌기 시작했다.

러벨은 잠깐의 작동으로 위치가 확 변하는 것을 보고 깜짝 놀라 보먼에게 한마디 했다. "추진기 좀 살살 움직여."

선체가 180도를 회전하자 보먼은 신속히 역추진을 가동하여 움직임을 중단시켰다. 관제센터의 예측대로 온도가 올라가면서 말끔해진 창문에 달이 꽉 찼다. 세 사람 다 창밖을 응시하며 잠시 할 말을 잃었다.

45억여 년 전, 초기 지구의 곁을 지나던 원시 행성이 23도 기울어져 지구와 비스듬하게 충돌했다. 나중에야 이유가 밝혀진 그 충돌 후 피어난 거대한 먼지 구름은 얼마간 지구 둘레에 고리 모양으로 존재하다가 수백억 년에 걸쳐 서서히 달이 됐다. 이렇게 새로 탄생한 지구의 위성은 지구의 중력에 붙들려 한쪽은 지구를 향해, 반대쪽은 우주를 향해 머무르게 됐다. 달이 형성되고 10억 년이 지나지 않은 어느 시점에 지구에는 단세포 생물이 최초로 나타났다. 그로부터 25억여 년이 더 흘러서야, 다세포 생물 중 빛에 반응하는 원시적인 안점을 보유한 생물이 생겼다. 캄캄한 밤이 되면 이 생물들이 가진 안점에 환히 빛나는 달에서 쏟아져 나온 광자가 인식됐을 것으로 추정됐다. 뒤이어 기능이 더 뛰어난 눈을 가진 생물들이 생겨나고, 거대한 뇌와 서로 마주볼 수 있는 엄지를 가진 포유류가 나타나 밤하늘에 마음을 온통 빼앗겼다. 그리고 지금, 지구에 등장한 그 어떤 눈으로도 보지 못했던 달의 모습이 아폴로 8호에 올라탄 우주 비행사들의 눈 여섯 개에 들어온 것이다.

임무 수행을 위해 달을 찾아온 이 세 명의 우주 비행사는 경이로운 광경에 온 마음을 빼앗겼지만, 그 감정을 조용히 속에만 간직했다. 그럼에도 목소리에서 드러나는 어조나 대화 사이에 머무는 긴 침묵에서 당시의 감정이 명확히 전해졌다. 입 밖으로 나온 말들은 달을 찾아온 이유와 관련된 내용이 대부분이었다. 눈앞에 펼쳐진 놀라운 상황을 그저 멍하니 바라보는 대신 과학적으로 이해하는 것이 이들의 임무였다.

"맙소사, 분화구에 그림자가 전혀 없어." 러벨은 여전히 우주선 꼭대기에서 곧장 내리쬐며 달 표면에 반사되는 밝은 태양빛에 눈을 깜박이며 이야기했다.

이어 러벨은 달 표면을 샅샅이 살펴보면서 지난 수개월간 열심히 들여다보았던 달의 2차원 지도나 사진과 비교해 보았다. 얼마 지나지 않아 러벨은 우주선이 있는 위치도 파악할 수 있었다.

"지금 우리는 '브랜드'를 지나고 있어." 아폴로 8호의 비행 임무를 지원하는 이름이 꽤 많이 알려진 신참 비행사, 밴스 브랜드Vance Brand의 이름이 비공식적으로 붙여진 너비 약 64킬로미터 크기의 분화구를 알아본 것이다.

잠시 뒤에는 160킬로미터가 넘는 훨씬 크고 더 환하게 빛나는 분화구가 나타났다. 달의 뒷면에서 가장 거센 충돌이 일어난 흔적일 것으로 추정된, 눈에 확 띄는 장소였다.

"저기가 '치올코프스키'인가?"

러벨은 딱히 누군가를 지목하지 않고 답을 확신하면서도 이렇게 질문했다. 월면도를 공부하면서 치올코프스키 분화구를 알아보지 못한다면 미국 지도를 공부하고도 플로리다를 못 알아보는 것이나 마찬가지였다. 그럼에도 질문을 한 것은 지금 자신이 여기에 와 있다는 사실이 당황스럽고 믿기지 않는 데서 비롯된 약간의 혼란 때문이었다.

러벨과 보먼은 우주선 아래 펼쳐진 달 표면을 천천히 들여다보면서 다른 분화구들도 찾아냈다. 스칼리제르, 셰링턴, 파스퇴르, 델포르테, 네코, 리처드슨 분화구도 지나갔다. 평평한 종이에 지도 제작자가 표시한 한 점에 불과했던 부분들이 지금 흙과 돌, 먼 옛날 실제로 흐르던 용암의 흔적으로 형성된 구체적인 형태로 눈앞에 나타난 것이다. 그 흔적에는 달의 역사가 모두 새겨져 있었다. 앤더스는 조종석 주변을 바쁘게 돌아다니며 카메라와 렌즈, 필름

통을 챙기기 시작했다.

"맥 D Mag D를 써야겠어." 그는 장비 격실로 재빨리 내려가 필름을 챙기면서 말했다.

"그리고 렌즈는 이걸로."

70밀리미터 카메라 렌즈를 한 손에 들고 보먼과 러벨에게 보여 주며 한 말이었다. 카메라를 우주선 창문에 고정시킬 브래킷을 가져다놓고 다시 어딘가로 사라진 앤더스는 또 다른 다른 장비들을 한 팔 가득 안고 돌아왔다.

보먼은 그런 앤더스를 가만히 지켜보았다. 좁은 우주선에 성인 남자 세 명이 꽉 들어차 있는 이런 환경은 좁은 공간에 원숭이 여러 마리를 풀어놓은 것 같다는 생각을 하게 만들 정도였는데, 정신없이 움직이다가 스위치를 건드리거나 아무도 눈치채지 못하는 사이에 회로가 망가질 가능성이 다분했다.

"이봐, 조금 진정하자고. 천천히 해, 알겠지?" 보먼이 지시했다.

앤더스는 그 지시를 따르려고 최대한 애쓰면서 촬영 장비를 애써 차분하게 조립했다. 달 궤도에 머물 스무 시간이 금세 흘러가 버릴 것 같았다. 전문 사진사는 아니지만 사진 촬영이 그에게 주어진 임무였고 앤더스는 완벽하게 잘해낼 작정이었다.

지상과의 통신이 마침내 재개되고 관제센터에서 시끌벅적한 축하의 환호가 짧게 지나고 난 뒤, 캡컴과 아폴로 호의 우주 비행

사들은 텔레비전 방송이 시작되기 전에 확인해야 할 사항들을 챙겼다. 달 궤도상에서 우주선의 좌표를 파악하고 주 추진엔진의 상태도 점검했다. 달 궤도에 진입할 때는 우주선이 비대칭 형태의 타원을 그리면서 들어가는 것이 최선이었지만 세 번째 통신두절 시점이 되면 주 엔진을 점화시켜 더 작고 동그란 원 모양으로 선회하도록 궤도를 수정할 예정이었다. 이 작업이 끝나자 앤더스는 텔레비전 카메라를 꺼내 창문 쪽에 설치하는 것으로 잠에서 깬 세계인들에게 우주선의 상황을 생중계할 준비를 시작했다.

지난 방송에서 시청자들은 29만여 킬로미터 떨어진 곳에서 바라본 점점 작아지는 지구의 모습을 흐릿하게 접했지만 이번에는 겨우 110킬로미터 아래에 펼쳐진 달 표면을 보게 될 것이었다. 내리쬐는 태양빛의 각도가 점점 더 가팔라지자 앤더스는 카메라에 이 환경을 활용할 수 있는 필터를 장착했다. 분화구며 골짜기, 가파른 비탈과 절벽에 형성된 짙은 그림자를 40만 킬로미터 넘는 거리에서 방영될 텔레비전 화면으로도 또렷하게 볼 수 있도록 하기 위한 조치였다.

우주선에서 방송이 시작되자, 극장 화면과 흡사한 관제센터 스크린에 맨 처음 신호가 수신됐다. 관제실 뒤쪽 유리 칸막이 부스 안에서 지켜보던 방송국 프로듀서들의 눈에 전혀 예상치 못했던, 주름 가득한 표면이 들어왔다. 그 시각 우주선은 너비가 840킬로미터에 달하는 '풍요의 바다'를 지나고 있었다. 40억 년 전 유성이 충돌하면서 달 표면에 용암이 방대하게 분출된 흔적이 남은 곳이었다.

텔레비전 프로듀서들은 곧바로 방송 신호가 중계 센터로 전달되도록 스위치를 누르라는 지시를 내렸다. 그곳으로 흘러들어간 신호는 다시 전 세계로 퍼져나갈 것이다. 제리 카는 이 지시로 이제 쇼를 시작할 때가 됐음을 알아챘다.

"아폴로 8호, 여기는 휴스턴." 우주 비행사들보다는 텔레비전 시청자들을 신경 쓴 것이 분명한, 아주 명랑한 말투로 그는 우주선을 호출했다.

"110킬로미터 높이에서 본 달은 어떤 모습인가? 오버."

"오케이, 휴스턴. 달은 거의 회색이고 다른 색은 없습니다." 러벨이 대답했다. "파리에서 볼 수 있는 회반죽처럼, 회색이 도는 진한 모래색입니다. '풍요의 바다'는 지구에서 관찰할 때만큼 두드러져 보이지 않는군요."

"그렇군요." 카가 답했다.

러벨은 월면도와 달 지형도를 숱하게 보면서 눈에 익힌 두 개의 분화구를 가리켰다.

"지금 가까이 다가가는 쪽에 아주 오래된 '메시에'와 '피커링'이 보입니다. 지구에서 참 많이 봤던 곳이죠."

"알겠습니다." 카가 다시 대답했다.

"'피커링'에는 빛살이 보입니다." 러벨은 분화구가 형성될 당시에 발생한 충격을 지금까지 간직한 줄기 형태를 언급했다. "여기서 보니 상당히 흐릿합니다."

"네." 카는 똑같이 대답했지만 이번에는 다른 곳에 정신이 팔려 있었다. 관제사들 간 오가는 통신 내용 중 우주선 냉각장치에 사용되는 예비용수 증발기가 제대로 작동하지 않는다는 메시지를 포착한 것이다. 앤더스가 담당하는 장치였다.

"캡컴, 우주선에 보조 증발기를 차단하라고 해." 그날 비행 총책임자를 맡고 있던 밀트 윈들러가 지시했다. 카는 텔레비전 방송 화면으로 사진을 찍느라 분주한 앤더스의 모습을 지켜보았다. 증발기를 끄는 일은 사소한 일에 해당됐지만 우주 비행임무 규칙상 즉시 실행해야 했다.

"빌, 혹시 그 창문에서 몸을 좀 떼어낼 수 있으면 보조 증발기를 꺼주세요." 카는 명랑한 톤을 유지하면서 이야기했다.

"알겠습니다, 바로 끌게요." 앤더스가 대답했다. 그는 창문에서 벗어나 지시받은 일을 수행하고 다시 돌아왔다.

러벨은 창문 밖으로 느릿느릿 지나가는 풍경을 계속해서 설명했다. 메시에와 피커링을 지나자 '피레네 산맥'이 나타났다. 스페인과 프랑스 사이를 가로지르는, 지금 보이는 풍경보다 훨씬 아름다운 지구의 눈 덮인 산맥 이름을 그대로 붙인 지형이었다. 이어 우주선은 '고요의 바다' 가장자리를 지났고 러벨은 또 다른 주요 지형을 발견했다. NASA에 상당히 중요한 의미가 있는 그곳은 나중에 우주선이 착륙할 지점이자 러벨에게는 개인적으로 특별한 의미가 있는 장소였다.

"지금 여러분은 두 번째 시작 지점을 보고 계십니다. '삼각산'이라고 하는 곳이죠." 러벨이 설명했다.

NASA에서는 딱딱하고 재미없는 이름을 붙였지만 러벨은 '메릴린산'이라고 고집스럽게 부르는 곳이었다. 아내에게는 메릴린산이라는 이름을 꼭 붙이겠다고 약속했지만 아폴로 호의 미션을 담당하는 나머지 사람들을 위해 러벨은 그 산을 삼각산으로 불렀다. 메릴린산은 아직 비공식적인 이름이기도 했고 NASA의 지도 제작자들에게 혼란을 줄 수도 있었기 때문이다. 그러나 지상과 교신할 때는 '메릴린산'이라는 명칭이 더 많이 사용됐고 사람들도 점점 그 이름에 익숙해졌다.

방송은 몇 분간 계속됐다. 우주 비행사들, 더 넓게는 시청자들 모두가 '콜롬보'와 '구텐베르크' 분화구를 지나 너비가 160킬로미터에 달하는 '잠의 늪'을 보았다. 이어 '라이엘', '크라일', '프란츠' 분화구도 나타났다. 러벨은 바로 눈앞에 펼쳐진, 그림자 덮인 달 표면을 유심히 관찰했다. 태양빛이 닿지 않아 어두운 달의 반구가 혹시나 지구에서 비친 희미하게 반사된 빛을 받아, 빛이 없는 달의 뒷면과 구분될까 기대하면서 눈을 가늘게 뜨고 내다보았다.

"현 시점에서는 지구의 반사광이 전혀 보이지 않는군요." 러벨이 전했다.

그는 아무렇지 않게 '지구의 반사광'이라는 용어를 사용했지만, 시청자들에게는 아주 낯선 말이었다. 지구의 반사광을 확인할 수 있고 그 빛이 중요한 기능을 하는 다른 행성에 인류가 직접 도달한 바로 그날이 되기 전까지는 큰 의미가 없는 용어였다. 시청자들은 그래서 더 놀랍게 다가오는 그 용어의 의미를 잠시 곰곰이 생각하며 음미했다. 그러다 아무런 예고도 없이 달에서 쏘아 보낸 방송 신호가 뚝 끊겼다.

NASA에서는 방송을 끝낼 시점을 정해두었지만 역시나 이번에도 적당히 마무리할 시점을 정해야 한다는 생각을 누구도 하지 못했다. 우주선이 달 궤도를 아홉 번째로 선회할 때 예정된 방송에서는 지금보다 요령이 생기기를 기대할 수밖에 없었다.

쇼가 종료되자 보먼은 이제야 할 일을 할 수 있다는 사실에 안도했다. 지금까지 우주선 메인 엔진은 정해진 역할을 충실히 수행했고 보먼도 만족했다. 그러나 우주선의 이동 궤적을 원형으로 조정하기 위한 점화가 남아 있었고 그보다 더 중요한, 지구 귀환을 위한 점화도 기다리고 있었다. 달 궤도를 10회 돌고 난 뒤 통신두절 상태에서 진행될 점화였다. NASA에서는 달 궤도 진입을 위해 주 추진 엔진이 점화될 때 원격측정 결과에서 그동안 드러나지 않았던 비정상적 징후가 발견될 경우 보먼에게 알려 주기로 했다. 얼마 전 경로 수정 과정에서 발견된 헬륨 잔류와 같은 일들이 또 발견될 수도 있었다.

보먼이 러벨과 앤더스 쪽을 슬쩍 보니 두 사람 다 바깥 풍경을 바라보고 있었다.

"두 사람이 달을 구경하는 동안 나는 주 추진 장치가 적당한 상태인지 확인하려고 한다. 보고서가 준비되는 대로 보내 주기 바란다." 보먼이 캡컴에 말했다.

"그렇게 할게요, 프랭크." 카의 대답이었다.

"정해진 선회 횟수를 다 채우면 좋겠지만, 그럴 수 없는 상태라면 그쪽으로 바로 갈 수 있도록 지구 궤도 진입 점화를 시작해야 한다."

"알겠습니다. 무슨 말인지 이해했어요." 카가 답했다.

창문 앞에서 카메라를 들고 있던 앤더스가 보먼 쪽을 돌아보았다. 그도 보먼의 말을 이해한 것이다. 달 궤도에서 선회를 이어가기 전에 보먼은 우주선이 그럴 만한 상태인지 공식적인 승인을 받기로 한 것이다. 지상에게서 그러한 확인을 받지 못한다면 보먼은 우주선의 상태가 '적절치 않다'고 보고, 달의 뒷면을 돌다가 적정 시점이 되면 엔진을 점화시켜 지구로 돌아갈 것이다. '그쪽'이라는 표현을 사용함으로써, 정말 불가피한 경우가 아닌 경우 지상의 승인 없이 이번 미션의 핵심을 생략하겠다는 의지를 요령있게 전달한 셈이었다. 더불어 보먼은 자신들이 별 생각 없이 지시에 따르고 있지만은 않으며 선장으로서 필요하다고 판단할 경우 고유한 선택권을 얼마든지 활용하겠다는 의지를 보여 주고 싶었다.

보먼과 지상의 통신 내용을 들으면서 앤더스는 카메라를 서둘러 설치해서 참 다행이라고 생각했다. 지금 이해한 대로라면, 스무 시간으로 예정된 달 탐사가 더 일찍 끝날 수도 있었다.

침묵을 깨고 다시 나타난 지 1시간 48분 만에 아폴로 8호는 다시 달의 침묵 속으로 조용히 미끄러져 들어갔다. 우주선이 다시 나타나 두 번째 선회를 시작하면 달 표면의 주요 지형을 더 많이 관찰할 수 있을 것이다. 특히 NASA가 '고요의 바다' 외에 착륙 지점 후보로 올려둔 장소들을 확인할 수 있다. 해들리 아페닌 지역, '폭풍의 바다', 프라 마우로 고원지대, 타우루스 리트로산 등이 후보에 포함돼 있었지만 당시에는 P1, P2와 같은 간략한 명칭으로 불렸다. 언젠가는 '고요의 기지', '해들리 기지'와 같은 훨씬 화려한 이름이 붙여질 장소들이었다.

위치를 찾아서 이름을 새로 붙여야 할 분화구들도 있었다. 메릴린산과 마찬가지로 이렇게 붙여진 이름들도 NASA가 실제로 사용해야 비로소 공식 명칭으로 인정받았고 나중에는 우주의 명명법 전체를 관장하는 국제 천문연맹의 승인을 받아야 공식적인 명칭이 될 수 있었다. 그러나 국제 천문연맹처럼 격식을 엄격히 지키는 학계 단체도 어쩔 수 없이 거부하지 못하고 승인하는 이름들이 최소 몇 가지나 있었다.

조종석에서 일어난 화재로 목숨을 잃은 아폴로 1호 비행사들의 이름도 분화구에 붙여질 예정이었다. 그리섬 분화구, 화이트 분화구, 채피 분화구에 이어 인류가 달에 도달하기 전 항공기 사고로 목숨을 잃은 찰리 바셋Charlie Bassett, 엘리엇 시, 테드 프리먼Ted Freeman과 같은 우주 비행사들의 이름도 분화구로 남을 것이다. 달 탐사에 나설 수 있었지만 척추 문제로 좌절된 마이클 콜린스와 밥 길루스, 크리스 크래프트, 짐 웹 등 NASA 간부들의 이름이 붙은 분화구도 생길 것이다. 아폴로 프로젝트를 진두지휘하다 아폴로 1호의 화재 사건으로 큰 비난을 얻고 이제는 다른 곳으로 쫓겨난 조 시어의 이름도 수년간 달 탐사를 위해 노력한 공헌을 참작하여 새로운 분화구 이름에 포함될 예정이었다.

달의 남반구에서 멀찌감치 간격을 두고 서로 무리 지어 형성된 세 개의 분화구에는 보먼, 러벨, 앤더스라는 이름이 붙여졌다. 세 사람의 이름은 이번 미션에서 담당한 역할을 기준으로 각 분화구에 할당됐다. 가장 큰 분화구에는 보먼, 그다음 큰 분화구에는 러벨, 가장 작은 쪽에는 앤더스의 이름이 부여됐다.

비행 과정에서 이름이 정해진 분화구들도 있었다. "오케이, 지금 우리는 '콜린스 분화구' 쪽으로 다가가고 있다." 궤도를 돌다가 앤더스는 이렇게 이야기하면서 텔레비전 카메라를 켜고 관제센터와 바깥 풍경을 공유했다.

"알겠습니다." 카가 대답했다. 잠시 후, 콜린스 바로 근처에 있는 작은 지형이 카의 눈에 들어왔다. "방금 지나간 저 분화구는 이름이 뭐죠?"

앤더스는 아래를 내려다보며 카가 지목한 곳이 어디인지 살펴보았다. "저건 소형 분화구다. '존 애런 분화구'라 부르기로 하지." 앤더스는 우주선의 환경제어 장치를 관할하는 스물다섯 살의 젊고 똑똑한 관제사 이름을 붙이겠다고 선언한 것이다. 애런과 함께 일해 본 사람이라면 대부분 그의 비상한 두뇌에 탄복하곤 했다.

자신의 콘솔 앞에 앉아 있던 애런이 머리를 쑥 내밀고 미소 지었다. 앤더스도 그런 광경을 예상한 듯, 한 마디 덧붙였다. "물론 애런이 우리 우주선을 계속 보살피고 있다면 그러겠다는 말이다."

"방금 시선을 돌렸어요." 애런 쪽을 슬쩍 쳐다본 카는 금세 다시 하던 일로 돌아가는 애런의 모습을 보면서 전했다.

세 번째로 통신이 두절됐을 때, 아폴로 8호의 이동 궤적을 원형으로 만들기 위해 엔진이 11초간 점화됐다. 타원형으로 돌다가 원형으로 선회 형태를 바꾼 목적은 궤적을 질서 있고 보기 좋게 정리하기 위해서가 아니었다. 이번 임무의 또 다른 핵심 과제는 달 표면 아래에서 중력을 변형시키는 마스콘을 조사하는 일이었는데, 타원형 궤도로 비행할 경우 이 임무를 수행할 수가 없었다. 달 궤도를 열 바퀴 모두 돌고 난 뒤 귀환할 준비가 돼 있는지 점검할 기회이기도 했다.

우주선의 메인 엔진 성능을 확신한 세 명의 비행사들은 짤막한 점화 절차를 편안하게 수행했다. 세 번째 통신 두절이 종료된 후 이들은 우주선의 궤도가 달 표면과 거의 모든 지점에서 111킬로미터의 밀착 거리를 유지했다고 보고했다. 이제 막 달이라는 새로운 세계에 들어선 우주 비행사들은 세 번째로 시작된 달의 근거리 선회도 이전과 동일한 방식으로 이어갔다.

통신 두절 시점에 다시 가까워올 무렵, 비행사들은 지친 기색이 역력했다. 비행 임무가 전부 휴스턴 시각을 기준으로 진행돼 이들의 생체 시계가 과도한 혼란을 겪었기 때문이었다. 잠을 제대로 잘 수도 없었다. 우주선이 달을 향해 나아가기 시작한 시점부터 달 궤도 진입을 위해 엔진을 점화시키는 불안한 단계를 완료하느라 세 사람 모두 내내 깨어 있었다. 그러나 앞으로 달 궤도 선회가 일곱 바퀴 남아 있고, 지구 궤도 진입을 위한 엔진 점화는 열다섯 시간도 채 남지 않아서 마음 편히 쉬거나 집으로 향하기 전에 잠을 푹 자둘 만한 상황도 아니었다.

특히 앤더스는 다른 두 사람보다 업무 스케줄이 더욱 빡빡했다. 사진 촬영 목록 중 4분의 1도 다 못 끝낸 그는 네 번째 통신 두절이 끝나가자, 그는 필요한 촬영을 마칠 수 있도록 우주선 위치를 조정해달라고 보먼에게 요청했다.

"오케이, 스물세 번째 타깃, 122번 사진." 앤더스는 우주선이 어느 지점을 향해야 하는지 보먼에게 알려 주었다.

보먼은 추력기 핸들을 붙잡고 우주선을 조금 이동시켰다. 그러고는 하품을 했다. 조종석에서 돌아가는 녹음기에 선명히 기록될 정도로 크게 하품을 하고난 뒤, 우주선이 자리를 잡자 보먼은 헤드셋이 조용해진 틈에 창밖에 나타난 새로운 풍경을 잠시 가만히 바라보았다.

우주선의 위치가 바뀌자 달의 지평선 전체가 처음으로 시야에 들어왔다. 그 뒤로는 새카만 하늘이 거대한 띠를 이루고 있었다. 그때만 해도 이 풍경이 무엇을 의미하는지 아무도 알지 못했지만, 우주선이 지구와 가까운 쪽으로 다시 빠져나와 지상과 교신이 시작될 즈음 그 의미가 한눈에 나타났다. 저 멀리, 차가운 달의 평원 위로 지구가 둥실 떠오르는 광경이 펼쳐진 것이다.

"오, 이런 세상에!" 보먼이 갑자기 소리쳤다. "저기 저쪽을 좀 봐! 지구가 떠오르고 있어. 와, 정말 아름다운데!"

다른 두 사람도 각자 앞에 있는 창문을 내다보았다. 보먼의 말대로 푸른색과 흰색이 섞인 둥근 지구가, 모두의 고향이자 살아 있는 모든 생명체, 물체, 지구 역사 전체를 통틀어 발생하고 이어진 모든 사건의 근원지인 지구가 울퉁불퉁한 폐허 같은 달의 풍경 위로 떠올랐다. 세 사람 다 지구를 본 적이 있고 달도 본 적이 있었지만 이렇게 한꺼번에 본 건 처음이었다. 아래쪽에는 흉하게 망가진 땅이, 앞에는 찬란하고 연약한 세상이 나란히 놓여 있었다.

멍한 상태에서 가장 먼저 깨어난 앤더스는 카메라에서 흑백 필름을 다급히 꺼내고 이 광경을 더욱 생생하게 포착할 수 있는 방법을 찾기 시작했다.

"컬러 필름 좀 꺼내 주세요." 앤더스가 러벨에게 말했다.

"오 세상에, 정말 굉장해." 러벨이 두 눈을 창밖에서 떼지 못한 채 중얼거렸다.

"어서요! 빨리!" 앤더스가 소리쳤다.

러벨은 그제야 창문에서 벗어나 좌석 아래 장비 격실로 향했다. "여기 있나?"

"그냥 컬러로 꺼내 주세요. 어서요!" 그의 물음에 앤더스가 답했다.

"알았어, 지금 찾는 중이야. C368?" 통에 적힌 이름을 보고 러벨이 다시 물었다.

"아무거나 주세요, 빨리요!" 앤더스가 소리쳤다.

러벨이 다시 나타나 앤더스에게 필름을 건넸지만 지구는 이미 시야에서 사라졌다.

"아, 놓친 것 같아요." 앤더스의 음성에 실망감이 가득 묻어났다.

"이봐, 이쪽에 보여!" 다른 쪽 창문을 내다보던 보먼이 기쁨에

찬 목소리로 외쳤다.

앤더스는 칸막이를 지나 보먼이 있는 쪽으로 서둘러 이동했다. 그리고 손에 들고 있던 카메라로 사진을 찍기 시작했다.

"여러 장 찍어." 보먼이 지시했다.

"그래. 여러 장 찍게." 러벨도 강조했다.

앤더스는 그 말대로 했다. 그중에 단 한 장의 사진만이 중요한 자료가 될 터였다. 앤더스의 카메라 속에 꽁꽁 담겨 있던 그 사진은 마치 유리처럼, 사람들의 인식을 깨고 새로운 세상으로 이끌 것이다. 그리고 그 사진에 담긴 세상에 인류는 지금껏 한 번도 느껴본 적이 없는 감정을 느끼고 훨씬 더 따뜻한 시선으로 바라보게 될 것이다. '지구돋이Earthrise'라는 제목이 붙여진 그 사진은 그렇게 빌 앤더스의 카메라에 담겼다.

1968년 크리스마스이브, 이 모든 놀라운 일들이 벌어질 것을 예상한 사람은 아무도 없었다.

지구로 보내는 메시지

1968년 크리스마스이브

텔레비전 앞에 10억 명의 사람들이 모였다. 방송국들도 그런 일이 가능하리라곤 생각하지 못했고, 지금까지 그런 일이 일어난 적도 없었다. 그러나 1968년, 지구 전체 인구 중 3분의 1에 해당하는 10억 명이 일제히 하던 일을 멈추고 텔레비전 앞에 앉아 같은 시각에 같은 방송을 지켜보았다.

이 숫자에는 또 다른 의미가 담겨 있었다. 아폴로 8호가 달 궤도에서 그리 편하다고만 할 수 없는 시간에 쏘아 보낸 방송 신호를 맨 처음 수신해서 시청한 것은 북미대륙, 서유럽만이 아니었다. 유럽의 동쪽과 서쪽 전체, 음침한 회색 벙커들이 가득한 동독과 소비에트 연방을 포함하여 철의 장막으로 분리된 곳에서도 방송을 내보냈다. 중앙아메리카와 남아메리카, 일본, 한국은 물론이고 대부분의 국가가 전쟁으로 몸살을 앓던 동남아시아 국가들까지 아폴로 8호의 방송을 지켜보았다. 인도, 아프리카, 호주도 마찬가지였다. 전 세계에 분포된 미 해군 선박, 군사기지도 포함됐다. 텔레비전이 있고 전기를 사용할 수 있는 곳이라면 어디든, 지구가 아닌 다른 세상에서 진행될 최초의 방송에 관심을 가진 모든 사람들이 아폴로 8호의 방송을 지켜보았다.

"자네들 방송은 대성공이었어." 마이크 콜린스는 크리스마스이브 오전 느지막한 시각에 아폴로 호에 알렸다. "그곳의 이웃 행성인 여기 지구에 있는 대부분의 나라가 시청했다네."

아폴로 호의 방송이 나갈 당시 서반구 사람들은 크리스마스이브를 맞아 가족, 친구들과 함께 시간을 보내고 있었다. 미국의 경우 저녁을 먹고 크리스마스 시즌에 어울리는 노래를 함께 부르기도 하면서 소파에 푹 기대앉아 달 주위를 도는 비행사들이 무슨 말을 할까 기다리고 있었다. 세 명의 우주 비행사들이 아홉 바퀴째 달을 돌면서 방송을 하고, 열 바퀴를 모두 돌고 나면 다시 엔진에 시동을 걸고 지구로 돌아올 것이다. 이 과정이 모두 원활히 이루어진다면, 달에서 실시될 방송은 멋진 성과를 축하하는 신나는 노래가 될 것이고 귀환 과정이 실패로 돌아간다면 애통한 비가가 될 것이다.

NASA의 대외적인 이미지를 관리하는 사람들도 시청자 수가 그토록 엄청난 규모가 될 거라곤 전혀 예상하지 못했지만 기존에 세운 기록을 갱신할지도 모른다는 생각은 했다. 우주선이 지구에서 출발하기도 전에 비행사들에게 방송에서 무슨 말을 하게 될지는 모르지만 적절한 말을 생각해두라고 일러두었다.

"크리스마스이브에 말이야, 자네들 방송은 인류 역사상 가장 많은 사람들이 듣거나 텔레비전 화면으로 보게 될 거야." 휴스턴의 수석 공보관 줄리언 쉬어Julian Scheer가 출발 몇 주 전, 보먼에게 처음으로 이 문제를 꺼냈다. "아마 5분 내지 6분 정도 방송을 하게 될 걸세."

"음, 굉장한 일이네요, 줄리언. 우리가 뭘 하면 되나요?" 보먼이 물었다.

"뭐든 적합한 걸 하게." 쉬어가 제안할 수 있는 건 그게 전부였다.

보먼은 이후 몇 번이고 곰곰이 생각해 보곤 했지만 적당한 것이 떠오르지 않았다. 러벨과 앤더스에게도 이야기하고 상의했지만 딱히 좋은 아이디어는 나오지 않았다. 그래서 보먼은 미국 정보청에 근무하던 친구 시 버진Si Bourgin과 만나 의견을 구했다. 전 세계가 미국의 역사를 최대한 매력적으로 받아들이도록 만드는 것이 본업인 버진도 딱히 괜찮은 생각을 내놓지 못했다. 그는 기자 출신으로 케네디 대통령 시절 홍보실에서 일하다가 현재 존슨 대통령 밑에서 근무하는 조 레이틴Joe Laitin에게 친구의 고민을 전했다.

소식을 접한 레이틴은 생각을 좀 해보겠다고 답했다. 몇 가지가 떠올랐지만 썩 마음에 들지 않아서 아내 크리스틴에게도 이야기했다. 그러나 우주에서 비행사들이 이야기하면 좋을 만한 것을 묻는 남편의 질문에 아내도 별다른 아이디어를 내지 못했다. 어느 날 밤, 레이틴은 떠올린 생각을 적절한 문장으로 만들기 위해 부엌 식탁에 앉아 열심히 타자기를 두드렸다. 원고가 완성되면 다시 읽어 보고 종이를 똘똘 뭉쳐 던져버린 뒤 다시 시작하기를 거듭하는 동안 몇 시간이 흐르고 타자기에서 나온 종이마다 쓰레기통으로 직행했다. 새벽 네 시가 됐을 때 크리스틴이 부엌에 조용히 들어서더니 한 가지가 떠올랐다며 알려 주었다. 아내의 설명에 귀를 기울이던 레이틴은 미소를 지었다. 기가 막힌 아이디어였다.

보먼과 러벨, 앤더스에 이어 NASA도 레이틴의 제안에 동의했다. 그리하여 조 레이틴의 아내 크리스틴의 아이디어는 아폴로 1호 사고 이후 우주선에 들일 수 있는 유일한 종이인 내화지에 타이핑돼 비행 계획서 맨 뒤쪽에 끼워졌다. 달 가까이로 향하는 미션이 거의 막바지에 이른 크리스마스이브까지 그 종이는 제자리에 얌전히 끼워진 채로 보관돼 있었다.

휴스턴의 시계는 너무 느릿느릿 흘렀다. NASA에서 아폴로 8호의 비행 임무와 관련된 일을 하는 사람들은 물론이고, 우주로 나간 비행사들과 함께 사는 사람들, 그들을 아끼고 사랑하는 사람들에게도 마찬가지였다. 비행 관제사들은 근무 시간이 아닌데도 집에 있기가 너무 지루한 나머지 결국 서둘러 우주센터로 향했다. 교대 시간이 시작되려면 몇 시간이나 남았는데 그날따라 일찍 출근한 사람들이 한둘이 아니었다. 빨리 오라는 지시가 있거나 계획이 세워진 것도 아니었고, 굳이 그럴 필요가 없는데도 다들 일찍 나온 것이다.

우주 비행 관제센터는 우주 프로그램이 시작된 이래로 미션이 진행되면 늘 3교대로 운영됐다. NASA는 이를 4교대로 늘릴 계획을 이미 세워둔 상태였다. 여덟 시간을 일하고 열여섯 시간을 쉬는 방식이 각 콘솔을 맡아 긴장감 높은 일을 처리하는 팀원들에게 너무 무리라고 판단했기 때문이다. 아폴로 8호의 임무가 시작된 후에도 분명 피로한 기색이 드러난 관제사들이 있었겠지만 이 날은 그런 사람을 한 명도 찾을 수 없었다. 크리스 크래프트, 진 크란츠, 밥 길루스, 조지 뮐러를 비롯한 NASA 중진 대부분은 잠깐 집에 가서 샤워하고 옷을 갈아입고 정말 꼭 필요한 경우 잠깐 눈을 부치는 것 외에는 관제센터에 꼭 붙어 있었다.

시간이 흘러 속속 도착한 다른 관제사들은 평소 일하던 콘솔 주변에 남는 의자를 끌고 와서 근무 중인 동료의 뒤편에 자리를 잡았다. 의자를 못 구한 사람은 그냥 벽에 기대거나 관제실 안을 이리저리 돌아다녔다.

밀트 윈들러도 가운데 하얀색 숫자 1이 새겨진 붉고 푸른 깃발을 한가득 안고 관제실에 들어섰다. 모든 게 잘 진행되면 적당한 타이밍에 깃발을 나눠 줄 생각이었다.

그날 오후, 마이크 콜린스의 근무 시간이 끝나고 캡컴에 켄 매팅리Ken Mattingly가 앉자 보먼은 NASA에서 우주프로그램 일을 하는 사람들 중에 그가 몇 안 되는 미혼이라는 사실을 콕 집어서 질문을 던졌다. "이봐 켄, 왜 크리스마스이브에 근무를 하는 거야?

이런 날 꼭 총각들이 일을 한다니까, 안 그래?"

"오늘 밤에 어디 갈 데도 없는 걸요." 매팅리가 대답했다.

보먼과 러벨, 앤더스의 집에서는 아내들이 지난 한 주 동안 해왔던 일을 그대로 이어나가고 있었다. 아이들을 보살피고, 집에 찾아온 손님들을 챙기고 끝을 모르는 언론을 상대했다. 수전 보먼은 거의 제대로 잠을 자지 못해서 녹초가 된 기분이었지만, 동시에 그런 내색이 겉으로 드러나면 어쩌나 걱정했다. 그래서 크리스마스이브를 며칠 앞두고 미용실을 예약했다. 어느 정도 시간이 날 것 같기도 했고, 사진이나 카메라에 기왕이면 좋은 모습으로 찍히면 좋겠다는 생각도 들었다. 평상시와 크게 다르지 않게 살고 있음을 보여 주는 것이 NASA에서 원하는 이미지이기도 했다.

발레리 앤더스는 아이들과 함께 집 안에서 지내다가 기자가 의견을 청하면 나가서 대화를 나누곤 했다. 그럴 때 외에는 모습을 드러내지 않았다. 새내기 우주 비행사의 아내인 만큼 발레리도 긴장할 수 있었지만 그러지 않았다. 발레리는 주변 환경을 잘 관리해서 감정을 조절할 줄 아는 사람이었다.

수전 보먼이나 메릴린 러벨과 마찬가지로 발레리는 달 궤도 진입을 위한 엔진 점화가 얼마나 중요한지 잘 알고 있었기에 내내 잠들지 않고 대기했다. 대신 자신만의 방식으로, 거실에 불은 켜지 않고 크리스마스트리와 난롯가에서 나오는 희미한 불빛 속에서 통신 내용이 흘러나오는 스피커에 귀를 기울이며 중대한 순간을 함께했다. 주위에는 우주 비행사인 닐 암스트롱의 아내이자 오랜 동창인 잰 암스트롱Jan Armstrong과 제미니 8호로 암스트롱과 함께 비행한 데이브 스캇Dave Scott 등 여러 사람들이 모여 있었다. 스캇은 불과 두 달 뒤에 아폴로 9호에 오를 세 명의 우주 비행사 중 한 사람이었다. 마침내 우주선의 엔진이 점화되자 스캇은 스피커 앞으로 바짝 다가가서 발레리가 미처 알아듣지 못한 내용들을 전부 설명해 주었다.

점화가 성공적으로 완료됐다는 소식이 전해지고 기자들이 한마디 해달라고 요청하자 발레리는 영웅이 된 남편의 젊은 아내라기보다 상원의원이라고 해도 될 만큼 말쑥한 차림으로 밖에 나왔다.

"역사적인 일이 갖는 의미는 곧바로 알 수 없어요. 그 일의 영향이나 규모도 지금 당장은 제대로 설명할 수 없다고 생각해요. 오늘 역사가 이루어졌지만, 마침내 달에 도달하기까지 오랫동안 애써온 수많은 사람들의 노고를 생각해야 합니다."

기자들은 발레리의 말을 다급히 받아 적었다. 할 일을 끝낸 발레리는 잠시 집을 비운 사이 다섯 살짜리 꼬맹이가 난리치지 않도록 얼른 집 안으로 돌아갔다.

세 명의 아내들 중에서나 전 세계 모든 우주 비행사의 아내들을 통틀어서도 가장 경험이 많은 메릴린 러벨은 남편이 우주에 머문 시간이 얼마나 됐는지 계산해 보았다. 그리고 눈을 좀 붙여야 한다는 결론을 내리고, 우주선이 달 진입 점화를 끝낸 뒤 우주에서의 첫 번째 방송이 종료된 직후 실행에 옮겼다. 그리고 혹시라도 상황이 따라 주면 집 밖에 잠시라도 나오기로 했다.

보통 크리스마스 주간에는 메릴린을 비롯한 가족 모두가 교회에 갔다. 러벨 가족과 잘 알고 지낸 유명한 목사, 도널드 레이쉬 Donald Raish가 있는 휴스턴의 성공회 교회는 이들이 늘 편안하게 크리스마스를 보내온 장소였다. 그러나 오늘 같은 날 예배에 참석하는 건 불가능한 일에 가까웠다. 아이들에게 외출 준비를 시키는 일도 만만치 않은데 온 가족이 앞마당에 나타나면 기자들이 벌떼처럼 몰려들 것이 뻔했다.

그래서 메릴린은 레이쉬 신부에게 전화를 걸어, 교회에 조금 일찍 가서 잠시 시간을 가져도 되는지 물어보았다. 그래도 된다는 대답을 듣고 메릴린은 오후 늦게 혼자 집을 나서서 기자들이 던지는 질문을 최대한 피하면서 얼른 차에 올라탔다. 그리고 교회로 향했다.

도착해서 안으로 들어서자 레이쉬 신부와 오르간 연주자 외에는 안이 거의 텅 비어 있었다. 환하게 켜진 촛불 아래에서 오르간 소리가 들리고, 레이쉬 신부가 메릴린을 반갑게 맞이했다. 두 사람은 함께 제단 쪽으로 걸어갔다. 기도를 마친 메릴린은 조용히 시간을 보낼 기회가 생긴 것에 큰 기쁨과 감사함을 느꼈다.

"저를 위해서 이렇게 전부 준비해 주신 거죠?" 메릴린은 레이쉬 신부에게 물었다.

"그래요, 오늘 밤 예배에 참석을 못하실 테니까요." 신부는 겸손하게 대답했다.

메릴린은 웃으며 감사 인사를 전하고 서둘러 다시 차에 올랐다. 벌써 날이 어둑어둑했다. 하지만 사람들의 시선을 피하려면 옆 동네인 팀버 코브 뒷길로 불빛을 최대한 줄여서 운전해야 했다. 다행히 수년째 살아온 동네라 길 찾는 건 일도 아니었다. 집이 가까워 오니 나무들이 양쪽으로 갈라지는 것 같은 풍경이 펼쳐졌다. 하늘 위에 덩그러니 걸린 달이 보였다. 메릴린은 차를 멈추고 한참 올려다보았다.

'집이 저기에 있어.' 이런 생각이 스쳤다.

잠시 그대로 앉아 있다가, 메릴린은 다시 시동을 켜고 불이 환하게 밝혀진 북적이는 집으로 돌아왔다. 심야에 예정된 방송까지는 아직 몇 시간이 남았고 그때까지 불빛도 사람도 더욱 늘어만 갔다.

작은 아폴로 우주선을 타고 달 주위를 돌고 있는 세 남자 가운데 말로 다 못할 만큼 피곤하다고 순순히 인정할 만한 사람은 보먼이 유일했다. 러벨은 지칠 줄 모르는 사람 같았다. 하지만 그런 러벨도 과거에 수행한 미션에 비하면 이번 비행이 썩 즐겁지 않았다. 바쁘게 지내는 것을 기꺼이 즐기는 편인데도 달까지 오는 경로가 워낙 복잡해서 늘 할 일이 태산이었다. 비행 계획상 엄밀히 따지면 일을 쉬어도 되는 시간에도 러벨은 장비 격실 쪽으로 내려가 궤도를 세밀하게 조정하느라 여념이 없었다.

앤더스도 가만히 있을 틈이 없었다. 보먼, 러벨보다 다섯 살 어린 그가 우주선 창문으로 펄쩍 다가가 밖을 내다보고 사진을 찍는 모습을 보며 보먼은 두 아이들이 초등학교에 다니던 시절을 떠올렸다.

앤더스와 러벨은 이미 녹초였다. 두 눈이 벌겠고, 참으려고 애써도 하품이 터져 나왔다. 컴퓨터 키패드를 '전문 피아니스트마냥' 두드릴 수 있다고 호언장담할 정도로 타이핑 실력을 뽐내고 충분히 그럴 만하다고 인정받은 러벨조차 실수를 하기 시작했다. 대부분 컴퓨터는 무응답으로 반응했지만 잘못된 명령어가 입력돼 경고음이 나오는 경우도 있었다. 보먼은 꽤 빈번하게 울려대는 경고음을 들으며 이 실수가 피로의 부작용임을 깨달았다.

우주 비행임무 규칙상으로는 세 우주 비행사가 동일한 시간 간격으로 수면을 취하도록 돼 있었으나, 보먼은 셋 중 한 명이 깨어 있는 방식을 선호했다.

"나는 내려가서 한 시간만 잘게." 보먼이 러벨과 앤더스를 향해 말했다. "자네들 둘 중에 한 사람도 눈을 부쳐야 해."

장비 격실에 있던 러벨이 보일 듯 말 듯 고개를 끄덕였다. 앤더스는 손을 들어 시간을 조금 더 달라는 듯한 사인을 보냈다.

선장이라는 지위로 동료들을 강요하고 싶지는 않았던 보먼은 먼저 모범을 보이기로 했다. 장비 격실로 내려간 그는 침낭을 펴고 들어갔다가 다시 나와서 우주선이 문제없이 돌아가고 있는지 확인했다. 괜찮다는 사실을 확인한 후, 보먼은 다시 장비 격실로 내려갔다.

잠시 후 앤더스와 러벨의 귀에 규칙적으로 내쉬는 보먼의 숨소리가 들렸다. 두 사람은 한 시간 동안 앤더스가 남은 사진을 계속 촬영할 수 있도록 힘을 모았다. 이전 우주 비행에서도 사령선에 탑승한 경력이 있는 러벨은 우주선을 원하는 대로 조종할 수 있는 능력과 권한을 모두 갖고 있었다. 그는 앤더스가 적절한 각도로 사진을 찍을 수 있도록 우주선 위치를 조절했다. 앤더스는 창문 위치를 바꿔가며 정해진 사진을 하나하나 찍어 나갔다.

한 시간이 다 돼갈 즈음, 유독 촬영하기가 힘든 사진 때문에 둘 다 애를 먹었다.

"왼쪽으로 10도 아래인가?" 러벨이 속삭이며 물었다.

"네, 바로 거기에요. 필름은 충분히 남았죠?" 앤더스가 되물었다.

"하나 가지고 올게."

"방향은 지금 맞춰주실 거죠?"

"응, 지금 할 거야."

우주선이 움직이는 동안 두 사람은 계속해서 목소리를 낮춰 의견을 나눴다. 그러다 러벨은 피사체를 놓쳤고 우주선을 멈추게 하기 위해 역추력 장치를 작동시켰다.

"아아아!" 러벨이 소리쳤다.

"무슨 일이에요?" 앤더스가 물었다.

"아, 괜찮아." 러벨이 안심시켰다.

"프랭크를 깨우지 말자고."

하지만 이미 늦었다. 보먼이 깨어났다. 우주선이 흔들리고 말소리가 계속 들리는 환경에서 언제까지나 잠을 잘 수는 없었다. 보먼은 침낭에서 빠져나와 눈을 비비고는 주변을 둘러보았다.

"미안해, 프랭크. 깨우려고 그런 건 아니었어." 러벨이 말했다.

보먼은 괜찮다고 손을 휘저었다. 한 시간 눈을 붙인 것만으로 도움이 됐다. 물론 푹 쉬었다는 기분은 들지 않았지만 몸 상태가 한결 나아졌다. 그러나 두 동료들을 보면서 보먼은 그 시간 동안 두 사람이 자신과 아주 다른 상황이었음을 알아챘다. 둘 다 얼굴에 그 어느 때보다 선명하게 피로한 기색이 드러났다. 그래서 보먼은 우주선이 달 궤도를 일곱 번째로 도는 동안 두 사람에게 잘 시간을 조금 더 넉넉히 주기로 했다. 러벨과 앤더스가 원하든 그렇지 않든 우주선 아래로 내려가서 각자 침낭에 들어가 웨스트포인트 식으로 표현하자면 '수평 자세'로 쉬게 할 작정이었다.

보먼은 두 사람에게 쉴 시간을 주었지만 각자 점검해야 할 목록을 살펴보고 캡컴에서 무전으로 요청한 이런저런 일들을 처리하다 보니 시간이 다 지나갔다. 시간이 거의 끝나갈 무렵, 콜린스가 다시 우주선에 연락하여 몇 가지 숙제를 주었다. 달 표면 관찰을 비롯한 기존 업무에 배터리 교체, 극저온 추진 연료 관리, 원격 측정기 점검 같은 요청이 추가됐다.

참다못한 보먼은 마이크를 켜고 짜증이 묻어나는 목소리로 말을 꺼냈다.

"휴스턴, 여기는 아폴로 8호."

"듣고 있다, 계속 말하게, 프랭크."

"다음 궤도에서는 기준점 관측을 생략했으면 한다." 보먼이 단호하게 말했다.

"다음 회전에서 기준점 1, 2, 3번 관측을 생략한다는 말인가?" 콜린스가 물었다.

"그렇다. 다들 너무 피곤한 상태다."

"오케이, 프랭크."

잠시 후, 보먼은 확실히 해두기 위해 다시 마이크를 켰다. "전부 취소하는 게 좋겠다. 나는 계속 대기하고 우주선을 수직 위치로 고정시킨 뒤 자동 사진촬영을 실시할 예정이다. 하지만 빌과 짐은 잠을 좀 자야 한다."

"알았다. 무슨 뜻인지 알겠다." 콜린스가 답했다.

"말도 안 돼, 이 사람들이 하라는 일들 말이야. 도저히 불가능한 요구야." 보먼이 중얼거렸다.

"시도해 볼 수는 있는데요." 앤더스가 카메라와 비행 계획서를 가리키며 머뭇머뭇 이야기했다.

"아니야, 그랬다가 또 실수를 하게 될 거야." 보먼이 답했다. "제발 부탁인데 자네는 잠을 자야 해."

앤더스가 망설이자 보먼은 버럭 소리쳤다.

"지금 당장! 자러 가! 농담 아니야."

"그럼 저기 저… 저것만 끝내면 안 될까요?" 앤더스가 사진을 촬영하려고 준비 중이던 창문 너머 무언가를 향해 손가락을 가리키며 물었다.

보먼은 어이없다는 표정으로 대답했다. "더 이상 이야기하지 마. 자러 가. 두 사람 다."

앤더스는 그 뒤에도 카메라를 쥐고 어찌할 바를 몰라 서성댔다.

"추가 지시 같은 건 다 꺼지라고 해!" 보먼이 날카로운 음성으로 말했다. "자네들 눈이 지금 어떤 상태지 직접 봐야 해. 어서 자."

마침내 앤더스도 고집을 꺾고 장비 격실로 내려갔다.

"잠시 눈 붙이고 나면 훨씬 가뿐해질 거야." 보먼이 한결 부드러워진 말투로 이야기했다.

러벨은 앤더스처럼 여러 번 설득할 필요가 없었다. 보먼을 선장으로 모시면서 비행을 해본 적도 있고 그의 명령을 들어야 한다는 사실에 짜증이 난 적도 있었지만 이번만큼은 보먼이 하라는 대로 순순히 따르고 싶었다. 보먼의 지시가 떨어지자 다시 물어볼 것도 없이 곧장 침낭이 있는 곳으로 내려간 러벨은 눈을 감자마자 곯아떨어졌다.

보먼은 왼쪽 좌석으로 돌아왔다. "러벨은 벌써 코를 골고 있어." 무선으로 조용히 지상에 알렸다.

"그러게, 여기서도 다 들려." 콜린스가 대답했다.

크리스마스이브로 예정된 생방송 시간이 다가올 무렵, 보먼과 러벨, 앤더스는 달 뒷면에 있었다. 일곱 번째 궤도 선회는 모두 끝이 났고 러벨과 앤더스는 그동안 푹 수면을 취했다. 여덟 번째 선회가 시작되고 지상과의 교신이 재개될 때까지 고작 15분 정도밖에 남지 않았지만, 막상 방송이 시작되면 주어진 시간을 어떻게 채워야 할지 다소 막막한 기분이 들었다.

휴스턴 공보관인 줄리언 쉬어는 딱 6, 7분만 방송을 하면 된다고 약속했다. 그러나 비행 계획에는 최소 방송 시간이 20분으로 명시돼 있었다. 그동안 할 일이 너무 많았던 그들로서는 방송 종료 전 몇 분을 어떻게 보낼지 준비한 것 외에 나머지 방송 시간 동안 수많은 시청자들에게 어떤 정보를 제공하고 어떻게 즐거운 시간을 만들어 주어야 할지 고민할 틈이 없었다.

"제대로 해야 해." 앤더스가 방송 카메라를 꺼내 초점을 맞추기 시작할 때 보먼이 말했다. 그리고 혹시나 두 동료들이 잊었을까 봐 덧붙였다. "이렇게 많은 사람들에게 주목받은 사람은 역사상 아무도 없을 거야."

러벨도 앤더스도 그 많은 사람들을 어떻게 즐겁게 해줘야 할지 괜찮은 아이디어를 내지 못하자 보먼이 제안했다. "우리 세 사람이 달에서 본 것 중에 가장 인상 깊었던 일을 돌아가면서 이야기해 보는 건 어때?"

침묵만 흘렀다.

"괜찮지?" 보먼이 물었다.

두 사람은 어깨를 으쓱했다. 그 문제는 이렇게 마무리됐다.

우주 비행사들이 달 뒤편에서 마지막 수 킬로미터를 비행하는 동안, 월터 크롱카이트는 뉴욕의 스튜디오에서 생방송을 진행 중이었다. 우주에 있는 세 사람이 방송 시간을 어떻게 채울지 고민한 것과 달리 평생을 카메라 앞에서 보낸 크롱카이트는 우주선에서 방송 신호가 나올 때까지 얼마든지 이런저런 이야기로 방송을 이어갈 수 있었다.

"아폴로 8호는 현재 아홉 번째로 선회 중입니다. 달 궤도를 마지막 한 바퀴 남겨둔 것이죠." 크롱카이트의 설명이 시작됐다. "우주 비행사들은 선장인 프랭크 보먼의 지시에 따라, 조금 뒤 시작될 텔레비전 방송만 남겨두고 나머지 비행 계획은 모두 취소하기로 했습니다. 다들 지친 상태고, 내일 아침 일찍 지구로 귀환하기 위한 중대한 절차를 진행하려면 쉬어야 하기 때문이죠."

휴스턴 비행 관제센터에서는 우주선에서 보내온 신호를 포착했다. 그러나 수신 상태가 좋지 않아 2분이 흐르고 나서야 화면과 소리가 제대로 잡혔다.

우주선에 있는 비행사들도 아직 방송을 시작할 준비가 덜 된 상태라 오히려 다행스러운 일이었다. 보먼은 조종석에 앉아 고도 조정 장치를 이용해 달 표면이 화면에 들어오게 하려고 애쓰는 중이었다. 앤더스는 지구 방향으로 고정된 고성능 안테나와 통신 시스템을 조정하느라 분주했다. 둘 다 앤더스의 자리 쪽 계기판에 설치돼 있었다.

"우주선 방향을 좀 더 위로 올려야 해요, 프랭크." 앤더스가 말했다. "위로 올리거나 우측으로 기울여요."

"둘 다 해봐야겠어." 보먼이 대답했다.

그는 한 손에는 카메라를 들고 한 손으로 우주선 위치를 조정하면서 달이 괜찮은 앵글에 잡히기를 기대했다. 몇 초 뒤, 마침내 달 표면이 정확한 초점으로 뷰파인더 안에 들어왔다.

"들어왔어!" 보먼이 외쳤다.

"오케이!" 앤더스도 대답했다.

"와우!" 보먼이 놀라서 소리쳤다.

"괜찮게 잡혀?" 러벨이 물었다.

"응!"

"그럼 카메라를 거기 고정시켜!" 러벨이 강하게 말했다. "그대로 둬."

지상에서는 크롱카이트의 멘트가 이어졌다. "우리 모두 달 표면 112킬로미터 높이에서 시간당 약 5800킬로미터 속도로 날고 있는 우주선에서 바라본 달의 모습을 두 번째로 보기 위해 잔뜩 기대하고 있습니다." 생방송을 기다리는 이 시간은 준비 운동이나 다름없는 방송이었지만, 크롱카이트는 이럴 때일수록 숫자며 이름을 충실하게 언급해야 한다는 것을 잘 아는 사람이었다. "여러분이 듣게 될 아폴로 8호와 교신하는 목소리의 주인공은 우주 비행사 켄 매팅리 씨입니다. 지상 연락원, 캡컴이라 불리는 직무를 맡은 분이죠."

마침내 음성과 화면 연결이 완료됐다. 비행 관제센터와 뉴욕의 각 스튜디오에 켜진 화면, 그리고 전 세계 10억 가구의 텔레비전 화면이 다시 한 번 달의 모습으로 채워졌다.

"텔레비전 화면 상태가 어떤가요, 휴스턴?" 앤더스가 물었다.

"소리도 크게 잘 들리고 선명합니다." 매팅리가 대답했다.

"괜찮아요?"

"아주 좋습니다."

보먼은 만족스럽게 말을 시작했다. "여기는 아폴로 8호, 달에서 생방송으로 여러분께 인사드립니다." 40만 2000킬로미터가 넘는 텅 빈 공간을 지나온 보먼의 음성이 실제보다 더 가늘고 맹맹하게 들렸다. 하지만 소리는 안정적으로 크게 잘 들렸고 방송 신호도 마찬가지였다. "빌 앤더스와 짐 러벨, 저는 여러 가지 실험을 하고 사진도 찍고 우주선 엔진을 점화시켜 방향을 바꾸기도 하면서 크리스마스 전날을 보냈습니다. 지금부터는 오늘 하루 내내 선회한 경로대로 이동하면서, 여러분께 달의 일몰을 보여드리겠습니다."

잡음이 끼어들긴 했지만 화면은 선명했다. 보먼은 미리 정해놓은 대로 멘트를 이어갔다. "우리 세 사람이 달을 보면서 느낀 것은 각자 다릅니다. 저는 아주 거대하고 외로운 곳, 으스스한 곳, 혹은 무(無)의 확장 같다는 인상을 받았어요. 구름 같아 보이기도 하고, 부석들이 가득 모인 곳 같기도 합니다. 눌러살거나 일할 만한 장소는 아닌 것 같아요. 짐, 자네 생각은 어떤가?"

"제 생각도 아주 비슷합니다." 러벨이 말했다. "쓸쓸함이 가득한 이 드넓은 달을 보면 경탄이 절로 나옵니다. 그리고 제가 지구에 두고 온 것들을 새삼 깨닫게 되죠. 이곳에서 본 지구는 엄청나게 거대한 우주에 떠 있는 위대한 오아시스에요."

"빌, 자네 생각은?" 보먼이 물었다.

"제가 가장 감명 깊게 본 건 달의 일출과 일몰입니다." 사진기사로의 본분을 충실히 맡고 있던 앤더스가 대답했다. "특히나 이렇게 황량한 곳에 드리운 아주 긴 그림자를 보면 마음이 차분하게 안정되는데, 지금 우리가 지나는 곳처럼 아주 밝게 빛나는 표면에서는 보기 드문 풍경이죠."

세 사람 다 애쓰고 있었다. 시적인 표현을 가미해달라는 주문을 모두 곧잘 해내는 중이었다. 하지만 이번 우주 비행에 참여한 전문가로서 느낀 감상을 솔직하게, 가장 진솔하게 전달한 사람은 앤더스였다. 보먼과 러벨도 그 점을 느낄 수 있었다. 그래서 남은 방송 시간에는 그냥 느낀 대로 솔직하게 이야기하고 눈에 보이는 풍경을 전달하자는 암묵적인 동의가 이루어졌다.

"지금 우리는 '스미스의 바다'에 가까워지고 있군요. 짙은 색 물질들로 덮인 달 표면의 작은 바다 지형입니다." 앤더스가 설명했다.

"지금 보고 계신 화면은 스미스의 바다의 케스트너 분화구와 길버트 분화구입니다." 러벨이 뒤를 이었다.

"여기서 보는 지평선은 아주, 아주 선명한 대조를 이룹니다. 하늘은 칠흑처럼 어둡고, 땅은…" 앤더스는 말을 멈추고 정정했다.

"그러니까 달은 굉장히 밝아요." 달이 아래에 있고 지구는 하늘에 있는 이 상황에 익숙해지려면 아무래도 시간이 필요했을 것이다.

시청자들은 '잠의 늪'과 '고요의 바다', '풍요의 바다', '위난의 바다'를 다시 볼 수 있었다. 그리고 잠시 후, 우주선은 영어로 종결부terminator라는 불길한 이름이 붙은 명암 경계선으로 다가갔다. 공기가 없는 달에서 태양빛과 어둠이 선명하고 예리한 선으로 나뉘는 곳이었다. 지구처럼 대기를 뚫고 나온 태양이 어둠 속에서 희미하게 빛을 발하는 새벽이나 서서히 어둠이 깔리는 황혼녘 어스름한 빛은 존재하지 않았다. 명암 경계부는 빛이 사라지는 곳과 빛이 도달한 곳, 두 개가 한꺼번에 존재하는 장소다. 어둠 속에서 해를 바라보거나 빛 한가운데서 그림자를 보거나 둘 중 하나만 가능했다. 보먼은 둘 중 분명 선호하는 쪽이 있었다.

"이제 여러분도 달에서 해가 지면서 생긴 긴 그림자를 보실 수 있습니다." 보먼이 설명했다. "그리고 머나먼 지구에 계신 여러분 모두를 위해, 아폴로 8호의 비행사들이 전하고 싶은 메시지가 있습니다."

앤더스는 비행 계획서를 집어들고 맨 뒷장으로 넘겼다. 시를 읊는 건 세 사람 모두 어색하게 느끼는 일이었지만 마침내 그래야 할 때가 다가왔다.

앤더스가 시작했다. "태초에 하나님이 천지를 창조하시니라. 땅이 혼돈하고 공허하며 흑암이 깊음 위에 있고 하나님의 영은 수면 위에 운행하시니라. 하나님이 이르시되 '빛이 있으라' 하시니 빛이 있었다."

조금 더 읽은 뒤, 러벨이 이어받았다. "하나님이 빛을 낮이라 부르시고 어둠을 밤이라 부르시니라. 저녁이 되고 아침이 되니 이는 첫째 날이니라. 하나님이 이르시되 '물 가운데에 궁창이 있어 물과 물로 나뉘라' 하시고."

러벨 다음으로 보먼이 마무리를 했다. 물이 한 곳으로 모이고 뭍이 드러나는 과정, 뭍과 물을 부르는 이름이 생긴 과정과 "하나님이 보시기에 좋았더라"라는 구절이 나왔다. 우주선의 선장으로 그 머나먼 곳까지 도달하여 너무나 많은 것을 눈으로 볼 수 있었던 보먼은 우주 비행사들로 대표되는 탐구심 가득한 인류, 10억여 명의 시청자들을 향해 이야기했다.

"아름다운 지구에 계신 여러분 모두 행복한 저녁, 즐거운 크리스마스 보내시고 행운이 따르기를, 하나님의 축복이 여러분 모두에게 깃들기를 이곳 아폴로 8호의 비행사들이 기원합니다."

우주선의 방송 신호는 거기서 끊기고 달 주위를 도는 세 사람은 다시 사람들과 뚝 떨어진 채 그곳에 남았다. 방송은 끝이 났고, 고향 행성에서 남녀노소 수많은 사람들이 지켜본 영상과 귀 기울인 이야기가 어떻게 받아들여질 것인가는 시청자들의 몫으로 남았다.

텔레비전 방송은 끝났지만 비행 임무를 수행 중인 프랭크 보먼이 우주선의 선장으로서 해야 할 일들은 아직 끝나지 않았다. 그리고 우주선은 여전히 달 궤도에 묶인 채 주위를 돌고 있었다. 그래서 보먼은 텔레비전 쇼가 끝나자마자 서둘러 업무로 복귀했다.

지상에서는 조금 전 체험한 감정을 쉬이 날려 보내지 못하는 관제사들이 여럿이었다. 군인다운 투지와 더불어 감상주의자의 면모도 간직하고 있던 진 크란츠도 마찬가지였다. 아폴로 8호의 방송이 종료된 후에도 그는 방금 휘몰아친 환희에 그대로 휩싸인 채 관제센터 뒤편, 콘솔 앞에 조용히 서 있었다.

비행역학 담당자인 제리 보스틱은 참호 영역에 포함된 콘솔 앞에서 물밀듯 솟구치는 감사함이라고밖에 표현할 수 없는 감정을 느꼈다. 이토록 역사적으로 엄청난 순간이 바로 눈앞에서 펼쳐졌다는 것, 태어난 시대와 타이밍, 재능이 절묘하게 조합돼 수십억 명 가운데 이 자리에 앉은 한 사람이 될 수 있었다는 점에 너무나도 감사했다.

'하나님, 저를 이곳에 오게 해주시고 이 순간 일부가 될 수 있게 해주셔서 감사합니다.' 제리는 혼자 조용히 기도했다.

비행 총괄 콘솔에 앉아 있던 밀트 윈들러는 하얀색 숫자가 큼지막하게 새겨진 발랄한 깃발 뭉치를 떠올렸지만 그대로 두기로 결심했다. 아주 잠깐일지언정 비행 관제센터는 세상 속의 성전, 영적인 장소가 됐다. 경쟁을 일깨우는 의기양양한 축하 행위는 아무리 의도가 좋다 한들 엉뚱하고 어울리지 않는 일이 될 것이다.

그동안 보먼은 방송이 모두 마무리될 만한 시간이 될 때까지 기다렸다. 그러고도 한참 더 기다리면서 조금 전 흘러간 순간들이 남긴 영향을 감지했다. 그리고 관제센터에 전해야 할 말이 정확히, 그러나 과하지 않기를 바라며 대화를 시작했다.

"이제 방송은 끝났나?"

"아주 좋았어, 아폴로 8호. 진심으로요." 켄 매팅리가 차분하게 답했다.

"우리 말소리가 거기서 제대로 들리던가?"

"크고 명확하게 들렸습니다. 정말 훌륭한 방송이었어요, 수고하셨습니다."

"오케이. 그럼 켄. 지구방향 분사TEI 작업을 마무리했으면 하는데." 보먼이 이야기했다. "그쪽에서 보내 주기로 한 그 '유용한 정보'를 좀 보내 주겠나?"

"그럴게요." 매팅리가 대답했다.

보먼이 언급한 유용한 정보란 예비단계 참고 데이터PAD, preliminary advisory data로, 지구 귀환을 위한 엔진 연소와 러벨이 우주선 운항 정보를 파악하기 위해 확인해야 할 세부적인 별 관측에 관한 정보, 엔진의 정확한 연소 시간이 담긴 컴퓨터 명령어였다. 시뮬레이터에서는 TEI와 관련된 변수를 모두 통제할 수 있었지만 실제 상황에서는 마스콘으로 인해 달 궤도상에서 우주선이 살짝 기우뚱하거나 우주선에서 배출하는 폐수 때문에 항로에 미세한 영향이 발생하는 등 방해 요소가 너무 많았다. 특히 메인 엔진이 마지막으로 점화됐을 때 연료가 정확히 얼마큼 사용됐는지가 중요했다. 메인 엔진이 점화되면 초당 약 248킬로그램의 연료가 사용되는데, 이것이 37만 5000여 킬로미터 떨어진 지구 대기권과 이어질 아주 좁은 통로로 우주선이 진입할 때 우주선 전체 무게에 상당한 영향을 주기 때문이다.

보먼은 이러한 계산이 얼마나 중요한지 누구보다 확실히 인지하고 있었다. 방송에서는 우주 비행사들이 '우주선 엔진을 점화시켜 방향을 바꾸기도 했다'고 아무 일도 아닌 듯이 이야기했지만 이 '방향 바꾸기'에는 무수한 계획과 상당한 양의 연료가 함축돼 있었다. 켄 매팅리가 전달해 줄 유용한 정보는 그 과정에 수반되는 위험을 최소화하는 데 큰 도움이 될 것이다.

아폴로 8호가 아홉 번째로 달 궤도를 선회한 시간의 상당 부분은 매팅리로부터 선체 조정과 기타 설정에 반드시 필요한 사항을 전달받으며 흘러갔다. 수학과 황도대에 관한 값들이 뒤섞인 이 내용은 먼 옛날 대양을 항해하던 선원들부터 하늘 위를 항해하는 비행사들까지 사용한 낯선 언어로 구성됐다.

"스콜피 델타 다운Scorpii Delta down 071, 시리우스 리겔Sirius Rigel 129." 매팅리는 데이터를 읽어 내려 갔다.

보먼과 앤더스는 전달받은 값을 전신기 앞에 앉은 통신원처럼 손으로 모두 받아 적었다. 러벨은 컴퓨터 앞에서 값을 입력했다.

마침내 모든 절차가 완료되자, 매팅리가 결과를 전했다. "기본적으로 모든 시스템의 상태가 양호합니다. 138초간 엔진을 점화하고 집으로 귀환하면 됩니다. 복귀 지역의 날씨도 좋을 것 같아요."

보먼은 매팅리의 보고를 모두 잘 전달받았다고 답했지만 복귀 지점의 날씨에 대해서는 아무런 말도 하지 않았다. 기상 상황은 아폴로 8호가 지구에 돌아가기 전에 얼마든지 바뀔 수 있고 그렇게 되면 우주선의 운명도 바뀔 것이다. 일단 지금은 아홉 번째 선회가 마무리돼가고 비행사들은 총 두 번 남은 35분간의 통신 두절 구간 중 첫 번째를 맞이하기 전 단계였다.

"고마워. 다음 선회가 시작되면 만나세." 보먼은 특별한 격식을 차리지 않고 이야기했다.

지구 귀환을 위한 엔진 점화 시점이 다가오자, 수전 보먼은 우주선이 달 궤도에 진입할 때와는 다른 방식으로 그 순간을 맞이하기로 마음먹었다. 미션이 중대한 단계를 지날 때 기자들과 거리를 두고 집에 찾아온 손님들과도 적정 거리를 유지하고 싶은 마음은 여전했지만 달 궤도 진입 때처럼 혼자 바짝 긴장해서 대기

하기에는 너무 지쳐버렸다. 그래서 이번에는 아슬아슬한 시간을 누구보다 자신의 심정을 이해할 만한 사람과 함께 보내기로 했다. 그리고 그 사람이 발레리 앤더스가 됐으면 하는 마음이 간절했다. 수전과 마찬가지로 발레리도 엘 라고 지역에 살고 있었으므로 몇 집 건너서 조금만 걸으면 만날 수 있었다. 메릴린이 사는 곳은 팀버 코브라, 보먼네로 오려면 차를 운전해서 기자들이며 사진사들로 꽉 들어찬 길을 지나와야 했다. 수전은 발레리의 집에 찾아가 크리스마스이브 방송과 엔진 점화 순간을 함께하자고 제안했고, 발레리도 수락했다.

두 아들을 데리고 이웃에 사는 보먼의 가장 절친한 친구, 조와 마거릿 엘킨스 부부네 집에서 크리스마스이브 저녁식사를 함께 한 수전은 서둘러 집으로 돌아왔다. 발레리는 아이들을 재우고 집에 와 있던 여러 어른 손님들에게 아이들을 부탁한 뒤 수전의 집으로 걸어갔다. 얼마 후 두 여성은 미션 성공을 바라는 사람들로 가득한 거실에서 조용히 빠져나와 부엌 한구석에 자리를 잡고 두 사람만의 경계 근무를 시작했다.

메릴린은 지금까지 해온 방식을 그대로 유지했다. 우주선 방송도 이번 미션의 결정적인 순간마다 그랬듯 친구들, 가족들과 함께 텔레비전 앞에서 지켜보기로 했다. 세 비행사들이 등장한 방송이 끝나고 엔진 점화가 시작되기 전에, 메릴린은 크리스마스이브에 어울리는 빨간 스커트 차림으로 아이들을 데리고 나가 팀버 코브 주변을 산책했다. 집집마다 연말이면 늘 해왔던 것처럼 아름다운 장식들이 가득했는데, 그날 저녁 메릴린은 이웃집 대다수가 평소

보다 장식에 훨씬 더 신경을 많이 썼다는 사실을 확인하고 깜짝 놀랐다. 길가에도 손으로 직접 만든 조명들이 거리를 따라 죽 이어졌다. 종이 상자에 담긴 작은 촛불들이 아폴로 8호의 비행사들을 위해 조용히 빛을 발했다. 바람이 조금만 세게 불거나 촛불이 살짝 기울어지기만 해도 꺼질 만큼 위태로운 조명이었지만, 그날 밤에는 밝은 빛이 흔들림 없이 흘러나왔다.

이웃들에게 집집마다 찾아가서 고마운 마음을 전할 수는 없었지만, 메릴린은 일주일 내내 자신의 가족들에게 이토록 큰 관심을 보여 준 사람들에게 나름의 방식으로 감사함을 전하기로 했다. 집에 돌아가 아이들을 모두 재운 뒤, 다시 부엌에 내려간 메릴린은 커다란 쟁반 가득 잔을 채우고 에그노그를 준비했다. 그리고 각자의 집에서 멀리 떨어진 자신의 집 앞마당에서 크리스마스의 즐거움을 반납하고 대기 중인 언론과 방송사 사람들에게 쟁반을 건네고 다시 집 안으로 돌아와 손님들과 함께 텔레비전 앞에 앉았다.

우주 비행사들의 방송이 끝나고 월터 크롱카이트의 방송도 일단 종료됐다. 뉴욕 스튜디오에 그대로 남아 잠시 쉬면서 엔진 점화에 관한 몇 가지 기술적인 사항을 검토한 뒤 아폴로 호가 달 궤도를 마지막으로 선회할 때 다시 화면 앞에서 등장했다. 그러나 이들이 전할 수 있는 소식은 별로 없었다. 멋진 경치 구경은 이제 끝났고 각 가정의 시청자들에게 흐뭇한 이야기를 전할 수 있는 시간도 끝이 났다. 우주선과 지상 본부 간에 오가는 대화도 대부분 엔진 점화를 위해 시스템 설정을 미세하게 조정하기 위한 온갖 숫자들과 전문 용어로 채워졌다. 크롱카이트는 남은 단계를 좀 더 준엄하게, 두 가지 가능성으로 정리했다.

"아폴로 8호가 달 뒷면을 비행하며 지상 관제센터와 연락이 닿지 않는 동안, 우주 비행사들은 달 궤도에 진입할 동력을 제공했던 그 거대한 로켓 엔진을 점검할 것입니다." 그는 이렇게 설명했다. "엔진은 이번에도 완벽하게 작동해야 합니다. 그렇지 않으면, 아폴로 8호는 달 궤도에 붙들릴 수 있습니다. 물론 그런 일은 일어나지 않겠지요. 지금까지 엔진은 완벽하게 제 기능을 했으니까요. 이번에도 그래야만 합니다."

크롱카이트의 말은 모두 사실이지만 딱 거기까지였다. 완벽하게 신뢰할 수 있는 시스템도 얼마든지 절대 신뢰할 수 없는 시스템이 될 수 있다는 사실을 우주 비행사들과 아내들, NASA 사람들 모두가 너무나 잘 알고 있었다.

열 번째 선회가 끝나갈 무렵, 다시 통신이 두절되기 직전에 켄 매팅리는 엔진 점화까지 남은 시간을 통보했다.

"오케이, 아폴로 8호. 관제센터에서 우주선 시스템 전체를 검토했습니다. TEI를 시작해도 됩니다."

"오케이." 보먼이 대답했다.

모두가 마지막이 되기만을 바라는 두 번째 신호두절 시점이 점점 다가오자 매팅리는 절차대로 시간을 다시 통보했다.

"아폴로 8호, 여기는 휴스턴. LOS까지 3분 남았습니다. 시스템은 모두 정상입니다."

"알았다. 고맙다, 휴스턴. 여기는 아폴로 8호." 보먼은 마지막 두 단어에 힘을 주어 대답했다. 꼭 필요한 일이 아니라면 여기서 대화를 중단하자는 확고한 의중이 담겨 있었다.

보먼의 생각을 인지한 매팅리는 3분간 조용히 대기했다. 지금까지 실시된 우주 비행임무 중 최초로, 미션의 핵심 단계가 관제센터의 카운트다운 없이 진행될 것이다.

마침내 통신이 끊기기 몇 초전, 캡컴은 철저히 사무적으로 작별 인사를 고했다.

"시스템은 모두 정상입니다, 아폴로 8호."

"알았다." 보먼이 대답했다.

그리고 통신은 종료됐다.

우주선 안에서는 잠시 침묵이 흘렀다. 도무지 끝이 보이지 않을 만큼 소소한 업무들이 도무지 끝이 없는 것처럼 쏟아져 나오던 무전에서 벗어났다는 안도감에서 나온 고요함이었다. 세 사람은 될 수 있는 한 말없이 TEI 막바지 준비를 시작했다. 꼭 해야 할 말 외에는 되도록 말을 하지 않았다.

엔진 점화 시점이 30분도 채 남지 않았을 때 보먼이 마침내 다시 입을 열었다.

"아주 환상적인 한 주였어, 안 그래?"

러벨은 돌아갈 집을 생각하며 미소 지었다. “이제 더 좋을 일만 남았군.”

남은 시간 중 20분은 고성능 안테나의 방향을 잡는 것과 같은 여러 가지 일상적인 일을 처리하면서 보냈다. 달 뒤편에서는 아무런 기능도 하지 못했지만 지구 가까운 쪽으로 나가면 안테나를 다시 사용해야 했다.

앤더스가 가까운 창문 밖을 내다보더니 말했다. “세상에, 칠흑보다 더 깜깜한데요.”

다시 몇 분이 흘렀다. 보먼은 엔진 점화까지 몇 분이 남았는지 시계를 확인했다. “7분. 곧 6분 전이다.”

세 사람은 각자 자기 자리에 앉아 며칠 전과 같이 좌석 벨트를 느슨하게 맸다. 우주선은 초당 약 1.08킬로미터, 시간당 최고 속도 3900킬로미터 이상으로 날아갈 것이다. 1g도 안 되는 중력이 비교적 약한 힘으로 우주 비행사들을 끌어당겨 몸이 좌석과 부딪힐 것이다. 그러나 지난 4일간 중력이 전혀 없는 환경에 머무른 만큼 비행사들이 체감하는 힘은 그보다 훨씬 강력할 것이다.

앤더스는 비행 계획에 맞게 우주선의 자세 조정을 시도했고 보먼은 그 요청에 따라 피치 축과 요축을 미세하게 조정했다.

“2분 전.” 앤더스가 말했다.

마지막 몇 초가 흐르고, 컴퓨터에 이번 미션의 마지막 모든 것이 달린 코드, 99:20이 입력됐다.

러벨은 ‘계속 진행’을 입력한 뒤, ‘처리’ 버튼을 눌렀다.

크리스 크래프트는 비행 관제센터의 분위기가 영 마음에 들지 않았다. 그가 이끄는 관제사들은 모두 전문가들이고 관제실에서 지켜야 할 규칙을 대체로 잘 지키는 편이었다. 즉 해야 할 일에 집중하고 불필요한 잡담은 최대한 줄였다. 그러나 우주선과 통신이 끊어진 시간 동안은 그 규칙이 대부분 느슨해졌다. 아폴로 8호와의 교신이 처음 두절됐을 때는 방 안에 온통 긴장이 가득했지만 시간이 지날수록 익숙해졌다. 헤드셋에서 아무 소리도 들리지 않고 원격측정 결과도 전혀 전달되지 않는데 근처에 있는 동료와 몇 마디 나누는 건 당연한 일 아닐까?

그러나 이번에 시작된 교신 중단은 의미가 달랐다. 메인 엔진이 어떻게 작동하느냐에 따라 20분도 안 되는 시간 내에 관제센터에는 아주 기쁜 소식이나 아주 나쁜 소식 중 한 가지가 전해질 예정이었다. 혹시라도 그것이 나쁜 소식이라면 세 명의 훌륭한 우주 비행사를 잃는다는 것을 의미했다. 23개월 전까지는 그런 사태를 겪는 것이 어떤 기분인지 크래프트도 알지 못했지만, 이제는 너무나 잘 알고 있었고 두 번 다시 그런 일을 겪고 싶지 않았다. 관제실은 충분히 조용한 편이었지만 현 상황을 고려할 때 크래프트가 적당하다고 생각하는 수준만큼은 아니었다.

“거기 입 좀 다물어 주겠나?” 그가 으르렁댄 것도 그런 이유 때문이었다. 그러자 곳곳에서 사람들이 고개를 돌리는 모습이 보였다.

어느 한 사람을 지목해서 한 말은 아니었다. 그저 어딘가에서 낮게 오가는 목소리들을 들었을 뿐이다. 그 시점에 크래프트에게 가장 짜증나는 사람을 집어내라고 했다면 비행사 전담 의사인 찰스 베리를 지목했을 것이다. 비행사들의 건강을 세심하게 보살피는 건 물론 매우 중요한 일이지만, 현 단계에서는 무의미한 일이었다. 엔진을 점화해야 할 시점에 마레진이나 세코날을 처방할 수는 없는 노릇이었다. 그래서 크래프트가 관제실의 모든 사람을 통틀어서 최대한 어디 멀리 가 있었으면 하고 생각한 사람은 바로 베리였다.

"입 좀 다물자고." 크래프트가 다시 한 번 말했다. "자네들이 뭘 하건 지금 나는 세 사람이 이쪽으로 돌아 나올 것인지 외에는 아무것도 관심 없어."

말을 마친 크래프트는 잔뜩 찌푸린 얼굴로 관제실 안을 둘러보며 이 호통이 전원에게 하는 소리임을 분명히 드러냈다.

엘 라고나 팀버 코브에서는 조용히 하라고 하는 사람이 아무도 없었다. 수전 보먼과 발레리 앤더스는 보먼의 집 부엌 한구석에 나란히 앉아 있었다. 그리고 메릴린 러벨은 자신의 집 거실에서 몇 시간 전 텔레비전 방송을 볼 때와 같은 자세로, 거실 바닥에 양팔로 무릎을 안고 앉아 있었다.

텔레비전 화면 하단에서 아폴로 8호에 관한 소식이 계속해서 흘러나왔다. 관제센터에서는 메인 스크린 상단에 뜬 미션 잔여 시간이 3일 7시간 19분 12초를 막 지났다. 일반 시청자들 중에는 이 시각이 바로 엔진이 점화될 때임을 모르는 사람들도 있었지만 관제센터 안에 있는 사람들은 한 명도 빠짐없이 모두가 그 사실을 알고 있었다. 엔진이 계획대로 점화된다면 우주선이 빠르게 비행하는 만큼 최종 통신두절 시간도 빨리 종료될 것이고, 15분 10초 후면 교신이 재개될 것이다. 점화가 제대로 이루어졌는지 여부는 눈으로 확인이 불가능했다.

우주선에서 소식이 들려오기만을 기다리는 기나긴 시간은 크래프트의 바람대로, 침묵 속에 흘러갔다. 그는 아무 말도 하지 않았다. 조지 로우도, 찰스 베리도 침묵을 지켰다. 캡컴 콘솔에 앉은 켄 매팅리는 엔진 점화가 시작되는 시점과 끝나는 시점을 알리지 않았다. 그 단계가 실제로 이루어졌는지 확인할 수 없으니 그럴 수도 없었다. 대신 손가락으로 책상을 두드리는 소리와 지포 라이터가 켜지는 소리만 관제실을 채웠고, 미션 시계가 그 시각을 가리켰다.

엔진이 점화돼야 할 시각에서 약 12분 정도가 흘렀을 때 매팅리가 첫 교신을 시도했다. 달 궤도 진입 단계에서 엔진을 켰을 때처럼 이번에도 통신 신호가 닿기를 기대하기에는 너무 이른 시점이었지만 그렇다고 아예 기대하지 못할 만한 때도 아니었다.

"아폴로 8호, 여기는 휴스턴." 매팅리는 보이지 않는 우주선을 향해, 더 나아가 전 세계 텔레비전 시청자들을 향해 말했다.

돌아온 건 침묵이었다.

"아폴로 8호, 여기는 휴스턴." 8초 후, 매팅리는 다시 한 번 호출했다.

이번에도 아무 응답이 없었다. 헤드셋이나 텔레비전에서는 텅 빈 우주공간에서 흘러나온 쉬익 소리만 크게 들렸다.

15분 10초가 흘렀다. 이 정도면 충분한 시간이 지났다. 우주선이 나타나지 않는다면 상황은 심각해질 것이다.

바로 그때, 관제사들이 앉아 있던 모든 콘솔에서 일제히 시커먼 화면이 사라졌다. 모든 화면에 숫자들이 채워지기 시작했다. 아직 40만 킬로미터가 넘는 거리에 있었지만, 빠른 속도로 집을 향해 날아오는 우주선에서 아주 완벽한 값, 더할 나위 없이 정상적인 숫자들을 보내온 것이다. 그리고 잠시 후 짐 러벨의 목소리가 선명하게 들렸다.

"휴스턴, 여기는 아폴로 8호. 그쪽에 산타클로스가 있으니 참고하기 바란다."

"확실한 정보겠군요. 거기서만큼 그 정보를 정확히 알 수 있는 사람은 없을 테니까요." 매팅리가 대꾸했다.

우주 비행사들은 이 응답을 들었지만, 관제센터에서는 아무도 매팅리의 답을 듣지 못했다. 조용히 하라는 크리스 크래프트의 잔소리를 더 이상 개의치 않아도 되는 관제사들이 내지르는 환호소리와 기쁨에 겨운 외침, 신이 나서 불어대는 휘파람 소리에 캡컴의 목소리가 다 묻혀버렸다.

보먼네 부엌에서는 수전이 벌떡 일어나 양팔을 허공에서 신나게 휘젓고는 그대로 발레리에게 다가가 기분 좋게 껴안았다. 러벨의 집에서도 난리법석이 난 거실 한가운데 메릴린이 우뚝 서 있었다. 소란스러운 외침에 자던 아이들이 다 깨어나는 바람에 다시 재우러 가야했다.

전 세계 각 가정이며 술집, 미군기지에서도 엄청난 환호가 울려 퍼졌다. 이제 이틀만 지나면 우주선이 도착할 남태평양의 착수 지점을 향해 이미 항해를 시작한 회수선, 미 해군전함 요크타운Yorktown 호에서도 1700명의 해군들도 소식을 듣고 기뻐했다.

그러나 바다 위 그 작은 착수 지점까지 아직 먼 길이 남아 있는 우주선에서 프랭크 보먼이 궁금한 건 한 가지밖에 없었다.

"할 일 목록에 뭐가 남았지?"

15 귀환

1968년 12월 25~27일

지난 10월, 아폴로 7호가 지구 대기권으로 재진입하기 전 헬멧을 착용하라고 월리 쉬라를 설득했을 때 이후로 디크 슬레이튼이 우주에 나가 있는 비행사들과 직접 대화를 나눈 경우는 한 번도 없었다. 우주선과의 통신 규약상 캡컴 외에는 누구도 우주 비행사와 교신할 수 없고, 우주 사무국 총괄자라 하더라도 예외는 없었다. 그러나 TEI가 완료된 것은 분명한 예외 상황이라는 생각이 들었다.

"좋은 아침이네, 아폴로 8호. 여기는 디크." 그는 캡컴의 교신 장비에 마련된 두 번째 잭에 자신의 헤드셋을 꽂고 말했다. "여기 관제센터 사람들과 전 세계인들을 대신해서 자네들이 아주 즐거운 크리스마스를 보내길 비네."

그렇게 활기찬 슬레이튼의 목소리가 너무 생소했던 세 명의 비행사들은 어떻게 반응해야 할지 얼떨떨했다. 명랑해진 슬레이튼은 수다스러워지기까지 했다.

"다들 이렇게 기분 좋은 크리스마스 선물은 받아 본 적이 없을걸세. 부디 잠도 푹 자고, 크리스마스 만찬도 즐기길 바라네. 그리고 28일에 하와이에서 만나자고."

보먼은 슬레이튼이 말을 모두 마쳤다고 확신할 수 있을 때까지 기다렸다가 대답했다. "그럴게요, 대장."

지금껏 써본 적이 없지만 상대를 깍듯하게 배려한 호칭이 등장했다. 그러나 아폴로 호 선장도 감상적인 순간과 아예 담을 쌓은 사람은 아니었다.

"거기서 뵙겠습니다. 우리를 위해서 지상에서 애써 준 모든 분들에게 감사드려요. 다들 도와주지 않았다면 우린 어디에도 가지 못했을 겁니다."

"우리도 동의하네." 슬레이튼이 답했다.

"크래프트 씨도 제대로 일을 해낼 때가 있군요." 앤더스가 옆에서 덧붙였다.

슬레이튼은 우주선에서 지상에 과감히 도전장을 내민 이 무례한 발언을 크래프트가 잘 웃어넘기는지 보려고 뒤를 돌아보았다. 하지만 크래프트는 그 자리에 없었다. 우주선이 일단 지구로 향하고 있음을 확인하자 잠깐 눈도 붙이고 옷도 갈아입으려고 얼른 귀가했기 때문이다.

"자네들 답을 기다리기에는 너무 피곤했나 보군. 벌써 집에 가고 없어." 슬레이튼이 알려 주었다.

푹 자라는 슬레이튼의 말대로 우주 비행사들도 잠을 청했다. 먼저 보먼과 러벨이 자고, 두 사람이 깨어나자 앤더스도 눈을 붙였다. 늦게 크리스마스 만찬도 즐겼다.

세 사람이 그때까지 먹은 음식들과 마찬가지로 크리스마스에 먹을 음식들도 꽁꽁 포장된 상태로 장비 격실의 수납장에 쌓여 있었다. 차이가 있다면 평소 꺼내던 봉지보다 꽤 무겁고 포장마다 불에 타지 않는 소재로 만든 초록색 리본과 '메리 크리스마스'라고 적힌 카드가 달려 있었다는 점이다. 겉을 감싼 포장을 뜯어내자 비닐 파우치 안에 속을 채운 칠면조 고기가 그레이비 소스, 크렌베리 소스와 함께 담겨 있었다. 식사와 곁들일 수 있는 미니 사이즈 코로넷 VSQ 브랜디도 한 병씩 들어 있었다.

음식을 바라보는 세 사람의 얼굴에 빙그레 웃음꽃이 피었다. 4일 동안 우주용 식단으로 견뎌온 터라 이 정도면 잔칫상이나 다름없는 메뉴였다. 특히 러벨과 앤더스 두 사람은 브랜디가 무척이나 반가웠다. 하지만 보먼은 아니었다.

"제발 부탁인데, 그건 마시지 말게." 보먼이 언급했다. "남은 이틀 동안 뭐라도 잘못되면 다들 비행사가 술에 취해서 생긴 문제라고 생각할 거야."

러벨과 앤더스도 브랜디를 마실 생각은 없었다. 병을 손에 쥐고는 있었지만 마음 놓고 마시기에는 몸이 너무 피곤했다. 무엇보다 보먼의 말이 옳다는 사실도 충분히 알고 있었다. 다른 곳도 아니고 집에 돌아가는 길인데 뭐든 어설프게 할 수는 없었다.

식사를 시작하고 얼마 지나지 않아, 러벨은 지상에 무전을 보냈다. "여러분, 이래도 되나 싶을 정도로 큰 대접을 받은 것 같습니다." 그의 말이 이어졌다.

"산타클로스가 꼭 텔레비전에나 나올 법한 저녁 밥상을 우리 세 사람을 위해서 차려 주셨어요. 얼마나 맛있었던지. 칠면조와 그레이비, 크렌베리 소스에 포도 펀치였죠. 엄청났어요." 러벨은 혹시나 하는 마음에 '포도 펀치'를 한층 강조했다.

비행 총괄 콘솔에 앉아 있던 밀트 윈들러가 웃음을 터뜨렸다. 콘솔 옆 작은 공간에는 커피 한 잔과 발로니 소시지를 넣은 샌드위치가 쪼글쪼글해진 종이에 싸인 채로 놓여 있었다. 적어도 그날 저녁은 우주인들이 지구에 있는 사람보다 더 잘 먹은 날이었다.

아폴로 8호 우주 비행사들의 아내들은 크리스마스를 더욱 전통적인 방식으로 보냈다. 발레리 앤더스는 다섯 아이들을 모두 차에 태우고 근처에 있는 엘링턴 공군기지로 향했다. 기지 안에 있는 성당에서 미사를 보기 위해서였다. 수전 보먼은 두 아들, 시부모님과 함께 세인트 크리스토퍼 성공회 교회로 갔다. 리버랜드 제임스 버크너 목사는 그날 예배에는 참석하지 못했지만 아주 신도를 위해 특별히 기도했다.

"오, 영원하신 주여, 행성과 별들, 은하계, 시간과 공간이 유한한 곳부터 무한한 곳까지 모든 곳을 다스리시는 주여, 이 나라의 우주 비행사들을 지켜봐 주시고 보호해 주시기를 기도 드립니다."

메릴린 러벨의 크리스마스 아침은 자선 활동으로 시작됐다. 한 주 내내 앞마당을 가득 메웠던 기자들 중 대다수가 크리스마스를 보내기 위해 잠시 떠나고 사진기자 한 명만 남아 있었다. 창문으로 밖을 내다보던 메릴린은 그가 너무 안쓰러웠다.

"왜 집에 안 가셨어요?" 대문간에 나온 메릴린이 이른 아침의 으스스한 공기에 팔짱을 끼고 몸을 웅크리며 기자에게 말을 걸었다. "우리는 아직 외출 계획이 없는데요."

"집에 갈 수가 없어서요." 그가 쓸쓸한 얼굴로 대답했다.

"아니, 왜요?" 메릴린이 물었다.

"사진을 찍기 전에는 여길 벗어날 수가 없어요."

메릴린이 웃음을 터뜨렸다. "그 이유가 다에요?"

어깨 너머로 거실을 둘러보자 막내아들 제프리와 제일 큰 딸 바바라가 크리스마스트리 아래 선물 더미 사이에 앉아 있었다.

"얘들아! 여기로 와보렴." 메릴린이 부르는 소리에 두 아이가 얼른 다가왔다. 손에는 아무것도 들고 있지 않았다. "아냐, 아니지. 가서 뭘 좀 들고 와." 메릴린은 쌓여 있는 선물을 가리키면서 아이들에게 말했다.

바바라는 손에 닿는 장난감을 아무거나 집어 들었고 제프리는 그날 아침 내내 연습했던 스카이 콩콩을 가져왔다. 밖으로 나온 제프리는 스카이 콩콩을 타기 시작했고 바바라도 포즈를 잡았다. 기자는 그 모습을 사진에 담고 남은 크리스마스를 보내기 위해 서둘러 떠났다.

메릴린이 휴일에 먼저 베푼 선의는 얼마 지나지 않아 다시 돌아왔다. 아무 연락도 없이 롤스로이스 한 대가 집 앞에 멈춰서더니 유니폼을 차려입은 남자가 내렸다. 메릴린의 집 대문으로 걸어온 그 남자는 문을 두드리고 '니먼 마커스 백화점'이라고 적힌 상자 하나를 메릴린에게 건넸다. 하늘처럼 푸른색 종이 상자에는 크고 작은 스티로폼 공 장식이 두 개 달려 있었다. 하나는 꼭 지구처럼, 다른 하나는 달처럼 칠이 돼 있고, 공에 붙어 있는 카드에는 이런 문구가 적혀 있었다.

"메리 크리스마스. 달에 있는 남자가 사랑을 담아 보냅니다."

상자 안에 담긴 건 밍크 재킷이었다.

달에 있는 남자의 아내 메릴린 러벨은 선물로 받은 옷을 입고 아이들과 함께 교회로 향했다. 그날 메릴린을 본 휴스턴 사람들은 그녀가 어쩐지 뽐내는 것 같다고 느꼈을지도 모른다. 한 주 내내 감당할 수 있는 수준 이상으로 고생한 메릴린은 누가 뭐라고 하건 즐기고 싶은 마음뿐이었다.

크리스마스가 깊어가자 언론계 종사자들까지 포함한 많은 사람들이 이제 아폴로 8호의 비행 임무는 거의 끝났다고 여기기 시작했다. 물론 우주선이 지구에 도착하는 과정이 남아 있지만, 다 형식적인 일이라고들 생각한 것이다. 텔레비전 방송 진행자들은 색종이를 마구 뿌려대는 뉴욕시의 그 지긋지긋한 전통 퍼레이드 외에 미국의 어느 도시에서 비행사들의 귀환을 축하하는 퍼레이드를 열 것인지 전망하거나 우주 비행사들이 월드 투어에 나설 가능성을 거론했다. 이제는 더 이상 미룰 수 없게 된 달 착륙이 언제쯤 이루어질 것인가에 관한 열띤 추측도 이어졌다.

그중 아폴로 10호가 불과 몇 개월 뒤인 5월에 달 착륙을 해낼 것으로 내다보는 사람들이 가장 많았다. 지구 궤도에서 달 착륙선을 작동시켜 보는 시험 운전을 서둘러 끝내면 '고요의 바다'에 발자국을 쾅 찍을 수 있으리라는 예상이었다. 그리고 제미니 6호와 제미니 7호가 지구 궤도에서 랑데부 비행을 시도할 때 옆자리를 지킨 톰 스태포드가 달에 발자국을 남길 최초의 인류가 될 것으로 점쳐졌다. 거스 그리섬이 제미니 3호에 오를 비행사로 보먼 대신 선택한 존 영과 진 서난Gene Cernan도 함께할 것이라는 이야기가 나왔다. 언론은 이미 스태포드의 프로필까지 정리하기 시작했다.

아폴로 8호가 지구에 도착하는 일이 누워서 떡 먹기처럼 여겨지던 이런 분위기는 빌 앤더스에게도 의도치 않게 영향을 준 것 같았다. 아폴로 8호가 달에서부터 약 7만 2400킬로미터를 날아와 달의 중력보다 지구의 중력이 더 강력해지는 보이지 않는 선을 넘어섰을 무렵 캡컴 콘솔에 앉은 콜린스가 우주선은 어느 우주 비행사가 운전하느냐고 아들이 물어보더란 이야기를 전하자, 앤더스는 이렇게 답했다. "지금은 아이작 뉴턴이 운전을 거의 다 하는 것 같군요."

물론 물리학적인 힘만으로 비행사들이 집에 돌아올 수는 없고, 비행 관제센터에서는 자신만만한 분위기가 전혀 감지되지 않았다. 앤더스가 대답하고 얼마 지나지 않아 매팅리는 보먼에게 지구 사람들의 분위기를 전하면서 윈들러와 나눈 대화도 전달했다.

"다들 얼굴에서 웃음이 떠나지 않아요. 산타가 세상 거의 모든 사람들에게 좋은 선물을 줬나 봅니다. 크리스마스에는 마땅히 그래야 하는 것처럼 모든 게 아주 평온해요."

"아주 잘됐군." 보먼이 대답했다.

"밀트도 경계 완화 상태라고 이야기하던데요."

"아주 좋아." 보먼은 다시 대답하고는 매팅리가 방금 한 말을 생각하더니 단호한 음성으로 덧붙였다. "우리는 편히 있을게. 하지만 자네들은 바짝 긴장해야지."

보먼에게는 경계를 늦추지 말라고 요구할 만한 권리가 있었다. 아폴로 8호가 고향 행성에 돌아가는 과정은 언뜻 보기에 장거리 스카이다이빙과 비슷해 보일 수도 있다. 정말로 닮은 구석이 있다면, 중간에 뭔가 문제가 생길 가능성이 존재한다는 점이었다. 일단 TEI는 완료됐고 그 후 몇 시간이 지나도록 우주선에는 해야 할 일들이 많이 남아 있었다. 지구에는 이런 사실이 거의 보고되지 않았다.

보먼은 크리스마스 만찬을 마치고 장비 격실에서 눈을 붙였다. 그동안 앤더스는 조종석 왼쪽 자리를 맡고 러벨은 컴퓨터 앞에 앉았다. 콜린스는 러벨에게 우주선 전체에 열이 골고루 전달되도록 비행 자세를 바꾸는 새로운 명령어를 전달했다. 러벨이 전해들은 명령어를 컴퓨터에 입력하고 있을 때, 갑자기 추력기가 작동했다. 우주선 방향이 아찔할 정도로 획 돌아가 앞코가 정면에서 위를 향하는 자세로 급작스럽게 바뀌었다.

"워, 워, 워!" 러벨이 소리쳤다.

"오케이, 워, 워. 대기하라." 콜린스가 대답했다.

앤더스는 계기판의 선체 자세 표시기를 응시했다. 우주선이 너무 기우뚱해 표시기 바늘도 제대로 계측을 못 하는 상태였다. 보먼도 화들짝 놀라 잠에서 깼다.

"무슨 일이야?" 따져 묻는 목소리가 들렸다.

러벨이 잠시 답을 망설인 사이 우주선이 휘청거렸다. 앤더스가 추력기를 작동시켜 방향을 제대로 맞추려고 했지만 잘못된 명령어로 자세 변경이 계속 시도되면서 자꾸만 앞코가 위를 향하는 위치로 되돌아갔다. 이런 경우, 한 가지 문제가 생기면 새로운 문제를 일으켜 덧붙이지 않아야 한다는 우선 규칙에 따라 앤더스는 일단 추력기 핸들을 놓았다.

러벨은 컴퓨터에 입력한 명령어를 머릿속으로 재빨리 되짚어 보고 왜 이런 일이 생겼나 분석했다. 콜린스는 동사 3723과 명사 501을 불렀고, 그대로라면 우주선은 롤 각으로 적당히 움직였을 것이다. 그런데 피로에 찌든 러벨이 실수로 동사 37과 명사 01을 입력한 것이 문제였다. 동사 37은 '지구로 귀환하라', 명사 01은 '발사대기 모드'라는, 상당히 다른 의미가 담긴 명령어였다. 즉 러벨은 지금 우주선이 플로리다의 발사대 위에 있을 때 사용하는 명령어를 입력했고, 우주선은 발사 준비를 위해 자꾸만 앞코가 위로 향한 위치로 돌아가려 한 것이다.

"제가 얼빠진 짓을 했군요." 러벨이 말했다.

문제의 원인을 이미 제대로 짚은 콜린스는 간단히 대답했다. "알겠다."

문제를 바로잡기 위해 새롭게 조합된 명령어가 입력됐지만 어느 정도 기다려야 했다. 잘못된 명령어가 입력되면서 우주선의 현 위치와 방향에 관한 정보가 싹 지워졌다. 이 정보를 다시 입력하기 위해, 러벨은 타깃이 될 만한 별 세 개를 찾아 그 위치를 기준으로 선체 위치를 조정하는 지긋지긋한 작업을 거쳐 그 값을 컴퓨터에 입력했다. 그리고 유도장치의 값에 따라 여러 단계에 걸쳐 다시 우주선의 자세를 미세하게 자세를 재조정해야 했다. 모든 작업이 완료되자 우주선이 3차원 우주 공간에서 방향과 위치를 정확히 인식했다. 이번 미션 내내 러벨이 해왔던 외부 관측 작업과 비슷한 부분이 많았지만 이번에는 컴퓨터가 엉망진창이 된 상태에서 선체 위치를 아예 백지부터 다시 잡아야 했다는 점이 달랐다.

러벨은 비교적 빠른 시간 내에 일을 해결할 수 있었다. 다 정리된 다음, 그는 방금 전의 일이 아폴로 우주선의 선장이라면 누구나 기억해둘 필요가 있을 만한 작업이었다고 생각했다. 향후 우주선에서 혹시라도 매우 중대한 시스템 결함이 발생할 경우 선장이 가장 먼저 해야 할 일은 우주선이 정면을 향해 똑바로 날게 하는 것일 테니까.

적어도 러벨이 씨름한 에러는 충분히 피할 수 있는 문제였다는 점에서 대기권 재진입 시 발생할 수 있는 필연적인 위험들에 비할 바가 아니었다. 불과 한 시간도 지나지 않아 우주선은 대기권과 처음 접촉하기 전에 완료해야 하는 첫 번째 핵심 단계를 시작해야 했다. 엔진과 장기간 위급 상황에 빠질 때를 대비해 마련한 생명구조 장치가 포함된 사령선과 기계선의 절반가량을 분리해서 폐기하는 단계였다. 약 110미터 높이의 로켓 꼭대기에서 긴 여정을 시작한 우주선이 약 3.3미터짜리 원뿔 형태로 길이가 줄어드는 것이다. 둥그스름한 하단은 표면에 열 차폐막이 덮이고, 비행사들이 겨우 몇 시간 정도 생존할 수 있는 산소와 동력만 남게 될 것이었다.

시간당 4만 230킬로미터에 가까운 속도로 대기권과 충돌하면서 맞닥뜨리는 엄청난 충격은 이 귀환 캡슐이 견뎌야 하는 수많은 과정 중 한 가지에 불과했다. 수평 방향으로 5.3도, 최대 7.4도를 넘지 않는 좁은 재진입 통로로 들어가야 하는 것도 이들의 숙제였다. 다르게 설명하면 하늘에 너비 24킬로미터 정도의 열쇠구멍이 있고 그 안으로 들어와야 한다는 의미인데, 40만 킬로미터가 넘는 이동거리를 감안하면 이 목표지점의 크기는 극히 작은 수준이었다. 크기를 다르게 비교해 보자면, 농구공 정도인 지구와 야구공만 한 달이 7미터 간격으로 떨어져 있다고 할 때 앞서 말한 너비 24킬로미터의 재진입 통로는 종이 한 장 두께도 안 될 정도였다.

목표점에 진입하지 못할 때 발생하는 결과도 즉각적이었다. 진입 각이 너무 가파를 경우 맹렬한 공력학적 힘에 우주선이 조각조각 분리되거나 중력의 작용으로 전원이 목숨을 잃을 수 있었다. 반대로 진입 각이 너무 얕을 경우 아폴로 8호는 대기권 표면을 스치고 지나가 텅 빈 우주 공간에 영원히 머무르게 된다. 재진입 통로에 성공적으로 들어온다 하더라도 세 비행사 중 누구도 경험해 보지 못한 엄청난 불길에 휩싸인 상태로 바다까지 이동할 것이었다. 이때 열 차폐막의 온도는 강철을 녹이는 온도보다도 두 배가 더 높은 섭씨 2760도에 이르는데 궤도 재진입 시 발생하는 섭씨 1650도 정도의 열과도 비교가 안 될 만큼 엄청난 수준이었다. 이토록 뜨거운 열기로 형성된 이온화된 가스가 구름처럼 우주선 주변을 감싸면, 무선 신호가 막혀 이번 미션 중 상당 시간 동안 그랬던 것처럼 비행사들의 생사가 결정되는 이 과정 역시 통신이 두절된 상태에서 진행될 예정이었다.

그 밖에 걱정할 요소가 또 있었다. 우주선이 탄도학적 과녁의 중심을 정확히 통과한다 해도 몇 가지 복잡한 조작이 제대로 이루어지지 않을 경우 비행사들은 살아서 착륙할 수 없었다. 얕은 초고층 대기에서는 우주선이 견뎌야 하는 저항이 그리 크지 않고 지상에서 약 120킬로미터 정도에서도 2.5g의 중력이 발생하지만 생존에 큰 어려움을 주지 않는다. 높이가 점점 하강할수록 중력가속도는 6.6~7.0g까지 이르는데, 이 수준까지는 힘들긴 해도 견딜 수 있다. 그러나 우주선이 동일한 궤도로 계속해서 하강할 경우 중력이 치명적인 수준까지 배가될 수 있었다.

그러므로 사령선은 이동을 멈추고 대기권 바깥으로 잠시 나가서 열 차폐막을 냉각시키는 동시에 중력의 힘에서 벗어난 뒤 다시 더 좁은 각도로 재진입 통로에 다시 들어와야 했다. '스킵 재진입skip reentry'이라 불리는 이와 같은 과정의 물리학적 원리는 롤러코스터와 비슷했다. 맨 처음 맞닥뜨리는 낙하가 가장 가파른 각도로 이루어지고, 이 낙하를 위해 서서히, 철컹철컹 소리와 함께 기차가 꼭대기까지 오른다. 그리고 이때 축적된 중력 에너지는 처음보다 더 낮고 덜 가파른 상승과 낙하를 거치면서 점차 소진된다.

칠판과 노트 위에서 맨 처음 탄생한 스킵 재진입 방식은 모든 면에서 확실하고 논쟁할 여지가 없이 이치에 맞는다는 결론이 내려졌지만, 딱 한 가지 작은 문제가 있었다. 아폴로 우주선에는 날개가 없다는 점이었다. 날개가 없으면 위로 떠오를 수가 없고, 떠오르지 못하면 뒤로 이동할 수가 없다. 그러나 해결책은 있었다. 사령선을 중력 중심이 엇나간 방향에 위치하도록 설계하는 것이다.

엔지니어들은 눈에 보이지 않는 중심점이 원뿔 모양의 우주선 중앙이 아닌 중앙 윗부분에 위치하도록 설계했다. '안정 균형 자세stable trim attitude'라 불리는 이 같은 설계로 우주선의 열 차폐 장치 쪽이 자연스럽게 약간 아래를 향하도록 한 것이다. 그리고 컴퓨터로 우주선을 빙글 돌아가게 하여 열 차폐장치는 계속해서 정면을 향하지만 우주선 내부는 위아래가 바뀐다. 이에 따라 중력 중심이 우주선의 중심선 아래로 내려오고, 접근 각도가 바뀌면서 캡슐이 뒤로 물러난다. 그다음 바다에 떨어지기 전에 캡슐은 다시 한 번 둥글게 돌아서 방향을 바꾸어야 했다.

스킵 재진입은 이처럼 만만치 않은 비행이라 원래 지상에서 수천 킬로미터밖에 떨어지지 않은 곳에서 테스트가 이루어질 예정이었다. 아폴로 8호가 아폴로 9호가 될 줄 알았을 때, 프랭크 보먼과 짐 러벨, 빌 앤더스가 달 착륙선을 싣고 달 근처에는 가지도 않을 계획이었던 그 미션에서 바로 이 시험 비행이 이루어졌다면 좋았을 것이다. 그러나 달 착륙선을 싣지 않고 달로 향하게 된 세 비행사는 시험 비행도 없이 달에서부터 날아와 스킵 재진입을 시도하게 됐다.

퍼레이드니 월드 투어니 하는 이야기에 프랭크 보먼이 일말의 관심도 기울이지 않고 휴스턴에 경계 상태를 유지해달라고 요구한 이유도 바로 이 때문이었다.

아폴로 8호가 지구로 돌아오기 위한 마지막 단계에 진입했을 때 태평양은 깊은 밤에 잠겨 있었다. 바다 한가운데 점점이 떠 있는 여러 섬들 중 한 곳에 살았다면, 그곳 시각으로 12월 27일 새벽 3시쯤 바다를 향해 날아오는 우주선을 볼 수 있었을 것이다. 다만 배율이 7배인 쌍안경이 있어야 그 모습을 관찰할 수 있다. 그 정도 배율로 보면 달에서부터 지구까지 거리를 4분의 1 정도 남겨둔 아폴로 8호가 흐릿한 점으로 보이고 밝게 빛나는 금성과 대조를 이룰 것이다. 그래도 인내심을 가져야 한다. 15분에 걸쳐 그 희미한 점이 아주 조금씩 다가오는 모습을 가만히 지켜봐야 비로소 그 점이 우주선임을 알아챌 수 있기 때문이다. 그때쯤이면 아폴로 8호가 지구 대기권에 진입하기까지 60분만 기다리면 된다. 우주선은 시간당 약 3만 2000킬로미터의 속도로 이동하면서 계속 속도가 붙을 것이다.

그 점 안에서는 멀리서 관찰하는 것과는 상당히 다른 상황이 펼쳐졌다. 선체의 움직임을 느낄 수는 없지만 불과 이틀 전까지만 해도 동전만 한 크기로 보였던 지구가 빠른 속도로 점점 크게 다가와 우주선 창문 전체에 다 들어오지도 않을 만큼 확대됐다. 그리고 한눈에 모두 들어오지 않는 거대한 지평선이 둥근 호를 그리며 다시 나타났다. 저 멀리 달 가까이에서 짐 러벨은 팔을 들면 엄지손가락 하나로 지구 전체를 가릴 수 있다는 사실을 확인하고 경이로움을 느꼈다. 이제 지구는 엄지손가락으로 거대한 땅 덩어리 일부도 가리지 못할 만큼 가까이 다가왔다.

지구가 그 정도로 큰 덩어리로 보일 만큼 이동하기 전에 우주비행사들이 해야 할 일들은 많았다. 대기권에 재진입하자마자 희미하게 중력이 느껴지더니 조종석 주변에 떠다니던 온갖 물건들이 우주선 바닥은 물론 비행사들에게로 떨어지기 시작했다. 문제는 중력이 점점 거세지고, 자유 낙하 중인 우주선을 조종하려고 안간힘을 쓰는 와중에 손전등이나 떨어져 나온 볼트가 7g의 속도로 머리에 부딪힐 수도 있다는 것이었다.

보먼과 러벨은 잽싸게 내부를 청소했다. 그동안 앤더스는 이동식 물탱크와 냉각 시스템, 증발기 밸브가 잘 닫혀 있는지 확인했다. 잡다한 쓰레기가 비행사들에게 떨어지는 것보다 물방울이 전자장치에 떨어질 경우 훨씬 더 안 좋은 상황이 발생할 수 있었다. 러벨은 앤더스의 점검이 모두 완료된 것을 눈으로 확인하고, 지상 관제센터에 확인을 요청했다.

"빌이 방금 이동식 장치의 밸브 유입구를 잠갔어, 켄." 무전으로 매팅리에게 전해진 소식이었다.

"오케이, 알겠습니다."

"혹시 주변에 물이 흐르는 것이 보이면 다시 보고하겠습니다." 앤더스가 덧붙였다.

만일의 상황에 대비해서 덧붙인 말이지만, 사실 소용없는 일이었다. 어딘가에서 물이 새어 나왔더라도 지금 당장은 눈에 띄지 않다가 재진입 도중에 갑자기 나타날 수도 있었고, 만약 그렇다면 그때는 이미 너무 늦은 상황이 될 것이기 때문이었다.

지상 관제센터에서 비행사들에게 지시한 일들은 그 밖에도 여러 가지가 있었다. 우주복과 어항처럼 생긴 묵직한 헬멧을 안전하게 보관하는 일도 그중 하나였다. 월리 쉬라가 아폴로 7호로 지구에 귀환할 때 헬멧 착용을 거부한 결과 얻은 그나마 긍정적인 성과였다. 당시 그 상태로도 재진입 과정에서 아무런 문제가 발생하지 않자 NASA는 우주선이 탄탄하게 설계돼 갑자기 어딘가에 틈이 벌어져 압력이 떨어지는 일은 생기지 않을 것이라 자신할 수 있게 됐다. 이에 따라 비행 관제센터에서는 보먼과 두 비행사들에게 대기권 재진입 시에도 비행 내내 착용했던 가볍고 편안한 점프수트를 입도록 허락했다.

앤더스에게는 환경 제어 시스템을 조절해서 선실 온도를 19.5도 정도로 낮추라는 지시도 주어졌다. 얇은 옷으로 견디기엔 너무 낮은 온도지만 추위가 오래 가지는 않을 것이다. 캡슐 앞부분이 섭씨 2760도까지 온도가 치솟으면 아무리 단열이 아무리 잘되는 우주선이라도 열기가 어느 정도 전달될 것이기 때문이다. 또한 아슬아슬한 재진입 단계가 완료되면 적도와 가까운 남태평양의 섭씨 29~30도의 대기와 만나 선실 내부가 불편할 정도로 덥게 느껴질 수도 있었다.

기상청은 착수 지점의 하늘은 맑지만 파도 높이가 1.2미터에 이를 것으로 보았다. 매팅리는 이에 따라 한 가지를 더 권고했다.

"마레진이 약효를 발휘하려면 시간이 좀 걸린다고 하니, 지금 먹어두는 게 좋아요." 그가 무전으로 알려 주었다.

또 마레진 이야기를 꺼내다니, 보먼은 직접 듣고도 믿기지가 않았다. 그와 동료 비행사들은 급작스럽게 흔들리는 우주선에 계속 타고 있었고 그저 또 한 번 심한 흔들림을 겪으면 될 일었다. 이를 예상한 듯 캡컴은 원래 용건은 따로 있었다고 주장할 수 있을 만한 다른 이야기도 함께 꺼냈다. 앞서 불러 준 예비단계 참고 데이터PAD를 이번에도 불러 주겠다고 한 것이다. 보먼은 매팅리가 꺼낸 두 가지 용건 중에 뒷부분만 받아서 처리하기로 결심했다.

"오케이, 대기하게, 재진입 PAD 수신 준비." 보먼은 마레진에 대해서는 한 마디도 하지 않고 이렇게 대답했다. 매팅리도 약 이야기는 다시 꺼내지 않았다.

드디어 한 번 시작하면 되돌릴 수 없는 조작을 실시해야 할 시점이 됐다. 기계선을 분리해서 폐기하는 단계였다. 그동안 여러 번 겪은 것처럼 이번에도 통제된 조건에서 폭발 볼트가 작동되면 기계선과 닿은 모든 연결부가 부서질 예정이었다. 그 직후 지상 관제센터에서는 앞머리와 분리된 기계선에 추력기가 작동하도록 명령어를 송신하여 사령선과 간격이 벌어지도록 하고 이제 허공에서 폐기될 운명임을 인지하도록 할 것이다.

"휴스턴, 여기는 아폴로 8호. 폭발 준비를 시작할 테니 확인 바란다." 러벨이 선체 분리를 위해 폭탄의 안전핀을 뽑기 전 공식적인 확인을 요청했다.

"아폴로 8호, 폭발 준비를 진행하라." 매팅리가 대답했다.

지상에서 최종 결정이 떨어지자 우주 비행사들은 제자리로 돌아와 안전벨트를 최대한 꽉 맸다. 앞으로 이어질 여정을 생각하면 달 궤도 진입이나 지구 방향 분사 때처럼 벨트를 느슨하게 맬 수는 없었다. 보먼은 벨트를 단단히 조인 뒤 러벨과 앤더스 쪽을 보며 두 사람도 그렇게 했는지 확인했다. 그런 다음 계기판 시계를 응시했다. 기계선이 사라지는 그 순간부터 세 사람은 가장 위태로운 순간을 맞이할 것이다. 그리고 한 시간 내에 안전하게 바다로 떨어지거나, 우주로 내동댕이쳐질 것이었다.

휴스턴 시각은 아침 8시를 막 지났다. 방송국 세 곳 모두 정규

방송이 중단되고 스튜디오에 앉은 앵커와 비행 통제센터 해설자 폴 헤이니의 음성으로 대체됐다. 헤이니를 비롯한 NASA 해설자들이 비행 임무가 실시된 전 기간 동안 마이크 앞에서 교대로 근무했지만 방송은 대부분 각 방송사의 뉴스 진행자들이 등장했다. 그러나 이날은 방송인들이 한 걸음 뒤로 물러나고, 우주 프로그램의 대변인 목소리가 더 많은 부분을 차지했다.

"지도를 보시지 않은 분들을 위해 설명하자면, 아폴로 8호의 비행경로는 중국 북동부, 북경 지역을 지나 도쿄를 거쳐 남동쪽으로 비스듬하게 이어집니다. 착륙 지점은 서경 165도, 북위 약 8도에 해당되는 곳입니다. 제가 확인해 본 바로는 크리스마스 섬에서 북서쪽으로 약 965킬로미터 떨어진 지점입니다." 헤이니는 NASA 해설자 특유의 높낮이 변화 없는 담담한 어조로 설명했다. 그가 언급한 섬은 하와이 남쪽에 위치한 산호섬인 키리마티 섬으로, 훨씬 더 서쪽에 있는 크리스마스 섬으로 통칭되기도 하는 곳이다. 실제로는 그 섬과 상당한 거리를 두고 떨어질 예정이었지만 헤이니는 날짜와 시즌을 고려하여 그 명칭을 택했다.

기계선 분리까지 90여 초를 남겨둔 시점에 매팅리의 귀에 우주 비행사들에게 메인 증발기에 물이 없다고 알리는 목소리가 들렸다. 달 궤도에서 실시된 첫 번째 방송 도중에 증발기 문제가 발생했을 때도 그랬듯이 발견된 즉시 처리해야 하는 일이었지만 메인 증발기와 백업 증발기 모두 기계선에 장착돼 1분 30초 뒤에는 더 이상 사용할 일도 없는 장치였다. 그러나 우주 비행임무 규칙에는 예외가 없었고, 백업 증발기를 작동시키라는 지시가 우주선까지 전달됐다. "알았다"고 답하는 앤더스의 음성에서도 당혹스러움이 느껴졌고 시청자들에게 상황을 어느 정도 솔직하게 전달하는 일은 헤이니의 몫으로 남았다.

"우주선 메인 증발기에 물이 없다는 통보가 전해졌군요. 비행사들이 간과하고 넘어갈 수 없는 일입니다."

러벨은 가운데 자리에서 선체 분리에 필요한 명령어를 컴퓨터에 입력했다. 잠시 동안 전달된 명령어를 처리한 후, 컴퓨터 화면에는 '계속 할까요, 말까요?'를 의미하는 코드 99:20이 떴다.

"계속 진행한다." 러벨이 알렸다.

"계속 진행한다." 보먼이 동의하고 혹시라도 조작이 잘못돼 우주선이 엉뚱한 곳으로 날아갈 것에 대비해 추력기 조종 장치를 잡았다.

러벨은 '처리' 버튼을 눌렀다. 그러자 볼트가 폭발하면서 쾅 하는 둔탁한 소리와 함께 선체가 흔들렸다. 사령선이 앞으로 튀어나와 분리됐고, 뒤쪽에서 추력기가 적절한 타이밍에 작동돼 기계선이 사령선과 더 멀찍이 떨어졌다.

보먼은 선체 자세 표시기를 확인하고 손에 힘을 뺐다. 우주선은 안정을 되찾았다.

"엄청난 한 방이었어." 보먼의 말이었다. 폭발장치의 위력은 익히 알고 있었지만 그 엄청난 힘을 직접 느껴 보니 놀라웠다.

비행 관제센터에서도 원격 측정 결과를 통해 선체 분리가 실시된 것을 확인했다. 앤더스, 러벨도 보먼 못지않게 놀라서 아무 말도 하지 못했다. 지구에서는 앵커들이 마음을 졸였다.

"선체 분리가 지금 이루어져야 하는데요. 폴 헤이니가 확인해 주기만을 기다리고 있습니다." 크롱카이트가 설명했다. 그러나 헤이니는 아무런 말을 하지 않았고, 그대로 1분이 넘는 시간이 흐르자 크롱카이트는 더욱 조바심을 냈다. "'아직도' 확인을 기다리고 있습니다. 선체 분리는 동부 표준시 기준으로 10시 22분 13초에 이루어져야 했을 텐데 말이죠. 그대로 실행됐다면 우리 모두 기뻐할 겁니다."

깜빡하고 소식을 전하지 않은 사실을 스스로 인지했는지, 아니면 방송을 모니터링하던 누군가가 이 앵커를 좀 기쁘게 해주라고 언질을 했는지 몰라도 마침내 헤이니가 입을 열었다. "비행 책임자로부터 선체 분리가 완료됐음을 확인했습니다."

"아폴로 8호의 비행이 모든 면에서 순탄하게 이루어지고 있습니다." 크롱카이트가 안도한 목소리로 말했다.

이제 재진입 단계가 꼼짝없이 12분 앞으로 다가왔다. 그러나 우주선과 대기의 충돌이 성공적으로 마무리되려면 항로 파악을 위한 관측을 한 번 더 실시해야 했다.

재진집이 정확히 6분 남았을 때, 다시 멀리 떨어진 곳에서 달이 지구의 지평선 위로 떠오를 예정이었다. 우주의 텅 빈 공간에서 마지막으로 달을 지켜볼 수 있는 기회이기도 했다. 예상했던 시각에 달이 나타난다면 아폴로 8호가 정해진 궤적을 잘 따라가고 있다는 의미이고, 그렇지 않았다면 러벨과 보먼은 재빨리 복잡한 항로 조정 단계를 이행하여 재진입 전에 방향을 바로 잡아야 한다.

달 관측 시각이 2분 남았을 때 앤더스는 비행 계획에 따라 모두에게 알렸다. "지평선을 체크한다."

옆 자리에서 보먼을 지켜보던 러벨이 바로 대답했다. "지금 보먼이 시작했어."

달이 예정대로 눈앞에 나타나리라 자신한 앤더스는 다음 명령어를 읽어 내려갔다. "피치 방향 에러 표시 바늘이 영점을 향하게 한다."

"오케이." 눈이 저 멀리 지평선에 고정된 채로 보먼이 말했다.

"수동 자세조정을 3단계까지 실시하는 것도 잊지 마시고요. 속도 제어까집니다." 앤더스가 이어서 말했다.

"알겠어, 근데 그건 나중에 알려줘." 보먼이 대답했다.

"네, 알겠습니다. 그냥 잊어버리지 말라고요."

"나중에 하자고. 오케이?" 보먼이 말했다.

보먼은 계속해서 지평선 쪽을 내다보고 계기판을 노려보았다. 우주선은 하강 경로를 제대로 따라가느라 애를 쓰는 중이었다. 하지만 이미 정해진 경로보다 위로 꽤 많이 벗어난 상태였다. 달이 떠오르는지 확인하는 건 부차적인 문제가 됐다.

보먼이 추력기를 작동시키며 중얼거렸다.

"얘가 대체 어디로 가려고 이러는 거야? 피치가 위로 한참 올라왔는데." 그는 다시 추력기를 작동시켜 우주선 방향을 맞췄다. "요축을 계속 확인해 줘." 보먼이 러벨에게 요청했다.

"그러지. 약간 왼쪽으로 치우쳤어." 러벨이 대답했다.

보먼은 우주선이 중앙선에 오도록 조정했다.

"선체가 약간 돌아간 것 같은데요." 앤더스도 덧붙였다.

"돌아간 건 상관없어." 보먼의 대답이었다. 실제로는 상관이 있었지만 일단 요축을 확인했다. 그리고 잠시 후 돌아간 선체까지 바로잡자 우주선은 겨우 안정적인 자세를 찾았다.

앤더스는 계기판을 확인했다. "수평이 아주 잘 맞는데요."

창밖을 내다보던 보먼이 슬며시 미소를 지으면서 즐겁게 답했다. "저기 누가 왔나 보게. 보이나?"

"네!" 앤더스가 머리 위로 살펴보고 소리쳤다.

"보이지?"

"네."

"딱 계획한 대로 됐어."

"뭐가?" 계기판을 보느라 여념이 없었던 러벨이 물었다.

"달 말이야." 보먼과 앤더스가 동시에 대답했다.

러벨도 고개를 들었다. 며칠 전에 지구가 그랬던 것처럼, 달이 엄지로 가릴 수 있는 자그마한 크기로 눈에 들어왔다.

"6분 전이군. 정확히 계획대로야." 보먼이 비행 계획서에 눈길을 던지면서 설명했다.

원격 측정 결과를 통해 우주선이 안정적인 자세를 잡았다는 사실을 확인한 헤이니는 텔레비전 시청자들에게 앞으로 진행될 일을 설명했다.

"122킬로미터를 이동한 뒤 우주선은 대기와 접하게 됩니다. 이어 23초 뒤에는 통신이 두절됩니다. 우주 비행사들이 느끼는 중력은 최대 6.8g까지 상승합니다. 다시 5분이 경과한 뒤, 중력이 두 번째로 상승하여 대략 4.2g, 체감 중력은 4 정도가 될 것입니다. 통신이 끊기는 총 시간은 오늘 아침에 나온 결과로는 3분으로 예상됩니다. 그러나 이 정도 속도로 대기권에 재진입한 사례는 거의 없으므로 단지 추정치일 뿐임을 기억하시기 바랍니다."

전부 비공식적인 수치였다. 앞으로 진행될 각 단계며 비행사들이 체감할 중력까지, 모두 공식적으로 확인되지 않았다. 그러나 '이 정도 속도로 대기권에 재진입한 사례가 거의 없다'는 헤이니의 설명처럼 아폴로 8호 이전에 인류가 달을 찾아간 사례는 없었다. 정확히 말하면 단 한 번도 없었다.

우주선에 앉은 비행사들도 차분한 음성으로 이야기했다. 러벨은 바로 가까운 창문 밖을 바라보다가, 양파 껍질마냥 얇디얇던 대기층이 훨씬 두터워진 것을 확인했다. 태양빛이 그 사이를 뚫고 나와, 새카만 우주 공간에 진한 푸른색과 붉은색, 주황색, 밝은 노란색으로 이어지는 빛깔을 띠처럼 형성할 정도가 된 것이다. 불과 3년 전 크리스마스 즈음에 러벨과 보먼은 창밖으로 그 색색의 띠를 보면서 14일을 보냈다. 6일 전 아폴로 8호가 지구 궤도에 잠시 머무를 때 할 일이 너무 많았던 앤더스는 이 광경을 보지 못했을 가능성이 컸다.

"저거 기억나지…" 러벨이 창문 쪽을 가리키며 손짓했다.

"뭐가 있나요?" 앤더스가 물었다.

"오랜만에 보는 대기광이군." 보먼이 대답했다.

앤더스도 힐끗 쳐다보았다. 하지만 별 감동을 못 받은 듯, 다시 비행 계획서로 눈을 돌리면서 말했다. "대기광은 다음에 제대로 봐야겠어요."

러벨이 말했다. "제대로 못 봐서 그래. 한 번 자세히 봐."

"대기광을 보지 못한 비행사는 배지를 얻을 수 없어." 보먼도 가세해서 놀렸다. 말 안 듣는 꼬마에게 착하게 굴면 조종사 배지를 기념으로 하나 주겠다고 약속하는 듯한 짓궂은 말투였다.

"그렇고 말고." 러벨도 박자를 맞췄다.

"봤어요, 지금 봤어요!" 앤더스가 웃음을 터뜨리며 입을 쩍 벌리고 창밖을 내다보는 시늉을 하며 이야기했다. 그러다 이내 잔뜩 긴장한 신참 파일럿의 얼굴로 돌아갔다. "그럼 이 단계에서 제가 이 질문을 던져야 맞는 거죠? '러벨, 지금 중력가속도가 어떻게 되나요?'"

앤더스도 농담으로 받아칠 수 있었지만, 계기판을 보니 가속도계 바늘이 심하게 흔들리기 시작했다. 대기광이 창문에 반사될 정도로 환해지고, 점점 더 붉은 빛이 더해졌다. 우주선이 공기 저항과 곧 맞닥뜨린다는 신호였다.

그때 NASA는 바다에 나가 있는 회수선에게 우주선이 내려올 때 위치를 추적할 수 있도록 레이더 응답기를 켜놓으라고 무전을 보냈다. 그러나 관제센터는 비행사들이 부디 알아서 그렇게 해두었기를 믿고 기다리는 수밖에 없었다. 그 말을 꺼낸 순간 통신이 끊긴 것이다.

"신호가 끊겼습니다." 헤이니가 모두에게 알렸다.

공식 해설자의 설명대로, 러벨도 헤드셋에서 쉬익 소리만 흘러나오는 것을 이미 감지했다. 또 다시 우주에 세 사람만 남았다. 그는 앤더스를 보며 말했다.

"빌, 체크리스트 확인했지?"

"확인했나?" 보먼도 함께 물었다.

"네." 앤더스는 비행 계획서를 들어 보이며 대답했다.

"가속도계가 올라가기 시작하면 알려 주겠네." 러벨이 덧붙였다. 이제 더 이상 농담할 때가 아니었다.

"아주 대단한 비행이 될 거야. 꽉 붙잡아." 보먼이 이렇게 말하면서 러벨 쪽을 보았다. "지금 0.05g인가?" 가속도계가 0.05g를 가리킨다면 공식적으로 재진입이 시작된다는 의미였다.

"0.02g야." 러벨이 대답했다.

그때, 선내를 치우면서 미처 보지 못한 나사 하나가 떠다니다가 아주 작은 무게를 얻어 천천히 아래로 떨어지고 있었다.

"나사 하나가 남았군. 잡을 수 있겠어?" 보먼이 알렸다.

하지만 손을 뻗어 잡기 전에 작은 나사는 어딘가로 사라져버렸다. 러벨의 눈은 계기판에 고정돼 있었다. 가속도계와 우주선 시계를 지켜보던 그는 중력과 시각이 어떤 합동작전을 벌일지 정확히 파악했다. "대기하라, 38, 39, 40, 41…" 계속해서 카운트다운을 하던 러벨의 목소리가 외쳤다. "0.05!"

"0.05." 보먼도 재차 확인했다.

"오케이, 이제 됐군요!" 앤더스도 외쳤다.

"꽉 잡아라!"

"올라가고 있다." 러벨이 알렸다.

"가속도 불러 줘." 보먼의 지시였다.

"이제 1g다!" 러벨이 답했다.

중력가속도가 급속히 올라가는 동안 20초가량 모두 침묵했다. 러벨은 가속도계 바늘이 2를 가리키다가 다시 3으로 넘어가고 4로, 그 이상 올라가는 모습을 지켜보았다.

"5." 지구 중력보다 다섯 배나 강한 힘이 가슴을 짓눌러 단어 하나 말하기도 버겁다고 느끼면서 러벨이 다시 알렸다. 압력은 더욱 쌓여갔다.

"6." 악다문 이 사이로 소리가 흘러나왔다.

우주선 창밖에 이글대던 붉은 빛은 한층 더 밝아져서 활활 타오르는 오렌지 빛이 되고 다시 환한 노란빛을 띠더니 눈이 멀 정도로 새하얀 순백색으로 바뀌었다. 세 사람은 눈을 잔뜩 찌푸렸다. 보먼은 꼭 형광등 안에 들어온 것 같은 기분이었다. 새하얀 빛은 더 이상 밝아지지 않았지만 한계가 없는 중력가속도가 6.84까지 치솟았다.

롤러코스터 같은 비행은 마침내 계획한 대로 가속도가 점점 낮아지는 구간에 진입했다.

"4." 압력이 줄어든 것을 느끼며 러벨이 말했다.

"정말 대단한 비행이지 않습니까?" 러벨이 한 마디 보탰다.

잠시 후, 숨 쉬기가 한결 더 수월해진 러벨이 다시 알렸다. "이제 2 밑으로 떨어졌다."

"다들 수고했네." 보먼이 말했다.

그러나 숨 돌릴 시간은 금방 지나갔다. 중력가속도가 다시 4까지 올라갈 마지막 다이빙이 아직 남아 있었다. 세 비행사는 약 53킬로미터 간격을 두고 지구와 떨어진 상공에서 자유낙하를 하는 중이었다. 지면에서 약 7300미터 상공까지 하강해야 지름이 9.75미터쯤 되는 보조 낙하산 두 개가 펼쳐지고 우주선의 속도가 급격히 줄겠지만 그래도 하강 속도는 시간당 320킬로미터로 엄청났다. 그리고 3000미터 상공에 도달해야 지름 25.5미터 크기의 메인 낙하산이 펼쳐져서 우주선의 낙하속도도 적당한 수준에 도달할 터였다.

여기서 '적당한' 수준은 어디까지나 상대적인 개념일 뿐이었다. 우주선이 물에 떨어질 때의 속도는 시간당 30킬로미터가 넘지만, 불과 몇 분 전까지만 하더라도 그 1000배가 넘는 속도로 비행하던 우주선이니 그게 적당한 수준이 되는 것이다. 시간당 30킬로미터 이상 이동한다는 것은 1초에 9미터 넘게 이동한다는 의미고, 이 정도 속도로 물에 떨어질 경우 물이 아닌 딱딱한 물체에 부딪힌다고 느껴질 만큼 엄청난 충격이 발생할 터였다. 위아랫니가 맞닿아 딱딱 소리가 날 만큼 전신이 흔들릴 정도였다. 우주선에 설치된 낙하산은 이러한 충격을 조금이나마 약화시킬 수 있도록 배치된다. 즉 낙하산이 펼쳐지면 우주선이 약간 옆으로 비스듬하게 떠 물에 떨어질 때 넓고 납작한 바닥면부터 부딪히지 않고 뾰족한 앞머리부터 닿도록 한다. 또한 우주 비행사들이 앉아 있는 좌석도 힘이 가해지면 부서지는 알루미늄 지지대로 만들어서 해수면과 닿을 때 발생하는 충격을 어느 정도 흡수한다.

하지만 이 모든 장치는 아폴로 8호가 지구와 더 가까워지고 지금 상태보다 훨씬 더 느리게 날아가는 단계까지 진행될 때나 활용할 수 있었다.

+ ✦

우주선과 한참 떨어진 곳에서는 태평양 한가운데, 아폴로 사령선의 착수 지점에 당도한 미 해군 전함 요크타운 호 갑판에서는 구조용 헬리콥터가 날아갈 준비를 마쳤다. 구조팀은 정해진 지점에 도착한 후부터는 주변을 돌아다니며 대기하는 것 외에 할 수 있는 일이 없었다.

아직 컴컴한 어둠 속에서 아폴로 8호의 모습은 전혀 보이지 않았지만 나타날 시각이 몇 분 앞으로 다가오자 지상 본부의 헤이니는 곧 일어날 상황을 설명하기 시작했다.

"현재 우주선은 지구와 약 56~58킬로미터 거리까지 내려왔습니다."

그는 매팅리가 우주선과의 교신에 대비하여 미리 호출하는 소리를 듣고, 자신과 마찬가지로 그 소리를 듣고 있을 시청자들을 위해 우주선의 응답을 아직 기대할 수 없다는 사실을 알렸다. "켄 매팅리가 지금 우주선을 부르고 있는데요, 이것은 통신 상태를 점검하는 것입니다. 그래서 아직 아무 응답이 없는 것이죠."

반면 크롱카이트는 안전한 예측 대신 직설적인 말로 소식을 전했다. "통신 두절이 계획대로 진행된다면, 앞으로 10, 11초 뒤에는 끝나야 합니다."

10, 11초가 흘러도 우주선은 응답하지 않았다.

"아폴로 8호, 여기는 휴스턴, 헌츠빌을 거쳐 호출한다." 매팅리가 앨라배마주 헌츠빌에 위치한 NASA의 통신시설을 거쳐 우주선과의 교신을 시도했다.

이번에도 아무런 응답이 없었다.

"켄이 비행사들을 향해 두 번째 교신을 시도했습니다. 통신이 끊긴 지 3분 30초 정도가 흘렀군요." 헤이니가 전했다.

잠시 후, 헌츠빌의 비행 관제센터에 아폴로 8호의 레이더 신호가 처음으로 잡혔다는 소식이 전해졌다. 최소한 우주선은 무사히 도착했다는 의미였다.

헤이니는 이 소식을 전했다. "헌츠빌에서 S 대역 신호를 잡았다고 하는군요."

크롱카이트도 서둘러 뉴스를 전하기 시작했다. "방금 들어온 소식에 따르면, 신호가…"

그러나 헤이니가 크롱카이트의 음성을 자르고 끼어들었다. "센터 측이 곧바로 다시 비행사들을 호출했으나 응답이 없었습니다. 이에 따라 그 신호는 우주선이 아닌 것으로 확인됐습니다." 단호한 음성이었다.

크롱카이트에게서 터져 나온 탄식이 그대로 전해졌다. "비행사들이 아니었군요."

통신 두절 후 경과 시간이 4분에 접어들었다. 보먼과 러벨, 앤더스의 집 모두 침묵에 잠겼고 텔레비전과 선내 통신장치와 연결된 스피커에서 나오는 소리만 집 안을 채웠다. 모두 열한 명인 세 가정의 아이들 모두가 잠에서 깨어났다. 상황을 어느 정도 이해할 수 있는 아이들은 이미 방송을 지켜보고 있었다. 세 엄마들은 이번 미션의 마지막 순간을 각자의 거실에서, 아이들과 함께했다.

통신이 끊긴 시간이 4분 30초를 넘어 5분을 향해 흘렀다.

"우주선에서 소식이 들려와야 할 시각이 이제 막 2분 더 경과했습니다." 크롱카이트가 침울한 음성으로 전했다.

"여기는 휴스턴, 아폴로 8호 응답하라. 헌츠빌을 통해 호출한다." 매팅리가 다시 호출했다.

다시 1분여의 시간이 흘렀다.

"아폴로 8호, 아폴로 8호, 여기는 휴스턴." 호출 시도가 이어졌다.

15초가 지나도 침묵만 흘렀다.

그러다 마침내, 지상과 상공 사이에 흐르는 거친 잡음을 뚫고 짐 러벨의 음성이 들렸다. 툭툭 끊어지긴 했지만 알아들을 수 있는 음성이 관제센터에 앉아 있는 사람들의 헤드셋과 전 세계 각 가정의 거실을 가득 채웠다.

"휴스턴, 여기는 아폴로 8호다, 오버."

"그리고…" 뭔가를 설명하던 헤이니는 놀라 숨이 턱 막힌 채 잠시 말을 멈췄다가 소리쳤다. "짐 러벨입니다!"

"하하!" 크롱카이트도 큰 소리로 기뻐했다.

"계속하라, 아폴로 8호. 소리가 끊기지만 크게 들립니다." 매팅리가 답했다.

"알았다." 선체 주변에서 이제 막 흩어지기 시작한 플라즈마 구름 때문에 한층 시끄러운 잡음 속에서 보먼이 외쳤다. "불덩이처럼 날아가고 있다! 잘될 것 같다!"

"잘될 것 같다고 하는군요!" 헤이니가 전했다.

"이제 축배를 들 일만 남았어." 보먼이 러벨과 앤더스를 보며 말했다.

계기판의 고도계가 우주선이 지상과 약 7300미터까지 가까이 왔음을 알렸다. 보조 낙하산이 곧 펼쳐진다는 의미였다.

"고정 장치가 잘 잠겼나 확인하세요." 앤더스가 보먼과 러벨에게 훈련받은 절차를 상기시켰다.

보먼은 바로 앞의 창문 밖을 내다보았다. "펼쳐진다!" 그의 말이 떨어지는 동시에 끝이 뾰족하게 튀어나온 귀환 캡슐이 위로 붕 떠오르고 희고 붉은 보조 낙하산이 넓게 펼쳐졌다.

우주 비행사들의 몸이 일제히 좌석 등받이에 세게 부딪혔다. 겨우 이어지던 통신이 다시 끊어지는 바람에 비행사들은 낙하산이 작동했다는 사실을 지상에 알릴 틈도 없었다.

고도계를 응시하던 앤더스는 현저히 느리게 움직이는 바늘을 지켜보다가 자신들이 약 3000미터 상공에 이르렀음을 알렸다.

"곧 3000미터에 도달한다." 그리고 잠시 후 덧붙였다. "대기하라. 메인 낙하산이 1초 내로 펼쳐진다."

그 말이 끝나기가 무섭게 우주선이 지상과 3000미터 거리에 도달하고 메인 낙하산이 활짝 펼쳐졌다. 세 사람은 다시 등받이와 몸을 부딪쳤다. 우주선은 한층 더 천천히 하강하기 시작했다.

통신이 다시 재개됐다. 이번에는 낯선 목소리가 세 비행사의 헤드셋으로 들려 왔다.

"여기는 에어 보스 원." 구조 헬리콥터의 콜사인이었다. 헬리콥터의 프로펠러 돌아가는 소리도 선명하게 들렸다. "통신 상태가 상당히 잘 들린다, 아주 좋다. 레이더 신호로 우주선은 현재 회수선 남서쪽, 약 40킬로미터 떨어진 지점에 있다."

"알았다." 러벨이 대답했다.

우주선은 2400미터 상공까지 내려온 뒤 다시 1800미터, 1500미터까지 하강했다. 80만 5000킬로미터에 달하는 여정을 마친 우주선이 마침내 해수면과 2킬로미터도 채 떨어지지 않은 상공까지 내려온 것이다.

"우주선이 300미터 상공까지 하강했다." 헬리콥터 조종사가 요크타운 호에 알렸다.

"마음 단단히 먹자고." 보먼이 러벨과 앤더스에게 외쳤다.

"집에 돌아온 걸 환영합니다, 신사 여러분. 곧 배 위에서 봅시다." 조종사가 조금 일찍 인사를 전했다.

"준비하라." 보먼은 두 동료들에게 알렸다. "지구 착륙 대기."

잠시 후 세 명의 우주 비행사를 태운 우주선이 태평양 바닷물 속으로 떨어졌다. 절반은 물에 잠기고 절반은 위로 솟아나온 선체 안에서 세 사람은 또 다시 등받이에 몸을 부딪쳤다. 좌석 아래 지지대가 설계된 대로 착륙 순간 부서졌지만 몸에 전해진 충격은 어마어마했다.

그러나 비행사들은 그런 충격에 별로 개의치 않았다. 보먼은 허공을 향해 환희에 찬 주먹을 날리고, 러벨과 앤더스는 환호성을 내질렀다. 서로를 쳐다보는 세 사람의 얼굴에 미소가 넘쳐흘렀다.

"요크다운, 회수선 3." 헬리콥터 조종사가 호출했다. "현재 우주선은 해상에 있다."

월터 크롱카이트는 안도감과 흥분이 가득 묻어나는 음성으로 이 소식을 공식화했다. "아폴로 8호가 돌아왔습니다!"

그의 말은 사실이었다. 하지만 우주선이 바다에 도착하는 것과 우주 비행사들을 수송선으로 옮기는 일은 별개였다. 공식 통보가 떨어진 순간, 구조선은 아폴로 8호가 있는 위치에서 6.5킬로미터 정도 먼 곳에 있었다. 거리뿐만 아니라 시간대도 구조를 가로막는 요소였다. 착수가 일어난 시각은 미 동부 해안 기준으로 오전 10시 51분이었지만 하와이 알류산 표준시로는 오전 4시 51분 50초였다.

동트기 전 어둠 속에서 아폴로 8호를 찾아내는 것은 그리 어려운 일이 아니었다. 귀환 캡슐의 뾰족한 부분이 눈에 잘 띄는 환한 흰색인 데다 대기권에 재진입한 뒤부터 깜박이기 시작한 레이더 불빛이 표시등 역할을 해준 덕분이었다. 문제는 새벽 일찍 돌아다닐 태평양의 상어 떼가 달에 다녀온 우주 비행사들이나 잠수부들을 발견할 가능성을 최소화해야 한다는 것이었다. 이에 따라 비행사들은 동이 틀 때까지 파도에 까딱까딱 흔들리는 밀폐된 캡슐 안에서 대기하느라 최소 30분은 그대로 있어야 했다. 하늘이 환해지더라도 우주선이 물에 뜰 수 있도록 잠수부가 바다에 뛰어들어 둥그런 부유장치를 둘레에 모두 연결하려면 한 시간이 걸렸다. 그래야 물속에 가라앉을 걱정 없이 비행사들이 선체 밖으로 나올 수 있었다. 그 모든 과정이 완료된 다음 마침내 해치가 열리고 비행사들은 우주선 밖으로 빠져나와 한 사람씩 헬리콥터로 옮겨 타고 요크타운 호로 이동할 예정이었다.

구조를 기다리는 시간은 결코 유쾌할 수가 없었다. 회수 지점에 파도가 칠 것이라는 NASA 기상학자들의 예측은 정확했지만, 최고 높이가 1미터를 조금 웃돌 정도라는 예측은 빗나갔다. 그날 실제 파도 높이는 거의 2미터에 달했다. 게다가 대기권 재진입 전에 선실 온도를 섭씨 16.5도 정도로 낮춘 건 훌륭한 판단이었지만 서늘하던 실내 온도가 곧 숨이 턱턱 막히는 열기로 바뀌었다. 무서운 속도로 대기 사이를 뚫고 하강하면서 생긴 열기에 적도와 매우 가까운 태평양 지역의 따뜻한 공기까지 더해졌기 때문이다. 캡슐 안은 찜통인데 환기할 곳은 없고 공간은 좁디좁았다. 그 안에 있는 비행사들에게는 어느 하나도 도움이 되지 않는 조건이었다.

또 한 가지 악조건도 더해졌다. 파도에 심하게 흔들리던 선체가 뒤집어져, NASA 용어로는 '안정자세 1'에서 '안정자세 2'에 해당하는 상태가 된 것이다. 일반인들의 표현으로는 정면이 위를 향한 자세에서 그대로 거꾸로 뒤집힌 자세가 됐다. 이로 인해 비행사들은 너무 낯설어진 지구의 중력 환경에서 안전벨트에 묶인 채로 의자에 대롱대롱 매달려 계기판을 위에서 내려다봐야 했다. 보먼은 우주선 앞코 쪽, 낙하산이 고정된 부분 근처에 설치된 부표가 밖으로 나오도록 하면 된다는 사실을 깨닫고 얼른 작동시켰다. 그러나 우주선이 원 상태로 돌아오려면 어느 정도 시간이 걸렸다. 비행 관제센터나 구조 헬리콥터 모두 우주선에서 흘러나오던 목소리가 한층 잦아들었다. 그 침묵에서 세 사람 다 뱃속의 내용물이 쏟아져 나오지 않도록 안간힘을 다해 입을 다물고 있는 기색이 뚜렷하게 전해졌다.

"우리 좀 여기서 꺼내줘요." 앤더스가 겨우 한 마디를 전했다. 반은 아주 진지하게 하는 소리였다. "난 이 배로는 항해를 할 수가 없습니다."

공군 출신인 나머지 두 사람과 달리 해군 출신인 러벨은 멀미 증상을 견뎌낼 수 있었다. 앤더스도 견뎌냈지만 보먼은 아니었다. 달을 향해 비행이 시작된 중대한 시점에 반란을 일으킨 위장과의 싸움에서 끝내 지고 말았던 그는 이번에도 패배했다. 혹시라도 아폴로 8호를 박물관에 갖다 놓을 계획이 있다면, 그즈음에는 당연한 일로 여겨진 절차였지만 학예사들이 일단 내부를 청소해야만 하는 환경이 만들어지고 말았다.

마침내 주변이 환해지고 헬리콥터가 가까이 다가왔다. 바다로 뛰어든 잠수부들이 72시간 전, 적막한 달 풍경으로 가득 채워졌던 우주선 창문으로 다가와 비행사들을 향해 손을 흔들었다. 세 사람은 환하게 미소 짓는 낯선 얼굴들을 향해 함께 손을 흔들며 맞이했다. 우주선 둘레에 부유 장치가 단단히 설치되고 잠수부 중 한 명이 해치 주변에 아무 이상이 없다는 사실을 신호로 알렸다. 약 2년 전 다른 우주선에서 에드 화이트가 자리했던 중앙 좌석의 러벨이 큰 힘을 들이지 않고 작은 문을 열었다.

산뜻하고 따스한 태평양의 바닷바람이 세 비행사가 근 일주일을 들이마셨던 답답한 실내 공기를 밀어내며 안으로 흘러들어 왔다.

"환영합니다, 여러분." 잠수부 리더가 인사말을 건넸다.

러벨, 보먼, 앤더스의 차례로 세 사람은 붙잡아 주는 손길에 의지하며 우주선 밖으로 빠져나와 부유장치를 딛고 구명보트로 옮겨 갔다. 바로 머리 위에서 큰 소리를 내며 떠 있는 헬리콥터에서 이들을 안전하게 옮겨 태울 구조용 바구니가 내려와 있었다. 헬리콥터에서 기다리던 구조대원은 우주 비행사들이 한 명씩 올라올 때마다 경례했다.

"축하드립니다, 재진입 비행은 정말 대단하던데요." 헬리콥터 조종을 맡은 도널드 존스Donald Jones가 보먼에게 말했다.

"다 자동 장치가 한 일인데 뭘. 우리가 한 건 아무것도 없네." 보먼이 말했다.

달에 다녀온 첫 우주 비행 미션의 선장으로서, 보먼은 앞으로 몇 주에 걸쳐 축하와 박수를 받게 되리라는 사실을 예상했지만 자신이 직접 해낸 일에 대해서만 칭찬을 인정하기로 이미 마음먹었다. 모든 찬사를 받아들이기에는 달리 신경 쓸 일들이 더 많기도 했다.

"혹시 면도기 가져온 사람 있나?" 보먼이 물었다.

"여기 있습니다." 젊은 공군 한 사람이 보먼에게 전기면도기를 건넸다.

제미니 7호를 타고 2주간 비행하던 당시 보먼은 턱 주변을 덥수룩하게 덮은 금빛 턱수염 때문에 상당한 놀림을 받았었다. 같은 기간 동안 러벨의 얼굴도 긴 턱수염으로 뒤덮였다. 그러나 이번에는 아폴로 8호의 선장이 면도기를 받아들고 6일 동안 기른 꺼칠한 수염을 다듬는 것을 보고 놀리는 사람은 아무도 없었다.

헬리콥터가 요크타운 호 갑판에 도착하자 레드카펫이 기다리고 있었다. 문이 열리고 모습을 드러낸 세 우주 비행사의 얼굴에는 미소가 가득했다. 구조선의 선원들이 환호를 보내자 세 사람도 손을 흔들며 인사했다. 휴스턴의 관제사들은 바로 이 순간이 찾아올 때까지 절대 마음 놓고 축하하면 안 된다는 규칙을 엄격히 따랐다. 그래서 세 비행사들이 나타나자, 모두 고함치고 서로 부둥켜안고 신나게 악수를 나누고는 시가에 불을 붙였다.

우주 비행사들은 줄지어 서서 환호하는 선원들 사이로 걸어가면서 손을 흔들고 연신 고맙다고 인사했다. 레드카펫 끝에는 전투함 지휘관인 존 필드John Field 선장이 세 사람을 맞이했다. 선장은 세 사람에게 'USS 요크타운'이라는 문구가 새겨진 야구 모자를 하나씩 선물로 건넸다. 이 모자를 받아서 머리에 쓰는 것은 의례적인 일인 동시에, 우주 비행사들을 위해 애써준 해군의 노력을 알리는 순수한 감사의 표시이기도 했다. 비행사들과 악수를 나눈 필드 선장이 보먼에게 벌써부터 그를 기다리던 스탠딩 마이크 쪽을 가리켰다.

연설을 준비하진 않았지만 보먼은 구조선 선원들에게 감사 인사를 전할 수 있는 기회로 여기고 기쁘게 마이크 앞으로 향했다.

"짐이나 저는 꼭 12월에 비행을 하는 것 같군요, 그렇죠?" 보먼의 말에 선원들은 웃음을 터뜨렸다. "이전 비행에서는 크리스마스 전에 돌아왔는데, 이번에는 아니었습니다. 여러분 모두를 여기서 연휴를 보내게 만든 것에 죄송하다는 말씀을 드리고 싶습니다."

뒤이어 몇 가지 말을 덧붙이고 인사를 전한 뒤, 우주 비행사들은 비행 후 검진을 받기 위해 의무실이 있는 앞판 아래로 내려갔다. 존슨 대통령과 험프리 대통령의 축하 전화에 이어 우 탄트 UN 사무총장, 버킹엄 궁전의 엘리자베스 여왕과 다우닝 가 10번지, 영국 총리관저의 윌슨 총리를 비롯해 프랑스, 이탈리아 등 전 세계 수많은 지도자들이 세 사람에게 보낸 축하 성명과 전보가 쏟아졌다.

크렘린궁에서도 축하의 메시지를 보냈다. 사실 백악관은 미국과 소련의 군사적 긴장이 고조되던 시기에 직접 소통할 수 있는 창구로 설치된 워싱턴과 모스크바의 핫라인을 통해, 이번 달 탐사 미션의 상황을 소련에 꾸준히 전달해 왔다.

"아폴로 8호 우주선의 달 주변 비행이 성공적으로 완료된 것을 축하드립니다." 니콜라이 포드고르니 소련 대통령이 린든 존슨 대통령에게 보낸 공식 성명서의 내용이었다. 포드고르니 대통령은 이번 미션이 "우주 공간과 친숙해지려는 인류의 노력에 새로운 성취를 이루었다"고 밝혔다. 이 전보에는 극적으로 전개된 양국의 냉전에서 미국이 승리를 거두었음을 인정하는 의미가 함축돼 있었고, 속이 부글부글 끓었을 소련 정부의 대변인도 품위 있는 태도로 미국의 승리를 공식적으로 인정했다. 뭐라고 평가하기 애매한 결과만 이어지던 양국의 경쟁에서 아폴로 8호는 확실한 승리를 이루었다.

시원하게 샤워하고 깨끗한 흰색 비행복으로 갈아입은 우주 비행사들은 머리를 단정히 빗고 '요크타운'이라고 적힌 모자를 눌러 쓴 모습으로 금속 사다리를 타고 다시 갑판 위로 올라왔다. 세 사람이 타고 온 우주선도 이미 인양돼 갑판 위에 놓여 있었다. 이 작은 캡슐이 놓인 쪽 갑판은 출입이 통제돼 있었다.

세 비행사는 우주선 쪽으로 걸어가 꼼꼼히 살펴보았다. 구석구석 닳지 않은 부분이 없었다. 측면은 재진입 과정에서 불길에 노출되면서 색이 빠지고, 열 차폐막도 절반은 타서 없어졌다. 뾰족한 앞코 부분은 밖으로 튀어나온 낙하산과 부표에 가려져 캡슐 정면 전체가 어딘가 망가진 얼굴 같은 모습이었다.

해치는 반쯤 열려 있어서 내부를 들여다볼 수 있었다. 안은 그야말로 엉망이었다. 비행 계획서나 손전등, 뚜껑을 개봉하지도 않은 작은 브랜디 병처럼 기념품으로 간직할 만한 물건이 몇 가지 남아 있는 사령선은 이제 역사를 간직한 채 은퇴한 유물이 됐다.

짐 러벨과 빌 앤더스는 우주선을 보면서 아직 끝나지 않은 임무가 남았음을 선명하게 떠올렸다. 기회가 주어진다면 내일이라도 당장, 다른 우주선에 올라 이 모든 미션을 처음부터 다시 해낼 수 있으리란 생각이 들었다. 그리고 다음 미션에서는 이번에 궤도만 돌고 돌아온 달에 반드시 착륙할 것이다.

프랭크 보먼의 머릿속에는 그런 생각이 전혀 떠오르지 않았다. 비행 임무가 주어졌고, 그 임무에 따라 비행을 했고, 임무를 완료한 후 집에 돌아왔다. 보먼은 깊이 팬 사령선의 표면을 애정을 담아 살짝 두드리고는 돌아서서 걸어갔다. 그리고 다시는 돌아보지 않았다.

에필로그 세 영웅들

1969년 1월 9일

워싱턴의 정부 인사들은 아폴로 8호의 우주 비행사들이 상하원들과 만나는 자리를 두고 '양원 합동 회의'라는 용어를 사용하지 않았지만 대부분의 언론들은 그렇게 표현했다. 미국 의회 규정에는 상원과 하원 양쪽 모두에서 전쟁 선포와 같은 중대한 결의안을 통과시킨 후 그에 대해 대통령이 제시하는 입장을 듣기 위해서 모두가 한자리에 모일 때만 '양원 합동 회의'라 지칭한다는 내용이 명시돼 있다. 그러므로 아폴로 8호의 비행사들을 의회에 초청한 행사는 양원 합동 '모임'이라는 것이 의회 측 설명이었다. 합동 결의안을 통과시킬 필요도 없고, 그저 의원 회의실에 모여서 엄청난 성과를 거둔 사람들의 연설을 듣는 공식 행사라는 것이다. 그러나 모임의 의미를 배제하고 보면, 회의든 모임이든 전체적인 풍경에는 별 차이가 없었다.

행사 당일, 프랭크 보먼과 짐 러벨, 빌 앤더스가 의원 회의실에 마련된 연단에 모습을 나타냈다. 의원 전체에 가까운 상원의원 100명과 하원의원 435명이 참석했고 병가를 낸 의원은 한 사람도 없었다. 휴버트 험프리 부통령, 하원 의장 존 맥코멕은 대통령이 국회 연설을 할 때와 마찬가지로 연단 뒤에 있는 왕좌 같은 의자에 나란히 앉았다. 존슨 정부의 활기 넘치는 내각 구성원들도 합동 찬모본부 사람들, 법복을 걸친 대법원 사람들과 더불어 늘 앉던 자리에 각자 자리를 잡고 앉았다.

일어서서 손을 흔드는 세 명의 우주 비행사들은 건강하고 행복한 모습이었다. 세 사람의 얼굴을 보고도 누군지 못 알아보는 사람이라면, 이들이 달까지 갔다가 돌아와서 구조된 지 2주도 채 지나지 않았다는 사실을 전혀 눈치채지 못했을 것이다. 세 사람을 정확히 알아보는 사람들도 그런 자리에 그런 옷차림으로 나타난 것이 아주 어색하다고 느낄 만했다. 비행사들이 여압복이나 기내에서 입는 점프수트 외에 다른 옷을 입은 사진을 거의 찾아보기 힘들었는데 그날은 말쑥한 정장 차림으로 나타났기 때문이다. 이들의 모습은 월드시리즈에서 멋진 활약을 펼친 선수가 품격 있는 식사 자리나 시상식에 유니폼을 입지 않은 모습으로 등장했을 때 사람들이 느끼는 것과 비슷한 놀라움을 자아냈다. 아무리 공들여 차려입어도 어딘가 어색한 느낌을 지울 수가 없었다.

하지만 우주 비행사와 만날 기회가 아주 드문 정치인들에게 그런 건 전혀 문제가 되지 않았다. 아폴로 8호의 비행사들이 회의장 뒤쪽에 모습을 드러내자마자 다들 자리에서 일어나 환호했다. 모두가 통로를 따라 내려오는 세 사람을 향해 열렬히 박수를 보내며 함박 미소로 악수를 청했고 대통령도 예외가 아니었다. 이어 상하원의 입법 책임자들은 세 비행사가 차례로 얼마 전 완수한 여정에 대해, 그리고 우주 사업에서 미국이 이룩한 쾌거에 대해 전하는 이야기에 집중해서 귀를 기울였다. 보먼의 차례가 되자 분위기는 한층 더 진지해졌다. 보먼의 연설 시간은 단 12분이었지만 1분 1초도 허투루 지나가지 않았다. 지난 수년간 의회가 아폴로 프로젝트에 사용하도록 승인한 예산 240억 달러에 감사를 표한 보먼의 말을 놓친 사람은 한 명도 없었다. 그리고 과거 꽤 많은 의원들이 그 지원금에 반대표를 던졌다는 사실을 모르는 사람도 없었다.

보먼은 남극에서처럼 머지않아 달에서도 과학자들이 상주하면서 연구를 진행할 날이 오리라 믿는다고 전했다. "그런 일이 과연 가능한가는 이제 더 이상 문제가 되지 않는다고 확신합니다. 시간이 얼마나 걸리고, 비용이 얼마나 드느냐가 관건이겠지요. 탐험은 인류 정신의 핵심입니다. 우리가 그 사실을 결코 잊지 않았으면 좋겠습니다."

보먼의 연설은 정치인의 연설처럼 전략적이고 동시에 영감을 불러일으켰다. 실제로 몇몇 참석자들은 마흔 살에 우주 영웅이 된 그를 보면서 선거에 출마하면, 어느 지역이든 원하는 곳에서 무조건 당선될 만한 신예 주자가 되리란 생각을 떠올렸다. 보먼은 능숙한 정치인들처럼 자신을 직접 깎아내리며 좌중을 웃게 만드는 능력도 발휘했다. 크리스마스이브에 세 사람이 창세기의 한 구절을 낭독했던 일을 언급하면서, 보먼은 대법관들이 앉은 쪽으로 고개를 돌렸다. 학교에서 기도를 규칙으로 정하는 것이 비합법적인 행위라는 결정이 내려진 지 7년여가 흐른 사실을 염두에 두면서, 보먼은 말을 이어갔다. "그런데 지금 앞줄에 앉아계신 분들을 보니 그때 성경 구절을 꼭 읽었어야 했나 싶은 생각이 드는군요." 웃음을 노린 그의 센스가 제대로 먹혔다. 회의장은 여기저기서 터져 나온 폭소로 가득했다.

세 명의 우주 비행사들이 지구로 돌아온 직후부터 나라 전체가 이들이 이룩한 성취를 축하하기 시작했고 그 분위기는 상당 기간 이어졌다. 의회에서 연설을 하기로 한 날이 얼마 남지 않았을 때 세 사람은 백악관 동쪽 방에서 존슨 대통령과 만났다. NASA로부터 공로 메달을 수여받고, 백악관까지 이어지는 펜실베이니아 애비뉴에서 열린 자동차 퍼레이드에도 참석하여 몰려든 사람들의 환호와 박수를 받았다. 세 사람의 가족들도 이 모든 행사에 함께 초청됐다. 퍼레이드에서도 뒤에 줄지어 달리는 차 안에서 함께 축하를 받았다.

가득 모인 인파에 놀란 일곱 살짜리 수전 러벨이 엄마에게 물었다. "엄마 생각에는 아빠가 영웅이나 그런 비슷한 사람이 된 것 같아요?"

"그러게, 수전. 엄마가 보기엔 그런 것 같아."

세 명의 영웅들은 바로 다음 날 뉴욕에서도 전날과 비슷한 대접을 받았다. 각종 훈장을 수여받고, 현직 고위급 인사들과도 만났다. 주지사 넬슨 록펠러, 존 린제이 시장, UN 사무총장 우 탄트와의 만남은 월도프 아스테리아 호텔에서 열린 공식 만찬으로 이어졌다. 화려한 색종이가 흩뿌려진 퍼레이드 행사도 개최됐다. 세 사람이 지날 때마다 특별히 그날만 '아폴로 길'이라고 적힌 도로 표지판이 반짝 등장했다. 영하 2도의 추운 날씨 속에 세 사람을 태운 차량이 브로드웨이 남쪽 길을 따라 천천히 지나는 동안 200톤에 달하는 색종이가 흩날리며 우주 비행사들을 맞이했다.

조만간 좀 더 거대한 아폴로 사업을 진행해야 할 NASA에서도 일단은 힘들게 달성한 성과를 잠시나마 마음 놓고 축하하기로 했다. 아폴로 8호의 미션 기간 중 마지막 3일 동안 뉴욕으로 서른 건에 달하는 보도 자료를 텔렉스로 보냈던 「타임」에서는 아예 마지막 보도자료 전체를 축하 행사 소식으로 채웠다. 제미니 프로그램이 운영되던 시절, 「휴스턴 크로니클」의 취재 기자로 일한 경력 덕분에 휴스턴에서 벌어지는 우주 사업을 어느 정도 잘 아는 제임스 쉐프터James Schefter는 아폴로 8호의 무사 귀환을 축하하기 위해 TRW 시스템스TRW Systems 사의 주최로 한 호텔 연회장에서 열린 파티 상황을 생생하게 전했다.

"모두 행복해 보였다. 신경 쓸 것도 없었다. 다들 거나하게, 제대로 취했다." 그의 기사는 이렇게 이어졌다. "어둑한 구석에서는 남성들이 열과 성을 다해 여성들을 유혹하고, 훤한 로비에서도 부끄러움을 잊은 사람들처럼 여성들과 껴안고 입을 맞추었다. 바로 옆방에서 열린 언론사 파티장에 들어가 술잔을 집어 들기도 했다. 기자들과 대외홍보 일을 하는 사람들 중에 몇몇은 이들이 집어간 술을 되찾아왔다. 그리고 남은 술을 단단히 지키면서 자신들만의 파티에 흠뻑 젖어들었다."

정부에서 제공한 돈으로 파티를 연 NASA 기술자들과 관제사들은 일터에서 그리 멀지 않은 곳에 위치한 2층짜리 레스토랑을 빌려서 좀 더 소박한 파티를 벌였다. NASA 로드의 4차선 길을 따라 줄지어 차를 댄 이들은 예약된 레스토랑으로 우르르 몰려들었다. 합법적으로 차를 댈 수 있는 도로변에 도저히 자리를 찾지 못한 사람들은 도로 중앙에 차를 놓고 가버렸다. 이들과 달리 평소와 다름없는 근무를 이어가던 휴스턴 경찰은 내팽개치듯 두고 간 차량들에 벌금 딱지를 붙였다.

이렇게 흘러가던 쉐프터의 기사는 다른 소식으로 마무리됐다. 전 세계가 생각하는 NASA 사람들의 모습과 조금 더 어울리는 내용이었다. 각종 파티 풍경을 전하는 내용에 이어 쉐프터는 이렇게 전했다. "비행 관제센터에는 이 모든 행사에 참석하지 못하고 남아 있는 팀도 있었다. 정해진 일정에 따라, [아폴로 8호의 착수 당일] 오후 3시 30분부터 10시간 30분간 아폴로 9호 시뮬레이션이 시작됐다. 새로운 사이클이 시작된 것이다."

실제로 그랬다. 아폴로 8호 임무의 성공에 힘입어 미션 사이클은 빠르게 돌아갔다. 보먼과 러벨, 앤더스가 태평양에 착수한 날로부터 9주 뒤인 1969년 3월 3일에 짐 맥디비트와 동료 비행사들을 태운 아폴로 9호는 지구 궤도로 날아가 10일간 달 착륙선의 비행 테스트를 진행했다. 아폴로 9호의 비행사들은 달 착륙선 엔진을 점화시키고 유도장치를 점검하는 한편, 컴퓨터에 입력할 수 있는 모든 명령어를 넣어 작동 여부를 확인했다. 맥디비트와 러스티 슈바이카트가 달 착륙선에 최초로 탑승한 뒤 데이브 스캇이 조종을 맡은 사령선과의 도킹도 시도했다. 그리하여 거미를 닮은 달 착륙선은 엔지니어들로부터 주어진 기능을 충분히 해낼 수 있다는 확인 도장을 받았다.

5월에는 톰 스태포드가 선장을 맡은 아폴로 10호의 비행이 이어졌다. NASA 국장은 아폴로 8호를 달로 보낸다는 결단을 내릴 만큼 뱃심이 두둑한 사람이지만 과거 화재 사고로 크게 누그러진 자신만만함이 아직 회복되지 않은 터라, 달 착륙을 시도하기 전에 최종 리허설을 한 번 더 실시하기로 결정했다. 이에 따라 스태포드와 비행사들은 두 번째 달 궤도 비행 미션을 수행했다. 이번에는 달 착륙선을 싣고, 달 표면과 불과 14.3킬로미터 떨어진 지점까지 접근하여 약 110킬로미터 상공까지 접근했던 아폴로 8호보다 훨씬 더 달에 가까이 다가갔다. 달에 최초로 발을 디딘 인류로 소개될 뻔했던 스태포드의 프로필은 일제히 서랍 속에 들어가고, 그 자리는 아폴로 11호의 선장인 닐 암스트롱의 프로필로 대체돼 영원히 사람들의 입에 오르내리는 스토리가 됐다.

처음부터 암스트롱에게 그 역할이 주어진다고 확정된 것은 아니었다. 위험은 반사적으로 피하려는 성향이 강한 NASA는 기계장치나 비행사의 기술에 대한 신뢰도를 더 개선시킬 방법을 계속

찾았다. 아폴로 8호가 지구로 귀환하자 디크 슬레이튼과 비행계획 담당자들 일부는 보먼과 러벨, 앤더스를 아폴로 11호에 태우는 하는 방안을 긴밀히 의논하기 시작했다. 세 사람 다 달 궤도 비행 경험이 있다는 특별한 요건에 부합할 뿐만 아니라, 다시 비행에 나서기까지 최소 7개월의 준비 기간이 있었기 때문이다. 물론 달 착륙선이 추가된 것은 완전히 새로운 변수가 되겠지만 앤더스보다 그 기계에 정통한 사람은 없는 상황이었다.

그러나 아폴로 8호의 비행사들에게 제안을 꺼내기도 전에, 슬레이튼을 비롯한 관계자들은 생각을 바꾸기로 했다. 암스트롱과 콜린스, 알드린이 아폴로 11호 비행을 위해 고된 훈련을 받아 왔는데 이제 와서 비행사를 바꾼다면, NASA가 그 세 사람을 신뢰하지 않는다는 사실을 대놓고 드러내는 일이 될 터였다. 그리고 세 사람이 받은 훈련 프로그램 자체도 신뢰하지 않는다는 의미로 해석될 수도 있었다.

보먼은 자신이 아폴로 11호에 오를지도 모른다는 소문이 사실무근으로 밝혀지자 안도했다. 달에 가서 깃발을 꽂고 싶은 동료가 있다면 얼마든지 자리를 내어 줄 생각이었다. 보먼의 냉전은 끝이 났다. 설사 다시 비행하고 싶은 마음이 들었다고 해도 그것이 공평하지 않은 일임을 그도 잘 알고 있었다. 게다가 아폴로 8호 비행으로 아내와 두 아이들이 견뎌야 했던 힘든 시간을 생각하면, 또 다시 반년 넘게 훈련에 몰입하고 훨씬 더 까다로운 데다 기간도 더 긴 비행 미션에 참가하는 것은 배우자로서, 부모로서 무책임한 일이라는 생각이 들었다.

비행사 배정이 변경되지 않는다는 사실에 러벨도 보먼만큼 기뻐했다. 자신이 포함된 세 사람이 아폴로 11호에 오를 경우 또 중앙 좌석에 앉게 될 텐데, 이는 달 궤도까지만 갈 수 있고 표면에는 착륙하지 못한다는 것을 의미했다. 그러니 마음이 끌릴 리가 없었다. 달 궤도에서 곧바로 돌아와야 하는 미션보다는 비행 배정 순서 저 뒤쪽에 이름을 올려 두었다가 선장 자격으로 다른 미션에 참가할 기회를 노리는 쪽에 훨씬 더 마음이 기울었다.

반면 앤더스는 아폴로 11호에 오를 일이 없다는 소식이 전혀 기쁘지 않았다. 달 착륙선과 함께 비행할 기회를 이미 한 번 놓쳤고, 7개월 뒤로 예정된 새로운 미션이 두 번째 기회가 될 줄 알았더니 또 다시 물거품이 된 것이다. 러벨과 달리 앤더스는 이런 결과가 이제 달에 발을 디딜 기회가 영영 사라졌다는 의미일 지도 모른다고 생각했다. 러벨은 이미 세 번이나 비행한 경력이 있지만 앤더스는 전체 우주 비행사들 사이에서 여전히 신참에 가까운 위치였다. 나중에 다시 달로 날아갈 기회가 주어진다한들 복잡 미묘한 NASA의 배정 규칙상 중앙 좌석에 앉을 확률이 가장 높고, 치열한 경쟁을 뚫고 실제로 세 번째로 달 비행 미션 기회를 얻을 가능성은 없었다. 이러지도 저러지도 못하는 상황이 된 앤더스는 국가 항공우주위원회의 사무국장 자리가 주어지자 수용했다. 닉슨 대통령, 스피로 애그뉴 부통령과 직접 소통하면서 우주 정책을 결정할 수 있는 자리였다. 직접 비행할 수는 없겠지만 어차피 달 표면을 걸어 볼 수 없다면 향후 미국의 우주 비행 계획을 수립하는 일에 매진하는 편이 낫다는 판단이었다.

아폴로 8호 비행을 마친 러벨은 3인 체제로 돌아가는 NASA의 비행 배정 명단에 다시 이름을 올렸다. 순서에 따라 아폴로 11호의 예비 비행사로 지명돼 중앙 좌석이 아닌 왼쪽 자리에 앉을 대기자로 임명됐다. 우주선 발사 전에 닐 암스트롱에게 무슨 일이 생긴다면, 러벨이 달에 발을 디디는 최초의 인류가 될 수 있다는 의미였다. 이후 러벨은 아폴로 14호의 선장으로 임명됐다. 아폴로 8호 이후 여섯 번의 미션이 지나간 뒤에야 기회가 주어진 것을 보면 대기 기간이 아주 길었을 것 같지만 NASA에서 아폴로 프로젝트를 상당히 신속하게 진행한 덕분에 러벨은 불과 18개월 후 다시 달로 날아갈 예정이었다.

심지어 그 기회는 더 앞당겨졌다. 아폴로 13호의 선장으로 지명된 앨런 셰퍼드는 귀 안쪽에 문제가 생겨 1961년 준궤도 비행을 짧게 마친 이후로 계속해서 지상에 발이 묶여 있었다. 수술을 받고 문제가 해결돼 다시 비행 자격을 얻었지만, 워낙 오랫동안 비행을 쉰 탓에 NASA와 셰퍼드 모두 처음 예상했던 것보다 훈련이 더 필요하다고 판단을 내렸다. 이에 러벨은 비행 순서를 바꿔서, 자신과 동료들이 아폴로 13호에 오르고 셰퍼드가 이끄는 팀은 아폴로 14호에 오르는 방안을 제안했다. 기회가 주어진다면 무조건 먼저 비행하는 편이 낫다고 굳게 믿었던 러벨다운 생각이었다. 그러나 모든 것이 착착 순탄하게 진행되며 달 궤도를 돌고 돌아온 경험이 있는 러벨 선장은 얼마 후, 모든 것이 엉망으로 돌아갈 경우 어떤 결과가 빚어지는지 제대로 경험하게 된다.

보먼은 비행을 그만두겠다는 결심을 굳게 지켰다. 한동안은 비행 사무국에서 슬레이튼을 돕는 부책임자로 일했지만 만족스럽지 않았다. NASA에서 성취할 만한 일이 별로 없다는 사실을 깨달은 보먼은 민간 분야로 눈을 돌렸다. 직업 군인 출신인 보먼으로선 문외한이나 다름없는 세계였지만 예상대로 그를 모셔 가려는 곳은 넘쳐났다.

댈러스에서 컴퓨터 업체 일렉트로닉 데이터 시스템스Electronic Data Systems를 운영하던 부호 로스 페롯은 주식을 상장한지 단 며칠 만에 주가가 열 배나 올라 상당한 돈을 벌어들였다. 어떻게 해야 그 많은 돈을 더 크게 불리는지 잘 아는 사람답게, 그는 달에서 돌아온 보먼에게 연락해서 텔레비전 쇼의 프로듀서 자리를 제안했다. 출연자들이 국가적인 사안을 두고 토론하는 모습을 카메라에 담아 방송하는 프로그램을 만들자는 것이었다. 보먼은 방송에 별로 관심이 없었지만 공익을 위한 방송이라는 점에 마음이 끌렸다. 그래서 아폴로 8호 비행사들과 월드 투어를 마칠 때까지 고민해 본 다음 답을 주겠다고 페롯에게 약속했다.

보먼이 떠난 사이, 페롯은 그의 마음을 더 강력히 끌어들일 만한 방법을 떠올렸다. 월드 투어를 마치고 돌아오자마자 보먼의 에이전트 역할을 하던 담당자가 전화를 걸었다. 그리고 난데없이 보먼에게 이렇게 전했다. "축하합니다. 백만장자가 되셨어요."

보먼이 무슨 소리냐고 묻자, 그는 몇 주 전에 페롯이 보먼의 이름으로 100만 달러를 주식에 투자했는데, 지금까지 시도한 대부분의 투자가 그랬듯이 이번에도 꽤 짭짤한 수입을 올렸다는 것이다. 그러나 단시간에 아무 힘도 들이지 않고 돈이 생겼다는 사실이 보먼에게는 불편하게 느껴졌다. 수전도 마찬가지였고 보먼보다 더 불안해했다.

"돌려줘요. 그런 돈은 가질 수 없어요. 그랬다간 그 사람이 당신을 영원히 소유하려고 할 거예요." 아내의 말에 동감한 보먼은 페롯에게 전화를 걸어 정말 고맙지만 다른 일을 찾아보겠다고 말했다.

애리조나 상원의원이자 1964년 대통령 선거에서 공화당 대표로 출마한 베리 골드워터도 보먼에게 연락을 해왔다. 주 상원의원 자리를 노려 보자는 것이 그의 제안이었다. 보먼의 명성과 자신의 상당한 정치적 영향력이 합쳐지면 선거에서 쉽게 이길 수 있다는 설명이 이어졌다. 보먼은 우쭐한 기분을 느끼면서도, 진심이 빠진 인사치레 악수나 하고 다니면서 투표에 목숨 거는 정치인의 삶에는 별로 관심이 없었다. 엄격한 체계에 따라 명령과 지시가 전달되고 이를 곧바로 이행하는 것에 익숙한 사람이 지나치리만큼 꼼꼼하고 세밀한 상원의원의 일 처리 속도에 적응하려다가는 정신이 이상해질 것이 뻔했다.

미 육군 항공단 비행사 출신으로 트랜스 월드 항공사에서 상업 항공기 조종사로 일하다 이스턴 항공의 최고 경영자를 맡은 플로이드 홀도 보먼을 찾은 인사들 중 한 명이었다. 평소 보먼이 아주 마음에 들었던 홀은 그에게 이스턴 항공의 비행 운영부에서 일해 볼 생각이 없냐고 제안했다. 급여는 당시 보먼이 숙고 중이던 다른 기회들과 비교하면 3분의 1 수준이었지만, 그가 어느 정도 잘 아는 항공기와 관련된 일이고 성심껏 일할 수 있는 분야였다.

홀의 제안을 받아들인 보먼은 1976년, 단 6년 만에 이스턴 항공의 CEO가 됐다. 회사 역사상 가장 높은 수익을 세 번이나 거둘 수 있도록 이끈 장본인이기도 했다. 정부의 규제 완화로 항공 산업 전체가 악화일로로 향했던 1983년에 회사 주주들과 이사회가 투표를 통해 규모가 더 큰 항공사에 회사를 매각하기로 결정한 후에도 보먼은 CEO로 3년 더 머물다가 은퇴했다.

아폴로 8호의 우주 비행사 세 명 모두가 민간 분야로 진출하여, 평생 군인으로 살거나 NASA에 머물렀다면 절대 얻지 못했을 만큼 상당한 부를 얻었다. 앤더스도 보먼처럼 CEO 자리에 올랐다. 그가 택한 회사는 제너럴 다이나믹스 사General Dynamics corporation였다. 러벨의 경우 전화 통신업계에 뛰어들어 여러 업체에서 간부로 일하면서 크게 성공했다. 특히 일반 유선전화에서 무선 통신으로 전환되는 시기에 큰 수익을 거두었다. 그러나 젊은 시절 영웅의 자리에 오른 뒤 오랫동안 사람들 곁에 남은 사람들이 대부분 그렇듯이, 이 세 사람의 이름도 물질적인 성취와는 거리가 먼 업적으로 가장 널리 알려졌다.

· ✦ ·

아폴로 8호가 지구로 돌아온 바로 그날, 「타임」은 매년 선정해온 '올해의 인물'을 최종 결정했다. 편집자들이 원래 선정했던 인물이 누구였는지는 알 수 없지만(미국의 새 대통령으로 선출된 리처드 닉슨이었다는 소문이 자자했다), 그 인물은 곧바로 밀려나고 며칠 뒤 표지에는 보먼과 러벨, 앤더스의 얼굴이 등장했다. 「타임」 역사상 '올해의 인물'로 한 명이 아닌 여러 명이 한꺼번에 선정된 아주 드문 사례였다.

빌 앤더스가 촬영한 '지구돋이Earthrise'는 그의 직감대로 결정적인 한 장의 사진이 돼 우표며 포스터, 티셔츠, 머그컵 등 셀 수도 없이 많은 곳에 활용됐다. 「타임」과 「라이프」에서는 이 사진을 역사상 가장 영향력 있는 100장의 사진 중 하나로 선정했다. 또한 이 사진은 1968년 초에 막 꿈틀대던 환경운동을 단 1년 만에 세계적으로 활성화시켰다.

시간이 더 많이 흐른 뒤에 NASA 안팎에서는 아폴로 8호의 우주 비행사들을 '원래 가정을 지킨 비행사들'이라고 부르는 사람들도 생겼다. 우주 비행사라는 직업의 특성상 이혼하는 경우가 흔했음에도 세 사람 다 젊은 시절 결혼한 아내와 결혼 생활을 유지하고, 손자손녀까지 보았기 때문이다. 보먼과 러벨의 경우 증손자까지 보았다.

프랭크 보먼과 수전 보먼은 몬타나주 빌링스를 새로운 터전으로 정했다. 빅 혼 카운티에 위치한 아들 프레드의 농장과도 가까운 곳이었다. 더 이상 NASA 직원도 아니고 공군도 아닌 프랭크는 시야가 탁 트인 시골 마을의 장점을 적극적으로 활용하며, 오로지 즐거움을 위해 비행기를 몰 수 있게 됐다. 총 두 대의 비행기를 소유한 그는 화재가 빈번한 여름철이면 시커먼 연기가 피어오르는 화재 지점을 찾아 옐로스톤 카운티 상공을 날아가 진압을 도우면서 몬타나 주민들을 위해 봉사하며 살고 있다. 이데올로기가 다른 적이 아닌, 자연에서 벌어진 국지적인 사태를 막기 위한 방어적 임무라는 점에서 그가 기존에 종사하던 미션과는 큰 차이가 있지만, 보먼은 여든여덟 노장의 나이에도 이 임무에 기꺼이 자원하고 있다.

보먼은 아폴로 8호의 비행을 지나치게 감상적으로 기억하지 않으려고 노력해 왔지만 주변 사람들의 부추김으로 가끔은 달을 올려다보며 그곳을 비행했다는 사실을 떠올리곤 한다. 모두가 보먼이 느끼리라고 예상하는, 꿈 같은 기분을 회상하려고 애쓰다 보면 아주 잠깐 정말로 그런 감정이 스치곤 했다. 하지만 보먼으로선 썩 달갑지 않은 감정이기에 곧바로 털어 버리려고 한다.

러벨이나 앤더스처럼 보먼도 달 비행을 마친 후에 쏟아진 수많은 편지며 카드의 내용을 일일이 기억하지는 못한다. 아폴로 우주선에 오른 우주 비행사들 대부분도 마찬가지다. 일일이 다 기억하기에는 너무나 많은 편지가 도착했기 때문이다. 특히 NASA 홍보부의 예상대로 아폴로 8호와 11호 비행사들에게 전해달라는 편지는 유독 더 많았다. 나중에는 아무도 예상치 못했지만 아폴로 13호의 비행사들 앞으로 온 편지도 엄청나게 쏟아졌다.

그럼에도 보먼이 기억하는 전보가 하나 있다. 발신자는 모르는 사람이었지만 지금까지도 기분 좋게 떠올리는 그 전보에는 아주 짧은 문구가 적혀 있었다. "고마워요, 아폴로 8호. 당신들이

1968년을 구했습니다." 보먼은 달을 쳐다보는 것보다 이 문구를 떠올릴 때 훨씬 더 큰 행복을 느낀다.

저자의 말

아폴로 8호의 비행은 미국 전체에 큰 행복을 가져다준 일이었고, 이 책을 쓰면서 달로 향한 최초의 비행 임무를 되짚어 본 일은 내게도 그에 못지않은 행복을 안겨 주었다. 나는 오래전부터 아폴로 8호의 이야기를 하고 싶었다. 그래서 역사적인 비행을 직접 일궈낸 여러 사람들과 오랫동안 많은 대화를 나누었고, 마침내 세상에 이야기할 수 있는 기회가 주어졌을 때 정말 기뻤다.

이 미션을 직접 수행한 세 사람, 프랭크 보먼 대령과 짐 러벨 선장, 빌 앤더스 소장의 도움 덕분에 내가 할 일은 훨씬 수월해지고 이야기는 한층 더 풍성해졌다. 보먼과 앤더스는 이 일을 하면서 처음 만났다. 두 사람은 기꺼이 인터뷰에 응하고 내가 요청한 모든 질문에 사려 깊고 솔직하게 답해 주었다.

2015년 여름에 몬타나주 빌링스에 마련된 프랭크 보먼의 멋진 격납고를 찾아가 그의 비행기 두 대를 구경한 일은 잊지 못할 기억이 됐다. 보먼에게서는 더없이 진솔하고 예상 외로 쾌활한 모습과 함께, 진중함과 타고난 품위가 동시에 느껴졌다.

보먼, 앤더스와 함께 아폴로 8호로 비행한 짐 러벨과는 1992년, 『아폴로 13』을 함께 저술하면서 처음 만나서 오랫동안 서로 잘 알고 지낸 사이이다. 이후 짐은 물론이고 그의 친구들과도 연락하고 지내는 특권을 누리면서 내가 얼마나 특별한 선물을 얻었는지 늘 상기하곤 했다. 2012년 여름에는 아내와 함께 두 딸아이를 데리고 시카고 외곽에 있는 러벨의 가족들과 함께 주말을 보냈다. 당시 러벨은 우리를 시카고 과학 산업 박물관에 데리고 가서 아폴로 8호의 사령선을 보여 주었다. 그날, 나는 열한 살, 아홉 살이던 두 딸에게 이렇게 이야기했다. "이게 얼마나 대단한 일인지 너희는 아직 어려서 잘 모르겠지만, 콜럼버스가 산타 마리아호를 너희에게 직접 보여 주는 거나 다름없는 일이란다." 시간이 흘러 두 아이들은 내 말의 의미를 깨달았다. 그리고 지금까지도 감동하고 있다.

아폴로 프로젝트에 참여했던 다른 분들께도 큰 빚을 졌다. 시간을 내서 의견을 말해 주고, 내가 궁금한 것이 생겨 (고백하건데 아주 빈번했다) 전화하거나 이메일을 보내면 성심껏 답변을 보내

준 분들을 소개하자면 (알파벳 순서로) 마이클 콜린스와 게리 그리핀, 진 크란츠, 글린 루니, 밀트 윈들러다. 짐 러벨과 함께 『아폴로 13』을 쓰던 당시에 인터뷰한 내용들 중에도 이번에 도움이 된 부분이 많았다. 존 애런, 제리 보스틱, 피트 콘래드, 척 디트리치, 딕 고든, 크리스 크래프트, 사이 리버곳Sy Liebergot, 짐 맥디비트, 월리 쉬라, 귄터 벤트가 제공한 기억들은 특히 큰 도움이 됐다. 이 책 『아폴로 8』을 쓰면서 제리 그리핀의 절친한 친구 진 스미스Gene Smith와도 처음 인터뷰를 했다. 공군 전투비행사 출신으로 아폴로 프로젝트가 이어지던 시기에 북베트남 전쟁 포로로 1967일간 붙잡혀 있었던 인물이다. 진 스미스와의 대화는 최종적으로 이 책에 담지 못했지만 인터뷰를 위해 시간을 내준 것에 큰 감사를 드리며 그가 나라를 위해 봉사한 노고는 잊지 못할 것이다.

이 책을 쓰면서 참고한, 우주 관련 서적도 아주 많다. 그중에서도 가장 큰 도움이 된 책으로는 프랭크 보먼의 『카운트다운Countdown』, 앤드류 체이킨Andrew Chaikin의 『달에 간 인류A Man on the Moon』, 보리스 체톡Boris Chertok의 『로켓과 사람들Rockets and People』, 마이클 콜린스의 『불씨를 품고Carrying the Fire』, 크리스 크래프트의 『비행Flight』, 진 크란츠의 『선택지에 실패는 없다Failure Is Not an Option』, 로버트 짐머만의 『창세기Genesis』, 그리고 NASA의 공식 비행미션 보고서 「아폴로 8호」를 꼽을 수 있다.

NASA의 역사를 알 수 있는 최고의 자료는 아마도 NASA 자체일 것이다. 특히 존슨 우주센터The Johnson Space Center의 역사 사무국에서 각종 문서와 미션 기록, 이미지, 등 엄청난 양의 자료를 제공해 주었다. 그중에서도 해당 사무국에서 진행한 '구술 역사 프로젝트' 덕분에 이제는 만날 수 없지만 과거 NASA에서 중추적인 역할을 담당했던 분들의 상세한 이야기를 들을 수 있는 1000건 이상의 인터뷰 자료를 얻을 수 있어 정말 큰 도움이 됐다. 그 프로젝트 자체가 역사에 하나의 선물이 아닐까 하는 생각이 든다.

이 책 전반에 등장하는 우주선 내부의 대화나 우주 비행사와 지상 본부 간에 오간 대화는 모두 NASA 비행임무 기록에서 발췌한 것이다. 내용을 분명하게 다듬고 가독성을 높이기 위해 대화 내용을 편집하거나 압축한 경우도 일부 있지만, 어떠한 경우에도 원본의 의미나 맥락은 바꾸지 않았다. 자료로 남아 있지 않은 대화는 관련된 주요 인물과의 인터뷰나 전기, 자서전 내용을 토대로 재구성했다.

모스크바 외곽에 위치한 소련 중앙연구소 건물에서 있었던 일에 관한 내용은 보리스 체톡이 쓴 네 권짜리 저서 『로켓과 사람들Rockets and People』 중 4권에 나와 있다. 크리스 크래프트가 존 맥케인 주니어와 만나서 나눈 구체적인 대화 내용, 수전 보먼이 아폴로 8호의 미션 성공 확률에 대해 크래프트와 나눈 대화는 PBS가 '미국의 경험American Experience'이라는 프로그램의 일환으로 제작한 〈달을 향한 경주Race to the Moon〉에 포함된 크래프트, 보먼과의 인터뷰를 참고했다.

머큐리 우주선과 제미니 우주선, 아폴로 프로젝트가 운영되던 시절에 우주 뉴스를 전하는 대표적인 소식통이던 「타임」과 「라이프」는 온라인으로 역사적인 사실을 가장 손쉽게 찾을 수 있었던 소중한 정보원이었다. 특히 아폴로 8호의 미션이 진행될 때 휴스턴과 뉴욕 사이에 오간 텔렉스와 전보 내용이 담긴 취재 파일 원본을 사용할 수 있도록 해준 편집장 낸시 깁스에게 감사드린다. 그 자료들은 구멍이 숭숭 뚫린 종이와 얇디얇은 반투명 용지 그대로 오늘날까지 보존돼 있다. 내가 「타임」의 일원으로 20년 넘게 일할 수 있었던 것도 큰 영광이다. 앞으로 20년은 더 기꺼이 일할 수 있을 것 같다.

165년 이상 된 자사 간행물을 모두 모아둔 「뉴욕 타임스」의 '타임스 머신' 사이트에도 감사 인사를 전한다. 역사적인 사건을 검색할 수 있을 뿐만 아니라, 각 사건이 벌어진 상황까지 파악할 수 있다는 점에서 너무나 훌륭한 자료였다.

텍사스주 오스틴에 위치한 린든 베인스 존슨 도서관 · 박물관에서도 귀중한 자료를 찾았다. 도서관으로서나 박물관으로서 마땅히 해야 할 기능을 놀랍도록 훌륭하게 해내고 있는 시설이라고 생각한다.

살다 보면 우연히 기분 좋은 일이 생길 때가 있는데, 이 책의 경우도 그랬다. 제안서를 처음 접한 사람이 헨리 홀트 앤 컴퍼니의 유능한 편집자 존 스털링이었기 때문이다. 1992년에 아폴로 13호의 이야기에 담긴 힘과 잠재성을 발견하고 내 인생에서 처음으로 출판 계약을 체결하자고 제안한 장본인이자 그 책을 나중에 널리 알려진 것처럼 만들어낸 사람이 바로 존이었다. 그로부터 20년이 지난 뒤, 존은 이 책에서도 그때처럼 마술을 부렸다. 그가 아폴로 호의 이야기에 얼마나 큰 열정을 갖고 있는지, 그러면서도 편집할 때는 얼마나 까다롭게 접근하는지는 내게 했던 그의 말 속에 정확히 담겨 있다. "저는 뜨겁게 읽고 차갑게 편집합니다." 그의 방식이야말로 모든 원고, 모든 저자에게 필요한 균형이 적절히 반영된 것이라 생각한다. 보석 세공인 못지않은 눈으로 원고를 읽고 다듬어 준 교열 담당자, 보니 톰슨에게도 감사 인사를 전한다.

지금까지 내가 쓴 모든 책들과 마찬가지로 이 책 또한 조이 해리스 문학 에이전시의 조이 해리스가 이끌어 주지 않았다면 나올 수 없었다. 조이도 존과 함께 오래전 『아폴로 13』을 탄생시킨 초석이었고 이후 지금까지 내가 문학계에서 겪은 모든 모험을 곁에서 함께했다. 지난 세월 동안 최고로 훌륭한 에이전트가 가장 좋은 친구가 될 수도 있음을 알게 해준 조이 같은 사람을 만난 건 내게 정말 행운이다.

마지막으로 내 아내 알레한드라와 두 딸 엘리사, 팔로마에게 감사와 사랑을 전하고 싶다. 세 사람은 내가 너무나 많은 것에서 아름다움을 찾을 수 있도록 이끌어 주었고, 이 책을 쓰면서 달에서 발견한 아름다움도 함께 이해해 주었다.

APOLLO 8

인류의 가장 위대한 모험
아폴로 8

1판 1쇄 인쇄 2018년 5월 18일
1판 1쇄 발행 2018년 5월 25일

지은이 제프리 클루거
옮긴이 제효영

발행인 양원석
본부장 김순미
편집장 김건희
책임편집 진송이
디자인 RHK 디자인팀 남미현, 김미선
해외저작권 황지현
제작 문태일
영업마케팅 최창규, 김용환, 양정길, 정주호, 이은혜, 신우섭,
유가형, 임도진, 우정아, 김양석, 정문희

펴낸 곳 ㈜알에이치코리아
주소 서울시 금천구 가산디지털2로 53, 20층(가산동, 한라시그마밸리)
편집문의 02-6443-8845 **구입문의** 02-6443-8838
홈페이지 http://rhk.co.kr
등록 2004년 1월 15일 제2-3726호

ISBN 978-89-255-6379-4 (03440)